Konstantin Meskouris

Baudynamik

Modelle, Methoden, Praxisbeispiele

Konstantin Meskouris

Baudynamik

Modelle, Methoden, Praxisbeispiele

Univ.-Prof. Dr.-Ing. Konstantin Meskouris
Rhein.-Westf. Technische Hochschule Aachen (RWTH)
Lehrstuhl für Baustatik und Baudynamik
Mies-van-der-Rohe-Straße 1
D-52074 Aachen

Dieses Buch enthält 231 Abbildungen und 10 Tabellen

Die Deutsche Bibliothek – CIP-Einheitsaufnahme
Meskouris, Konstantin:
Baudynamik : Modelle, Methoden, Praxisbeispiele /
Konstantin Meskouris. – Berlin: Ernst, 1999
(Bauingenieur-Praxis)
ISBN 3-433-01326-8

© 1999 Ernst & Sohn
Verlag für Architektur und technische Wissenschaften GmbH, Berlin

Alle Rechte, insbesondere die der Übersetzung in andere Sprachen, vorbehalten. Kein Teil dieses Buches darf ohne schriftliche Genehmigung des Verlages in irgendeiner Form – durch Fotokopie, Mikrofilm oder irgendein anderes Verfahren – reproduziert oder in eine von Maschinen, insbesondere von Datenverarbeitungsmaschinen, verwendbare Sprache übertragen oder übersetzt werden.

All rights reserved (including those of translation into other languages). No part of this book may be reproduced in any form – by photoprint, microfilm, or any other means – nor transmitted or translated into a machine language without written permission from the publisher.

Die Wiedergabe von Warenbezeichnungen, Handelsnamen oder sonstigen Kennzeichen in diesem Buch berechtigt nicht zu der Annahme, daß diese von jedermann frei benutzt werden dürfen. Vielmehr kann es sich auch dann um eingetragene Warenzeichen oder sonstige gesetzlich geschützte Kennzeichen handeln, wenn sie als solche nicht eigens markiert sind.

Umschlagentwurf: grappa blotto design, Berlin
Druck: betz-druck GmbH, Darmstadt
Bindung: Großbuchbinderei J. Schäffer, Grünstadt
Printed in Germany

em. Prof. Dr.-Ing. Dr.-Ing. E.h. Christian Petersen

in Dankbarkeit gewidmet

Vorwort

Principles there are,
but even they remain unreal
until you actually apply them.

Forman S. Acton

Sicherlich bedarf es einer Erklärung, wenn man sich anschickt, der Reihe der bereits vorhandenen, z.T. ausgezeichneten Fachbücher über Baudynamik ein weiteres Exemplar hinzuzufügen. Diese findet sich in dem kleinen Zusatz „Mit Anwendungsprogrammen auf CD-ROM", denn es ist meine Überzeugung, daß sowohl bei Studenten als auch bei praktisch tätigen Ingenieuren nur eigenhändige zahlenmäßige Berechnungen, die heute ohne Computer undenkbar sind, zum wirklichen Verständnis des Gelesenen führen. Zu diesem Zweck findet der Leser auf besagter CD-ROM lauffertige Programme, die er im Sinne von „learning by doing" sofort zur Lösung seiner baudynamischen Probleme einsetzen kann. Daß der Weg zum tieferen Verständnis über Anfangsschwierigkeiten und auch Fehler führt, ist eine Binsenweisheit; ich hoffe, daß das Erfolgserlebnis beim Anwenden dieser Werkzeuge über die eine oder andere Klippe hinweghilft.

Es ist mir eine Freude, meinen Mitarbeitern für ihre Hilfe bei der Erstellung des Buches zu danken. Frau Dipl.-Ing. Marion Brüggemann hat das Kapitel 9 zur seismischen Untersuchung flüssigkeitsgefüllter Behälter zur Verfügung gestellt, Herr Dipl.-Ing. Falko Schube und Herr Dipl.-Ing. Uwe Weitkemper haben an vielen Stellen Wesentliches zu den praktischen Beispielen beigesteuert. Herr Dipl.-Ing. Hamid Sadegh-Azar zeichnet für die CD-ROM verantwortlich und hat zusammen mit Herrn Dipl.-Ing. Rocco Wagner die Beispiele gegengerechnet; Frau Anke Madej, Herr Willi Schmitz und Frau Heidi Goehrke waren beim Erstellen der Bilder und der Textgestaltung tätig. Auch Frau cand. ing. Kristin Rüther sei an dieser Stelle für ihr Engagement bei der Codierung und Testung von Programmen gedankt.

Mein ganz besonderer Dank gilt Herrn Stud.Dir.i.H. Dr.-Ing. Erwin Hake, der das gesamte Manuskript gründlichst Korrektur gelesen und mich auf manche Unkorrektheit und unklare Formulierung aufmerksam gemacht hat. Dem Verlag Ernst & Sohn danke ich bestens für die angenehme Zusammenarbeit.

Aachen, November 1998   Konstantin Meskouris

Inhaltsverzeichnis

1   **Einführung und Gliederung des Buches**   1

2   **Grundlagen**   4
2.1   Größen und Einheiten   4
2.2   D'ALEMBERTsches Prinzip und Impulssatz   5
2.3   Energiesatz   12
2.4   Flächen- und Massenmomente   15
2.5   Komplexe Darstellung harmonischer Vorgänge, sinusoidale Größen   23
2.6   Frequenzanalyse   25
2.7   Einteilung dynamischer Prozesse, Grundlagen der Zufallsschwingungstheorie   35

3   **Der Einmassenschwinger**   43
3.1   Freie, ungedämpfte Schwingung   43
3.2   Erzwungene Schwingung ohne Dämpfung   47
3.3   Gedämpfte freie und erzwungene Schwingung   50
3.4.   Numerische Integration der Bewegungsdifferentialgleichung   56
3.5   Frequenzbereichsmethoden   60
3.6   Harmonische Belastung, Schwingungsisolierung bei Maschinenkräften   68
3.7   Physikalisch nichtlinearer Einmassenschwinger   74

4   **Systeme mit mehreren Freiheitsgraden (Mehrmassenschwinger)**   82
4.1   Allgemeines   82
4.2   Grundgleichungen und Diskretisierung viskoelastischer Kontinua   83
4.3.   Reduktions- und Unterstrukturtechniken, statische Kondensation   93
4.4   Diskrete Mehrmassenschwinger mit Punktmassen ("lumped mass"-Systeme)   98
4.5   Modale Analyse   101
4.6   Zum linearen Eigenwertproblem   114
4.7   Der viskose Dämpfungsansatz   118
4.8   Direkte Integrationsverfahren   124
4.9   Frequenzbereichsmethoden   129

5   **Systeme mit verteilter Masse und Steifigkeit**   133
5.1   Allgemeines   133
5.2   Längsschwingung gerader Stäbe   134
5.3   Torsionsschwingung gerader Stäbe   136
5.4   Biegeschwingung des EULER-BERNOULLI-Balkens   138
5.5   Biegeschwingung unter Berücksichtigung der Längskraft (Theorie 2. Ordnung)   141
5.6   Biegeschwingung des TIMOSHENKO-Balkens   144
5.7   Programmtechnische Umsetzung   148
5.8   Beispiele   151

6   **Beanspruchung von Kirchtürmen durch Glockenläuten**   159
6.1   Rechnerische Grundlagen   159
6.2   Experimentelle Untersuchungen   166
6.3   Beispiele   169

7 Erdbebenbeanspruchung von Bauwerken 176
7.1 Seismologische Grundlagen 176
7.2 Kenngrößen zur Beschreibung der Bodenbewegung 181
7.2.1 Zeitbereichskennwerte 185
7.2.2 Frequenzbereichskennwerte 189
7.3 Standortabhängige elastische Antwortspektren 197
7.4 Simulierte Bodenbeschleunigungszeitverläufe 202
7.5 Ermittlung der Tragwerksbeanspruchungen - Grundlagen 211
7.5.1 Allgemeines 211
7.5.2 Modalanalytisches Antwortspektrumverfahren 214
7.5.3 Äquivalente statische Ersatzlasten, vereinfachte Antwortspektrenverfahren 220
7.5.4 Lösung durch Direkte Integration 221
7.6 Tragwerksbeanspruchung - Räumliche Idealisierungen 225
7.6.1 Allgemeines 225
7.6.2 Laterale Steifigkeitsmatrizen verschiedener Wandscheibentypen 235
7.7 Seismische Untersuchungen nach DIN 4149 245
7.8 Seismische Untersuchungen nach Eurocode 8 248
7.8.1 Theoretische Erörterungen 248
7.8.2 Berechungsbeispiel 258
7.8.2.1 Beschreibung des Objekts 258
7.8.2.2 Baustoffe 260
7.8.2.3 Tragwerksmodell und Erdbebenersatzkräfte 261
7.8.2.4 Bemessungsschnittgrößen und Nachweise 267
7.8.2.5 Bemessungsquerkräfte 271

8 Anwendungsbeispiele 273
8.1 Nichtlineares Verhalten seismisch beanspruchter Stahlbetonhochhäuser 273
8.2 Erdbebenuntersuchung der Türme des Kölner Doms 288
8.3 Eigenfrequenzen und Eigenformen eines Raffineriebehälters 292

9 Berechnung flüssigkeitsgefüllter Behälter unter Erdenbelastung 297
9.1 Allgemeines 297
9.2 Näherungsverfahren nach HOUSNER 298
9.2.1 Allgemeines 298
9.2.2 Formelzusammenstellung für bodenfeste Tanks 302
9.2.2.1 Gedrungene, bodenfeste Tanks 304
9.2.2.2 Schlanke, bodenfeste Tanks 308
9.2.3 Formelzusammenstellung für aufgeständerte Tanks 312
9.3 Numerische Behandlung des Interaktionsproblems Struktur-Fluid 322

Literaturverzeichnis 325

Programmübersicht 331

Programmbeschreibungen 337

Sachverzeichnis 377

Unerschütterlich

Wir dämmen verkehrsbedingte Erschütterungen durch Schwingungsisolierung von Gleisanlagen und Fahrwegen mit hochentwickelten Systemkomponenten:

- Patentiertes Masse-Feder-System mit Schraubendruckfederelementen aus Stahl
- Optimale Schwingungsreduzierung bei Lagerungsfrequenzen zwischen 4 und 6 Hz
- Kostengünstiges Betonieren der Fahrwegplatte auf dem Untergrund und nachträgliches Anheben
- Einfache Regulierbarkeit im eingebauten Zustand
- Wartungsfrei bei nahezu unbegrenzter Lebensdauer

GERB hat 90 Jahre Erfahrung in der Schwingungsisolierung. GERB bietet Ihnen Unterstützung bei Planung, Konstruktion, Einbau und Qualitätssicherung.

Sogar Hochgeschwindigkeitsstrecken wurden von uns elastisch gelagert. Fragen Sie nach unseren weltweiten Referenzen.

 Schienenverkehr ist eine wesentliche Quelle für Erschütterungen und Körperschall. Angrenzende Gebäude unterliegen einer hohen Belastung. Darunter leiden Menschen, Gebäude und Geräte.

 **GERB** Schwingungsisolierungen GmbH & Co. KG
Roedernallee 174-176
13407 Berlin
Telefon: (030) 41 91-0
Fax: (030) 41 91-199
Email: gerb@berlin.snafu.de
Internet: http://www.gerb.com

Zertifiziert nach DIN ISO 9001 und Öko-Audit

Nachträgliches **Verstärken** von Stahlbeton durch Klebearmierung aus Stahl- bzw. Kohlefaserlamellen

zugelassen für Lasten nach DIN 1045, DIN 1072 DIN 4132 zur Vergrößerung der Biegezug- und Schubarmierung

Für Nutzlasterhöhungen
bei Decken, Unterzügen, Wänden, Fundamenten, Brücken, Kranbahnen, Silos, Konsolen etc.

Zur Schwingungsdämpfung
durch nachträgliche Erhöhung der Trägheitsmomente

Zur Änderung des statischen Systems

durch Zusatzbewehrung zur Anpassung der geänderten Zugkraftlinie

Zur Ergänzung von beschädigter Bewehrung durch Korrision, Überlastung, Anprall, Installationsschlitze etc.

Laumer BAUTECHNIK

Bahnhofstraße 8 Südstraße 38a
84323 Massing 04454 Leipzig-Holzhausen
Tel.:08724/88-0 Tel.:034297/48400
Fax:08724/88-500 Fax:034297/48399

15 Jahre Erfahrung in Klebearmierungsarbeiten

Praxiswissen für Ihre tägliche Arbeit

Alfred Steinle, Volker Hahn
**Bauen mit Betonfertig-
teilen im Hochbau**
Reihe: Bauingenieur-Praxis
1998. 181 Seiten.
Br. DM 98,-/öS 715,-/sFr 89,-
ISBN 3-433-01758-1

Die Bemessungsmethoden haben sich grundsätzlich gewandelt, und zwar durch die Fertigstellung des Eurocode 2, Teil 1-1 „Planung von Stahlbeton und Spannbeton" mit seinem Teil 1-3 „Vorgefertigte Bauteile und Tragwerke aus Stahlbeton und Spannbeton". Dadurch ist ein für Europa einheitliches Regelwerk im Entstehen, an dem auch sämtliche maßgebenden europäischen Länder mitgewirkt haben, die große Erfahrung im Bauen mit Betonfertigteilen haben. In diesem Buch wird auf den Entwurf, die Verbindung von Fertigteilen sowie die Fertigung im Werk ausführlich eingegangen.

Ulrich Krüger
Stahlbau
Reihe: Bauingenieur-Praxis
Teil 1: Grundlagen
1998. 328 Seiten.
Br. DM 98,-/öS 715,-/sFr 89,-
ISBN 3-433-01765-4

Stahlbau
Teil 2: Stabilitätslehre
Stahlhoch- und Industriebau
1998. 341 Seiten.
Br. DM 98,-/öS 715,-/sFr 89,-
ISBN 3-433-01766-2

Die Bände „Stahlbau", Teil 1 und Teil 2 sind die zusammengefaßten Manuskripte der Vorlesungen des Autors, die in 15 Jahren Lehrtätigkeit entstanden. Prägnant und übersichtlich wird in die wichtigen Nachweisverfahren eingeführt. Nomogramme und Tabellen werden als Hilfsmittel für den Praktiker vorgestellt. Zahlreiche Beispiele, die der Autor vielfach seiner Tätigkeit als Prüfingenieur für Baustatik entnommen hat, werden in Aufgabenform vorgestellt; der Lösungsweg wird in praxisbezogener Darstellung aufgezeigt.

Manfred Curbach,
Franz-Hermann Schlüter
Bemessung im Betonbau
Formeln, Tabellen
und Diagramme
Reihe: Bauingenieur-Praxis
1998. 341 Seiten.
Br. DM 98,-/öS 715,-/sFr 89,-
ISBN 3-433-01277-6

Dieses Nachschlagewerk enthält eine komplexe Sammlung von Formeln, Tabellen und Diagrammen zur Bemessung und Konstruktion von Stahl- und Spannbetonbauwerken, basierend auf dem aktuellen Stand der DIN-Normung und des Eurocode 2.
Nahezu alle auftretenden Bemessungs- und Konstruktionsprobleme lassen sich hiermit in Kürze und ohne weiteres Nachschlagen in Einzelliteratur lösen.

Ernst & Sohn
Verlag für Architektur
und technische Wissenschaften GmbH
Mühlenstraße 33-34, 13187 Berlin
Tel. (030) 478 89-284
Fax (030) 478 89-240
E-mail: mktg@verlag-eus.de
www.wiley-vch.de/ernst+sohn

Ioannis Vayas,
John Ermopoulos,
George Ioannidis
**Anwendungsbeispiele
zum Eurocode 3**
Reihe: Bauingenieur-Praxis
1998. 452 Seiten.
Br. DM 118,-/öS 861,-/sFr 105,-
ISBN 3-433-01756-5

Das vorliegende Buch ist eine Beispielsammlung und enthält 63 Rechenbeispiele zum Teil 1.1 des Eurocode 3 und seinen Anhängen.
Inhaltsübersicht
· Einwirkungen
· Querschnittsnachweise
· Bauteilnachweise
· Bemessung von Blechträgern
· Nachweise für Rahmen, Fachwerkträger und Verbände
· Bemessung mehrteiliger Stützen
· Bemessung von Schraub- und Schweißverbindungen
· Nachweise der Stützenfüße

Zum besseren Verständnis der Norm wird bei allen Beispielen auf die entsprechenden Abschnitte des Normtextes hingewiesen und bei Unklarheiten kommentiert.

1 Einführung und Gliederung des Buches

Es läßt sich behaupten, daß in der heutigen Zeit kein konstruktiver Bauingenieur ohne eine gewisse Vertrautheit mit den Grundlagen der Baudynamik seiner Aufgabe gerecht werden kann. Das liegt nicht zuletzt darin begründet, daß die bis etwa Mitte des 19. Jahrhunderts (noch vor der industriellen Revolution) entstandenen Bauwerke im allgemeinen recht massiv waren und darüber hinaus bauweisenbedingt über eine relativ hohe Dämpfung verfügten, so daß sie auf die meisten dynamischen Einwirkungen (mit Ausnahme der seismischen Beanspruchung) relativ unempfindlich reagierten. Im Gegensatz dazu zeichnen sich moderne Konstruktionen durch geringes Eigengewicht und ebensolche Dämpfung aus, womit ihre Schwingungsanfälligkeit stark zunimmt. Parallel dazu sind zu den schon immer vorhandenen dynamischen Lasten natürlichen Ursprungs (z.B. Wind und Erdbeben) vielfältige dynamische Vibrations- und Erschütterungsmechanismen technischen Ursprungs hinzugekommen, z.B. in Form von Stoß- und Maschinenkräften, schienen- und straßenverkehrsbedingten Erschütterungen und nicht zuletzt Explosions- und Deflagrationsbeanspruchungen sowie Fahrzeuganprallasten. Eine ganze Reihe wichtiger Bauwerkstypen und Konstruktionsformen des heutigen Ingenieurbaues können unter Umständen schwingungsempfindlich sein, und dieser Tatsache muß jeder Standsicherheitsnachweis Rechnung tragen. Zu den implizit schwingungsgefährdeten Strukturen gehören neben schlanken Hochhäusern, weitgespannten Brücken (vor allem Hänge- und Schrägseilbrücken), Offshore-Bauwerken, Kühltürmen und hohen Masten (mit und ohne Abspannung) auch Industriehallen, Maschinenunterstützungskonstruktionen, Glockentürme und antike Denkmäler.

Aufgabe des Bauingenieurs ist bekanntlich die wirtschaftliche und sichere Bemessung der Bauwerke für alle relevanten Lasteinwirkungen. Der prinzipielle Verlauf eines Standsicherheitsnachweises kann dabei schematisch wie in Bild 1-1 dargestellt werden.

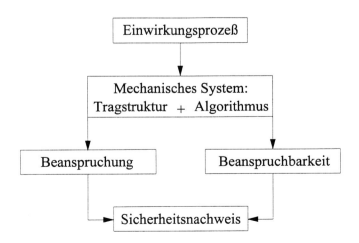

Bild 1-1: Schematischer Verlauf des Standsicherheitsnachweises

Beim Standsicherheitsnachweis von Strukturen unter zeitabhängigen Lasteinwirkungen treten im Vergleich zur Untersuchung „statischer", also zeitunabhhängiger, Lasten folgende drei Besonderheiten auf:

1. Die Beschreibung der zeitabhängigen Belastung (Modell der Einwirkung) ist in jedem Fall komplexer als bei einer statischen Last.

2. Auch das mathematische Modell der Struktur, an dem die für den Standsicherheitsnachweis benötigten Schnittkräfte und Verformungen ermittelt werden, wird komplexer, da es neben den Steifigkeitseigenschaften des Systems auch dessen Massen- und Dämpfungseigenschaften abbilden muß.

3. Die Beanspruchbarkeit von System und Werkstoff für zeitabhängige Lasteinwirkungen muß ebenfalls sorgfältig untersucht werden, da sie von derjenigen für statische Beanspruchung stark abweichen kann. Stichworte dazu sind z.B. die Dauerfestigkeit, die Zeitfestigkeit und diverse Schädigungshypothesen für zyklische Beanspruchung.

Nicht jede zeitveränderliche Lasteinwirkung eines bestimmten Tragwerks erfordert eine dynamische Untersuchung; entscheidend für deren Notwendigkeit ist vielmehr das Auftreten nennenswerter Massenkräfte als Produkt von Masse und Beschleunigung. Das ist immer dann der Fall, wenn das Tragwerk imstande ist, dem Lastprozeß Energie zu entziehen und sie in kinetische Energie umzuwandeln.

In diesem Buch werden Methoden und Modelle der Baudynamik erläutert und eine Reihe der für die Lösung baudynamischer Aufgaben benötigten Werkzeuge in Form lauffähiger Programme präsentiert. Der Schwerpunkt liegt dabei auf den grundlegenden Methoden und Algorithmen, die bei praktisch allen baudynamischen Aufgaben zum Einsatz kommen können.

Zur Gliederung des Buches:

Nach dieser Einführung werden in Kapitel 2 einige grundlegende Beziehungen aus verschiedenen Disziplinen (Mechanik, Mathematik, Festigkeitslehre, Zufallsschwingungstheorie) zusammengestellt, die bei dynamischen Berechnungen regelmäßig eine Rolle spielen.
Kapitel 3 behandelt den Einmassenschwinger, der als einfachstes dynamisches Strukturmodell immer wieder erfolgreich in der Praxis Verwendung findet. Am Einmassenschwinger lassen sich besonders anschaulich die grundlegenden Berechnungsverfahren im Zeit- und im Frequenzbereich erläutern (DUHAMEL-Integral, Direkte Integration, Integraltransformationsmethoden), und auch Fragen der Schwingungsisolierung sowie die Behandlung physikalisch nichtlinearer Systeme kommen in diesem Kapitel zur Sprache.
Diskrete Mehrmassenschwinger werden im vierten Kapitel behandelt. Nach Erläuterung der für die praktische Anwendung wichtigen Kondensations- und Unterstrukturtechniken folgen die Modale Analyse und die Lösung des Eigenwertproblems und anschließend Direkte Integrationsverfahren und Frequenzbereichsmethoden.
Im fünften Kapitel werden Stabtragwerke mit verteilter Masse und Steifigkeit untersucht, und zwar sowohl nach der EULER/BERNOULLI- als auch nach der TIMOSHENKO-Theorie.
Das sechste Kapitel behandelt die Beanpruchung von Kirchtürmen durch Glockenläuten und geht auch auf Möglichkeiten der experimentellen Schwingungsuntersuchung ein, vorgeführt an Hand konkreter Beispiele aus der Praxis.

1 Einführung und Gliederung des Buches

In den Kapiteln 7, 8 und 9 wird der für die Baudynamik zentrale Lastfall Erdbeben in einer gewissen Breite dargestellt, wobei sich reichlich Gelegenheit zur Anwendung der bereits entwickelten Rechenprogramme findet. Kapitel 7 behandelt neben den geophysikalischen Grundlagen die für den Ingenieur wichtigsten Kennfunktionen der Bodenbeschleunigung, dazu die rechnerischen Modelle zur Ermittlung der Tragwerksbeanspruchung. Im Kapitel 8 werden in drei Abschnitten praktische Beispiele diskutiert, betreffend das nichtlineare seismische Verhalten von Hochhäusern, eine Untersuchung des seismischen Verhaltens des Kölner Doms sowie eine Eigenfrequenzuntersuchung eines Raffineriebehälters. Im Kapitel 9 wird die Berechnung seismisch beanspruchter Flüssigkeitsbehälter behandelt und schließlich werden im Anhang die in dem Buch vorgestellten Rechenprogramme mit Eingabebeschreibungen sowie den Ein- und Ausgabedateien ausgesuchter Beispiele zusammengefaßt und für den Benutzer übersichtlich geordnet.

2 Grundlagen

2.1 Größen und Einheiten

Verwendet wird das „Internationale Einheitensystem" (SI, „Système international") mit insgesamt sieben Basisgrößen, von denen im Rahmen der Baudynamik üblicherweise nur folgende benötigt werden:

Länge l:	Einheit Meter, m
Masse m, M:	Einheit Kilogramm, kg
Zeit t:	Einheit Sekunde, s

Die jeweilige Dimension wird in eckigen Klammern angegeben, gemäß

Länge l:	[L]
Masse m, M:	[M]
Zeit t:	[Z]

Die folgenden, häufig gebrauchten mechanischen Variablen (deren Standardbezeichnungen in geschweiften Klammern aufgeführt werden) stellen bis auf die Verschiebung abgeleitete Größen dar:

- Verschiebung: $\{u, w\}$, Dimension [L], Einheit m.
- Geschwindigkeit: $\{\dot{u}, \dot{w}\}$, in der Zeiteinheit zurückgelegter Weg bzw. Ableitung des Weges nach der Zeit, Dimension $[L\ Z^{-1}]$, Einheit m/s.
- Beschleunigung: $\{\ddot{u}, \ddot{w}\}$, Änderung der Geschwindigkeit in der Zeiteinheit bzw. zweite Ableitung des Weges nach der Zeit, Dimension $[L\ Z^{-2}]$, Einheit m/s^2.
- Kraft: Das zweite NEWTONsche Gesetz postuliert, daß die auf einen Körper wirkende Kraft dem Produkt aus seiner „trägen" Masse m mit ihrer Beschleunigung $\underline{a}$ entspricht, $\underline{F} = m\ \underline{a}$. Hier und auch im weiteren stellen unterstrichene Größen Vektoren bzw. Matrizen dar. Damit erhält die Kraft $\{F\}$ die Dimension $[M\ L\ Z^{-2}]$, die Einheit ist 1 kgms^{-2} oder 1 N (Newton).
- Druck: Er ist definiert als Kraft pro Flächeneinheit, mit der Dimension $[M\ L^{-1}\ Z^{-2}]$ und der Einheit 1 N/m^2 oder 1 Pa (Pascal).
- Arbeit: $\{W\}$, entspricht dem Integral des Vektorprodukts (Kraft · Weginkrement) bzw. dem Vektorprodukt (Kraft · Weg), mit der Dimension $[M\ L^2\ Z^{-2}]$ und der Einheit 1 Nm = 1 J (Joule).
- Leistung: $\{P\}$, entspricht der in der Zeiteinheit geleisteten Arbeit bzw. dem Integral von (Kraft · Geschwindigkeitsinkrement). Die Dimension lautet $[M\ L^2\ Z^{-3}]$, die Einheit ist 1 Nm/s = 1 W (Watt).
- Dichte: $\{\rho\}$, gleich der Masse pro Volumseinheit, mit der Dimension $[M\ L^{-3}]$ und der Einheit 1 kg/m^3.

Einige weitere Umrechnungsbeziehungen mit anderen, z.T. älteren Einheiten:

Druck: 1 Millibar (mbar), entsprechend 0,1 kPa oder 0,1 kN/m^2.
Arbeit: 1 J = 1 Nm = 2,78 10^{-7} kWh.
Leistung: 1 W = 1 J/s = 1,36 10^{-3} PS (Pferdestärken).

Es empfiehlt sich, im Rahmen baudynamischer Berechnungen ein System konsistenter Einheiten zugrundezulegen, womit fehleranfällige Masse-Kraft-Umrechnungen entfallen. Das gelingt zum Beispiel, wenn Massen in 1000 kg = 1 t (Tonne), Kräfte in kN, Längen in m und Zeiten in s eingesetzt werden. Dabei wird die bei der Definition der Gewichtskraft G gemäß

$$G = mg \qquad (2.1.1)$$

auftretende Erdbeschleunigung g von 9,81 m/s^2 oft mit dem Näherungswert g = 10 m/s^2 approximiert (2%iger Fehler), so daß die Masse von einer Tonne im Erdschwerefeld einer Gewichtskraft von 10 kN entspricht.

2.2 D´ALEMBERTsches Prinzip und Impulssatz

Im zweiten NEWTONschen Gesetz

$$\underline{F} = m\,\underline{a} \qquad (2.2.1)$$

wird der Vektor der „Trägheitskraft" $\underline{F}_I$ eingeführt, gemäß

$$\underline{F}_I = -m\,\underline{a} \qquad (2.2.2)$$

und damit ergibt sich die „pseudostatische" Formulierung des Gleichgewichts:

$$\underline{F} + \underline{F}_I = 0 \qquad (2.2.3)$$

Das ist das Prinzip von D´ALEMBERT, wonach bei beschleunigten Systemen das Kräftegleichgewicht formuliert werden kann, indem zusätzlich zur eingeprägten Kraft $\underline{F}$ die Trägheitskraft $\underline{F}_I$ Berücksichtigung findet. Dabei ist zu beachten, daß wir zur Definition der Trägheitskräfte ein raumfestes, nicht mitbeschleunigtes Koordinatensystem benötigen. In bezug auf ein mitbeschleunigtes Koordinatensystem befindet sich der Körper in Ruhe, es treten jedoch Trägheitskräfte auf, die von den sonstigen eingeprägten Kräften nicht zu unterscheiden sind. Durch die Einführung von Trägheitskräften als formal gleichwertige eingeprägte Kräfte werden dynamische Probleme in eine quasistatische Form überführt, und die Bewegungsdifferentialgleichungen lassen sich mittels des bekannten Schnittprinzips aus den Bedingungen des Kräfte- und Momentengleichgewichts gewinnen. Die Aufstellung einer Bewegungsdifferentialgleichung mit Hilfe des D'ALEMBERTschen Prinzips läßt sich anschaulich am folgenden Beispiel demonstrieren:

Gegeben sei der in Bild 2.2-1 skizzierte masselose Kragträger (Höhe h, Biegesteifigkeit EI, Punktmasse m am freien Ende), dessen Fußpunkt der Wegerregung z(t) unterworfen wird;

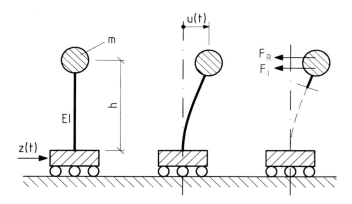

Bild 2.2-1: Kragträger mit Fußpunkterregung

gesucht ist die Bewegungsdifferentialgleichung des Systems. Als einzige Koordinate wird die Verschiebung u(t) der Masse m relativ zum Fußpunkt eingeführt. Die Masse wird sodann mit einem Rundschnitt vom Rest der Struktur getrennt und die wirkenden Kräfte treten wie in Bild 2.2-1 dargestellt auf. Es handelt sich dabei um die Rückstellkraft F_R, die die Masse in die Ursprungslage zurückzubringen trachtet und um die Trägheitskraft F_I, die ebenfalls in entgegengesetzter Richtung zur Auslenkung u(t) wirkt, mithin einer weiteren Auslenkung Widerstand leistet. Die Kräftegleichgewichtsbedingung (Summe aller horizontalen Kräfte ist gleich Null) liefert

$$F_R + F_I = 0 \qquad (2.2.4)$$

Mit

$$F_R = \text{(Federsteifigkeit k)} \cdot \text{(Auslenkung u)} = k \cdot u = \frac{3\,EI}{h^3} \cdot u$$

und

$$F_I = \text{Masse} \cdot \text{Absolutbeschleunigung} = m \cdot (\ddot{z} + \ddot{u})$$

lautet die gesuchte Bewegungsdifferentialgleichung

$$m \cdot \ddot{u} + \frac{3\,EI}{h^3} \cdot u = -m \cdot \ddot{z} \qquad (2.2.5)$$

Man achte auf konsistente Einheiten (z.B. kN, m, s, Tonnen).

Als weiteres Beispiel betrachten wir den in Bild 2.2-2 skizzierten Zweimassenschwinger. "Freischneiden" der Massen und Ansatz der Gleichgewichtsbedingungen liefert die Beziehungen

$$\begin{aligned} m_1 \ddot{u}_1 + k_1 u_1 - k_2 (u_2 - u_1) &= P_1 \\ m_2 \ddot{u}_2 + k_2 (u_2 - u_1) &= P_2 \end{aligned} \qquad (2.2.6)$$

2.2 D'ALEMBERTsches Prinzip und Impulssatz

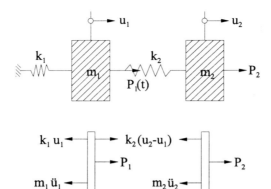

Bild 2.2-2: Zweimassenschwinger

bzw. in der kompakten matriziellen Schreibweise mit der Massenmatrix $\underline{M}$, der Steifigkeitsmatrix $\underline{K}$ und dem Lastvektor $\underline{F}$:

$$\begin{bmatrix} m_1 & 0 \\ 0 & m_2 \end{bmatrix} \begin{bmatrix} \ddot{u}_1 \\ \ddot{u}_2 \end{bmatrix} + \begin{bmatrix} k_1+k_2 & -k_2 \\ -k_2 & k_2 \end{bmatrix} \begin{bmatrix} u_1 \\ u_2 \end{bmatrix} = \begin{bmatrix} P_1 \\ P_2 \end{bmatrix} \qquad (2.2.7)$$

oder

$$\underline{M}\,\underline{\ddot{u}} + \underline{K}\,\underline{u} = \underline{F} \qquad (2.2.8)$$

Das nächste Beispiel ist der in Bild 2.2-3 skizzierte starre Stab mit der Masse m und dem Trägheitsmoment Θ um den Schwerpunkt S, der an seinen Endquerschnitten auf Senkfedern gelagert ist.

Die Gleichgewichtsbedingung in vertikaler Richtung (ΣV = 0) liefert

$$m\ddot{u} + (k_1 + k_2)u + (ak_1 - bk_2)\varphi = 0 \qquad (2.2.9)$$

und das Momentengleichgewicht ΣM = 0 um den Schwerpunkt führt zu

$$\Theta\ddot{\varphi} + (ak_1 - bk_2)u + (a^2 k_1 + b^2 k_2)\varphi = 0 \qquad (2.2.10)$$

Daraus folgt die Matrixgleichung:

$$\begin{bmatrix} m & 0 \\ 0 & \Theta \end{bmatrix} \begin{bmatrix} \ddot{u} \\ \ddot{\varphi} \end{bmatrix} + \begin{bmatrix} k_1 + k_2 & ak_1 - bk_2 \\ ak_1 - bk_2 & a^2 k_1 + b^2 k_2 \end{bmatrix} \begin{bmatrix} u \\ \varphi \end{bmatrix} = \begin{bmatrix} 0 \\ 0 \end{bmatrix} \qquad (2.2.11)$$

Das letzte Beispiel in diesem Abschnitt ist ein Waggon, dessen vier Radsätze mit den Wegerregungen y_{L1}, y_{L2}, y_{R1} und y_{R2} beaufschlagt werden (Bild 2.2-4). Hier sind neben den Federkräften auch Dämpfungskräfte zu betrachten, die sich als Produkt der Geschwindigkeit mit dem viskosen Dämpfungsfaktor c ergeben.

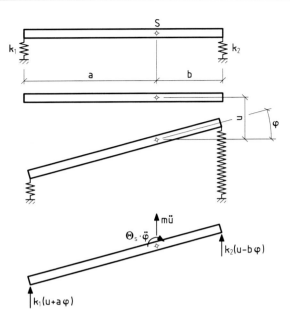

Bild 2.2-3: Starrer Stab auf Endfedern

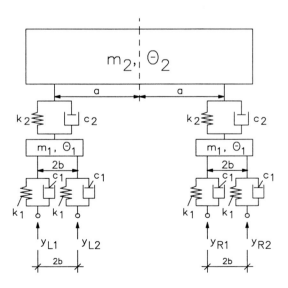

Bild 2.2-4: Modell eines Reisezugwaggons

"Freischneiden" der Massen und Ansatz der Gleichgewichtsbedingungen liefert jeweils zwei Gleichungen; wir beginnen mit dem Waggonoberteil (Bild 2.2-5):

2.2 D'ALEMBERTsches Prinzip und Impulssatz

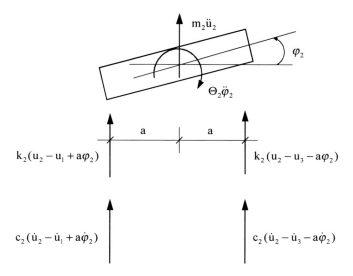

Bild 2.2-5: Freigeschnittener Waggonoberteil

Die Gleichgewichtsbedingung $\Sigma V = 0$ liefert:

$$m_2\ddot{u}_2 - c_2\dot{u}_1 + 2c_2\dot{u}_2 - c_2\dot{u}_3 - k_2 u_1 + 2k_2 u_2 - k_2 u_3 = 0 \qquad (2.2.12)$$

und das Momentengleichgewicht $\Sigma M = 0$:

$$\Theta_2\ddot{\varphi}_2 - ac_2\dot{u}_1 + ac_2\dot{u}_3 + 2a^2 c_2\dot{\varphi}_2 - ak_2 u_1 + ak_2 u_3 + 2a^2 k_2\varphi_2 = 0 \qquad (2.2.13)$$

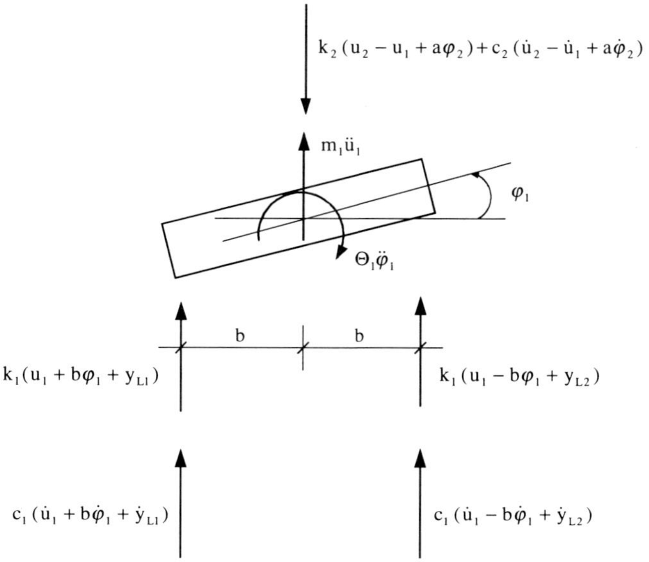

Bild 2.2-6: Freigeschnittener linker Bogie

Beim linken Bogie (Bild 2.2-6) ergibt sich entsprechend aus der Gleichgewichtsbedingung $\Sigma V = 0$:

$$m_1\ddot{u}_1 + (2c_1 + c_2)\dot{u}_1 - c_2\dot{u}_2 - ac_2\dot{\varphi}_2 + (2k_1 + k_2)u_1 - k_2u_2 - ak_2\varphi_2 =$$
$$= -c_1(\dot{y}_{L1} + \dot{y}_{L2}) - k_1(y_{L1} + y_{L2}) \quad (2.2.14)$$

und aus dem Momentengleichgewicht $\Sigma M = 0$:

$$\Theta_1\ddot{\varphi}_1 + 2b^2c_1\dot{\varphi}_1 + 2b^2k_1\varphi_1 = bc_1(-\dot{y}_{L1} + \dot{y}_{L2}) + bk_1(-y_{L1} + y_{L2}) \quad (2.2.15)$$

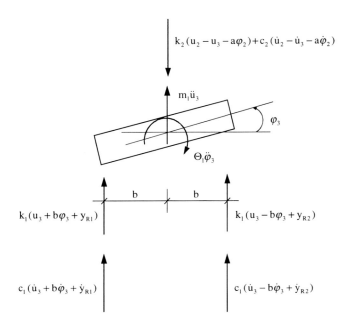

Bild 2.2-7: Freigeschnittener rechter Bogie

Beim rechten Bogie (Bild 2.2-7) wird aus der Bedingung $\Sigma V = 0$

$$m_1\ddot{u}_3 - c_2\dot{u}_2 + (2c_1 + c_2)\dot{u}_3 + ac_2\dot{\varphi}_2 - k_2u_2 + (2k_1 + k_2)u_3 + ak_2\varphi_2 =$$
$$= -c_1(\dot{y}_{R1} + \dot{y}_{R2}) - k_1(y_{R1} + y_{R2}) \quad (2.2.16)$$

und aus dem Momentengleichgewicht $\Sigma M = 0$:

$$\Theta_1\ddot{\varphi}_3 + 2b^2c_1\dot{\varphi}_3 + 2b^2k_1\varphi_3 = bc_1(-\dot{y}_{R1} + \dot{y}_{R2}) + bk_1(-y_{R1} + y_{R2}) \quad (2.2.17)$$

Die sechs bislang aufgestellten Gleichungen lassen sich kompakt in der Form

$$\underline{M}\,\underline{\ddot{V}} + \underline{C}\,\underline{\dot{V}} + \underline{K}\,\underline{V} = \underline{F} \quad (2.2.18)$$

darstellen, mit

2.2 D'ALEMBERTsches Prinzip und Impulssatz

$$\underline{M} = \begin{bmatrix} m_1 & & & & & \\ & m_2 & & & 0 & \\ & & m_1 & & & \\ & & & \Theta_1 & & \\ & 0 & & & \Theta_2 & \\ & & & & & \Theta_1 \end{bmatrix} \quad ; \quad \underline{\ddot{V}} = \begin{bmatrix} \ddot{u}_1 \\ \ddot{u}_2 \\ \ddot{u}_3 \\ \ddot{\varphi}_1 \\ \ddot{\varphi}_2 \\ \ddot{\varphi}_3 \end{bmatrix} \qquad (2.2.19)$$

$$\underline{C} = \begin{bmatrix} 2c_1+c_2 & -c_2 & 0 & 0 & -ac_2 & 0 \\ -c_2 & 2c_2 & -c_2 & 0 & 0 & 0 \\ 0 & -c_2 & 2c_1+c_2 & 0 & ac_2 & 0 \\ 0 & 0 & 0 & 2b^2c_1 & 0 & 0 \\ -ac_2 & 0 & ac_2 & 0 & 2a^2c_2 & 0 \\ 0 & 0 & 0 & 0 & 0 & 2b^2c_1 \end{bmatrix}, \quad \underline{\dot{V}} = \begin{bmatrix} \dot{u}_1 \\ \dot{u}_2 \\ \dot{u}_3 \\ \dot{\varphi}_1 \\ \dot{\varphi}_2 \\ \dot{\varphi}_3 \end{bmatrix} \qquad (2.2.20)$$

$$\underline{K} = \begin{bmatrix} 2k_1+k_2 & -k_2 & 0 & 0 & -ak_2 & 0 \\ -k_2 & 2k_2 & -k_2 & 0 & 0 & 0 \\ 0 & -k_2 & 2k_1+k_2 & 0 & ak_2 & 0 \\ 0 & 0 & 0 & 2b^2k_1 & 0 & 0 \\ -ak_2 & 0 & ak_2 & 0 & 2a^2k_2 & 0 \\ 0 & 0 & 0 & 0 & 0 & 2b^2k_1 \end{bmatrix}, \quad \underline{V} = \begin{bmatrix} u_1 \\ u_2 \\ u_3 \\ \varphi_1 \\ \varphi_2 \\ \varphi_3 \end{bmatrix} \qquad (2.2.21)$$

und dem Lastvektor

$$\underline{F} = \begin{bmatrix} -c_1(\dot{y}_{L1}+\dot{y}_{L2})-k_1(y_{L1}+y_{L2}) \\ 0 \\ -c_1(\dot{y}_{R1}+\dot{y}_{R2})-k_1(y_{R1}+y_{R2}) \\ -bc_1(\dot{y}_{L1}-\dot{y}_{L2})-bk_1(y_{L1}-y_{L2}) \\ 0 \\ -bc_1(\dot{y}_{R1}-\dot{y}_{R2})-bk_1(y_{R1}-y_{R2}) \end{bmatrix} \qquad (2.2.22)$$

Nun zum Impulssatz, hier bezogen auf rein translatorische Bewegungsvorgänge: Er besagt, daß das bestimmte Zeitintegral (Bild 2.2-8) der auf die Masse m wirkenden Kraft $\underline{F}$ zwischen den Zeitpunkten t_1 und t_2 als Änderung des Impulses zwischen t_1 und t_2 gleich ist dem Produkt aus m und dem Geschwindigkeitsunterschied $\Delta \underline{v}$ in diesem Zeitintervall:

$$\int_{t_1}^{t_2} \underline{F}(t)\,dt = m(\underline{v}_2 - \underline{v}_1) = m\Delta\underline{v} = \underline{I}_2 - \underline{I}_1 = \Delta\underline{I} \qquad (2.2.23)$$

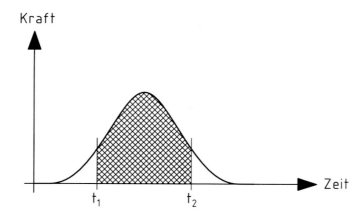

Bild 2.2-8: Impuls als Fläche des Kraft-Zeit-Diagramms

Das Integral in (2.2.23) wird durch den Flächeninhalt unterhalb der Kraft-Zeit-Funktion wiedergegeben und repräsentiert einen „Kraftstoß". In diesem Zusammenhang ist der Begriff der DIRACschen Delta-Funktion (bzw. des DIRACschen Einheitsimpulses) von Interesse, die man sich durch die unbegrenzte Verkürzung der Entfaltungsdauer ($t_2 \rightarrow t_1$) entstanden denken kann. Ein zum Zeitpunkt $t = t_1$ auftretender DIRAC-Impuls, symbolisch dargestellt durch $\delta(t - t_1)$, stellt eine Funktion mit folgenden Eigenschaften dar:

- Sie hat für alle $t \neq t_1$ den Wert Null, für $t = t_1$ strebt sie gegen unendlich.
- Das Integral von δ über die Zeitachse unter Einschluß von t_1 (dem Zeitpunkt des Auftretens des DIRAC-Impulses) liefert eine Einheitsfläche (Einheitsimpuls).

2.3 Energiesatz

Grundsätzlich wird unterschieden zwischen kinetischer und potentieller Energie, wobei erstere auch als Energie der Bewegung, letztere als Lageenergie bezeichnet werden kann. Für rein translatorische Bewegung beträgt die kinetische Energie einer mit der Geschwindigkeit v sich fortbewegenden Masse m

$$E_K = \frac{m \cdot v^2}{2} \qquad (2.3.1)$$

während für reine Rotation mit der Winkelgeschwindigkeit ω in $\frac{rad}{s}$ der entsprechende Ausdruck lautet:

$$E_K = \frac{\Theta \cdot \omega^2}{2} \qquad (2.3.2)$$

2.3 Energiesatz

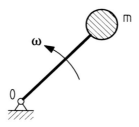

Bild 2.3-1: Um den Punkt O rotierende Masse m

Darin ist Θ das Massenträgheitsmoment (in $kg \cdot m^2$, bzw. in unserem konsistenten Einheitensystem in $t \cdot m^2$) der Punktmasse m um den im Abstand $\underline{r}$ befindlichen Drehpunkt O (Bild 2.3-1), definiert als

$$\Theta = m \cdot r^2 \qquad (2.3.3)$$

Massenträgheitsmomente einiger wichtiger starrer Körper werden im Abschnitt 2.4 zusammenfassend präsentiert.

Die potentielle Energie einer in der Höhe h über dem Bezugsniveau befindlichen Masse m beträgt

$$E_P = G \cdot h = m \cdot g \cdot h \qquad (2.3.4)$$

mit dem Gewicht G der Masse m. Eine besondere Form der potentiellen Energie stellt die (rückgewinnbare) Formänderungsarbeit W dar, die zur Verformung eines elastischen Körpers aufzuwenden ist. Bei einer Dehnfeder mit der Federkonstanten k_c in $\frac{kN}{m}$, definiert als diejenige Kraft in kN, die eine Federverformung vom Betrag 1 m hervorrufen würde, erzeugt die Kraft F (in kN) die Auslenkung $v = \frac{F}{k_c}$ (in m), und die in der verformten Feder gespeicherte Arbeit beträgt (Bild 2.3-2):

$$W = \frac{1}{2} \cdot F \cdot \frac{F}{k_c} = \frac{1}{2} \frac{F^2}{k_c} \qquad (2.3.5)$$

Der Faktor $\frac{1}{2}$ in (2.3.5) weist darauf hin, daß es sich bei W um die sogenannte „Eigenarbeit" handelt, bei der die Kraft ihren eigenen Weg schafft. Im Gegensatz dazu entfällt bei der „Verschiebungsarbeit", bei welcher der Angriffspunkt einer bereits in voller Höhe präsenten Kraft F um den Betrag v in Kraftrichtung verschoben wird, der Faktor $\frac{1}{2}$. Analog wird bei einer Drehfeder mit der Federkonstante k_φ in $\frac{kNm}{rad}$ durch das Moment M eine Eigenarbeit in

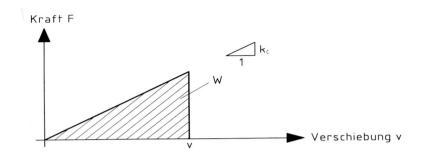

Bild 2.3-2: In einer elastischen Feder gespeicherte Arbeit

Höhe von

$$W = \frac{1}{2} \cdot M \cdot \frac{M}{k_\varphi} = \frac{1}{2} \frac{M^2}{k_\varphi} \qquad (2.3.6)$$

verrichtet und in der Feder gespeichert. Dabei wird die Drehfederkonstante k_φ als dasjenige Moment in kNm definiert, das eine Verdrehung der Feder von 1 rad bewirkt.

Für mechanische Systeme, in die Energie weder von außen (etwa durch Erregerkräfte) eingeführt, noch im Systeminneren (etwa durch Reibung) dissipiert wird, gilt der Energieerhaltungssatz (Energiesatz) in der Form

$$E = E_K + E_P = \text{const.} \qquad (2.3.7)$$

bzw.

$$\frac{d}{dt}(E) = \frac{d}{dt}(E_K + E_P) = 0 \qquad (2.3.8)$$

Dieses Ergebnis bedeutet, daß sich der Betrag der Gesamtenergie des Systems nicht ändert.

Wird ein nicht abgeschlossenes System durch die Kraft $\underline{F}$ angeregt, die eine Arbeit W_F leistet, und wird zusätzlich innerhalb des Systems die Energie W_D dissipiert, so gilt in Erweiterung von (2.3.8):

$$\frac{d}{dt}(E) = \frac{d}{dt}(W_F + W_D) \qquad (2.3.9)$$

2.4 Flächen- und Massenmomente

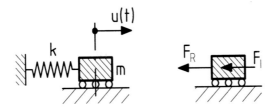

Bild 2.3-3: Ungedämpfter Einmassenschwinger

Als Beispiel für die Gültigkeit des Energiesatzes wird der ungedämpfte Einmassenschwinger von Bild 2.3-3 betrachtet, mit der Bewegungsdifferentialgleichung

$$F_I + F_R = m\ddot{u} + ku = 0 \qquad (2.3.10)$$

Die Gleichung wird durch die harmonische Schwingung

$$u(t) = u_0 \sin \omega t \qquad (2.3.11)$$

erfüllt, und durch Einsetzen von (2.3.11) in (2.3.10) und Kürzen ergibt sich

$$ku_0 = mu_0 \omega^2 \qquad (2.3.12)$$

bzw. nach Multiplikation beider Seiten der Gleichung mit $\frac{1}{2}u_0$:

$$\frac{1}{2}ku_0^2 = \frac{1}{2}m(u_0\omega)^2 \qquad (2.3.13)$$

Die linke Seite dieser Gleichung stellt die in der Feder gespeicherte maximale Formänderungsenergie dar, während rechts die maximale kinetische Energie steht.

2.4 Flächen- und Massenmomente

Als erstes wird die Bestimmung der Querschnittswerte eines polygonal begrenzten ebenen Querschnitts, wie in Bild 2.4-1 dargestellt, behandelt. Die Querschnittswerte A (Fläche), S_x, S_y (statische Momente) und I_x, I_y, I_{xy} (Trägheitsmomente und Zentrifugalmoment) lassen sich nach folgenden Formeln ausrechnen, wobei die Form des Querschnitts durch die (x,y)-Koordinaten aller n Eckpunkte definiert wird (nach FLESSNER [2.1]). Dabei ist zu beachten, daß Punkt 1 als Punkt n nochmals zu berücksichtigen ist, damit der Polygonzug geschlossen wird. Die Numerierung erfolgt im mathematisch positiven Sinn (Gegenuhrzeigersinn), und das Flächeninnere soll beim Durchlaufen der Randlinie stets zur Linken liegen. Mehrzellige Querschnitte werden, wie in Bild 2.4-1 angedeutet, durch fiktive Schnitte der Breite Null in einfach zusammenhängende Flächen überführt.

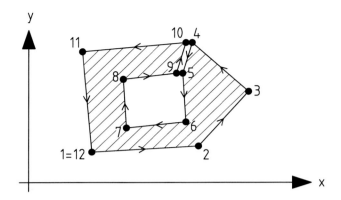

Bild 2.4-1: Ebener Querschnitt mit Koordinatensystem

$$A = \frac{1}{2} \sum_{i=1}^{n-1} (x_i y_{i+1} - x_{i+1} y_i) \quad (2.4.1)$$

$$S_x = \frac{1}{6} \sum_{i=1}^{n-1} \left[(x_i y_{i+1} - x_{i+1} y_i)(y_i + y_{i+1}) \right] \quad (2.4.2)$$

$$S_y = \frac{1}{6} \sum_{i=1}^{n-1} \left[(x_i y_{i+1} - x_{i+1} y_i)(x_i + x_{i+1}) \right] \quad (2.4.3)$$

$$I_x = \frac{1}{12} \sum_{i=1}^{n-1} \left[(x_i y_{i+1} - x_{i+1} y_i) \left([y_i + y_{i+1}]^2 - y_i y_{i+1} \right) \right] \quad (2.4.4)$$

$$I_y = \frac{1}{12} \sum_{i=1}^{n-1} \left[(x_i y_{i+1} - x_{i+1} y_i) \left([x_i + x_{i+1}]^2 - x_i x_{i+1} \right) \right] \quad (2.4.5)$$

$$I_{xy} = \frac{1}{12} \sum_{i=1}^{n-1} \left[(x_i y_{i+1} - x_{i+1} y_i) \left[(x_i + x_{i+1})(y_i + y_{i+1}) - \frac{1}{2}(x_i y_{i+1} + x_{i+1} y_i) \right] \right] \quad (2.4.6)$$

Die Bestimmung der Hauptachsen (ξ, η) und der darauf bezogenen Hauptträgheitsmomente I_ξ, I_η des Querschnitts kann wie folgt geschehen:

- Einführung eines beliebigen kartesischen Koordinatensystems (x,y) wie in Bild 2.4-1 skizziert und Ermittlung von A, S_x, S_y, I_x, I_y, I_{xy} nach (2.4.1) bis (2.4.6).

- Bestimmung der Abstände x_s, y_s des Schwerpunkts S des Querschnitts von den Achsen des (x,y)-Koordinatensystems:

2.4 Flächen- und Massenmomente

$$x_s = \frac{S_y}{A} \qquad (2.4.7)$$

$$y_s = \frac{S_x}{A} \qquad (2.4.8)$$

- Berechnung der Hauptträgheitsmomente I_ξ, I_η um die Hauptachsen ξ, η mit Hilfe folgender Beziehungen, wobei $(\bar{x}, \bar{y})$ das zu (x,y) parallele Koordinatensystem durch den Schwerpunkt der Fläche darstellt und φ_0 der Winkel zwischen der ξ-Achse und der $\bar{x}$-Achse ist (Bild 2.4-2).

$$I_{\bar{x}} = I_x - A y_s^2 \qquad (2.4.9)$$

$$I_{\bar{y}} = I_y - A x_s^2 \qquad (2.4.10)$$

$$I_{\overline{xy}} = I_{xy} - A x_s y_s \qquad (2.4.11)$$

$$\tan 2\varphi_0 = \frac{2 I_{\overline{xy}}}{I_{\bar{y}} - I_{\bar{x}}} \qquad (2.4.12)$$

$$I_\xi = \frac{I_{\bar{x}} + I_{\bar{y}}}{2} + \left[\frac{I_{\bar{x}} - I_{\bar{y}}}{2} \cos 2\varphi_0 - I_{\overline{xy}} \sin 2\varphi_0 \right] \qquad (2.4.13)$$

$$I_\eta = \frac{I_{\bar{x}} + I_{\bar{y}}}{2} - \left[\frac{I_{\bar{x}} - I_{\bar{y}}}{2} \cos 2\varphi_0 - I_{\overline{xy}} \sin 2\varphi_0 \right] \qquad (2.4.14)$$

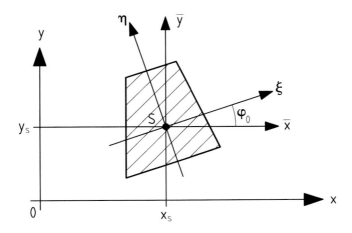

Bild 2.4-2: Lage der Hauptachsen eines ebenen Querschnitts

Das Programm AREMOM führt diese Berechnungsschritte im einzelnen durch. Als Beispiel betrachten wir den in Bild 2.4-3 skizzierten Querschnitt eines Kanals, dessen Querschnittswerte und Hauptachsen gesucht werden.

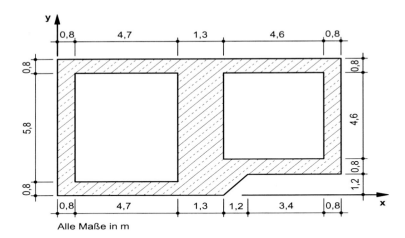

Bild 2.4-3: Kanalquerschnitt

Die Eingabedatei KOORD.ARE des Programms AREMOM lautet:

```
19
        0.0, 0.0         0.8, 7.4
        6.8, 0.0         0.8, 6.6
        8.0, 1.2         5.5, 6.6
       12.2, 1.2         5.5, 0.8
       12.2, 7.4         0.8, 0.8
       11.4, 7.4         0.8, 7.4
       11.4, 2.0         0.0, 7.4
        6.8, 2.0         0.0, 0.0
        6.8, 6.6
       11.4, 6.6
       11.4, 7.4
```

und wir erhalten in der Ausgabedatei (MOMENT.ARE) nach einem Kontrollausdruck der Eingabedaten folgende Resultate:

```
Fläche         36.10000
Sx            138.874000
Sy            215.907000
Ixx           767.150300
Iyy          1805.667000
Ixy           859.153500
Winkel (Grad)       5.739
Ixi           230.040500
Ieta          517.242400
xs              5.9808
ys              3.8469
Ixs           232.912300
Iys           514.370500
Ixys            28.575480
```

2.4 Flächen- und Massenmomente

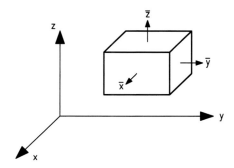

Bild 2.4-4: Koordinatensystem und Bezeichnungen im dreidimensionalen Fall

Bei dreidimensionalen starren Körpern werden die auf ein kartesisches Rechtskoordinatensystem (x,y,z) bezogenen Massenträgheits- und -zentrifugalmomente wie folgt definiert:

$$\begin{aligned}
\Theta_{xx} &= \int_V \left(y^2 + z^2\right) dm \\
\Theta_{yy} &= \int_V \left(z^2 + x^2\right) dm \\
\Theta_{zz} &= \int_V \left(x^2 + y^2\right) dm \\
\Theta_{xy} &= \int_V xy\, dm \\
\Theta_{yz} &= \int_V yz\, dm \\
\Theta_{zx} &= \int_V zx\, dm
\end{aligned} \qquad (2.4.15)$$

Bei homogenen Körpern mit der Dichte ρ beträgt das differentielle Massenelement dm= ρ dV; die Integrale sind über das Gesamtvolumen V des Körpers zu erstrecken. Sind für ein bestimmtes Achsenkreuz x, y, z alle drei Zentrifugalmomente gleich Null, so handelt es sich bei diesem um ein Hauptachsenkoordinatensystem.

Die Ermittlung der Hauptträgheitsmomente eines starren Körpers erfolgt analog zum ebenen Fall in folgenden Schritten:

- Bestimmung des Volumens, der statischen Momente, des Schwerpunkts und sämtlicher Massenträgheits- und -zentrifugalmomente (Θ_{xx}, Θ_{yy}, Θ_{zz}, Θ_{xy}, Θ_{yz}, Θ_{zx}) des Körpers bezogen auf ein beliebig gewähltes (x,y,z)-Koordinatensystem. Für homogene Körper, die durch ebene Flächen begrenzt werden, lassen sich dafür nach PREDIGER [2.2] und PETERSEN [2.3] geschlossene Ausdrücke angeben, auf deren Wiedergabe hier verzichtet wird. Das Programm BODMOM führt die entsprechende Berechnung durch.

- Mit Hilfe des STEINERschen Satzes lassen sich sodann die Trägheits- und Zentrifugalmomente $\Theta_{\overline{ik}}$ um das zu (x,y,z) parallele Koordinatensystem $(\overline{x},\overline{y},\overline{z})$, das durch den Schwerpunkt verläuft, bestimmen. Die Gesamtmasse des homogenen Körpers wird mit M bezeichnet, und es gilt mit den Schwerpunktsabständen x_s, y_s und z_s:

$$\Theta_{\overline{xx}} = \Theta_{xx} - M(y_s^2 + z_s^2) \qquad (2.4.16)$$

$$\Theta_{\overline{yy}} = \Theta_{yy} - M(z_s^2 + x_s^2) \qquad (2.4.17)$$

$$\Theta_{\overline{zz}} = \Theta_{zz} - M(x_s^2 + y_s^2) \qquad (2.4.18)$$

$$\Theta_{\overline{xy}} = \Theta_{xy} - M x_s y_s \qquad (2.4.19)$$

$$\Theta_{\overline{yz}} = \Theta_{yz} - M y_s z_s \qquad (2.4.20)$$

$$\Theta_{\overline{zx}} = \Theta_{zx} - M z_s x_s \qquad (2.4.21)$$

- Die Hauptträgheitsmomente $\Theta_1, \Theta_2, \Theta_3$ ergeben sich als Lösungen der kubischen Gleichung

$$\Theta^3 - I_1 \Theta^2 + I_2 \Theta - I_3 = 0 \qquad (2.4.22)$$

mit den Koeffizienten

$$I_1 = \Theta_{\overline{xx}} + \Theta_{\overline{yy}} + \Theta_{\overline{zz}} \qquad (2.4.23)$$

$$I_2 = \Theta_{\overline{xx}} \cdot \Theta_{\overline{yy}} + \Theta_{\overline{yy}} \cdot \Theta_{\overline{zz}} + \Theta_{\overline{zz}} \cdot \Theta_{\overline{xx}} - (\Theta_{\overline{xy}} \cdot \Theta_{\overline{xy}} + \Theta_{\overline{yz}} \cdot \Theta_{\overline{yz}} + \Theta_{\overline{zx}} \cdot \Theta_{\overline{zx}}) \qquad (2.4.24)$$

$$I_3 = \begin{vmatrix} \Theta_{\overline{xx}} & \Theta_{\overline{xy}} & \Theta_{\overline{xz}} \\ \Theta_{\overline{xy}} & \Theta_{\overline{yy}} & \Theta_{\overline{yz}} \\ \Theta_{\overline{xz}} & \Theta_{\overline{yz}} & \Theta_{\overline{zz}} \end{vmatrix} \qquad (2.4.25)$$

Wegen weiterer Einzelheiten wird auf die oben zitierte Stelle verwiesen.

Ein Beispiel für die Berechnung der Massenmomente eines festen Körpers mit Hilfe des Programms BODMOM ist die in Bild 2.4-5 skizzierte Pyramide über einem quadratischen Grundriß, begrenzt durch vier Dreiecke und ein Quadrat, also insgesamt 5 Flächen mit jeweils 3 bzw. 4 Eckpunkten. Die dazugehörige Eingabedatei KOORD.BOD zu BODMOM lautet:

2.4 Flächen- und Massenmomente

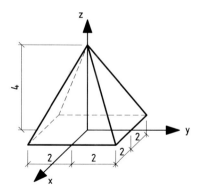

Bild 2.4-5: Gerade Pyramide über quadratischem Grundriß

```
5
3
3
3
3
4
 2.0,-2.0,0.0
 2.0, 2.0,0.0
 0.0, 0.0,4.0
 2.0, 2.0,0.0
-2.0, 2.0,0.0
 0.0, 0.0,4.0
-2.0, 2.0,0.0
-2.0,-2.0,0.0
 0.0, 0.0,4.0
-2.0,-2.0,0.0
 2.0,-2.0,0.0
 0.0, 0.0,4.0
 2.0,-2.0,0.0
 2.0, 2.0,0.0
-2.0, 2.0,0.0
-2.0,-2.0,0.0
```

Die in der Datei MOMENT.BOD abgelegten Ergebnisse für die statischen Momente S_x, S_y, S_z, die Koordinaten des Schwerpunkts, das Volumen sowie die Trägheits- und Zentrifugalmomente um die Achsen x, y und z lauten:

```
Statische Momente    Sx, Sy, Sz:       .0000E+00    .0000E+00    .2133E+02
Schwerpunkt liegt bei (xs, ys, zs):    .0000E+00    .0000E+00    .1000E+01
Volumen V:                             .2133E+02
Momente 2. Ordnung Jxx, Jyy, Jzz:      .5120E+02    .5120E+02    .3413E+02
Momente 2. Ordnung Jxy, Jyz, Jzx:      .0000E+00    .0000E+00    .0000E+00
```

In der nachfolgenden Tabelle sind Massen und Massenhaupträgheitsmomente einiger fester homogener Körper zusammengestellt.

	Masse m	Θ_x	Θ_y	Θ_z
Dünner Stab	$\rho \cdot A \cdot \ell$	0	$\dfrac{m \cdot \ell^2}{12}$	$\dfrac{m \cdot \ell^2}{12}$
Quader	$\rho \cdot a \cdot b \cdot c$	$\dfrac{m}{12}(b^2 + c^2)$	$\dfrac{m}{12}(a^2 + c^2)$	$\dfrac{m}{12}(a^2 + b^2)$
Zylinder	$\rho \cdot \pi \cdot a^2 \cdot d$	$m\left(\dfrac{a^2}{4} + \dfrac{d^2}{12}\right)$	$m\left(\dfrac{a^2}{4} + \dfrac{d^2}{12}\right)$	$m\dfrac{a^2}{2}$
Dünnwandiges Rohr	$\rho \cdot 2\pi a t d$	$m\left(\dfrac{a^2}{2} + \dfrac{d^2}{12}\right)$	$m\left(\dfrac{a^2}{2} + \dfrac{d^2}{12}\right)$	ma^2
Halbkreiszylinder	$\rho \cdot \dfrac{\pi a^2 d}{2}$	$\dfrac{m}{36}(3d^2 + 2{,}515\,a^2)$	$m\left(\dfrac{a^2}{4} + \dfrac{d^2}{12}\right)$	$0{,}320 \cdot ma^2$
Kugel	$\rho \cdot \dfrac{4}{3} \cdot \pi \cdot a^3$	$\dfrac{2}{5} \cdot m \cdot a^2$	$\dfrac{2}{5} \cdot m \cdot a^2$	$\dfrac{2}{5} \cdot m \cdot a^2$

Die in diesem Abschnitt angewandten Programme werden nachfolgend mit ihren Ein- und Ausgabedateien zusammengefaßt:

Programmname	Eingabedatei	Ausgabedatei
AREMOM	KOORD.ARE	MOMENT.ARE
BODMOM	KOORD.BOD	MOMENT.BOD

2.5 Komplexe Darstellung harmonischer Vorgänge, sinusoidale Größen

In der Baudynamik spielen harmonische Schwingungsvorgänge und deren Darstellung mit Hilfe komplexer Zahlen und Exponentialfunktionen eine zentrale Rolle. Einige der wichtigsten damit zusammenhängenden Begriffe und Beziehungen werden in diesem Abschnitt behandelt.

Wir betrachten zunächst eine komplexe Größe F, die aus Real- und Imaginärteil besteht, gemäß

$$F = a + i \cdot b \qquad (2.5.1)$$

mit $i = \sqrt{-1}$ (Bild 2.5-1). Die Multiplikation mit der imaginären Einheit i bewirkt eine Drehung von b um $\frac{\pi}{2}$ zur imaginären Achse hin; eine erneute Multiplikation von b mit i würde

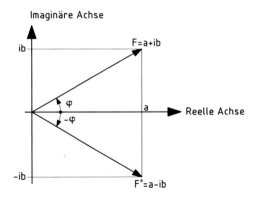

Bild 2.5-1: Komplexe Zahlenebene

eine weitere Drehung um $\frac{\pi}{2}$ bedeuten, so daß b nunmehr in Richtung der negativen reellen Achse zeigen würde, entsprechend $i^2 = -1$. Mit dem Winkel φ nach Bild 2.5-1 läßt sich F in der sogenannten trigonometrischen Form (d.h. in Polarkoordinaten) darstellen:

$$F = |F|(\cos\varphi + i \cdot \sin\varphi) \qquad (2.5.2)$$

Hierbei ist $|F|$ der Absolutbetrag und φ (in Radian) das Argument oder der Phasenwinkel von F. Es gilt

$$|F| = \sqrt{a^2 + b^2} \qquad (2.5.3)$$

$$\varphi = \arctan\frac{b}{a} \qquad (2.5.4)$$

Eine weitere Darstellungsmöglichkeit von F ist die Exponentialform. Ausgehend von der EULERschen Formel für komplexe Größen

$$e^{zi} = \cos z + i \cdot \sin z$$
$$e^{-zi} = \cos z - i \cdot \sin z \quad (2.5.5)$$

erhält man durch Vergleich mit (2.5.2):

$$F = |F| e^{i\varphi} \quad (2.5.6)$$

Die zu F konjugiert komplexe Größe F* besitzt denselben Realteil und einen Imaginärteil, der sich von demjenigen von F nur durch das Vorzeichen unterscheidet (Bild 2.5-1); geometrisch gesehen ist F* das Spiegelbild von F um die reelle Achse.

Harmonische Schwingungsvorgänge werden oft durch rotierende Vektoren veranschaulicht, die sich um den Ursprung mit der konstanten Winkelgeschwindigkeit ω drehen. Es ist:

$$F = |F| e^{i\theta} \quad (2.5.7)$$

Der Phasenwinkel θ beträgt hier

$$\theta = \omega \cdot t + \varphi \quad (2.5.8)$$

mit der „Anfangsphase" φ. Allgemein kann die mit der Zeit sinusoidal variierende Größe f(t) durch

$$f(t) = A \cdot \sin(\omega \cdot t + \varphi) \quad (2.5.9)$$

beschrieben werden. Bild 2.5-2 zeigt einen Teil dieser Sinusfunktion, mit der Amplitude A, der Kreisfrequenz ω und den Anfangs-Phasenwinkel φ.

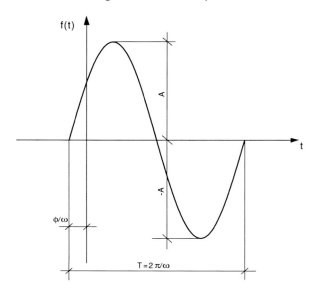

Bild 2.5-2: Eine Periode der Sinus-Zeitfunktion

2.6 Frequenzanalyse

Neben der „Kreisfrequenz" ω in der Einheit Radian/Sekunde (rad s^{-1}) wird häufig die Frequenz f mit der Einheit 1/s oder Hertz (Hz) verwendet. Es ist

$$\omega = 2 \cdot \pi \cdot f \qquad (2.5.10)$$

Die Periode T in s entspricht dem Reziprokwert der Frequenz f:

$$T = 1/f = 2\pi/\omega. \qquad (2.5.11)$$

Zusammenfassend ist festzustellen:

- Die Kreisfrequenz ω in rad / s gibt die Anzahl der Schwingungszyklen in 2π Sekunden an.
- Die Frequenz f in Hz gibt die Anzahl der Schwingungszyklen pro Sekunde an.
- Die Periode T in s ist gleich der Dauer eines Schwingungszyklusses.

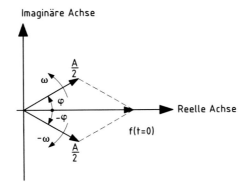

Bild 2.5-3: Gegensinnig rotierende Vektoren

Eine sehr anschauliche Deutung harmonisch variierender Größen der Form (2.5.9) gelingt durch die Betrachtung von zwei mit der Winkelgeschwindigkeit ω bzw. -ω gegensinnig rotierenden Vektoren der Länge $\frac{A}{2}$ (Bild 2.5-3). Zum Zeitpunkt t=0 schließen die Vektoren mit der reellen Achse einen Winkel φ bzw. -φ ein, entsprechend der Anfangsphasenverschiebung der Schwingung. Die Schwingungsamplitude ist gleich der (auf der reellen Achse liegenden) Resultierenden beider Vektoren.

2.6 Frequenzanalyse

Eine Vielzahl von baudynamischen Algorithmen und Rechenmethoden nutzen die Möglichkeiten der Frequenzanalyse, d.h. der Zerlegung von Zeitfunktionen in ihre „harmonischen Komponenten". Zur Einführung wird eine reelle periodische Funktion f(t) mit der Periode T= $\frac{2\pi}{\omega}$ betrachtet. Es gilt

$$f(t+T) = f(t) \qquad (2.6.1)$$

In komplexer Darstellung läßt sich f(t) als Summe von Exponentialfunktionen formulieren:

$$f(t) = a_0 + a_1 e^{i\omega t} + a_2 e^{2i\omega t} + \cdots + a_n e^{ni\omega t} + a_{-1} e^{-i\omega t} + a_{-2} e^{-2i\omega t} + \cdots + a_{-n} e^{-ni\omega t} \quad (2.6.2)$$

oder kürzer

$$f(t) = \sum_{n=-\infty}^{\infty} a_n e^{ni\omega t} \quad (2.6.3)$$

Die Bestimmung des Koeffizienten a_0 erfolgt einfach durch Integration beider Seiten über eine Periode, wobei wegen der Periodizität der komplexen Exponentialfunktion alle Terme der rechten Seite mit Ausnahme von a_0 verschwinden:

$$\int_0^{\frac{2\pi}{\omega}} a_n e^{ni\omega t} dt = \frac{a_n}{ni\omega} \left[e^{ni\omega t} \right]_0^{2\pi/\omega} = \frac{a_n}{ni\omega} \left[e^{2n\pi i} - e^0 \right] = 0 \quad (2.6.4)$$

Damit gilt

$$\int_0^{\frac{2\pi}{\omega}} f(t) dt = \frac{2\pi a_0}{\omega} \quad (2.6.5)$$

und daraus ergibt sich

$$a_0 = \frac{\omega}{2\pi} \int_0^{\frac{2\pi}{\omega}} f(t) dt = \frac{1}{T} \int_0^T f(t) dt \quad (2.6.6)$$

mit a_0 als Mittelwert der Funktion. Zur Bestimmung des Koeffizienten a_n werden beide Seiten von (2.6.3) mit $\exp(-ni\omega t)$ multipliziert und über eine Periode integriert. Auf der rechten Seite sind alle Glieder bis auf jenes mit a_n gleich Null, und man erhält

$$a_n = \frac{\omega}{2\pi} \int_0^{\frac{2\pi}{\omega}} f(t) e^{-ni\omega t} dt; \quad a_{-n} = \frac{\omega}{2\pi} \int_0^{\frac{2\pi}{\omega}} f(t) e^{ni\omega t} dt \quad (2.6.7)$$

bzw. bei Integration von $-\frac{T}{2}$ bis $\frac{T}{2}$ anstelle von 0 bis T und Einführung der Frequenz f_n der n-ten Harmonischen, gemäß $f_n = \frac{\omega_n}{2\pi} = n \frac{\omega_1}{2\pi} = n f_1$:

$$a_n = \frac{1}{T} \int_{-\frac{T}{2}}^{\frac{T}{2}} f(t) e^{-i 2\pi f_n t} dt \quad (2.6.8)$$

2.6 Frequenzanalyse

Dabei nimmt n alle positiven und negativen ganzzahligen Werte inklusive des Wertes Null an. Eine anschauliche Erläuterung dieses Ausdrucks gelingt bei Betrachtung von Bild 2.5-3, das sinusoidale Größen als mit konstanter Winkelgeschwindigkeit rotierende Vektoren interpretiert. Mit Hilfe der EULERschen Formel für komplexe Zahlen

$$e^{zi} = \cos z + i \sin z, \quad e^{-zi} = \cos z - i \sin z \qquad (2.6.9)$$

erkennt man, daß es sich bei dem Faktor $e^{-i2\pi f_n t}$ in (2.6.8) um einen mit $-f_n$ um den Ursprung der komplexen Zahlenebene rotierenden Einheitsvektor handelt. Seine Multiplikation mit f(t) eliminiert die Drehung des darin enthaltenen harmonischen Anteils mit der Frequenz f_n, so daß das Integral (2.6.8) einen endlichen Wert für a_n liefert, während die Produkte aller anderen in f(t) enthaltenen harmonischen Komponenten mit $e^{-i2\pi f_n t}$ weiterhin rotierende Vektoren darstellen, deren Integral über eine Periode verschwindet. Wird der komplexe Koeffizienten a_n der Funktion f(t) mit F_n bezeichnet, erhält der Ausdruck (2.6.3) die Form

$$f(t) = \sum_{n=-\infty}^{\infty} a_n e^{i2\pi f_n t} = \sum_{n=-\infty}^{\infty} F_n e^{i2\pi f_n t} \qquad (2.6.10)$$

Das ist die Darstellung der reellen Funktion f(t) durch die Summe der Produkte der komplexen Koeffizienten F_n mit den zugehörigen Exponentialtermen. Jeder (komplexe) Koeffizient F_n spiegelt den Anteil der Harmonischen mit der Frequenz f_n in der Funktion (man spricht auch vom „Signal") f(t) wider, und die Gesamtheit der F_n aufgetragen über die diskreten Frequenzwerte f_j gibt als „Amplitudenspektrum" Auskunft über die in der periodischen Funktion enthaltenen Frequenzanteile. Alle f_j sind ganzzahlige Vielfache von $f_1 = \frac{1}{T}$ gemäß $f_j = j\frac{1}{T}$. Nachdem es sich bei f(t) um eine reelle Funktion handelt, muß zu jedem Koeffizienten F_n der Frequenz f_n ein konjugiert komplexer Koeffizient F^*_n zur Frequenz $-f_n$ existieren, so daß sich die Imaginärteile aufheben können. Es gilt allgemein

$$F_k = F(f_k) = F^*_{-k} = F^*(-f_k) \qquad (2.6.11)$$

Damit ist klar, daß in der „doppelseitigen" Darstellung des Amplitudenspektrums, bei der sowohl negative als auch positive Frequenzen auftreten, gewisse Symmetrieeigenschaften um den Nullpunkt (f=0) existieren: Die Realteile der komplexen Koeffizienten F_k sind um die Ordinatenachse spiegelsymmetrisch, die Imaginärteile von F_k dagegen um den Koordinatenursprung punktsymmetrisch. Der Koeffizient F_0 muß reell sein, wie Formel (2.6.6) bestätigt.

Die Beziehung (2.6.10) läßt sich unter Verwendung der trigonometrischen Funktionen anstelle der komplexen Exponentialfunktion und Änderung des Summationsbereichs auch anders formulieren:

$$f(t) = a_0 + \sum_{k=1}^{\infty} a_k \cos\omega_k t + \sum_{k=1}^{\infty} b_k \sin\omega_k t \qquad (2.6.12)$$

Dabei wird a_0 durch (2.6.6) angegeben und die Koeffizienten a_k und b_k lauten:

$$a_k = \frac{2}{T} \int_{-T/2}^{T/2} f(t) \cos \omega_k t \, dt \qquad (2.6.13)$$

$$b_k = \frac{2}{T} \int_{-T/2}^{T/2} f(t) \sin \omega_k t \, dt \qquad (2.6.14)$$

mit $\omega_k = k \frac{2\pi}{T}$.

Die Koeffizienten a_k und b_k sind damit der Real- bzw. Imaginärteil der harmonischen Komponente für die Kreisfrequenz ω_k; sie lassen sich als Ordinaten bei allen diskreten Werten ω_k auftragen, wobei ihr Abstand entlang der Frequenzachse

$$\Delta\omega = \frac{2\pi}{T} \text{ in } \frac{\text{rad}}{\text{s}} \qquad (2.6.15)$$

bzw.

$$\Delta f = \frac{1}{T} \text{ in Hz} \qquad (2.6.16)$$

beträgt. Jede dieser Komponenten ($a_k + i b_k$), bzw. $A_k \cos(2\pi f_k t + \varphi_k)$ in Polarkoordinatendarstellung, läßt sich wie in Bild 2.5-3 angedeutet durch zwei gegensinnig rotierende Vektoren der Amplitude $\frac{A_k}{2}$ darstellen; die Amplitude $\frac{A_k}{2}$ erscheint bei den Frequenzen f_k und $-f_k$. Zur Illustration betrachten wir die periodische Funktion des Bildes 2.6-1 im Bereich von 0 bis 12 s, die aus drei Sinuswellen mit den Amplituden 1,0, 0,5 und 0,25 und den jeweiligen Perioden 3, 1,5 und 0,5 s (dazugehörige Frequenzen 0,333, 0,667 und 2 Hz) besteht. Ihre Gleichung lautet

$$f(t) = 1,0 \sin \frac{2\pi}{3} t + 0,50 \sin \frac{2\pi}{1,5} t + 0,25 \sin \frac{2\pi}{0,5} t \qquad (2.6.17)$$

Die harmonische Analyse liefert erwartungsgemäß FOURIER-Koeffizienten mit dem Imaginärteil 0,5, 0,25 und 0,125 jeweils zu den Frequenzen 0,333, 0,667 und 2,0 Hz. Die Realteile der Koeffizienten, die nach (2.6.13) Kosinus-Funktionen entsprechen, verschwinden.

Die in einem Signal $f(t)$ enthaltene Energie ist allgemein dem Quadrat seiner Amplituden proportional. Das gilt selbstverständlich auch für jede harmonische Komponente, deren Leistung P pro Periode durch Integration ihres Quadrats über die Dauer einer oder mehrerer Perioden und Division durch die entsprechende Zeitdauer T, bzw. nT, ermittelt werden kann:

$$P = \frac{1}{T} \int_0^T [A_k \sin(2\pi f_k t)]^2 \, dt = \frac{A_k^2}{2} \qquad (2.6.18)$$

2.6 Frequenzanalyse

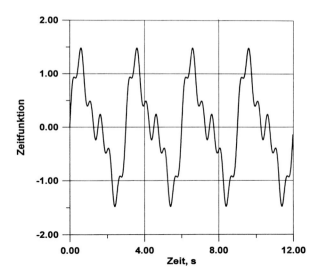

Bild 2.6-1: Periodische Funktion bestehend aus drei Sinuskomponenten

Die Leistung jeder Frequenzkomponente wird somit durch den Wert $\frac{A_k^2}{2}$ für die k-te Harmonische angegeben; dies entspricht Ordinaten von jeweils $\frac{A_k^2}{4}$ bei den Frequenzen f_k und $-f_k$. Die Auftragung dieser „Leistungsspektralordinaten" über die diskreten Frequenzwerte führt zum „Leistungsspektrum" des periodischen Signals, das in doppelseitiger ($-\infty < f < \infty$) oder einseitiger ($0 \leq f < \infty$)-Form dargestellt werden kann (Bild 2.6-2). Man beachte, daß die Komponente bei $f = 0$ in beiden Fällen dieselbe bleibt.

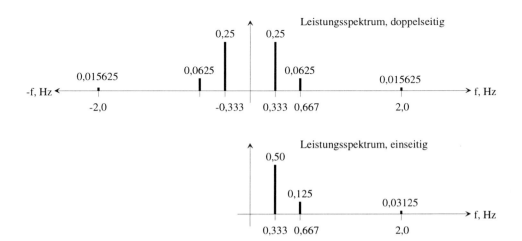

Bild 2.6-2: Leistungsspektrum der periodischen Funktion (2.6.17), doppelseitig und einseitig

So ergibt sich, z.B. für die Funktion des Bildes 2.6-1, durch Addition aller Komponenten in Bild 2.6-2 eine Leistung von $2 \cdot (0,25 + 0,0625 + 0,015625) = 0,65625$ (Einheiten^2) pro Periode. Sie entspricht dem Wert

$$P = \frac{1}{12}\int_0^{12}\left[1,0\sin\frac{2\pi}{3}t + 0,50\sin\frac{2\pi}{1,5}t + 0,25\sin\frac{2\pi}{0,5}t\right]^2 dt = \frac{1}{12}(6+1,5+0,375) \quad (2.6.19)$$
$$= 0,65625$$

Nun zu nichtperiodischen Zeitfunktionen oder Signalen. Formal gibt es bei einem „aperiodischen Signal" eine Periode $T \to \infty$, womit der Frequenzschritt (Abstand $f_1 = \frac{1}{T}$, bzw. $\omega_1 = \frac{2\pi}{T}$ der diskreten Ordinaten des Amplitudenspektrums) differentiell klein wird und aus der „Kamm-Funktion" eine kontinuierliche Kurve entsteht. Die Formeln für die Transformation der Zeitfunktion f(t) in F(f) bzw. F(ω), das ist für den Übergang vom Zeit- in den Frequenzbereich, werden nachstehend entwickelt.

Ausgehend von der FOURIER-Reihe einer periodischen Funktion nach Gl. (2.6.12) mit $a_0 = 0$

$$f(t) = \sum_{k=1}^{\infty}\left[\frac{2}{T}\int_{-T/2}^{T/2}f(t)\cos\omega_k t\, dt\right]\cos\omega_k t + \sum_{k=1}^{\infty}\left[\frac{2}{T}\int_{-T/2}^{T/2}f(t)\sin\omega_k t\, dt\right]\sin\omega_k t$$
$$(2.6.20)$$

ergibt sich mit $\frac{2}{T} = \frac{\Delta\omega}{\pi}$ nach Gl. (2.6.15):

$$f(t) = \sum_{k=1}^{\infty}\left[\frac{\Delta\omega}{\pi}\int_{-T/2}^{T/2}f(t)\cos\omega_k t\, dt\right]\cos\omega_k t + \sum_{k=1}^{\infty}\left[\frac{\Delta\omega}{\pi}\int_{-T/2}^{T/2}f(t)\sin\omega_k t\, dt\right]\sin\omega_k t$$
$$(2.6.21)$$

und der Übergang $\Delta\omega \to d\omega$ nebst Ersatz der Summen durch Integrale liefert

$$f(t) = \int_{\omega=0}^{\infty}\frac{1}{\pi}\left(\int_{t=-\infty}^{\infty}f(t)\cos\omega t\, dt\right)\cos\omega t\, d\omega + \int_{\omega=0}^{\infty}\frac{1}{\pi}\left(\int_{t=-\infty}^{\infty}f(t)\sin\omega t\, dt\right)\sin\omega t\, d\omega$$
$$(2.6.22)$$

Mit der Definition der FOURIER-Transformierten X(ω) einer aperiodischen Zeitfunktion x(t) gemäß

$$X(\omega) = \frac{1}{2\pi}\left(\int_{-\infty}^{\infty}x(t)\cos\omega t\, dt\right) - i\frac{1}{2\pi}\left(\int_{-\infty}^{\infty}x(t)\sin\omega t\, dt\right) \quad (2.6.23)$$

2.6 Frequenzanalyse

ergibt sich

$$X(\omega) = \frac{1}{2\pi} \left(\int_{-\infty}^{\infty} x(t) [\cos \omega t - i \sin \omega t] dt \right) \qquad (2.6.24)$$

oder

$$X(\omega) = \frac{1}{2\pi} \int_{-\infty}^{\infty} x(t) e^{-i\omega t} dt \qquad (2.6.25)$$

Der umgekehrte Weg vom Frequenzbereich in den Zeitbereich erfolgt mittels

$$x(t) = \int_{-\infty}^{\infty} X(\omega) e^{i\omega t} d\omega \qquad (2.6.26)$$

Der Faktor $\frac{1}{2\pi}$ in (2.6.25) wird oft in der Formel (2.6.26) für die Rücktransformation aufgenommen, oder es treten sowohl in (2.6.25) als auch in (2.6.26) Faktoren $\frac{1}{\sqrt{2\pi}}$ auf. Bei Verwendung der Frequenz f in Hz als Variable anstelle der Kreisfrequenz ω entfällt der Faktor $\frac{1}{2\pi}$ ganz und die Formeln für die Hin- und Rücktransformation sind weitgehend symmetrisch:

$$X(f) = \int_{-\infty}^{\infty} x(t) e^{-i2\pi ft} dt \qquad (2.6.27)$$

$$x(t) = \int_{-\infty}^{\infty} X(f) e^{i2\pi ft} df \qquad (2.6.28)$$

Die Funktion x(t) einerseits und die Funktionen X(ω), X(f) andererseits stellen zusammen ein FOURIER-Transformationspaar dar.

Als Beispiel werde die Funktion f(t) im Bild 2.6-3 mit Hilfe der FOURIER-Transformation in den Frequenzbereich projiziert. Die Bildfunktion F(ω) ergibt sich nach (2.6.25) zu

$$F(\omega) = \frac{1}{2\pi} \int_{-\infty}^{+\infty} f(t) \cos \omega t \, dt - i \frac{1}{2\pi} \int_{-\infty}^{+\infty} f(t) \sin \omega t \, dt \qquad (2.6.29)$$

Die Funktion ist gerade, f(t) = f(-t), womit der Imaginärteil von (2.6.29) verschwindet. Man erhält:

$$F(\omega) = \frac{1}{2\pi} \int_{-t_1}^{t_1} a_0 \cos \omega t \, dt = \frac{a_0 t_1}{\pi} \frac{\sin \omega t_1}{\omega t_1} \qquad (2.6.30)$$

Es gilt

$$\lim_{\omega \to 0} \frac{\sin \omega t_1}{\omega t_1} = 1 \qquad (2.6.31)$$

weshalb die Bildfunktion $F(\omega)$ für $\omega = 0$ den Wert $a_0 t_1 / \pi$ aufweist. Bild 2.6-4 zeigt ihren Verlauf. Man bemerkt, daß mit zunehmender Dauer der Zeitfunktion (großes t_1) die Bildfunktion immer schmaler wird, entsprechend der "quasistatischen Last", während kleine t_1-Werte ("Stoßlast") eine breitbandige FOURIER-Transformierte haben.

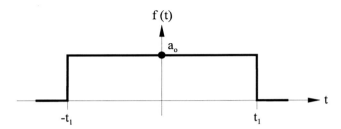

Bild 2.6-3: Rechteckimpuls

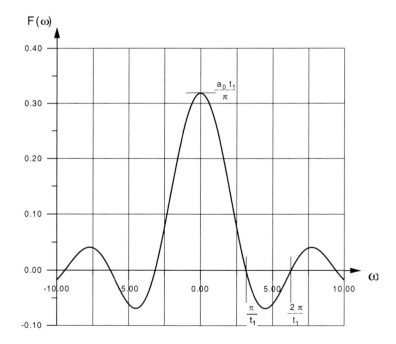

Bild 2.6-4: FOURIER-Transformierte des Rechteckimpulses nach Bild 2.6-3 mit $a_0=1$, $t_1=1s$

Eine geschlossene Auswertung der Transformationsintegrale (2.6.25), (2.6.26) gelingt nur in Ausnahmefällen. Üblicherweise werden sie numerisch ausgewertet, zumal die zu

2.6 Frequenzanalyse

transformierende Funktion f(t) meistens ohnehin nur als Zeitreihe vorliegt. Betrachtet wird dazu die sogenannte „Diskrete FOURIER-Transformation" (DFT) einer Zeitreihe f_r mit N Punkten im konstanten Abstand Δt (Abtastintervall). Es ist r = 0, 1, 2,...N-1. Die DFT-Formel für die Hintransformation lautet

$$F_k = \frac{1}{N \Delta t} \sum_{r=0}^{N-1} f_r e^{-i\omega_k r \Delta t} \Delta t = \frac{1}{N} \sum_{r=0}^{N-1} f_r e^{-i\frac{2\pi k r}{N}} \qquad (2.\ 6.\ 32)$$

oder, in etwas anderer Schreibweise:

$$F_k = \frac{1}{N} \sum_{r=0}^{N-1} f_r \left(\cos \frac{2\pi k r}{N} - i \sin \frac{2\pi k r}{N} \right) \qquad (2.\ 6.\ 33)$$

Sie liefert N komplexe Koeffizienten F_k, k = 0, 1, 2,..N-1, die jeweils den Kreisfrequenzen $\omega_k = (2\pi / T) k$ zugeordnet sind. Dabei ist

$$T = N \cdot \Delta t \qquad (2.\ 6.\ 34)$$

die fiktive Periode der Zeitreihe, da der Algorithmus eine mit T periodische Funktion voraussetzt. Dies hat allerdings keine Beschränkung der Allgemeinheit zur Folge, da sich Überlappungseffekte durch die Wahl einer ausreichend großen Periode T leicht vermeiden lassen. Von den N Koeffizienten F_k sind nur diejenigen für k = 0, 1, 2,...N/2 von Bedeutung, die die Frequenzanteile der Zeitreihe bis zur sogenannten NYQUIST-Kreisfrequenz $\frac{\pi}{\Delta t}$ beschreiben. Für Werte von k größer als N/2 wiederholen sich die Koeffizienten F_k im Sinne einer Spiegelung um die NYQUIST-Frequenz, die entsprechend auch als Faltungsfrequenz bezeichnet wird. Die Realteile der Koeffizienten F_k, die symmetrisch zur Faltungsfrequenz liegen, sind dabei gleich, während die Imaginärteile den gleichen Betrag, jedoch umgekehrtes Vorzeichen aufweisen.

Enthält die Zeitreihe Frequenzanteile mit einer höheren Frequenz als die NYQUIST-Frequenz, führt dies zu einer Verfälschung des gewonnenen Frequenzspektrums, ein mit "Spiegelungsfehler" (aliasing) bezeichnetes Phänomen. Oft kann es notwendig werden, die Zeitreihe durch eine geeignete Tiefpaßfilterung von solchen hochfrequenten Anteilen zu säubern, bevor die Transformation durchgeführt wird.

Die zu (2.6.32) zugehörige Rücktransformation (FOURIER-Synthese) erfolgt nach der Formel

$$f_r = \sum_{k=0}^{N-1} F_k e^{i\frac{2\pi k r}{N}}, \ r = 0, 1, 2, \dots N-1 \qquad (2.\ 6.\ 35)$$

Die DFT-Formeln (2.6.32), (2.6.35) sind für die praktische Berechnung zu aufwendig, wenn die Anzahl der Punkte N, wie üblich, in die Tausende geht. Sogenannte Fast-FOURIER-Algorithmen, wie das klassische COOLEY-TUKEY-Verfahren [2.4], erlauben eine wesentlich schnellere Berechnung. Bei diesem Verfahren muß die Anzahl der Punkte N eine ganzzahlige Potenz von 2 sein, was durch die Hinzufügung einer entsprechenden Anzahl von Nullen leicht erreicht werden kann.

Zur Lösung der in diesem Abschnitt angesprochenen Aufgaben stehen die FFT-Programme FFT1 und FFT2 zur Verfügung, die eine Hintransformation vom Zeit- in den Frequenzbereich (FFT1) sowie eine Rücktransformation vom Frequenzbereich in den Zeitbereich (FFT2) durchführen. Die folgende Tabelle faßt deren Ein- und Ausgabedateien zusammen:

Programmname	Eingabedatei	Ausgabedateien
FFT1	TIMSER.DAT	OMCOF.DAT
		OMQU.DAT
FFT2	OMCOF.DAT	RESULT.DAT

In TIMSER.DAT steht die zu transformierende Zeitreihe im Format (2E14.7), mit den Zeitpunkten in der ersten und den Ordinaten in der zweiten Spalte. Es können maximal NANZ = 8192 Ordinaten verarbeitet werden. Die Ausgabedatei OMCOF.DAT enthält die ermittelten (NANZ/2) komplexen FOURIER-Koeffizienten mit den Kreisfrequenzen in der ersten, dem Realteil in der zweiten und dem Imaginärteil in der dritten Spalte (Format 3E14.7). In OMQU.DAT werden nach den Abszissenwerten (Kreisfrequenzen) in der zweiten Spalte die Quadrate der FOURIER-Koeffizienten abgelegt (Format 2E14.7). Bei der Rücktransformation werden die (maximal 4096) komplexen FOURIER-Koeffizienten aus der Datei OMCOF.DAT eingelesen, und die zugehörige Zeitbereichsfunktion (mit maximal 8192 Werten) wird in RESULT.DAT geschrieben, mit den Zeitwerten in der ersten und den Ordinaten in der zweiten Spalte (Format 2E14.7).

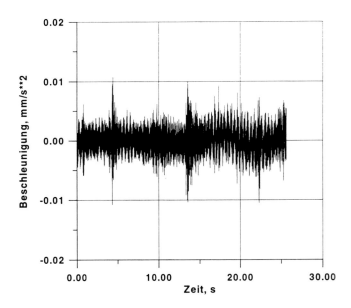

Bild 2.6-5: Gemessener Beschleunigungszeitverlauf

2.7 Einteilung dynamischer Prozesse

Als Beispiel betrachte man den Schrieb des Bildes 2.6-5, der einen gemessenen Beschleunigungszeitverlauf eines Turmes infolge der ständigen Bodenunruhe darstellt und 8192 Punkte im konstanten Zeitschritt von 0,003125 s enthält.

Die Ermittlung der quadrierten FOURIER-Koeffizienten mit Hilfe des Programms FFT1 liefert das Diagramm des Bildes 2.6-6, aus dem eine Eigenfrequenz des Turms bei 15,4 rad/s ersichtlich ist.

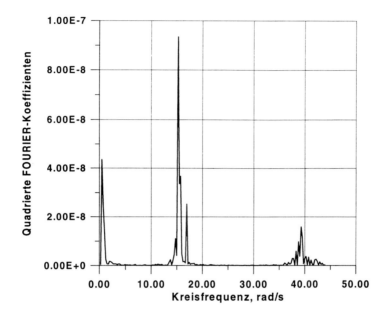

Bild 2.6-6: Verlauf der quadrierten FOURIER-Koeffizienten

2.7 Einteilung dynamischer Prozesse, Grundlagen der Zufallsschwingungstheorie

Im Gegensatz zur Statik stehen bei der Baudynamik zeitabhängige Phänomene im Mittelpunkt des Interesses, wobei physikalische Variable als Funktionen von Raum **und** Zeit zu betrachten sind. Bild 2.7-1 zeigt eine sinnvolle Einteilung solcher Prozesse.

In einem ersten Schritt werden deterministische von stochastischen (zufälligen) Prozessen unterschieden:

- Bei deterministischen Prozessen sind die interessierenden Variablen im voraus als Funktionen der Zeit bekannt bzw. können berechnet werden.

- Stochastische oder Zufallsprozesse zeichnen sich dagegen durch zufällige Zeitverläufe $x(t)$ aus, so daß Vorhersagen auf zukünftige Werte bestenfalls im statistischen Rahmen möglich sind. Typische Beispiele aus der Baudynamik sind Winddrücke, Erdbebenbeschleunigungen, aber auch die Beanspruchung eines Fahrzeugs beim Befahren einer unebenen Straße.

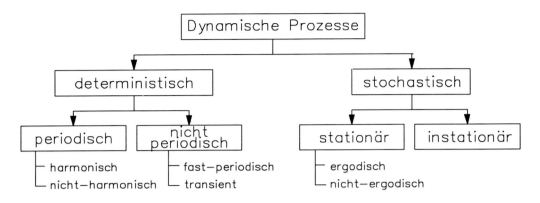

Bild 2.7-1: Klassifizierung von Prozessen

Im deterministischen Rahmen stellen Maschinenkräfte die baudynamisch wichtigsten periodischen Lastprozesse dar. Eine Spezialform nichtperiodischer Prozesse sind transiente Prozesse mit langen Ruhezeiten und zeitlich (eng) begrenzten Bereichen in welchen $x(t) \neq 0$ gilt.

Stochastische Prozesse unterteilen wir weiterhin in stationäre und instationäre Prozesse. Bei ersteren sind alle statistischen Kenngrößen, beispielsweise der Verteilungstyp, der Mittelwert oder die Varianz, zeitunabhängig. In Bild 2.7-2 sind eine Reihe von Funktionen $^j x(t)$ dargestellt, wobei der Wert $x_i = x(t_i)$ jeder Funktion eine Zufallsvariable ist. Die Gesamtheit aller Zufallsfunktionen $^j x(t)$ (Ensemble) stellt einen stochastischen oder Zufallsprozeß dar, mit den einzelnen $^j x(t)$ als Realisationen, Musterfunktionen oder Exemplaren dieses Prozesses.

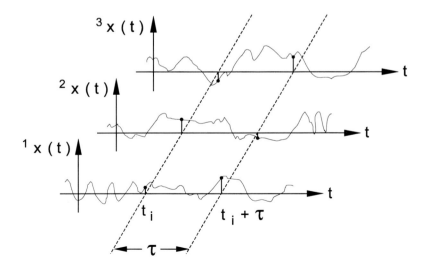

Bild 2.7-2: Realisationen eines Zufallsprozesses

2.7 Einteilung dynamischer Prozesse

Entsprechen die Kenngrößen des Gesamtprozesses quer durch das Ensemble (Scharmittelung) denjenigen längs einer einzigen Realisation (Zeitmittelung), so haben wir es mit einem ergodischen Prozeß zu tun, d.h. Proben quer durch das Ensemble liefern dieselbe statistische Information wie (hinreichend lange) Abschnitte einer einzelnen Musterfunktion. Dieser Fall des stationären, ergodischen Prozesses wird im folgenden stillschweigend unterstellt. Zu seiner Charakterisierung anhand einer Musterfunktion x(t) lassen sich eine Reihe von Kennfunktionen einführen; die wichtigsten davon werden nachfolgend beschrieben.

1. Der Mittelwert (mean value) wird definiert als

$$\overline{x} = m = \frac{1}{T}\int_0^T x(t)\,dt \qquad (2.7.1)$$

bei ausreichend langem T (theoretisch $T \to \infty$). Liegt die Funktion x(t) als Zeitreihe $\{x_r\}$, $r=1,2,\dots,N$ von Funktionsordinaten im konstanten Abstand (Abtastintervall) Δt vor, so lautet der Mittelwert

$$m = \frac{1}{N}\sum_{i=1}^N x_i \qquad (2.7.2)$$

2. Das quadratische Mittel (mean square), also der Mittelwert der quadrierten Musterfunktion über T, wird definiert als

$$\overline{x^2} = \frac{1}{T}\int_0^T x^2(t)\,dt \qquad (2.7.3)$$

bzw. bei einer diskreten Zeitreihe

$$\overline{x^2} = \frac{1}{N}\sum_{i=1}^N x_i^2 \qquad (2.7.4)$$

3. Die Varianz (variance) σ^2 als Quadrat der Standardabweichung (standard deviation) σ ergibt sich zu

$$\sigma^2 = \overline{x^2} - m^2 \qquad (2.7.5)$$

Durch eine Koordinatentransformation kann das Mittel m immer zu Null gemacht werden, womit die Varianz gleich dem Quadrat des Mittelwerts wird.

4. Die Autokorrelationsfunktion (auto correlation function)

$$R_{xx}(\tau) = \frac{1}{T}\int_0^T x(t)\,x(t+\tau)\,dt \qquad (2.7.6)$$

bzw. für eine Zeitreihe

$$R_{xx}(\tau = (k-1) \cdot \Delta t) = \frac{1}{N-(k-1)} \sum_{i=1}^{N-(k-1)} x_i \cdot x_{i+(k-1)} \quad k = 1, 2, \ldots \quad (2.7.7)$$

ist eine gerade Funktion, $R_{xx}(\tau) = R_{xx}(-\tau)$ mit Werten zwischen $(\sigma^2 + m^2)$ und $(-\sigma^2 + m^2)$. Es gilt weiter

$$R_{xx}(0) = \sigma^2 + m^2 \quad (2.7.8)$$

Auch Kreuzkorrelationsfunktionen (cross correlation functions) zwischen zwei verschiedenen Schrieben x(t) und y(t) lassen sich analog definieren:

$$R_{xy}(\tau) = \frac{1}{T} \int_0^T x(t) y(t+\tau) dt \quad (2.7.9)$$

Haben beide Prozesse x(t) und y(t) den Mittelwert Null, so gilt

$$-\sigma_x \sigma_y \leq R_{xy}(\tau) \leq \sigma_x \sigma_y \quad (2.7.10)$$

Zur Illustration dient die in Bild 2.7-3 dargestellte Musterfunktion aus Dreiecksimpulsen der Periode 5 s, deren Mittelwert m = 0,60 Einheiten/s und deren quadratisches Mittel

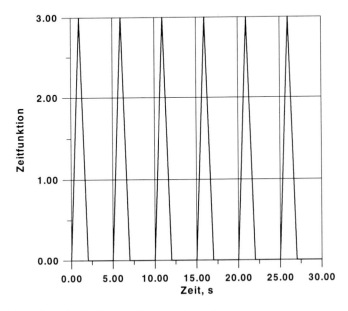

Bild 2.7-3: Zeitfunktion als Reihe von Dreiecksimpulsen

2.7 Einteilung dynamischer Prozesse

$\frac{1}{5}\left(\frac{1}{3} \cdot 3^2 \cdot 2\right) = 1{,}20$ (Einheiten²)/s beträgt. Bild 2.7-4 zeigt ihre Korrelationsfunktion, die für $\tau = 0$ in der Tat die Ordinate 1,20 aufweist.

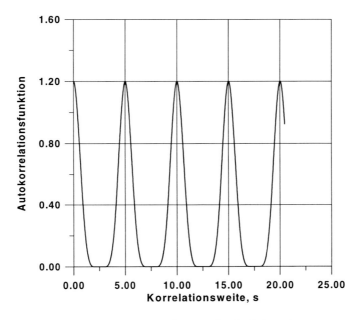

Bild 2.7-4: Autokorrelationsfunktion einer Reihe von Dreiecksimpulsen

5. Die Leistungsspektraldichte eines Prozesses wird als FOURIER-Transformierte seiner Autokorrelationsfunktion definiert, bzw. die Autokorrelationsfunktion ist die inverse FOURIER-Transformierte der Leistungsspektraldichte (WIENER-KHINTCHINE-Beziehung):

$$S_{xx}(\omega) = \frac{1}{2\pi} \int_{-\infty}^{\infty} R_{xx}(\tau) e^{-i\omega\tau} \, d\tau \qquad (2.7.11)$$

$$R_{xx}(\tau) = \int_{-\infty}^{\infty} S_{xx}(\omega) e^{i\omega\tau} \, d\omega \qquad (2.7.12)$$

Da $R_{xx}(\tau)$ eine gerade Funktion ist, lautet ihre FOURIER-Transformierte:

$$S_{xx}(\omega) = \frac{1}{2\pi} \int_{-\infty}^{\infty} R_{xx}(\tau) \cos\omega\tau \, d\tau = \frac{1}{\pi} \int_{0}^{\infty} R_{xx}(\tau) \cos\omega\tau \, d\tau \qquad (2.7.13)$$

$S_{xx}(\omega)$ ist wie R_{xx} reell und gerade. Eine wichtige Beziehung ergibt sich aus (2.7.12) für $\tau = 0$:

$$R_{xx}(0) = \int_{-\infty}^{\infty} S_{xx}(\omega) \, d\omega = \overline{x^2} \qquad (2.7.14)$$

Das bedeutet, daß die Fläche unterhalb der Spektraldichtefunktion gleich dem quadratischen Mittel des Prozesses ist.

Kreuzspektraldichten werden analog eingeführt:

$$S_{xy}(\omega) = \frac{1}{2\pi} \int_{-\infty}^{\infty} R_{xy}(\tau) e^{-i\omega\tau} \, d\tau = A(\omega) - i B(\omega) \qquad (2.7.15)$$

Im Gegensatz zu Autospektraldichten sind sie im allgemeinen komplex. Mit der zu $S_{xy}(\omega)$ konjugiert komplexen Kreuzspektraldichte $S_{xy}^*(\omega)$ gilt:

$$S_{xy}^*(\omega) = S_{yx}(\omega) \qquad (2.7.16)$$

Die Leistungsspektraldichten von abgeleiteten Prozessen $\dot{x}$, $\ddot{x}$ etc. ergeben sich zu:

$$S_{\dot{x}\dot{x}}(\omega) = \omega^2 S_{xx}(\omega) \qquad (2.7.17)$$

$$S_{\ddot{x}\ddot{x}}(\omega) = \omega^4 S_{xx}(\omega) \qquad (2.7.18)$$

Dadurch ist die Möglichkeit gegeben, bei Kenntnis der Leistungsspektraldichte einer Verschiebung auch für die Geschwindigkeit und die Beschleunigung, Kennwerte wie etwa das quadratische Mittel zu bestimmen.

Maßeinheit der Leistungsspektraldichte $S_{xx}(\omega)$ ist das Quadrat der Einheit von x pro Einheit der Kreisfrequenz (rad/s). Oft wird anstelle von $S_{xx}(\omega)$ die einseitige Leistungsdichte $G_{xx}(\omega)$ betrachtet, die nur positive Frequenzanteile enthält. Es ist

$$G_{xx}(\omega) = 2 S_{xx}(\omega) \qquad (2.7.19)$$

Wird anstelle der Kreisfrequenz ω in rad/s die Frequenz f in 1/s verwendet, so hängen die Ordinaten der zugehörigen Leistungsspektraldichte $W_{xx}(f)$ wie folgt mit denjenigen von $S_{xx}(\omega)$ zusammen:

$$W_{xx}(f) = 4\pi S_{xx}(\omega) \qquad (2.7.20)$$

Als Grenzfall eines Breitbandprozesses ergibt sich der als „weißes Rauschen" bezeichnete stationäre Prozeß, bei dem alle Frequenzanteile gleichmäßig zur (unendlich großen) Varianz

2.7 Einteilung dynamischer Prozesse

beitragen. Seine Autokorrrelationsfunktion ist eine DIRACsche Delta-Funktion, d.h. die Ordinaten der Musterfunktionen sind vollkommen unkorreliert. Da sich der Prozeß durch einen einzigen Parameter, nämlich die konstante Leistungsspektraldichte S_0 beschreiben läßt, stellt er das einfachste Modell für stationäre stochastische Prozesse dar. Der zugehörige allgemeinere instationäre Prozeß wird als Stoßrauschen (shot noise) bezeichnet. Er kann unter anderem als Produkt von „weißem Rauschen" mit einer deterministischen Zeitfunktion realisiert werden. In Bild 2.7-5 sind einige Autokorrelationsfunktionen und Leistungsspektraldichten typischer Prozesse gegenübergestellt.

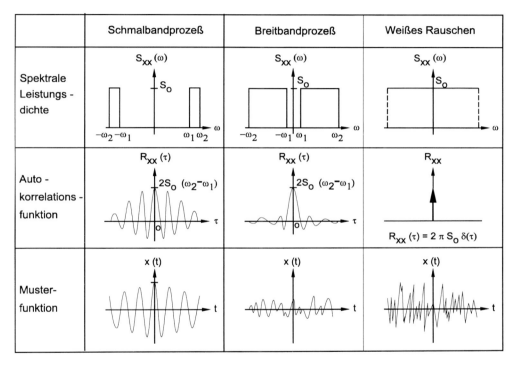

Bild 2.7-5: Autokorrelationsfunktionen und zugehörige Spektraldichten

Zur Berechnung des Mittelwerts, der Varianz, der Standardabweichung sowie der Autokorrelationsfunktion einer Zeitreihe kann das Programm AUTKOR herangezogen werden. Als Eingabedatei dient die Datei TIMSER.DAT, worin der Zeitschrieb mit den Zeitpunkten in der ersten und den Ordinaten in der zweiten Spalte im Format 2E14.7 steht; die Autokorrelationsfunktion wird in die Datei KORREL.DAT geschrieben, mit der Korrelationsweite in der ersten und den Ordinaten in der zweiten Spalte (Format 2E14.7). Zur linearen Interpolation eines Zeitschriebs f(t) kann das Programm LININT dienen. Es benötigt aus der Eingabedatei FKT die (formatfreie) Angabe von insgesamt N Wertepaaren t, f(t) und es liefert eine Ausgabedatei FKTINT, die in der ersten Spalte die Zeitpunkte t, in der zweiten die interpolierten Ordinaten f(t) im konstanten Zeitabstand DT enthält (Format 2E14.7). In Tabellenform:

Programmname	Eingabedatei	Ausgabedatei
AUTKOR	TIMSER.DAT	KORREL.DAT
LININT	FKT	FKTINT

3 Der Einmassenschwinger

Das einfachste schwingungsfähige Gebilde ist der Einmassenschwinger, als System mit nur einem Freiheitsgrad. Trotz seiner Einfachheit ist dieses Modell sowohl zur Abbildung realer Konstruktionen als auch zum Studium der verschiedenen Untersuchungsmethoden und Algorithmen sehr gut geeignet, weshalb es in diesem Kapitel ausführlich besprochen wird.

3.1 Freie, ungedämpfte Schwingung

Bild 3.1-1: Einmassenschwinger, System und wirkende Kräfte

Bild 3.1-1 zeigt den Standardfall des viskos gedämpften Einmassenschwingers mit der äußeren Belastung F(t). Bei der freien und ungedämpften Schwingung ist F(t) = 0, F_D = 0, und die entsprechende Bewegungsdifferentialgleichung lautet

$$m\ddot{u} + ku = 0 \qquad (3.1.1)$$

bzw.

$$\ddot{u} + \frac{k}{m} u = 0 \qquad (3.1.2)$$

Das ist eine lineare homogene Differentialgleichung mit konstanten Koeffizienten. Als Lösungen u(t) kommen nur Funktionen in Frage, deren zweite Ableitung dieselbe Form aufweist wie die Funktion selbst, damit deren Summe verschwinden kann. Damit liegt die Verwendung eines Exponentialansatzes nahe, und es ergibt sich die allgemeine Lösung:

$$u = e^{\lambda t};\ \dot{u} = \lambda e^{\lambda t};\ \ddot{u} = \lambda^2 e^{\lambda t} \qquad (3.1.3)$$

Die charakteristische Gleichung lautet:

$$\lambda^2 + (k/m) = 0 \qquad (3.1.4)$$

Mit $\omega_1^2 = k/m$ hat sie die Lösungen

$$\lambda_{1,2} = \pm \sqrt{(-\omega_1^2)};$$
$$\lambda_{1,2} = \pm i\,\omega_1 \qquad (3.1.5)$$

und damit

$$u_1 = e^{i\omega_1 t};\ u_2 = e^{-i\omega_1 t} \qquad (3.1.6)$$

ω_1 ist die Kreiseigenfrequenz des Einmassenschwingers; die zugehörige Eigenfrequenz f_1 und Periode T_1 betragen bekanntlich $f_1 = \dfrac{\omega_1}{2\pi}$, $T_1 = \dfrac{1}{f_1}$.

Nach der EULERschen Formel $e^{i\phi} = \cos\phi + i\sin\phi$ gilt

$$u_1 = \cos\omega_1 t + i\sin\omega_1 t$$
$$u_2 = \cos\omega_1 t - i\sin\omega_1 t \qquad (3.\,1.\,7)$$

Gebildet werden die Linearkombinationen

$$\frac{1}{2}(u_1 + u_2) = \cos\omega_1 t$$
$$\frac{1}{2i}(u_1 - u_2) = \sin\omega_1 t \qquad (3.\,1.\,8)$$

Damit gibt es zwei reelle Lösungen, womit sich die allgemeine homogene Lösung folgendermaßen formulieren läßt:

$$u(t) = C_1 \cos\omega_1 t + C_2 \sin\omega_1 t \qquad (3.\,1.\,9)$$

Die Ermittlung der Freiwerte C_1 und C_2 erfolgt mit Hilfe der Anfangsbedingungen für die abhängige Variable u und deren Ableitung nach der Zeit zum Zeitpunkt $t = 0$. Als Beispiel betrachten wir den Fall $u(0) = u_0$, $\dot u(0) = 0$. Aus

$$u = C_1 \cos\omega_1 t + C_2 \sin\omega_1 t$$
$$\dot u = -C_1 \omega_1 \sin\omega_1 t + C_2 \omega_1 \cos\omega_1 t$$

wird

$$u(0) = C_1, \quad \text{daraus } C_1 = u_0$$
$$\dot u(0) = C_2 \omega_1, \quad \text{daraus } C_2 = 0.$$

Die Lösung lautet somit

$$u(t) = u_0 \cos\omega_1 t \qquad (3.\,1.\,10)$$

und ist in Bild 3.1-2 für $u_0 = 10$ Einheiten und $\omega_1 = \pi$ rad/s für den Bereich $t = 0$ bis $t = 4s$ skizziert. Die Periode beträgt

$$T_1 = \frac{2\pi}{\omega_1} = \frac{2\pi}{\pi} = 2{,}0s$$

3.1 Freie, ungedämpfte Schwingung

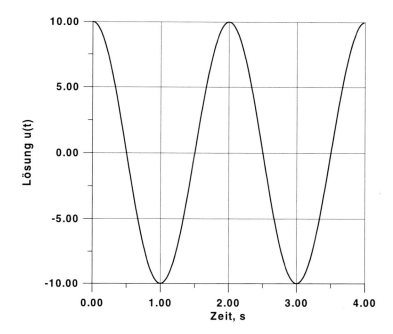

Bild 3.1-2: Kosinusfunktion als Lösung für den Fall $u(0) = u_0 = 10$, $\dot{u}(0) = 0$

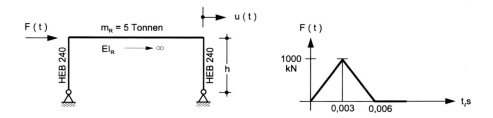

Bild 3.1-3: Stahlrahmen unter Stoßbelastung

Ein weiteres Beispiel soll die praktische Anwendbarkeit der gewonnenen Lösung der freien, ungedämpften Schwingung demonstrieren. Bild 3.1-3 zeigt einen einstöckig-einfeldrigen Stahlrahmen, der durch die kurzzeitige Stoßlast F(t) auf Riegelhöhe belastet wird. Gesucht ist (näherungsweise) der Maximalwert der zu erwartenden horizontalen Riegelauslenkung, bzw. der zeitliche Verlauf von u(t). Der Rahmenriegel ist starr ($EI_R \to \infty$), seine Masse wird mit 5 Tonnen angegeben. Die (als masselos betrachteten) Stiele aus Stahlprofilen HEB 240 mit h = 3,0 m haben eine Biegesteifigkeit EI_S von

$$EI_S = 2{,}1 \cdot 10^8 \, \frac{kN}{m^2} \cdot 11260 \cdot 10^{-8} \, m^4 = 23646 \; kNm^2$$

Der Rahmen läßt sich näherungsweise als Einmassenschwinger mit der Masse 5,0 Tonnen und (wegen des starren Riegels) mit der Federsteifigkeit

$$k = 2 \cdot \frac{3EI_S}{h^3} = 5254{,}67 \, \frac{kN}{m}$$

idealisieren. Seine Eigenkreisfrequenz beträgt somit

$$\omega_1 = \sqrt{\frac{k}{m}} = \sqrt{\frac{5254{,}67}{5{,}0}} = 32{,}4 \, \frac{rad}{s}$$

mit der zugehörigen Eigenfrequenz und Periode gleich $f_1 = 5{,}16 \, Hz$ bzw. $T_1 = 0{,}19 \, s$. Durch den Stoß wird dem Tragwerk ein Impuls der Größe

$$I = \int_{t=0}^{t=0{,}006s} F(t) \, dt = \frac{1}{2} \cdot 1000 \cdot 0{,}006 = 3{,}0 \, kNs$$

mitgeteilt, der nach dem Impulssatz dem System mit der Masse von 5 Tonnen eine Anfangsgeschwindigkeit von

$$\dot{u}(0) = \frac{3{,}0 \, kNs}{5 \, Tonnen} = 0{,}6 \, \frac{m}{s}$$

zum Zeitpunkt t=0 verleiht. In Anbetracht der kurzzeitigen Belastung begeht man keinen großen Fehler, wenn man bei dieser Näherungsuntersuchung zur Bestimmung der Maximalauslenkung die Dämpfung außer acht läßt, so daß (3.1.1) mit den Anfangsbedingungen $u(0) = 0$, $\dot{u}(0) = 0{,}6 \, m/s$ näherungsweise das Systemverhalten wiedergibt. Die Freiwerte C_1, C_2 ergeben sich zu

$$C_1 = 0, \quad C_2 = \frac{\dot{u}(0)}{\omega_1} = \frac{0{,}6}{32{,}4} = 0{,}0185 \, m$$

und die endgültige Lösung lautet

$$u(t) = \frac{\dot{u}(0)}{\omega_1} \sin \omega_1 t = 0{,}0185 \sin(32{,}4 \, t) \tag{3.1.11}$$

Das ist eine Sinusschwingung mit der Maximalamplitude (entsprechend der horizontalen Riegelverschiebung) von 0,0185m = 1,85cm; sie ist in Bild 3.1-4 zu sehen.

Die zugehörige maximale Rückstellkraft beträgt

$$\max F_R = 0{,}0185 \, m \cdot 5254{,}67 \, \frac{kN}{m} = 97{,}21 \, kN \tag{3.1.12}$$

3.2 Erzwungene Schwingung ohne Dämpfung

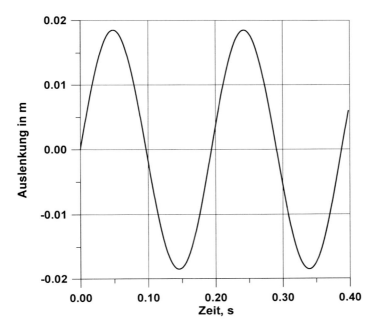

Bild 3.1-4: Zeitverlauf der Riegelauslenkung

Sie ist gleich der maximalen Trägheitskraft

$$F_I = m \cdot \max(\ddot{u}) = m \cdot \omega_1^2 \cdot \max(u) = 5 \cdot 32{,}4^2 \cdot 0{,}0185 = 97{,}21 \, \text{kN} \qquad (3.1.13)$$

und ruft ein Biegemoment am Riegelanschnitt von der Größe

$$\max M = \frac{P \, h}{2} = 145{,}82 \, \text{kNm} \qquad (3.1.14)$$

hervor. Bei diesem Wert wird die Streckgrenze des Stahls nicht erreicht, und das unterstellte lineare Systemverhalten ist gegeben.

3.2 Erzwungene Schwingung ohne Dämpfung

Die Bewegungsdifferentialgleichung lautet jetzt:

$$\begin{aligned} m\ddot{u} + ku &= F(t) \\ \ddot{u} + \omega_1^2 \, u &= \frac{F(t)}{m} = f(t) \end{aligned} \qquad (3.2.1)$$

Ihre allgemeine Lösung als Summe der bereits im letzten Abschnitt gewonnenen Lösung der homogenen Differentialgleichung und eines partikulären Integrals lautet:

$$u = u_h + u_p = C_1 \cos \omega_1 t + C_2 \sin \omega_1 t + u_p \qquad (3.2.2)$$

Die partikuläre Lösung u_p läßt sich z.B. durch Variation der Konstanten ermitteln. Sie hat die Form

$$u_p = \frac{1}{\omega_1} \int_0^t f(\tau) \sin \omega_1 (t - \tau) \, d\tau \qquad (3.2.3)$$

Das ist das DUHAMEL-Integral oder „Faltungsintegral".

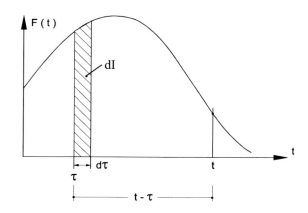

Bild 3.2-1: Zur Herleitung des DUHAMEL-Integrals

Eine anschauliche Herleitung dieses Ausdrucks gelingt über die Darstellung der Gesamt-Systemantwort als Summe der Systemantworten auf Einzelimpulse. In Bild 3.2-1 stellt die schraffierte Fläche den differentiellen Impuls

$$dI = F(\tau) \, d\tau = m \cdot \dot{u}(\tau) \qquad (3.2.4)$$

dar. Nach (3.1.11) ergibt sich infolge dI

$$u(t) = \frac{\dot{u}(\tau)}{\omega_1} \sin \omega_1 (t - \tau) = \frac{1}{\omega_1} \frac{F(\tau) \, d\tau}{m} \sin \omega_1 (t - \tau) \qquad (3.2.5)$$

Die Integration über alle differentiellen Einzelimpulse liefert

$$u_p = \frac{1}{\omega_1} \int_0^t \frac{F(\tau)}{m} \sin \omega_1 (t - \tau) \, d\tau \qquad (3.2.6)$$

was wegen $f(\tau) = F(\tau) / m$ mit (3.2.3) identisch ist.

3.2 Erzwungene Schwingung ohne Dämpfung

Eine geschlossene Auswertung dieses Integrals ist nur bei einfachen Lastfunktionen empfehlenswert. Meistens wird eine numerische Auswertung vorgenommen, die nach dem folgenden Schema abläuft. Der Integralausdruck

$$J = \int_0^t f(\tau) \sin \omega_1 (t - \tau) \, d\tau \qquad (3.2.7)$$

wird mit Hilfe des Additionstheorems für die Sinusfunktion

$$\sin(\omega_1 t - \omega_1 \tau) = \sin \omega_1 t \cos \omega_1 \tau - \cos \omega_1 t \sin \omega_1 \tau \qquad (3.2.8)$$

in zwei Einzelintegrale aufgespalten, die mit den üblichen numerischen Verfahren (z.B. der Simpsonintegration oder der Trapezregel) ausgewertet werden können:

$$J = \sin \omega_1 t \int_0^t f(\tau) \cos \omega_1 \tau \, d\tau - \cos \omega_1 t \int_0^t f(\tau) \sin \omega_1 \tau \, d\tau \qquad (3.2.9)$$

Das Programm DUHAMI führt diese Berechnung durch. In der Eingabedatei RHS steht die Lastfunktion f(t) = F(t)/m, bestehend aus N Wertepaaren im konstanten Abstand DT (zweispaltig im Format 2E14.7, mit den Zeitpunkten in der ersten Spalte), wie sie z.B. mit Hilfe des Programms LININT erzeugt werden kann. Liegt die Belastung in RHS als Zeitverlauf F(t) anstelle von f(t) vor, kann mit dem interaktiv einzugebenden Faktor (1/m) programmintern die Skalierung vorgenommen werden. Alle weiteren benötigten Daten werden ebenfalls am Bildschirm abgefragt: Anzahl N der zu berechnenden Werte, Zeitinkrement DT, Periode T des Einmassenschwingers, Dämpfung D des Einmassenschwingers, im ungedämpften Fall mit Null einzugeben. In die Ausgabedatei THDUH wird der Verschiebungszeitverlauf u(t) im Format 2E14.7 geschrieben, wobei in der ersten Spalte die Zeitpunkte und in der zweiten die Verschiebungen stehen. Das erreichte Maximum des Absolutswerts der Verschiebung wird am Bildschirm ausgegeben.

Programmname	Eingabedatei	Ausgabedatei
DUHAMI	RHS	DUHOUT

Als Beispiel wird der Stahlrahmen des letzten Abschnitts, der diesmal bei homogenen Anfangsbedingungen u(0)=0, u̇(0) = 0 mit dem angegebenen, 6 ms langen Impuls beaufschlagt wird, untersucht. In der Eingabedatei stehen 250 Ordinaten der Lastfunktion im Abstand von 0,001s in der Form:

```
.000000E+00    .000000E+00
.100000E-02    .666667E+02
.200000E-02    .133333E+03
.300000E-02    .200000E+03
.400000E-02    .133333E+03
.500000E-02    .666666E+02
.600000E-02    .000000E+00
.700000E-02    .000000E+00
.800000E-02    .000000E+00
  ......         ......
```

Die Periode des Einmassenschwingers wird am Bildschirm mit 0.1938s und seine Dämpfung mit Null eingegeben, der Faktor zur Skalierung der Lastfunktion ist hier Eins. Die Ergebnisse sind in Bild 3.2-2 graphisch dargestellt; als Maximalverschiebung ergibt sich eine Auslenkung von 1,849 cm, also praktisch derselbe Wert wie in Abschnitt 3.1.

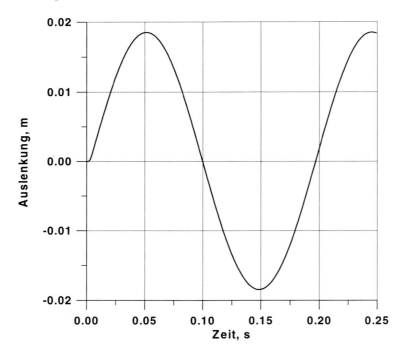

Bild 3.2-2: Zeitverlauf der Riegelverschiebung des Rahmens aus Bild 3.1-3

3.3 Gedämpfte freie und erzwungene Schwingung

Bekanntlich nehmen bei frei schwingenden mechanischen Systemen die Schwingungsamplituden mit der Zeit ab; dementsprechend ist für die Aufrechterhaltung einer konstanten Amplitude bei freien Schwingungen die Zufuhr von äußerer Arbeit notwendig. Ursache dieses Phänomens ist die Dissipation der mechanischen Arbeit im System durch Dämpfungsmechanismen, wie etwa Reibungseffekte im umgebenden Medium, an Kontakt- und Fügeflächen oder im Werkstoff selbst. Beim einfachsten Dämpfungsansatz, dem viskosen Dämpfungsmodell, wird die Dämpfungskraft F_D proportional der Geschwindigkeit der stationär-harmonischen Schwingung angenommen, und zwar mit einem linearen Ansatz:

$$F_D = c\dot{u} \qquad (3.3.1)$$

Wir erhalten damit für den Fall der freien Schwingung die Differentialgleichung

$$m\ddot{u} + c\dot{u} + ku = 0; \quad \ddot{u} + \frac{c}{m}\dot{u} + \frac{k}{m}u = 0 \qquad (3.3.2)$$

3.3 Gedämpfte freie und erzwungene Schwingung

mit der Masse m (z.B. in Tonnen), dem konstanten (viskosen) Dämpfungskoeffizienten c (z.B. in kNs/m) und der elastischen Steifigkeit (Federkonstante) k in kN/m.

Mit dem Lösungsansatz

$$u = e^{\lambda t}; \quad \dot{u} = \lambda e^{\lambda t}; \quad \ddot{u} = \lambda^2 e^{\lambda t} \qquad (3.3.3)$$

ergibt sich die charakteristische Gleichung

$$\lambda^2 + \frac{c}{m}\lambda + \omega_1^2 = 0; \quad \omega_1^2 = \frac{k}{m} \qquad (3.3.4)$$

Die allgemeine Lösung dieser Differentialgleichung lautet

$$u = c_1 e^{\lambda_1 t} + c_2 e^{\lambda_2 t} \qquad (3.3.5)$$

mit den Wurzeln der charakteristischen Gleichung

$$\lambda_{1,2} = -\frac{c}{2m} \pm \sqrt{\left(\frac{c}{2m}\right)^2 - \omega_1^2} \qquad (3.3.6)$$

Das Verhalten der Lösung hängt davon ab, ob der Radikand kleiner, gleich oder größer Null ist (unterkritisch, kritisch, überkritisch gedämpfter Fall). Im letzten Fall sind λ_1 und λ_2 reell, und eine Schwingung findet nicht statt. Der Grenzfall zwischen oszillatorischem und nichtoszillatorischem Lösungsverhalten ist durch die kritische Dämpfung gegeben:

$$\frac{c}{2m} = \omega_1 \rightarrow c_{krit} = 2m\,\omega_1 = 2\sqrt{km} \qquad (3.3.7)$$

Das Verhältnis der vorhandenen zur kritischen Dämpfung ist ein viel verwendetes dimensionsloses Dämpfungsmaß (LEHRsches Dämpfungsmaß, Prozentsatz der kritischen Dämpfung). Es gilt

$$D = \xi = \frac{c}{c_{krit}} = \frac{c}{2m\omega_1}; \quad \frac{c}{m} = 2\xi\omega_1 \qquad (3.3.8)$$

Damit läßt sich die Differentialgleichung (3.3.2) folgendermaßen schreiben:

$$\ddot{u} + 2\xi\omega_1\dot{u} + \omega_1^2 u = 0 \qquad (3.3.9)$$

Ihre Lösung lautet mit den Integrationskonstanten C_1, C_2:

$$u(t) = e^{-\xi\omega_1 t}\left(C_1 \cos\sqrt{1-\xi^2}\,\omega_1 t + C_2 \sin\sqrt{1-\xi^2}\,\omega_1 t\right) \qquad (3.3.10)$$

bzw. für den allgemeinsten Fall der Anfangsbedingungen $u(0) = u_0$, $\dot{u}(0) = \dot{u}_0$:

$$u(t) = e^{-\xi\omega_1 t} \left(u_0 \cos\sqrt{1-\xi^2}\,\omega_1 t + \frac{(\dot{u}_0 + \xi\omega_1 u_0)}{\omega_1\sqrt{1-\xi^2}} \sin\sqrt{1-\xi^2}\,\omega_1 t \right) \qquad (3.3.11)$$

Kreisfrequenz und Periode der gedämpften Schwingung (die genauso wie beim ungedämpften Fall isochron verläuft), betragen somit

$$\omega_D = \omega_1\sqrt{1-\xi^2}\,; \quad T_D = 2\pi/\omega_D \qquad (3.3.12)$$

Bei der erzwungenen gedämpften Schwingung erhält (3.3.9) die Form

$$\ddot{u} + 2\xi\omega_1\dot{u} + \omega_1^2 u = f(t) \qquad (3.3.13)$$

und die allgemeine Lösung ergibt sich wiederum als Summe der homogenen Lösung (3.3.11) und der partikulären Lösung (DUHAMEL-Integral)

$$u_p(t) = \frac{1}{\omega_D}\int_0^t f(\tau)\, e^{-\xi\omega_1(t-\tau)} \sin\omega_D(t-\tau)\, d\tau \qquad (3.3.14)$$

Auch hier empfiehlt sich eine numerische Auswertung des DUHAMEL-Integrals (Programm DUHAMI wie im Abschnitt 3.2 eingeführt).

Ein weiteres gebräuchliches Dämpfungsmaß, neben dem bereits eingeführten LEHRschen Dämpfungsmaß D bzw. ξ nach (3.3.8), ist das logarithmische Dämpfungsdekrement Λ, definiert als der natürliche Logarithmus des Quotienten zweier aufeinanderfolgender Schwingungsmaxima. Es gilt:

$$\begin{aligned}\Lambda &= \ln\frac{u_i}{u_{i+1}} = \ln\frac{e^{-\xi\omega_1 t_i}\cos\omega_D t_i}{e^{-\xi\omega_1 t_{i+1}}\cos\omega_D t_{i+1}} = \ln e^{-\xi\omega_1(t_i - t_{i+1})} = \xi\omega_1(t_{i+1} - t_i) \\ &= \xi\omega_1\frac{2\pi}{\omega_D} = \xi\omega_1 T_D = \xi\omega_1\frac{2\pi}{\omega_1\sqrt{1-\xi^2}} = \xi\frac{2\pi}{\sqrt{1-\xi^2}}\end{aligned} \qquad (3.3.15)$$

Für gering gedämpfte Systeme, wie sie in der Baudynamik üblicherweise vorkommen, gilt:

$$\xi = D \approx \frac{\Lambda}{2\pi} \qquad (3.3.16)$$

Damit ist auch die Möglichkeit gegeben, den Dämpfungswert aus Messungen der abklingenden Amplituden einer freien Schwingung zu bestimmen. Werden, wie praktisch üblich, nicht zwei aufeinanderfolgende Maxima sondern die Maximalamplituden u_1 und u_{n+1} zum Zeitpunkt t_1 und t_{n+1} (also nach n Schwingungszyklen) gemessen, so erhalten wir

$$\Lambda = \frac{1}{n}\ln\frac{u_1}{u_{n+1}} \qquad (3.3.17)$$

3.3 Gedämpfte freie und erzwungene Schwingung

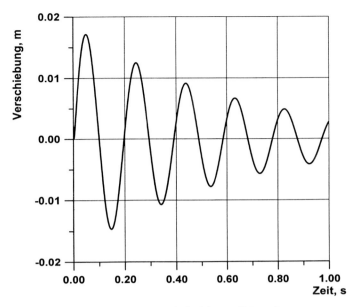

Bild 3.3-1: Abklingende freie Schwingung bei viskoser Dämpfung

Als Beispiel wird Bild 3.3-1 betrachtet, worin der mit dem Programm DUHAMI berechnete Zeitverlauf der Auslenkung des in Abschnitt 3.1 untersuchten Einmassenschwingers, diesmal jedoch mit einer Dämpfung von D = 5% versehen, dargestellt ist. Die positiven Maxima in den ersten 4 Zyklen betragen der Reihe nach 0,01714, 0,01251, 0,009137, 0,006671 und 0,004870 m. Damit läßt sich das logarithmische Dekrement bestimmen zu

$$\Lambda = \ln\frac{0,01714}{0,01251} = \frac{1}{4}\ln\frac{0,01714}{0,00487} = 0,315; \quad D \approx \frac{\Lambda}{2\pi} = 0,05 \qquad (3.3.18)$$

Es folgen einige weitere Bemerkungen zum verwendeten viskosen Dämpfungsmodell. Bei einer stationär-harmonischen Schwingung in der Eigenkreisfrequenz ω_1 des Einmassenschwingers, $u = u_0 \sin \omega_1 t$, beträgt die durch Dämpfung dissipierte Arbeit pro Schwingungszyklus

$$W_D = \int_0^{2\pi/\omega_1} c\dot{u}^2\, dt = \pi\, c\, \omega_1\, u_0^2 \qquad (3.3.19)$$

Nach (3.3.8) ist

$$D = \xi = \frac{c}{2m\omega_1} = \frac{c}{2\dfrac{k}{\omega_1}} \qquad (3.3.20)$$

Werden Zähler und Nenner des ersten Bruchs mit $\pi \omega_1 u_0^2$ erweitert, erhält man

$$D = \frac{\pi c \omega_1 u_0^2}{4\pi \left(\frac{1}{2} m \omega_1^2 u_0^2\right)} = \frac{\pi c \omega_1 u_0^2}{4\pi \left(\frac{1}{2} k u_0^2\right)} \qquad (3.3.21)$$

Der Zähler dieses Bruchs ist die dissipierte Arbeit pro Schwingungszyklus, der Klammerausdruck im Nenner stellt die maximale elastisch gespeicherte Arbeit dar, bzw. die zahlenmäßig gleiche potentielle Energie. Gl. (3.3.21) kann herangezogen werden, um bei nichtviskosen Dämpfungsmechanismen eine angenäherte äquivalente Dämpfung als Verhältnis von Arbeitsanteilen zu gewinnen.

Beim viskos gedämpften System, das in seiner Eigenfrequenz schwingt, läßt sich die Geschwindigkeit $\dot{u}$ durch

$$\dot{u} = \omega_1 u_0 \cos \omega_1 t = \pm \omega_1 u_0 \sqrt{1 - \sin^2 \omega_1 t} = \pm \omega_1 \sqrt{u_0^2 - u^2} \qquad (3.3.22)$$

angeben; damit lautet die Dämpfungskraft

$$F_D = \pm c \omega_1 \sqrt{u_0^2 - u^2} \qquad (3.3.23)$$

Nach Umordnen ergibt sich daraus die Form

$$\left(\frac{F_D}{c \omega_1 u_0}\right)^2 + \left(\frac{u}{u_0}\right)^2 = 1 \qquad (3.3.24)$$

Das ist eine Ellipse, wie in Bild 3.3-2 dargestellt, mit den Achsenabschnitten u_0 und $c \omega_1 u_0$ und dem Flächeninhalt $W_D = \pi c \omega_1 u_0^2$. Bei dem Beispiel des Bildes 3.3-2 handelt es sich um einen mit D= 5% gedämpften Einmassenschwinger (m = 1, k = 16, c = 0,4) der Eigenkreisfrequenz $\omega_1 = 4$ rad/s, dessen Bewegungsdifferentialgleichung und Anfangsbedingungen lauten

$$\ddot{u} + 2 \cdot 0{,}05 \cdot 4 \cdot \dot{u} + 4^2 \cdot u = 3{,}0 \sin(4t); \quad u(0) = \dot{u}(0) = 0 \qquad (3.3.25)$$

Die Maximalauslenkung ergibt sich zu u_0 = 1,879 Einheiten (z.B. m). Damit beträgt die maximale Dämpfungskraft

$$\max F_D = c \omega_1 u_0 = 0{,}4 \cdot 4 \cdot 1{,}879 = 3{,}00 \text{ kN} \qquad (3.3.26)$$

und die Dämpfungsarbeit pro Schwingungszyklus

$$W_D = \pi c \omega_1 u_0^2 = 17{,}70 \text{ kNm} \qquad (3.3.27)$$

3.3 Gedämpfte freie und erzwungene Schwingung   55

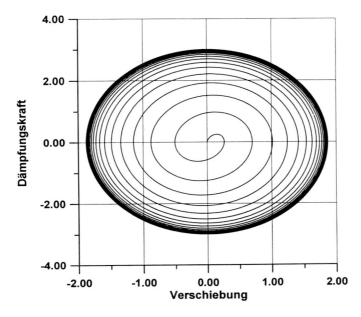

Bild 3.3-2: Dämpfungskraft F_D als Funktion der Verschiebung

Kommt die elastische Rückstellkraft des Einmassenschwingers dazu, $F_R = ku$, so ergibt sich die Hystereseschleife des Bildes 3.3-3.

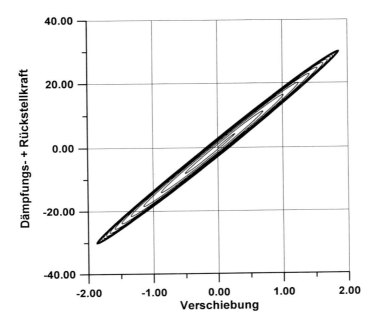

Bild 3.3-3: $(F_D + F_R)$ als Funktion der Verschiebung

Die von der Rückstellkraft geleistete Arbeit pro Schwingungszyklus (elastisch gespeicherte Arbeit) beträgt nach (2.3.13):

$$W_E = \frac{1}{2} k \, u_0^2 \qquad (3.3.28)$$

Bei diesem Beispiel ergibt sich W_E zu 28,23 kNm, und die Gleichung (3.3.21) liefert erwartungsgemäß den Wert

$$D = \frac{1}{4\pi} \frac{17{,}70}{28{,}23} = 0{,}05 \qquad (3.3.29)$$

für die Dämpfung des Einmassenschwingers. Das Doppelte des LEHRschen Dämpfungsmaßes D, bzw. das $\left(\frac{1}{2\pi}\right)$-fache Verhältnis der Dämpfungsarbeit zur elastisch gespeicherten Arbeit beim in seiner Eigenfrequenz erregten Einmassenschwinger wird als Verlustfaktor d bezeichnet :

$$d = \frac{W_D}{2\pi W_E} = \frac{\omega_1 \, c}{k} \qquad (3.3.30)$$

Nach (3.3.30) ist die Dämpfung der Frequenz direkt proportional, eine grundlegende Eigenschaft des viskosen Dämpfungsmodells. Die elliptischen Hystereseschleifen der Bilder 3.3-2 und 3.3-3 sind das Kennzeichen der linearen Dämpfung, bei der die Dämpfungsarbeit mit dem Quadrat der Verformungsamplitude wächst. Nachdem die elastisch gespeicherte Formänderungsarbeit (3.3.28) ebenfalls vom Quadrat der Amplitude abhängt, ist der Verlustfaktor d amplitudenunabhängig, und das Superpositionsgesetz bleibt gültig.

3.4 Numerische Integration der Bewegungsdifferentialgleichung

Die Lösung der Differentialgleichung

$$m\ddot{u} + c\dot{u} + ku = F(t) \qquad (3.4.1)$$

mit den Anfangsbedingungen $u(0) = u_0$, $\dot{u}(0) = \dot{u}_0$ erfolgt oft durch direkte numerische Integration. Es existieren mehrere geeignete Algorithmen zur Behandlung dieses Anfangswertproblems, wobei wir hier allein den für baudynamische Aufgaben besonders geeigneten NEWMARK $\beta - \gamma$-Operator [3.1] betrachten wollen.

Zwei Gesichtspunkte sind für die Wahl eines geeigneten Integrationsschemas von zentraler Bedeutung, nämlich seine Stabilität und seine Genauigkeit. Man spricht von einem unbedingt stabilen Integrator, wenn die Lösung u(t) für beliebige Anfangsbedingungen und beliebig große Quotienten $\Delta t / T$ nicht über alle Grenzen wachsen kann. Darin bezeichnet Δt die Zeitschrittweite und T die Periode des Einmassenschwingers, $T = 2\pi\sqrt{m/k}$. Ein lediglich bedingt stabiles Schema liegt vor, wenn die Lösung nur dann nicht „explodiert", wenn $\Delta t / T$ einen bestimmten Wert nicht übersteigt. Beim Einmassenschwinger ist die Ermittlung der

3.4 Numerische Integration der Bewegungsdifferentialgleichung

Periode T und die Wahl eines entsprechend kleinen Integrationsintervalls Δt kein Problem; trotzdem empfiehlt sich auch hier die Wahl eines unbedingt stabilen Integrators, vor allem wenn nichtlineare Phänomene zu untersuchen sind.

Die Genauigkeit eines Integrationsalgorithmus hängt von der Belastungsfunktion f(t), den Systemeigenschaften und vor allem vom Verhältnis der Zeitschrittweite Δt zur Periode T ab. Die Abweichung von der exakten Lösung schlägt sich in einer Zunahme der Periode und einer Abnahme der Schwingungsamplitude entsprechend einer fiktiven zusätzlichen Dämpfung nieder.

Allgemein unterscheiden wir bei Integrationsalgorithmen zwischen Ein- und Mehrschrittverfahren, die jeweils explizit oder implizit sein können. Bei den Einschrittverfahren, die in der Baudynamik vorwiegend zum Einsatz kommen, ergeben sich u, $\dot{u}$ und $\ddot{u}$ zum Zeitpunkt $t + \Delta t$ als Funktionen der entsprechenden Werte zum Zeitpunkt t allein, während bei den Mehrschrittverfahren auch die Werte für $t - \Delta t$, $t - 2\Delta t$ etc. in die Berechnung eingehen. Mehrschrittverfahren benötigen deshalb eine getrennte „Startrechnung", während Einschrittverfahren „selbststartend" sind.

Explizite Integratoren liefern die Lösung zum Zeitpunkt $t + \Delta t$ direkt, während bei impliziten Methoden die unbekannten Werte zum Zeitpunkt $t + \Delta t$ auf beiden Seiten der Gleichung stehen und somit die Lösung eines algebraischen Gleichungssystems (beim Einmassenschwinger einer einzigen Gleichung) notwendig machen. Dieser Nachteil wird durch die besseren Stabilitätseigenschaften der impliziten Verfahren wettgemacht.

Der NEWMARK $\beta - \gamma$ - Integrator ist eine implizite Einschrittmethode mit den beiden Parametern β und γ, deren Wahl die Stabilitäts- und Genauigkeitseigenschaften des Schemas festlegt. Es werden die Zeitpunkte t_1 und t_2 im zeitlichen Abstand Δt betrachtet; das dynamische Gleichgewicht zum Zeitpunkt t_2 liefert die Beziehung:

$$m\ddot{u}_2 + c\dot{u}_2 + ku_2 = F(t_2) = F_2 \qquad (3.4.2)$$

Mit den Zuwächsen $\Delta u = u_2 - u_1$, $\Delta \dot{u} = \dot{u}_2 - \dot{u}_1$ etc. lautet die inkrementelle Form von (3.4.2):

$$m\,\Delta\ddot{u} + c\,\Delta\dot{u} + k\,\Delta u = \Delta F \qquad (3.4.3)$$

NEWMARK nimmt folgende Form der Inkremente $\Delta\ddot{u}$, $\Delta\dot{u}$ als Funktionen des Verschiebungsinkrements Δu und des Systemzustands zum Zeitpunkt t_1 an:

$$\Delta\dot{u} = \frac{\gamma}{\beta\Delta t}\Delta u - \frac{\gamma}{\beta}\dot{u}_1 - \Delta t\left[\frac{\gamma}{2\beta} - 1\right]\ddot{u}_1$$

$$\Delta\ddot{u} = \frac{1}{\beta(\Delta t)^2}\Delta u - \frac{1}{\beta\Delta t}\dot{u}_1 - \frac{1}{2\beta}\ddot{u}_1 \qquad (3.4.4)$$

Für β = 1/4 und γ = 1/2 liegt ein unbedingt stabiler Integrator vor, der eine konstante Beschleunigung ü innerhalb des Zeitschrittes Δt unterstellt. Für β = 1/6 und γ = 1/2 gibt es einen nur bedingt stabilen Integrator, der einen linearen Verlauf der Beschleunigung im Zeitschritt voraussetzt. Werden die Ausdrücke (3.4.4) in (3.4.3) eingesetzt, ergibt sich das Verschiebungsinkrement Δu zu

$$\Delta u = \frac{f^*}{k^*} \qquad (3.4.5)$$

mit

$$k^* = m \frac{1}{\beta \Delta t^2} + c \frac{\gamma}{\beta \Delta t} + k \qquad (3.4.6)$$

$$f^* = \Delta F + m \left(\frac{\dot{u}_1}{\beta \Delta t} + \frac{\ddot{u}_1}{2\beta} \right) + c \left(\frac{\gamma \dot{u}_1}{\beta} + \ddot{u}_1 \Delta t \left(\frac{\gamma}{2\beta} - 1 \right) \right) \qquad (3.4.7)$$

Das Programm LEINM führt diese Berechnung durch. Seine Eingabedatei RHS ist dieselbe wie beim Programm DUHAMI (Zeitpunkte und Werte f(t) = F(t)/m der Belastungsfunktion in zwei Spalten im Format 2E14.7), die übrigen Werte werden interaktiv abgefragt. Liegt die Belastungsfunktion in RHS als F(t) statt f(t) vor, läßt sich die Division durch die Masse m des Einmassenschwingers mittels einer Skalierung mit dem Faktor (1/m) bewerkstelligen, der ebenfalls am Bildschirm abgefragt wird. In der Ausgabedatei THNEW stehen in vier Spalten die Zeitpunkte sowie die berechneten Werte der Auslenkung, der Geschwindigkeit und der Beschleunigung des Systems; wegen der vorgesehenen Ausgabe der Beschleunigung in g-Einheiten ist es notwendig, den gültigen Umrechnungsfaktor bei der verwendeten Längeneinheit (die Zeit wird stets in s gemessen) interaktiv einzugeben (z.B. mit 9,81 bei Verwendung von m als Längeneinheit). Es werden zusätzlich die erreichten Maximalwerte der Auslenkung, der Geschwindigkeit und der Beschleunigung (letztere in g) mit den zugehörigen Zeiten am Bildschirm ausgegeben.

Programmname	Eingabedatei	Ausgabedatei
LEINM	RHS	THNEW

Zur Illustration zeigt Bild 3.4-1 den Verlauf der Geschwindigkeit (in m/s), Bild 3.4-2 denjenigen der Beschleunigung (in g) des Riegels des mit D=5% gedämpften einstöckigen Rahmens von Bild 3.1-3 unter der angegebenen Impulsbelastung.

3.4 Numerische Integration der Bewegungsdifferentialgleichung

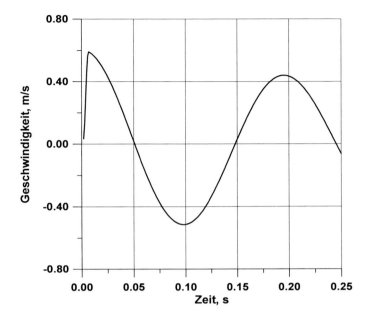

Bild 3.4-1: Geschwindigkeitsverlauf des Riegels des Rahmens Bild 3.1-3 bei 5% Dämpfung

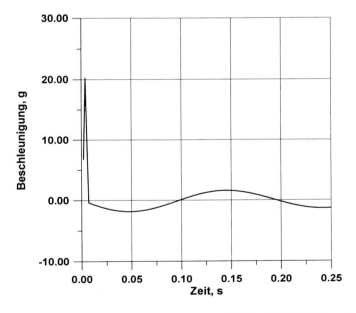

Bild 3.4-2: Beschleunigung des Riegels des Rahmens Bild 3.1-3 bei 5% Dämpfung

3.5 Frequenzbereichsmethoden

Gewöhnliche Differentialgleichungen, beispielsweise die Bewegungsdifferentialgleichung des Einmassenschwingers

$$m\ddot{u} + c\dot{u} + ku = F(t) \tag{3.5.1}$$

bzw.

$$\ddot{u} + 2\xi\omega_1 \dot{u} + \omega_1^2 u = \frac{F}{m} = f(t) \tag{3.5.2}$$

können mittels Integraltransformationen, wie die FOURIER- und die LAPLACE-Transformation, in algebraische Gleichungen des Bildraums (Frequenzraums) überführt werden, deren Lösungen durch die entsprechenden inversen Transformationen wieder in den Zeitbereich übertragen werden müssen. Betrachtet man den Einmassenschwinger als ein System, das die Erregung F(t) bzw. f(t) in die Antwort u(t) überführt, so kennt man bereits die Art und Weise dieser Transformation durch die partikuläre Lösung von (3.5.2):

$$u_p(t) = \frac{1}{\omega_D} \int_0^t f(\tau) e^{-\xi\omega_1(t-\tau)} \sin\omega_D(t-\tau) d\tau \tag{3.5.3}$$

Die obere Grenze t des Integrals ist gleichzusetzen mit der Dauer t_D der transienten Belastung f(t), t=t_D. Für t ≥ t_D verschwindet f(t) und damit der Integrand, und es entstehen keine zusätzlichen Anteile zum Integralwert; unter dieser stillschweigenden Annahme kann die obere Grenze formal bis ∞ ausgedehnt werden. Das DUHAMEL- oder Faltungsintegral „faltet" demnach die Belastungsfunktion f(t) mit der Impulsreaktionsfunktion h(t), mit

$$h(t) = \frac{e^{-\xi\omega_1 t}}{\omega_D} \sin\omega_D t \tag{3.5.4}$$

gemäß der Vorschrift

$$u_p(t) = f(t) * h(t) = \int_{-\infty}^{\infty} f(\tau) h(t-\tau) d\tau \tag{3.5.5}$$

Die Impulsreaktionsfunktion h(t) stellt die Antwort u(t) von (3.5.2) auf einen Einheitsimpuls (DIRAC-Impuls) dar. Zu ihrer Herleitung wird die homogene Lösung von (3.5.2) betrachtet

$$u_h(t) = e^{-\xi\omega_1 t} \left(C_1 \cos\sqrt{1-\xi^2}\,\omega_1 t + C_2 \sin\sqrt{1-\xi^2}\,\omega_1 t \right) \tag{3.3.6}$$

Für den allgemeinen Fall der Anfangsbedingungen $u(0) = u_0$, $\dot{u}(0) = \dot{u}_0$ gilt:

$$u_h(t) = e^{-\xi\omega_1 t} \left(u_0 \cos\sqrt{1-\xi^2}\,\omega_1 t + \frac{(\dot{u}_0 + \xi\omega_1 u_0)}{\omega_1\sqrt{1-\xi^2}} \sin\sqrt{1-\xi^2}\,\omega_1 t \right) \tag{3.3.7}$$

3.5 Frequenzbereichsmethoden 61

Ein Einheitsimpuls als Belastung zum Zeitpunkt t=0 bewirkt Anfangsbedingungen $u_0 = 0$, $\dot{u}_0 = 1$, und damit

$$u(t) = h(t) = \frac{e^{-\xi\omega_1 t}}{\omega_D} \sin\omega_D t \qquad (3.5.8)$$

Bild 3.5-1 zeigt den typischen Verlauf einer Impulsreaktionsfunktion, wobei hier die Eigenfrequenz des Einmassenschwingers mit 30 rad/s, seine Dämpfung mit 5% angenommen wurde.

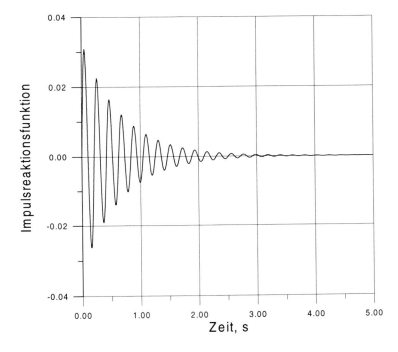

Bild 3.5-1: Impulsreaktionsfunktion mit $\omega_1 = 30\,\text{rad}/\text{s}$, $\xi = 0.05$

Führt man nun die FOURIER-Transformierten der Systemantwort u(t), der Erregung f(t) und der Impulsreaktionsfunktion h(t) als U(f), F(f) und H(f) gemäß

$$X(f) = \int_{-\infty}^{\infty} x(t) e^{-i2\pi ft} dt \qquad (3.5.9)$$

ein, so lautet die FOURIER-Transformierte der Systemantwort

$$U(f) = \int_{-\infty}^{\infty} u(t) e^{-i2\pi ft} dt = \int_{-\infty}^{\infty} \left(\int_{-\infty}^{\infty} f(\tau) h(t-\tau) d\tau \right) e^{-i2\pi ft} dt \qquad (3.5.10)$$

Wird die Reihenfolge der Integration vertauscht, so gilt mit $\lambda = t - \tau$:

$$U(f) = \int_{-\infty}^{\infty} f(\tau) \left(\int_{-\infty}^{\infty} h(t-\tau) e^{-i2\pi ft} dt \right) d\tau = \int_{-\infty}^{\infty} f(\tau) \left(\int_{-\infty}^{\infty} h(\lambda) e^{-i2\pi f(\lambda+\tau)} d\lambda \right) d\tau$$

(3.5.11)

oder

$$U(f) = \left(\int_{-\infty}^{\infty} f(\tau) e^{-i2\pi f\tau} d\tau \right) \left(\int_{-\infty}^{\infty} h(\lambda) e^{-i2\pi f\lambda} d\lambda \right)$$

(3.5.12)

was gleichbedeutend ist mit

$$U(f) = F(f) \cdot H(f)$$

(3.5.13)

Damit ist gezeigt, daß die Faltung der Funktionen f(t) und h(t) im Zeitbereich einer Multiplikation ihrer FOURIER-Transformierten F(f) und H(f) im Frequenzbereich entspricht (Faltungssatz). Die Funktion H(f), bzw. H(ω), die sich als FOURIER-Transformierte der Impulsreaktionsfunktion ergab, wird als Übertragungsfunktion des Systems bezeichnet; sie kann anschaulich als Verhältnis der Systemantwort zu einer stationär-harmonischen Erregung gedeutet werden. Für die harmonische Einheitserregung

$$x(t) = 1 \cdot e^{i\omega t}$$

(3.5.14)

lautet die Systemantwort u(t) definitionsgemäß

$$u(t) = H(\omega) \cdot e^{i\omega t}$$

(3.5.15)

Beim Einmassenschwinger (3.5.2) erhält man mit $f(t) = 1 \cdot e^{i\omega t}$:

$$\begin{aligned} u(t) &= H(\omega) \, e^{i\omega t} \\ \dot{u}(t) &= i\omega \, H(\omega) \, e^{i\omega t} \\ \ddot{u}(t) &= -\omega^2 \, H(\omega) \, e^{i\omega t} \end{aligned}$$

(3.5.16)

und durch Einsetzen in (3.5.2) ergibt sich die Übertragungsfunktion:

$$H(\omega) = \frac{1}{\omega_1^2 - \omega^2 + i\, 2\xi\omega_1\omega}$$

(3.5.17)

Realteil und Imaginärteil von H(ω) sind in den Bildern 3.5-2 und 3.5-3 für $\omega_1 = 30 \frac{\text{rad}}{\text{s}}$ und $\xi = 0{,}05$ dargestellt. Bild 3.5-4 zeigt den Verlauf des Absolutwerts $|H(\omega)|$; der Spitzenwert bei $\omega = 30 \frac{\text{rad}}{\text{s}}$ beträgt $|H(\omega_1)| = \frac{1}{2\xi\omega\omega_1} \approx 0{,}0111$.

3.5 Frequenzbereichsmethoden

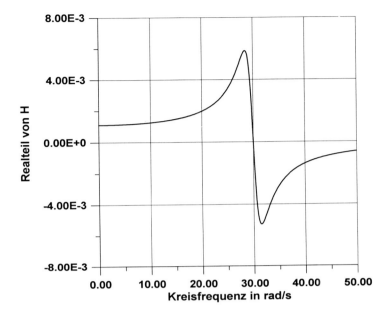

Bild 3.5-2: Realteil der Übertragungsfunktion, $\omega_1 = 30 \frac{\text{rad}}{\text{s}}$, $\xi = 0.05$

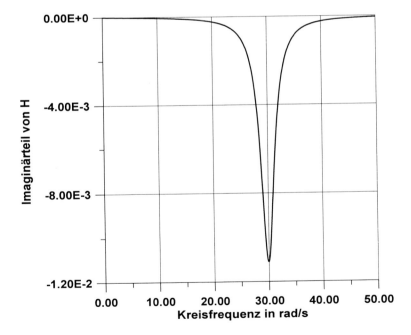

Bild 3.5-3: Imaginärteil der Übertragungsfunktion, $\omega_1 = 30 \frac{\text{rad}}{\text{s}}$, $\xi = 0.05$

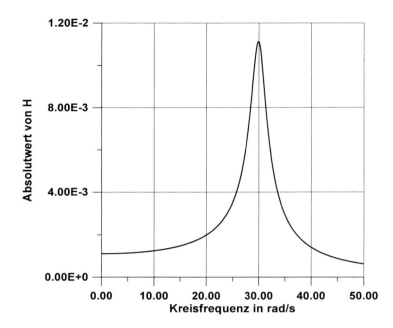

Bild 3.5-4: Absolutwert der Übertragungsfunktion, $\omega_1 = 30\,\frac{\text{rad}}{\text{s}}$, $\xi = 0.05$

Damit ist die Vorgehensweise für die Lösung der Differentialgleichung des Einmassenschwingers deutlich geworden: Nach Bestimmung der (komplexen) FOURIER-Transformierten der Lastfunktion F(ω) wird diese mit der Übertragungsfunktion (3.5.17) multipliziert und liefert die FOURIER-Transformierte U(ω) der Antwort, die noch in den Zeitbereich zurücktransformiert werden muß.

Die Transformation des Eingangs f(t) in den Ausgang u(t) läßt sich allgemein als „Filterung" deuten, bei der bestimmte Frequenzanteile des Eingangs je nach Form der Systemübertragungsfunktion verstärkt oder reduziert werden. Bild 3.5-5 stellt die Zusammenhänge schematisch dar; das skizzierte Eingangssignal wird zum einen durch ein Tiefpaßfilter geschickt (obere Reihe), das nur die niedrigfrequenten Anteile durchläßt, zum anderen (untere Reihe) durch ein Hochpaßfilter, das die niedrigfrequenten Anteile unterdrückt.

Als konkrete Beispiele werden drei einfache Filter betrachtet, nämlich ein Hoch-, ein Tief- und ein Bandpaßfilter:

- Hochpaßfilter als lineares System 1. Ordnung mit der Übertragungsfunktion

$$H(\omega) = \frac{\omega^2 + i\omega\omega_H}{\omega_H^2 + \omega^2} \qquad (3.5.18)$$

Das Filter ist durch den einzigen Parameter ω_H (Eckfrequenz) vollständig beschrieben.

3.5 Frequenzbereichsmethoden

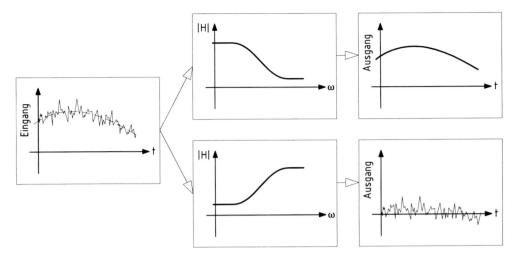

Bild 3.5-5: Filterung im Frequenzbereich

- Tiefpaßfilter als Einmassenschwinger (System 2. Ordnung) mit der Übertragungsfunktion

$$H(\omega) = \frac{1 + \frac{\omega^2}{\omega_0^2}(4\xi_0^2 - 1) - i2\xi_0 \frac{\omega^3}{\omega_0^3}}{\left[1 - \left(\frac{\omega^2}{\omega_0^2}\right)^2\right]^2 + 4\xi_0^2\left(\frac{\omega^2}{\omega_0^2}\right)^2} \qquad (3.5.19)$$

Dieses vor allem im Erdbebeningenieurwesen oft verwendete, sog. KANAI-TAJIMI- Filter, ist durch die beiden Parameter ω_0 und ξ_0 charakterisiert. Sie können als Kreiseigenfrequenz bzw. Dämpfungsgrad des Bodens gedeutet werden.

- Bandpaßfilter als Produkt des Hochpaßfilters (3.5.18) und eines Tiefpaßfilters mit der Übertragungsfunktion

$$H(\omega) = \frac{\omega_T^2 - i\omega\omega_T}{\omega_T^2 + \omega^2} \qquad (3.5.20)$$

Dieses Bandpaßfilter mit den Eckfrequenzen ω_T und ω_H kann eingesetzt werden, um selektiv Frequenzanteile der Erregung im Bereich $\omega_H < \omega < \omega_T$ zu verstärken, von denen man annimmt, daß sie beim speziellen Standort, bzw. Bauwerk, von besonderer Bedeutung sind.

Nun zu einem Beispiel: Das in Bild 3.5-6 dargestellte Signal wird durch die Gleichung

$$f(t) = 1 \cdot \sin\frac{2\pi t}{1{,}024} + 0{,}5 \cdot \sin\frac{2\pi t}{0{,}1024} + 0{,}25 \cdot \sin\frac{2\pi t}{0{,}01024} \qquad (3.5.21)$$

beschrieben. Die Tiefpaßfilterung durch ein KANAI-TAJIMI-Filter mit $\omega_0 = 10\,\frac{\text{rad}}{\text{s}}$ und $\xi_0 = 0{,}30$ liefert das in Bild 3.5-7 dargestellte Ergebnis, das ersichtlicherweise nur die tieffrequenten Anteile enthält. Im Vergleich dazu liefert die Hochpaßfilterung von (3.5.21) mit dem Filter nach Gl. (3.5.18) und $\omega_H = 600\,\frac{\text{rad}}{\text{s}}$ das Ergebnis des Bildes 3.5.8, das so gut wie keine tieffrequenten Anteile mehr enthält.

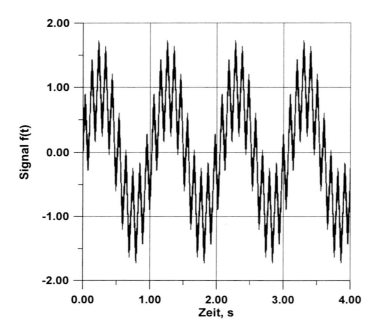

Bild 3.5-6: Harmonisch-stationäres Signal

Diese beispielhaft durchgeführten Berechnungen erfolgten mit dem Programm FILTER, das eine Zeitreihe mit den in diesem Abschnitt erwähnten drei Filtertypen zu behandeln gestattet. Es benötigt als Eingabe die Zeitreihe in der Datei TIMSER.DAT (zweispaltig im Format 2E14.7 mit den Zeitpunkten in der ersten und den Ordinaten in der zweiten Spalte); die resultierende gefilterte Zeitreihe wird in die Datei FILT.DAT geschrieben, und zwar ebenfalls im Format 2E14.7 mit den Zeitpunkten in der ersten und den Ordinaten in der zweiten Spalte. Die Zeitreihe darf höchstens 4096 Punkte beinhalten, wobei wegen des zugrundeliegenden FFT-Algorithmus die Werte bis zur nächsthöheren Potenz von 2 programmintern mit Nullen belegt werden. Alle weiteren Daten (Anzahl der Punkte in der Zeitreihe, nächsthöhere Potenz von 2, Zeitschrittweite, Filterparameter) sind am Bildschirm einzugeben.

Programmname	Eingabedatei	Ausgabedatei
FILTER	TIMSER.DAT	FILT.DAT

3.5 Frequenzbereichsmethoden

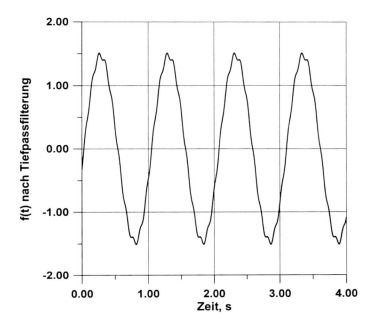

Bild 3.5-7: Tiefpaßgefiltertes Signal

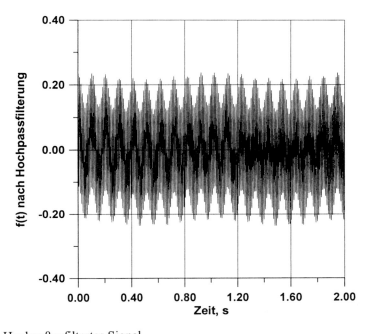

Bild 3.5-8: Hochpaßgefiltertes Signal

3.6 Harmonische Belastung, Schwingungsisolierung bei Maschinenkräften

Der Einmassenschwinger soll unter einer harmonischen Erregung mit der Amplitude F_o betrachtet werden. Die Differentialgleichung lautet:

$$\ddot{u} + 2\xi\omega_1 \dot{u} + \omega_1^2 u = \frac{F_o}{m} \sin\Omega t \qquad (3.6.1)$$

Die Lösung ergibt sich als Summe der homogenen Lösung

$$u_h(t) = e^{-\xi\omega_1 t}(C_1 \cos\omega_D t + C_2 \sin\omega_D t) \qquad (3.6.2)$$

die von den Anfangsbedingungen $u(0), \dot{u}(0)$ abhängt, und einer partikulären Lösung, die als Summe einer Sinus- und einer Kosinusschwingung mit der Erregerfrequenz Ω angenommen werden kann:

$$u_p(t) = C_3 \sin\Omega t + C_4 \cos\Omega t \qquad (3.6.3)$$

Einsetzen der partikulären Lösung in die Differentialgleichung und Vergleich der Koeffizienten der trigonometrischen Funktionen liefern folgende Werte für C_3 und C_4, wobei $\beta = \dfrac{\Omega}{\omega_1}$ als Abstimmungsverhältnis bezeichnet wird und k die Federsteifigkeit des Einmassenschwingers gemäß $k = m\omega_1^2$ darstellt:

$$C_3 = \frac{F_0}{k} \frac{1-\beta^2}{(1-\beta^2)^2 + (2\xi\beta)^2} \qquad (3.6.4)$$

$$C_4 = \frac{F_0}{k} \frac{-2\xi\beta}{(1-\beta^2)^2 + (2\xi\beta)^2} \qquad (3.6.5)$$

Damit lautet das Partikulärintegral

$$u_p(t) = \frac{F_0}{k} \frac{(1-\beta^2)\sin\Omega t - 2\xi\beta\cos\Omega t}{(1-\beta^2)^2 + (2\xi\beta)^2} \qquad (3.6.6)$$

Der von den Anfangsbedingungen abhängige Teil der Lösung wird nach einiger Zeit durch Dämpfung eliminiert, so daß nur die partikuläre Lösung (3.6.6) verbleibt. Eine andere Schreibweise von (3.6.3) mit der resultierenden Amplitude u_R und der Phasenverschiebung φ lautet:

$$u_p(t) = u_R \sin(\Omega t - \varphi) \qquad (3.6.7)$$

mit

$$u_R = \sqrt{C_3^2 + C_4^2} = \frac{F_o}{k}[(1-\beta^2)^2 + (2\xi\beta)^2]^{-0,5} \qquad (3.6.8)$$

3.6 Harmonische Belastung, Schwingungsisolierung bei Maschinenkräften

$$\varphi = \arctan \frac{-C_4}{C_3} = \arctan \frac{2\xi\beta}{1-\beta^2} \qquad (3.6.9)$$

Beim Vorzeichen des Phasenwinkels in (3.6.7) bzw. (3.6.9) wurde davon Gebrauch gemacht, daß $\arctan(-\varphi) = -\arctan(\varphi)$ ist.

Den sogenannten Vergrößerungsfaktor V (dynamic magnification) als Verhältnis der maximalen dynamischen Auslenkung u_R zu ihrem statischen Wert $\frac{F_0}{k}$ erhalten wir zu

$$V = \frac{1}{\sqrt{(1-\beta^2)^2 + (2\xi\beta)^2}} \qquad (3.6.10)$$

und es gilt

$$\max\ u_p(t) = u_R = \frac{F_0}{k} V \qquad (3.6.11)$$

Zur Bestimmung des Maximalwerts des Vergrößerungsfaktors als Funktion des Abstimmungsverhältnisses β muß die Ableitung von (3.6.10) nach β gleich Null gesetzt werden:

$$\frac{dV}{d\beta} = \frac{2\beta - 2\beta^3 - 4\beta\xi^2}{\left[(1-\beta^2)^2 + 4\xi^2\beta^2\right]^{\frac{3}{2}}} = 0 \qquad (3.6.12)$$

Es ergeben sich die Lösungen

$$\beta_1 = 0,\ \beta_2 = -\sqrt{1-2\xi^2},\ \beta_3 = \sqrt{1-2\xi^2} \qquad (3.6.13)$$

wovon β_3 als einzige in Betracht kommt. Der Maximalwert des Vergrößerungsfaktors ergibt sich für dieses Abstimmungsverhältnis zu

$$\max V = \frac{1}{2}\frac{1}{\xi\sqrt{1-\xi^2}} \qquad (3.6.14)$$

Bild 3.6-1 zeigt den Verlauf von V als Funktion des Abstimmungsverhältnisses β für eine Reihe von Dämpfungsniveaus.

Für die in der Praxis vorkommenden kleinen Dämpfungswerte ist es genügend genau, von folgender Beziehung auszugehen:

$$\max V = \frac{1}{2\xi} \text{ bei } \beta = 1 \qquad (3.6.15)$$

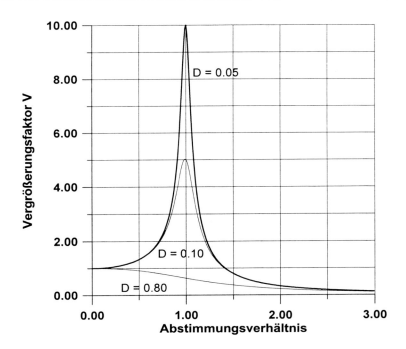

Bild 3.6-1: Vergrößerungsfaktor V für Dämpfungswerte von D = 0,05, 0,10 und 0,8

Liegt ein gemessener Verlauf der Amplitudenmaxima u_R als Funktion des Abstimmungsverhältnisses vor, so läßt sich, wie man leicht zeigen kann, daraus der Dämpfungswert D oder ξ als halber Abstand $\frac{1}{2}(\beta_2 - \beta_1)$ der Schnittpunkte dieser Kurve mit der zur Abszisse parallelen Koordinatenlinie entsprechend einer Amplitude von $\frac{\max u_R}{\sqrt{2}}$ ermitteln; max u_R ist dabei die Amplitude bei $\beta = 1$. In Bild 3.6-2 ist dieser Sachverhalt für einen mit D = 10% gedämpften Einmassenschwinger veranschaulicht, wobei die zur Abszisse parallele Gerade im Abstand von $5/\sqrt{2} = 3,54$ Einheiten zu einem Wert von $\beta_2 - \beta_1 = 0,20$ führt.

Die in Bild 3.6-3 dargestellte Maschine ruft eine harmonische Last $F = F_o \sin\Omega t$ hervor. Nach dem Schnittprinzip ergibt sich die Fundamentbelastung als Summe der Feder- und der Dämpfungskraft

$$F_R = k\,u(t), \qquad F_D = c\,\dot{u}(t) \qquad (3.6.16)$$

Mit der Beziehung (3.6.7) für u(t) erhält man

$$F_R = kV\frac{F_o}{k}\sin(\Omega t - \varphi) \qquad (3.6.17)$$

$$F_D = cV\frac{F_o}{k}\Omega\cos(\Omega t - \varphi) = 2\xi\beta V F_o \cos(\Omega t - \varphi) \qquad (3.6.18)$$

3.6 Harmonische Belastung, Schwingungsisolierung bei Maschinenkräften

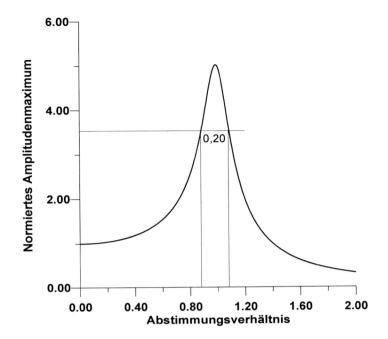

Bild 3.6-2: Zur Ermittlung der Dämpfung aus dem Verlauf der Amplitudenmaxima

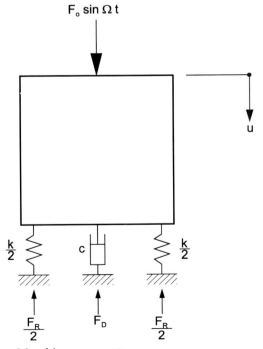

Bild 3.6-3: Schema eines Maschinenaggregats

Rückstell- und Dämpfungskraft haben einen Phasenunterschied von 90°; ihre Resultierende beträgt somit

$$\sqrt{F_R^2 + F_D^2} = VF_o\sqrt{1+(2\xi\beta)^2} \qquad (3.6.19)$$

Das ist die maximale Kraft, die das Fundament belastet. Der Quotient dieser Kraft durch die Amplitude F_o der harmonischen Belastung hat eine eigene Bezeichnung, nämlich Übertragungsfaktor V_F (transmissibility). Es gilt:

$$V_F = V\sqrt{1+(2\xi\beta)^2} \qquad (3.6.20)$$

mit dem Vergrößerungsfaktor V nach (3.6.10). Bild 3.6-4 zeigt den Verlauf von V_F als Funktion des Abstimmungsverhältnisses für einige Dämpfungsprozentsätze.

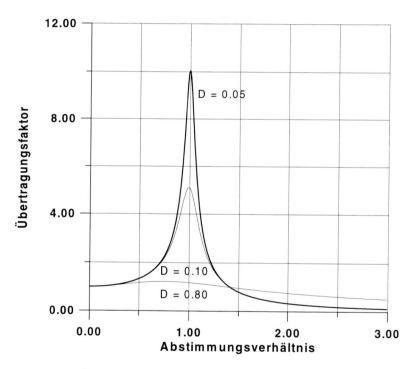

Bild 3.6-4: Verlauf des Übertragungsfaktors für Dämpfungswerte von D = 0,05, 0,10 und 0,8

Man beachte, daß alle Kurven für $\beta = \sqrt{2}$ den Wert $V_F = 1$ haben. Das Gebiet $\beta < 1$ wird als „unterkritisch", das Gebiet $\beta > 1$ als „überkritisch" bezeichnet; im ersten Fall ist die Störfrequenz kleiner als die Eigenfrequenz des abgefederten Systems (hohe Abstimmung), im zweiten Fall größer (tiefe Abstimmung).

3.6 Harmonische Belastung, Schwingungsisolierung bei Maschinenkräften

Im unterkritischen Bereich ist eine Schwingungsisolation nicht möglich. Erst ab $\beta > \sqrt{2}$ tritt eine Isolierwirkung ein ($V_F < 1$), sie ist jedoch in der Nähe von $\beta = \sqrt{2}$ so gering, daß solche Abfederungen wenig bewirken. Um diese Zusammenhänge quantitativ zu untersuchen, wird der Isolierwirkungsgrad J in Prozent eingeführt, definiert als

$$J = 100(1 - V_F) \tag{3.6.21}$$

und man kann feststellen, daß (im ungedämpften Fall) für das Abstimmungsverhältnis $\beta = 1,6$ der Wirkungsgrad J nur 36 Prozent beträgt, bei $\beta = 4$ dagegen 93 Prozent. In der Praxis sind β-Werte um 3 oder 4 sinnvoll, da für höhere β-Werte der Aufwand in keinem günstigen Verhältnis zur erreichten Isolierwirkung steht.

Bild 3.6-4 zeigt einen weiteren interessanten Aspekt, daß nämlich eine vorhandene Dämpfung die Wirkung schwingungsisolierender Maßnahmen (im überkritischen Bereich) negativ beeinflußt. Daraus folgt, daß die zur Schwingungsisolation nach Bild 3.6-3 verwendeten Federsysteme über möglichst kleine Dämpfung verfügen sollen. Für diesen Fall ist $\xi = 0$ und der Wirkungsgrad J beträgt (für Abstimmungsverhältnisse $\beta > \sqrt{2}$) einfach

$$J = 100 \frac{\beta^2 - 2}{\beta^2 - 1} \tag{3.6.22}$$

Weiter gilt:

$$\beta^2 = \frac{\frac{J}{100} - 2}{\frac{J}{100} - 1} \tag{3.6.23}$$

Als Beispiel soll die Federcharakteristik einer schwingungsisolierenden Lagerung eines Maschinenaggregats bestimmt werden, mit der Maßgabe, daß ein Wirkungsgrad von 90% erreicht werden soll. Der 24 kN schwere Maschinenblock wird durch sechs Lager gestützt, und zwar derart, daß jedes eine Auflagerkraft von 4 kN zu tragen hat. Die Maschinendrehzahl ist mit 1200 Umdrehungen pro Minute gegeben, entsprechend einem Ω von

$$\Omega = 2\pi f = 2\pi \frac{1200}{60} \frac{U}{s} = 125,66 \frac{rad}{s} \tag{3.6.24}$$

Beim geforderten Wirkungsgrad $J = 90\%$ beträgt das Abstimmungsverhältnis nach Gl. (3.6.23)

$$\beta = \sqrt{\frac{0,90 - 2}{0,90 - 1}} = 3,317 \tag{3.6.25}$$

und damit die einzustellende Kreiseigenfrequenz des Aggregats:

$$\omega_1 = \frac{\Omega}{\beta} = \frac{125,66}{3,317} = 37,89 \frac{rad}{s} \tag{3.6.26}$$

Mit einem Massenanteil von 0,4 Tonnen pro Auflager ergibt sich damit die gesuchte Federkonstante jedes der sechs Auflager zu

$$k = m \cdot \omega_1^2 = 0{,}4 \cdot 37{,}89^2 = 574{,}2 \frac{kN}{m} \qquad (3.\,6.\,27)$$

3.7 Physikalisch nichtlinearer Einmassenschwinger

Beim hier betrachteten nichtlinearen Einmassenschwinger wird unterstellt, daß die Rückstellkraft $F_R(u)$ eine nichtlineare Funktion der Auslenkung u ist. Die Bewegungsdifferentialgleichung lautet

$$m\ddot{u} + c\dot{u} + F_R(u) = F(t) \qquad (3.\,7.\,1)$$

Zur Lösung von (3.7.1) gelangen zweckmäßigerweise direkte Integrationsverfahren zur Anwendung, da sowohl die Lösung mit Hilfe des DUHAMEL-Integrals (Faltung im Zeitbereich) als auch Lösungen im Bildbereich (Integraltransformationsmethoden) Linearität des Systems voraussetzen, damit die Superponierbarkeit der Systemantworten infolge Erregung durch differentielle Impulse (DUHAMEL-Integral), bzw. durch einzelne harmonische Erregungskomponenten, gewährleistet ist. Bei der Direkten Integration bereitet es dagegen keine Schwierigkeiten, die nichtlineare Rückstellkraft von Zeitschritt zu Zeitschritt bedarfsgerecht mit ihrem aktuellen Wert in die Berechnung einzuführen.

Während nichtlineare Rückstellkraft-Auslenkungsbeziehungen in Wirklichkeit recht kompliziert sein können, lassen sich viele für die Praxis wichtige Phänomene durch einfache nichtlineare Modelle genügend genau simulieren. Beliebt sind vor allem die in Bild 3.7-1 und

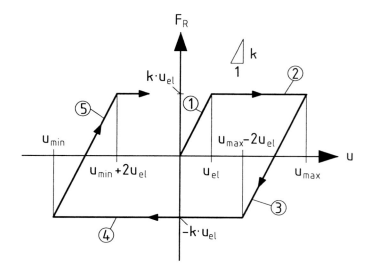

Bild 3.7-1: Elastisch-idealplastisches Gesetz

3.7   Physikalisch nichtlinearer Einmassenschwinger   75

3.7-2 dargestellten stückweise linearen Modelle. Das elastisch-idealplastische Modell nach Bild 3.7-1 zeichnet sich dadurch aus, daß nach Erreichen der maximalen elastischen Federverformung u_{el} bzw. $-u_{el}$ die Federsteifigkeit auf Null absinkt und die Rückstellkraft konstant bleibt. Beim bilinearen Gesetz des Bildes 3.7-2 entspricht dagegen die Federsteifigkeit nach Überschreiten des "Fließpunkts" dem p-fachen Anteil der ursprünglichen Steifigkeit. Bei beiden Modellen treten Entfestigungseffekte nicht auf, d.h. die Steifigkeiten k bzw. pk bleiben konstant und sind nicht von der Anzahl der Belastungszyklen abhängig. Ein stark entfestigendes Modell ist dagegen das „ursprungorientierte" Gesetz nach UMEMURA, bei dem jeder lineare Entlastungsast zum Ursprung zeigt (Bild 3.7-3).

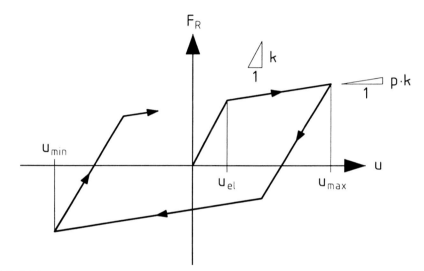

Bild 3.7-2: Bilineares Gesetz

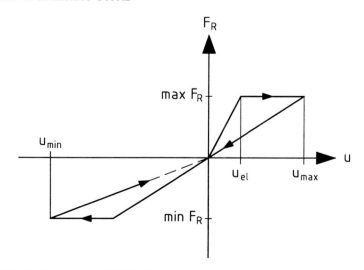

Bild 3.7-3: Gesetz nach UMEMURA

Beim elastisch-idealplastischen Gesetz läßt sich die Vorgehensweise zur Ermittlung der Rückstellkraft besonders anschaulich anhand eines Zyklusses mit den Bereichen 1 bis 5 (Bild 3.7-1) demonstrieren:

- Bereich 1, elastisch: $-u_{el} \leq u \leq u_{el}$, Rückstellkraft $F_R = k\,u$.
- Bereich 2, plastisch: $u > u_{el}$, $\dot{u} > 0$ (d.h. die Verformung nimmt zu), $F_R = k\,u_{el}$.
  Sobald die Verformung nicht mehr zunimmt,
  $\dot{u} < 0$, erfolgt der Übergang in den Bereich 3; gleichzeitig wird u_{max} definiert.
- Bereich 3, elastisch: $u_{max} - 2\,u_{el} \leq u \leq u_{max}$, $F_R = k \cdot (u_{el} - u_{max} + u)$.
- Bereich 4, plastisch: $u < u_{max} - 2\,u_{el}$, $\dot{u} < 0$, $F_R = -k \cdot u_{el}$.
  Sobald $\dot{u} > 0$ wird, erfolgt der Übergang in den Bereich 5;
  gleichzeitig wird u_{min} definiert.
- Bereich 5, elastisch: $u_{min} \leq u \leq u_{min} + 2\,u_{el}$, $F_R = k \cdot (u - u_{el} - u_{min})$.

Die Berechnung der nichtlinearen Systemantwort u(t) mittels Direkter Integration erfolgt wie zum linearen Fall mit folgendem Unterschied: Tritt innerhalb eines Zeitschrittes $\Delta t = t_2 - t_1$ eine Änderung des Systemzustands ein, etwa indem u größer wird als u_{el}, so ist das Gleichgewicht von Trägheits-, Dämpfungs- und Rückstellkraft mit der äußeren Belastung

$$F_I + F_D + F_R = F(t_2) \qquad (3.7.2)$$

am Ende des Zeitschritts (Zeitpunkt t_2) nicht mehr erfüllt, da sich die aktuelle Rückstellkraft $F_R(t_2)$ verändert hat. Es entsteht eine "Ungleichgewichtskraft" R gemäß

$$R = F(t_2) - \left[m\ddot{u}(t_2) + c\dot{u}(t_2) + F_R(t_2)\right] \qquad (3.7.3)$$

für deren Behandlung es folgende Alternativen gibt:

1. Die Ungleichgewichtskraft wird außer acht gelassen, die ermittelte Lösung $u(t_2)$ wird beibehalten, und es wird lediglich die Systemsteifigkeit aktualisiert.

2. Die Lösung $u(t_2)$ wird beibehalten, jedoch wird die Ungleichgewichtskraft R beim nächsten Zeitschritt als Korrektiv bei der Lastfunktion berücksichtigt.

3. Die Lösung $u(t_2)$ wird solange iterativ verbessert, bis die Ungleichgewichtskraft unter eine vorgegebene Toleranzschranke sinkt.

Bei den ersten beiden Möglichkeiten besteht die Gefahr eines mehr oder weniger starken Abdriftens der berechneten von der wirklichen Lösung, was am einfachsten durch Wiederholung der Berechnung mit einem kleineren Zeitschritt überprüft werden kann. Derartige Kontrollen sind auch deshalb wichtig, weil im nichtlinearen Fall auch Integratoren, die bei linearen Systemen unbedingt stabil sind, zu merklichen Divergenzen führen können.

3.7 Physikalisch nichtlinearer Einmassenschwinger

Die dritte Möglichkeit ist immer zu empfehlen, wenn die Nichtlinearitätsbeziehung stückweise linear verläuft, denn in diesem Fall benötigt die Korrektur des berechneten Verschiebungsinkrements nur einen einzigen Iterationszyklus. Demgegenüber sind bei stetiger Änderung der Steifigkeit k=k(u) unter Umständen mehrere Iterationszyklen nötig, um die Ungleichgewichtskraft R unter die vorgegebene Toleranzgrenze zu drücken.

Zur konkreten Durchführung der Berechnung wird zunächst die inkrementelle Form von Gl. (3.7.1) hergeleitet. Das Kräftegleichgewicht zu den Zeitpunkten t_1 und $t_2 = t_1 + \Delta t$ läßt sich folgendermaßen formulieren:

$$m\ddot{u}_1 + c\dot{u}_1 + ku_1 = F_1 \qquad (3.7.4)$$

und

$$m(\ddot{u}_1 + \Delta\ddot{u}) + c(\dot{u}_1 + \Delta\dot{u}) + k(u_1 + \Delta u) = F_1 + \Delta F \qquad (3.7.5)$$

Dabei wurde unterstellt, daß sich die Koeffizienten k und c während des Zeitschritts Δt nicht verändert haben. Subtrahiert man (3.7.4) von (3.7.5), erhält man die inkrementelle Form der Bewegungsdifferentialgleichung des Einmassenschwingers

$$m\,\Delta\ddot{u} + c\,\Delta\dot{u} + k\,\Delta u = \Delta F \qquad (3.7.6)$$

Zu ihrer Lösung wird das implizite NEWMARK-Verfahren (mit konstantem oder linearem Verlauf der Beschleunigung innerhalb des Zeitschritts) angewendet. Die einzelnen Schritte verlaufen wie folgt:

1. Wahl der Parameter β, γ

$\beta = \dfrac{1}{4}$, $\gamma = \dfrac{1}{2}$ für konstante Beschleunigung, $\beta = \dfrac{1}{6}$, $\gamma = \dfrac{1}{2}$ für lineare Beschleunigung

2. Belegung der Konstanten c_1 bis c_6:

$$c_1 = \frac{1}{\beta(\Delta t)^2}; \quad c_2 = \frac{1}{\beta\Delta t}; \quad c_3 = \frac{1}{2\beta}; \quad c_4 = \frac{\gamma}{\beta\Delta t}; \quad c_5 = \frac{\gamma}{\beta}; \quad c_6 = \Delta t\left(\frac{c_5}{2} - 1\right) \qquad (3.7.7)$$

3. Ausrechnen der verallgemeinerten Steifigkeit k* und des Belastungsglieds F*:

$$k^* = k_{aktuell} + c_1 \cdot m + c_4 \cdot c \qquad (3.7.8)$$

$$F^* = \Delta F + m(c_2\dot{u}_1 + c_3\ddot{u}_1) + c(c_5\dot{u}_1 + c_6\ddot{u}_1) \qquad (3.7.9)$$

4. Ermittlung des Verschiebungsinkrements $\Delta u = \dfrac{F^*}{k^*}$.

5. Bestimmung von Auslenkung, Geschwindigkeit und Beschleunigung zum Zeitpunkt t_2:

$$\ddot{u}_2 = \ddot{u}_1 + c_1 \Delta u - c_2 \dot{u}_1 - c_3 \ddot{u}_1$$
$$\dot{u}_2 = \dot{u}_1 + c_4 \Delta u - c_5 \dot{u}_1 - c_6 \ddot{u}_1 \qquad (3.7.10)$$
$$u_2 = u_1 + \Delta u$$

6. Auswertung der aktuellen Rückstellkraft F_R zum Zeitpunkt t_2 unter Verwendung des angenommenen nichtlinearen Federgesetzes.

7. Ermittlung der Ungleichgewichtskraft R gemäß (3.7.3). Wenn R größer ist als eine voreingestellte Toleranzgrenze, wird eine iterative Verbesserung der ermittelten Zustandsgrößen am Ende des Zeitschritts vorgenommen (Schritt 8), sonst wird die Berechnung bei Schritt 3 mit der Ermittlung des nächsten Belastungsgliedes fortgesetzt.

8. Es wird die neue generalisierte Steifigkeit unter Verwendung von $k_{aktuell}$ zum Zeitpunkt t_2 berechnet:

$$k^*_{neu} = k_{aktuell} + c_1 m + c_4 c \qquad (3.7.11)$$

Damit ergibt sich die Korrektur des ermittelten Verformungsinkrements zu:

$$\delta u = \frac{R}{k^*_{neu}} \qquad (3.7.12)$$

Die berichtigten Werte für u_2, $\dot{u}_2$, $\ddot{u}_2$ lauten:

$$\ddot{u}_2 = \ddot{u}_{2,alt} + c_1 \cdot \delta u$$
$$\dot{u}_2 = \dot{u}_{2,alt} + c_4 \cdot \delta u \qquad (3.7.13)$$
$$u_2 = u_{2,alt} + \delta u$$

Mit diesen Größen wird erneut die Ungleichgewichtskraft R nach (3.7.3) ausgewertet und bei Erfüllung des Konvergenzkriteriums beim nächsten Zeitschritt fortgefahren.

Das Rechenprogramm NLM erlaubt die Berechnung der Zeitantwort eines nichtlinearen Einmassenschwingers mit einem Federgesetz wahlweise vom elastoplastischen, bilinearen oder UMEMURA-Typ. In der Eingabedatei mit dem Namen RHS stehen die Ordinaten der Lastfunktion $\frac{F(t)}{m}$ im konstanten Zeitabstand (Format 2E14.7 mit den Zeitpunkten in der ersten und den Lastordinaten in der zweiten Spalte). Alle weiteren Daten (Typ des Federgesetzes, Kreiseigenfrequenz ω_1 und Dämpfungsgrad des Einmassenschwingers, sein maximaler elastischer Federweg u_{el}, ggf. der Faktor p für die Verfestigung und schließlich die Anzahl der einzulesenden Lastordinaten und die Dauer des Zeitschritts) werden interaktiv nach entsprechender Aufforderung eingegeben. Als Ergebnis werden die Auslenkung, die

3.7 Physikalisch nichtlinearer Einmassenschwinger

Geschwindigkeit und die Beschleunigung, dazu auch die Rückstellkraft $F_R(t)$ für alle Zeitpunkte in die Datei THNLM geschrieben.

Programmname	Eingabedatei	Ausgabedatei
NLM	RHS	THNLM

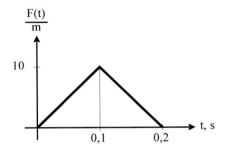

Bild 3.7-4: Dreiecksimpuls als Belastung eines Einmassenschwingers

Zur Illustration wird ein Einmassenschwinger mit der Masse $m = 1\,t$, der Kreiseigenfrequenz $\omega_1 = 20\,\frac{rad}{s}$ und der Dämpfung $\xi = 5\%$ betrachtet, der durch einen Dreiecksimpuls nach Bild 3.7-4 mit max $F = 10$ kN belastet wird. Der maximale elastische Federweg beträgt $u_{el} = 1{,}5$

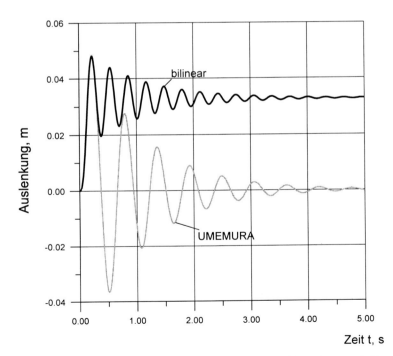

Bild 3.7-5: Zeitverläufe der Auslenkung für verschiedene Nichtlinearitätsmodelle

cm. Die Untersuchung seines Verhaltens bei Federgesetzen vom bilinearen (mit einer Verfestigung von p=0,01) und vom UMEMURA-Typ liefert die in den Bildern 3.7-5 und 3.7-6 gezeigten Ergebnisse für die Zeitverläufe der Auslenkung und der Rückstellkraft als Funktionen der Zeit. Daraus geht deutlich die Zunahme der Periode des Einmassenschwingers beim UMEMURA-Modell hervor, die sich als Folge der Steifigkeitsabnahme einstellt. Auch die Entstehung bleibender Verformungen beim bilinearen Modell ist in Bild 3.7-5 zu erkennen.

Bei einer Steifigkeit von $k = m \cdot \omega_1^2 = 1 \cdot 400 = 400 \frac{kN}{m}$ beträgt die statische Auslenkung des Einmassenschwingers $u_{stat} = \frac{\max F}{k} = \frac{10}{400} = 0,025\,m$. Bei linearem Systemverhalten ergibt sich die maximale dynamische Auslenkung zu 0,0328 m, entsprechend einer Rückstellkraft von $400 \cdot 0,0328 = 13,13\,kN$. Die Beschränkung des elastischen Federweges auf 0,015 m bewirkt eine Reduzierung der maximalen Rückstellkraft auf $0,015 \cdot 400 = 6,0\,kN$ beim elastoplastischen und beim UMEMURA-Modell, während das bilineare Modell mit der Verfestigung von 1% der Ursprungssteifigkeit eine weitere, allerdings vernachlässigbar kleine Erhöhung der Rückstellkraft erlaubt (Bild 3.7-6). Die Begrenzung der Rückstellkraft auf

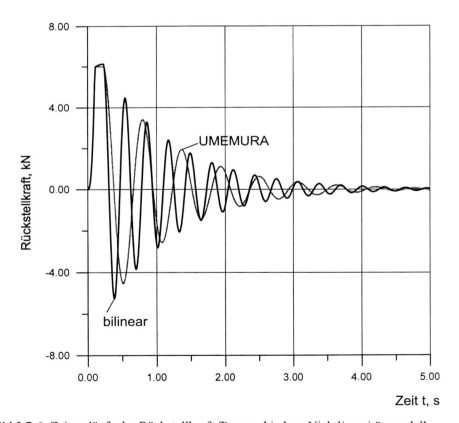

Bild 3.7-6: Zeitverläufe der Rückstellkraft für verschiedene Nichtlinearitätsmodelle

ungefähr die Hälfte gegenüber dem linearen Fall geht jedoch mit größeren Verschiebungen einher. So beträgt die Maximalverschiebung beim elastoplastischen und beim UMEMURA-Modell 0,0485 m, beim bilinearen Modell 0,0481 m; das sind um fast 50% höhere Verschiebungswerte als bei linearem Systemverhalten.

Bild 3.7-7 zeigt die Rückstellkraft als Funktion der Auslenkung.

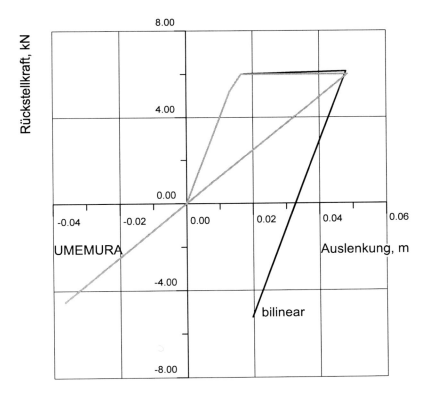

Bild 3.7-7: Hystereseschleifen der Rückstellkraft als Funktion der Auslenkung

4 Systeme mit mehreren Freiheitsgraden (Mehrmassenschwinger)

4.1 Allgemeines

Im Abschnitt 2.2 wurden bereits Mehrfreiheitsgradschwinger behandelt, und zwar im Zusammenhang mit der Aufstellung von Systemen von Bewegungsdifferentialgleichungen mit Hilfe des Schnittprinzips unter Beachtung der d'ALEMBERTschen Trägheitskräfte. Es handelte sich dabei durchweg um Systeme mit einzelnen Massen, Feder- und Dämpferelementen, deren Bewegungsdifferentialgleichungen allgemein die Form hatten

$$\underline{F}_I + \underline{F}_D + \underline{F}_R = \underline{P} \qquad (4.1.1)$$

mit dem Lastvektor $\underline{P}$, dem Vektor der Trägheitskräfte $\underline{F}_I$, dem Vektor der Dämpfungskräfte $\underline{F}_D$ und dem Vektor der Rückstellkräfte $\underline{F}_R$. Gleichung (4.1.1) entspricht vollkommen der Gleichgewichtsbeziehung beim Einmassenschwinger mit dem Unterschied, daß in ihr Vektoren an die Stelle von skalaren Größen getreten sind. Analog zum Einmassenschwinger liefert auch hier das vektorielle Gleichgewicht zwischen Trägheits-, Dämpfungs-, Rückstellkräften und der äußeren Belastung die Beziehung

$$\underline{M}\,\underline{\ddot{V}} + \underline{C}\,\underline{\dot{V}} + \underline{K}\,\underline{V} = \underline{P} \qquad (4.1.2)$$

mit dem Vektor $\underline{V}$ der Verschiebungen (bzw. $\underline{\dot{V}}, \underline{\ddot{V}}$ für Geschwindigkeiten und Beschleunigungen), der Steifigkeitsmatrix K, der Massenmatrix M und der Dämpfungsmatrix $\underline{C}$. Die Vektoren haben n Komponenten entsprechend den n Freiheitsgraden des diskreten Systems, und die Matrizen $\underline{M}$, $\underline{C}$ und $\underline{K}$ sind quadratische (n,n)-Matrizen. Während bei den im Abschnitt 2.2 betrachteten, aus einzelnen Massen, Federn und (viskosen) Dämpfern bestehenden mechanischen Systemen die Aufstellung der Gleichung (4.1.2) auf keine prinzipielle Schwierigkeiten stößt, erfordert der Übergang vom wirklichen Tragwerk (z.B. Balkenträger, Rahmen, Scheibe oder Platte, dreidimensionales Kontinuum) zu einem diskreten Modell weitere Überlegungen. Grundsätzlich besitzen wirkliche Tragwerke verteilte Massen-, Dämpfungs- und Steifigkeitseigenschaften und somit unendlich viele Freiheitsgrade, die jedoch im Zuge der Diskretisierung durch eine endliche Anzahl (physikalischer oder verallgemeinerter) Freiheitsgrade bzw. Koordinaten ausgedrückt oder ersetzt werden. Dies kann formal (z.B. über eine Weggrößendiskretisierung des Kontinuums im Rahmen von Finite-Element-Approximationen) oder empirisch-anschaulich durch Einführung von Punktmassen und Verwendung rechnerisch oder experimentell ermittelter „statischer" Steifigkeitsmatrizen (in verschiedenen Approximationsstufen) und pauschaler Dämpfungswerte geschehen. Besonderes Augenmerk ist in jedem Fall auf die Reduzierung der Anzahl der verbleibenden Freiheitsgrade und damit der Kantenlänge des Systems (4.1.2) zu richten, was mit Hilfe von Reduktions- und Unterstrukturtechniken gelingt (Abschnitt 4.3).

Der Schwerpunkt der folgenden Ausführungen liegt auf diskreten Mehrmassenschwingern mit Punktmassenidealisierungen (sogenannten „lumped-mass"-Modellen), wie sie in praktischen Anwendungen am häufigsten Verwendung finden. Für diesen Fall ist die Massenmatrix eine Diagonalmatrix, und die Behandlung des Systems (4.1.2) gestaltet sich besonders einfach, vor allem wenn die übliche Annahme einer „modalen Dämpfung" getroffen wird. Zu Beginn werden die allgemeine Formulierung der Bewegungsdifferentialgleichungen und die Weggrößendiskretisierung viskoelastischer Kontinua erläutert.

4.2 Grundgleichungen und Diskretisierung viskoelastischer Kontinua

Im allgemeinen Fall eines Kontinuums mit den Variablen $\underline{p}(x^i,t)$ als äußere Kraftgrößen, $\underline{u}(x^i,t)$ als äußere Weggrößen, $\underline{\sigma}(x^i,t)$ als innere Kraftgrößen (CAUCHY-Spannungen), $\underline{\epsilon}(x^i,t)$ als innere Weggrößen (GREEN-LAGRANGE-Verzerrungen) und $\underline{f}(\rho,\underline{\ddot{u}})$ als d'ALEMBERTsche Trägheitskräfte (Dichte ρ) lauten die dynamischen Gleichgewichtsbeziehungen [4.1]

$$-(\underline{p}^0 + \underline{f}) = \underline{D}_e \cdot \underline{\sigma} \qquad (4.2.1)$$

mit den vorgegebenen Lasten $\underline{p}^0$ und dem Gleichgewichtsoperator $\underline{D}_e$. Die kinematischen Beziehungen ergeben sich in der Form

$$\underline{\epsilon} = \underline{D}_k \cdot \underline{u} \qquad (4.2.2)$$

mit dem kinematischen Operator $\underline{D}_k$, und das viskoelastische Werkstoffgesetz lautet

$$\underline{\sigma} = \underline{E}(\underline{\epsilon},\underline{\dot{\epsilon}},t) + \underline{D}(\underline{\epsilon},\underline{\dot{\epsilon}},t) \cdot \underline{\dot{\epsilon}} \qquad (4.2.3)$$

Darin ist $\underline{E}$ die Elastizitäts-, $\underline{D}$ die Viskositätsmatrix. Mit den Randvariablen $\underline{t}(x^i,t)$ als Kraftgrößen und $\underline{r}(x^i,t)$ als Weggrößen und den Randoperatoren $\underline{R}_t$ und $\underline{R}_r$ erhalten wir außerdem die Randbedingungen

$$\underline{t} = \underline{R}_t \cdot \underline{\sigma} \qquad (4.2.4)$$
$$\underline{r} = \underline{R}_r \cdot \underline{u} \qquad (4.2.5)$$

entlang der jeweiligen Ränder (Berandung C_t bzw. C_r) des Gebietes F. Für das viskoelastische Werkstoffgesetz (4.2.3) ergibt sich folgende Form des Prinzips der virtuellen Verschiebung für das betrachtete Kontinuum:

$$\int_F \rho^* \cdot \underline{\ddot{u}}^T \cdot \delta\underline{u}\, dF + \int_F \underline{\dot{\epsilon}}^T \cdot \underline{D} \cdot \underline{\dot{\epsilon}}\, dF + \int_F \underline{\epsilon}^T \cdot \underline{E} \cdot \underline{\epsilon}\, dF - \int_F \underline{p}^{0T} \cdot \delta\underline{u}\, dF - \int_{C_t} \underline{t}^{0T} \cdot \delta\underline{r}\, dC = 0$$

$$(4.2.6)$$

mit ρ^* als der auf F bezogenen Massedichtefunktion.

Zur numerischen Berechnung kommt üblicherweise die Finite-Element-Methode in der Weggrößenformulierung zum Einsatz. Dazu wird das Tragwerk in finite Elemente zerlegt, deren Verschiebungsfeld $\underline{u}^p$ jeweils durch den Ansatz

$$\underline{u}^p = \underline{\varphi}^p \, \underline{\hat{u}}^p \qquad (4.2.7)$$

für das Element p approximiert wird. Darin enthält die Matrix $\underline{\varphi}^p$ Ansatzfunktionen, in der Regel Polynome relativ niedrigen Grades, und in $\underline{\hat{u}}^p$ stehen die zugehörigen Ansatzfreiwerte. Werden in (4.2.7) die Koordinaten der Element-Knotenpunkte eingeführt, können die Element-Freiheitsgrade $\underline{v}^p$ als Verschiebungswerte an den Elementknoten formuliert werden:

$$\underline{v}^p = \underline{\hat{\varphi}}^p \, \underline{\hat{u}}^p, \quad \underline{\hat{u}}^p = \left(\underline{\hat{\varphi}}^p\right)^{-1} \underline{v}^p \qquad (4.2.8)$$

Einsetzen in (4.2.7) liefert

$$\underline{u}^p = \underline{\varphi}^p \left(\underline{\hat{\varphi}}^p\right)^{-1} \underline{v}^p = \underline{\Omega}^p \, \underline{v}^p \qquad (4.2.9)$$

mit der Matrix $\underline{\Omega}^p$ der Formfunktionen des Elements p. Durch Einführung dieser Beziehung in die Gleichung (4.2.6) erhält man das diskretisierte Prinzip der virtuellen Verschiebung

$$\delta \underline{v}^{pT} \cdot \left(\underline{m}^p \, \underline{\ddot{v}}^p + \underline{c}^p \, \underline{\dot{v}}^p + \underline{k}^p \, \underline{v}^p - \underline{p}^p \right) = 0 \qquad (4.2.10)$$

mit den Abkürzungen

$$\underline{m}^p = \int_{F^p} \rho * \underline{\Omega}^{pT} \, \underline{\Omega}^p \, dF^p \qquad (4.2.11)$$

$$\underline{c}^p = \int_{F^p} \underline{\Omega}^{pT} \, \underline{D}_k^{\,T} \, \underline{D} \, \underline{D}_k \, \underline{\Omega}^p \, dF^p \qquad (4.2.12)$$

$$\underline{k}^p = \int_{F^p} \underline{\Omega}^{pT} \, \underline{D}_k^{\,T} \, \underline{E} \, \underline{D}_k \, \underline{\Omega}^p \, dF^p \qquad (4.2.13)$$

$$\underline{p}^p = \int_{F^p} \underline{\Omega}^{pT} \, \underline{p}^0 \, dF^p + \int_{C_t^p} \underline{\Omega}^{pT} \, \underline{R}_r^{\,T} \, \underline{t}^0 \, dC_t^p \qquad (4.2.14)$$

Das sind, in dieser Reihenfolge, die „konsistente" Element-Massenmatrix, die viskose Element-Dämpfungsmatrix, die Element-Steifigkeitsmatrix und schließlich der Element-Lastvektor. Es sei an dieser Stelle vermerkt, daß es nicht üblich ist, Dämpfungsmatrizen über Gleichung (4.2.12) aufzustellen, sondern vielmehr über die Annahme plausibler System-Dämpfungswerte, wie in einem späteren Abschnitt erläutert.

4.2 Grundgleichungen und Diskretisierung viskoelastischer Kontinua

Zur Illustration zeigt Bild 4.2-1 ein ebenes, gerades Stabelement mit konstanter Massen- und Steifigkeitsverteilung.

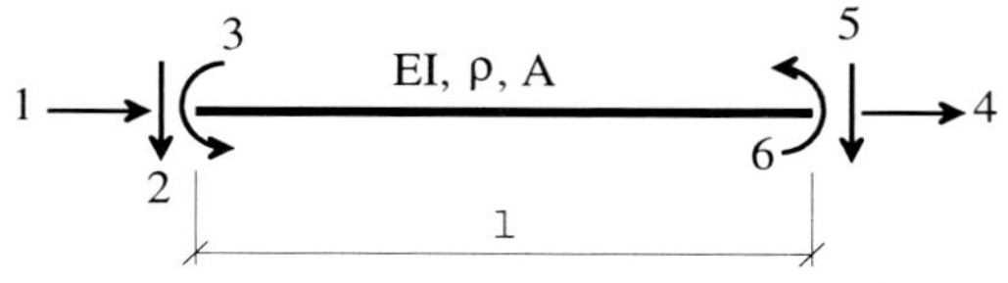

Bild 4.2-1: Ebenes, gerades Balkenelement mit Freiheitsgraden

Seine konsistente Massenmatrix und seine Steifigkeitsmatrix (ohne Berücksichtigung der Schubweichheit) in den angegebenen Freiheitsgraden 1 bis 6 lauten:

$$\underline{m} = \frac{\rho A \ell}{420} \begin{bmatrix} 140 & & & & & \\ 0 & 156 & & \text{symm.} & & \\ 0 & -22\ell & 4\ell^2 & & & \\ 70 & 0 & 0 & 140 & & \\ 0 & 54 & -13\ell & 0 & 156 & \\ 0 & 13\ell & -3\ell^2 & 0 & 22\ell & 4\ell^2 \end{bmatrix} \qquad (4.2.15)$$

$$\underline{k} = \frac{EI}{\ell^3} \begin{bmatrix} \frac{A\ell^2}{I} & & & & & \\ 0 & 12 & & \text{symm.} & & \\ 0 & -6\ell & 4\ell^2 & & & \\ -\frac{A\ell^2}{I} & 0 & 0 & \frac{A\ell^2}{I} & & \\ 0 & -12 & 6\ell & 0 & 12 & \\ 0 & -6\ell & 2\ell^2 & 0 & 6\ell & 4\ell^2 \end{bmatrix} \qquad (4.2.16)$$

Aus (4.2.10) ergibt sich die bekannte Bewegungsdifferentialgleichung eines einzelnen Elements zu

$$\underline{m}^p \, \underline{\ddot{v}}^p + \underline{c}^p \, \underline{\dot{v}}^p + \underline{k}^p \, \underline{v}^p = \underline{p}^p \qquad (4.2.17)$$

Die Zusammenfassung der Freiheitsgrade aller Elemente im Vektor $\underline{V}$ der Systemfreiheitsgrade gemäß

$$\underline{v}^p = \underline{a}^p \, \underline{V} \qquad (4.2.18)$$

mit der kinematischen Transformationsmatrix $\underline{a}^p$ führt schließlich zur mit (4.1.2) identischen Bewegungsdifferentialgleichung des Gesamtsystems

$$\underline{M}\,\underline{\ddot{V}} + \underline{C}\,\underline{\dot{V}} + \underline{K}\,\underline{V} = \underline{P} \qquad (4.2.19)$$

mit den Matrizen $\underline{M}$, $\underline{C}$ und $\underline{K}$ und dem Lastvektor $\underline{P}$ gemäß

$$\underline{M} = \sum_{p=1}^{n} \underline{a}^{pT}\,\underline{m}^{p}\,\underline{a}^{p} \qquad (4.2.20)$$

$$\underline{C} = \sum_{p=1}^{n} \underline{a}^{pT}\,\underline{c}^{p}\,\underline{a}^{p} \qquad (4.2.21)$$

$$\underline{K} = \sum_{p=1}^{n} \underline{a}^{pT}\,\underline{k}^{p}\,\underline{a}^{p} \qquad (4.2.22)$$

$$\underline{P} = \sum_{p=1}^{n} \underline{a}^{pT}\,\underline{p}^{p} \qquad (4.2.23)$$

Natürlich erfolgt die Aufstellung dieser Matrizen in praxi nicht durch explizites Anschreiben der kinematischen Transformationsmatrizen jedes Elements und Durchführung der angedeuteten Matrizenmultiplikationen und -additionen, sondern durch direktes „Einmischen" (d.h. Aufaddieren) der (bereits im globalen Koordinatensystem formulierten) Elementmatrizen aller n Elemente.

Zur Erläuterung dient das im Bild 4.2-2 skizzierte System aus zwei Stabelementen mit den angegebenen lokalen und globalen Freiheitsgraden (noch ohne Berücksichtigung von Auflagerbedingungen).

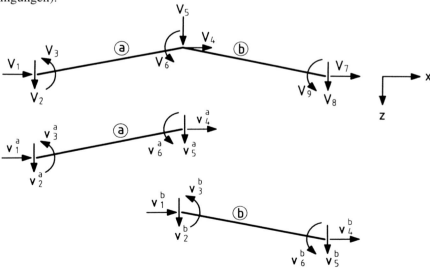

Bild 4.2-2: Element- und Knotenfreiheitsgrade eines Systems im globalen Koordinatensystem

4.2 Grundgleichungen und Diskretisierung viskoelastischer Kontinua 87

Die Beziehung $\underline{v} = \underline{a}\,\underline{V}$ lautet in diesem Fall:

$$\begin{bmatrix} v_1^a \\ v_2^a \\ v_3^a \\ v_4^a \\ v_5^a \\ v_6^a \\ v_1^b \\ v_2^b \\ v_3^b \\ v_4^b \\ v_5^b \\ v_6^b \end{bmatrix} = \begin{bmatrix} 1 & 0 & 0 & 0 & 0 & 0 & 0 & 0 & 0 \\ 0 & 1 & 0 & 0 & 0 & 0 & 0 & 0 & 0 \\ 0 & 0 & 1 & 0 & 0 & 0 & 0 & 0 & 0 \\ 0 & 0 & 0 & 1 & 0 & 0 & 0 & 0 & 0 \\ 0 & 0 & 0 & 0 & 1 & 0 & 0 & 0 & 0 \\ 0 & 0 & 0 & 0 & 0 & 1 & 0 & 0 & 0 \\ 0 & 0 & 0 & 1 & 0 & 0 & 0 & 0 & 0 \\ 0 & 0 & 0 & 0 & 1 & 0 & 0 & 0 & 0 \\ 0 & 0 & 0 & 0 & 0 & 1 & 0 & 0 & 0 \\ 0 & 0 & 0 & 0 & 0 & 0 & 1 & 0 & 0 \\ 0 & 0 & 0 & 0 & 0 & 0 & 0 & 1 & 0 \\ 0 & 0 & 0 & 0 & 0 & 0 & 0 & 0 & 1 \end{bmatrix} \begin{bmatrix} V_1 \\ V_2 \\ V_3 \\ V_4 \\ V_5 \\ V_6 \\ V_7 \\ V_8 \\ V_9 \end{bmatrix} \qquad (4.2.24)$$

Ersichtlicherweise steht in der kinematischen Transformationsmatrix $\underline{a}$ an der Stelle (i, j) eine Eins, wenn der Elementfreiheitsgrad i (entsprechend der Zeilennummer) mit dem Systemfreiheitsgrad j (Spaltennummer) identisch ist, sonst eine Null. Damit stellt $\underline{a}$ eine "Ja/Nein"-Inzidenzverknüpfung zwischen Element- und Systemfreiheitsgraden her, die über eine besondere "Inzidenzmatrix" wesentlich leichter ausgedrückt werden kann.

Die in der Formel (4.2.22) angedeuteten Matrizenmultiplikationen zur Gewinnung der Gesamtsteifigkeitsmatrix $\underline{K}$ werden, wie bereits erwähnt, nicht wirklich durchgeführt, und die recht speicherintensive $\underline{a}$-Matrix braucht gar nicht erst aufgestellt und gespeichert zu werden. Stattdessen werden die "Inzidenzen" zwischen Element- und Systemfreiheitsgraden mittels einer Inzidenzmatrix beschrieben, die das positionsgerechte Aufaddieren der Koeffizienten der Elementsteifigkeitsmatrix $\underline{k}$ direkt in $\underline{K}$ erlaubt. Dabei können die Auflagerbedingungen über die Freiheitsgradnumerierung leicht berücksichtigt werden, indem nicht vorhandene Freiheitsgrade (z.B. die Verdrehung an einem eingespannten Querschnitt oder die Durchbiegung an einem festen Auflager) gar nicht erst eingeführt werden. Die hiernach aufgestellte Gesamtsteifigkeitsmatrix $\underline{K}$ ist regulär (det K ≠ 0), während $\underline{K}$ ohne Einarbeitung der Auflagerbedingungen singulär ist, da Starrkörperverschiebungen möglich sind.

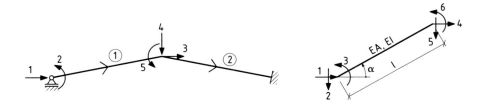

Bild 4.2-3: Tragwerk aus zwei Stabelementen

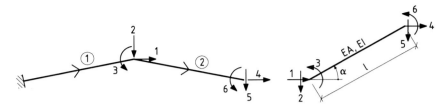

Bild 4.2-4: Ein weiteres Tragwerk aus zwei Stabelementen

Um die Aufstellung einer Inzidenzmatrix beispielhaft zu verdeutlichen, wird das Tragwerk von Bild 4.2-3 betrachtet, das dem System von Bild 4.2-2 mit hinzugefügten Auflagerbedingungen entspricht. Allgemein entspricht die Zeilenanzahl der Inzidenzmatrix der Anzahl der vorhandenen Elemente des Tragwerks und die Spaltenanzahl ist gleich der Anzahl der vollständigen Elementfreiheitsgrade des Einzelelements. Im Schnittpunkt von Zeile i und Spalte j der Inzidenzmatrix steht die Nummer des Systemfreiheitsgrades, der dem j-ten Elementfreiheitsgrad des i-ten Stabelements entspricht. So lautet die Inzidenzmatrix für das Tragwerk in Bild 4.2-3:

$$\begin{pmatrix} 1 & 0 & 2 & 3 & 4 & 5 \\ 3 & 4 & 5 & 0 & 0 & 0 \end{pmatrix} \qquad (4.2.25)$$

Für das Tragwerk in Bild 4.2-4 lautet sie entsprechend:

$$\begin{pmatrix} 0 & 0 & 0 & 1 & 2 & 3 \\ 1 & 2 & 3 & 4 & 5 & 6 \end{pmatrix} \qquad (4.2.26)$$

Die i-te Zeile einer Inzidenzmatrix wird auch als Inzidenzvektor des Elements i bezeichnet. Wird dieser Inzidenzvektor neben bzw. über der Element-Steifigkeitsmatrix des i-ten Elements angeschrieben, für den Stab 1 vom Beispiel Bild 4.2-4 also in der Form

$$\begin{array}{c} \\ 0 \\ 0 \\ 0 \\ 1 \\ 2 \\ 3 \end{array} \begin{array}{cccccc} 0 & 0 & 0 & 1 & 2 & 3 \end{array} \\ \begin{bmatrix} k_{11} & k_{12} & k_{13} & k_{14} & k_{15} & k_{16} \\ k_{21} & k_{22} & k_{23} & k_{24} & k_{25} & k_{26} \\ k_{31} & k_{32} & k_{33} & k_{34} & k_{35} & k_{36} \\ k_{41} & k_{42} & k_{43} & k_{44} & k_{45} & k_{46} \\ k_{51} & k_{52} & k_{53} & k_{54} & k_{55} & k_{56} \\ k_{61} & k_{62} & k_{63} & k_{64} & k_{65} & k_{66} \end{bmatrix} \qquad (4.2.27)$$

so müssen die Koeffizienten k_{ij} der Elementsteifigkeitsmatrix an die Positionen der Systemsteifigkeitsmatrix $\underline{K}$ entsprechend den Angaben „am Rande" aufaddiert werden; so wird beispielsweise der Koeffizient k_{45} in Gleichung (4.2.27) am Schnittpunkt der 1. Zeile mit der 2. Spalte von $\underline{K}$ aufaddiert, der Koeffizient k_{65} am Schnittpunkt der 3. Zeile mit der 2. Spalte. Insgesamt lautet also der Beitrag des Stabelements 1 an der Steifigkeitsmatrix $\underline{K}$ bei dem Beispiel des Bildes 4.2-4:

4.2 Grundgleichungen und Diskretisierung viskoelastischer Kontinua

$$\underline{K}^1 = \begin{bmatrix} k_{44} & k_{45} & k_{46} & 0 & 0 & 0 \\ k_{54} & k_{55} & k_{56} & 0 & 0 & 0 \\ k_{64} & k_{65} & k_{66} & 0 & 0 & 0 \\ 0 & 0 & 0 & 0 & 0 & 0 \\ 0 & 0 & 0 & 0 & 0 & 0 \\ 0 & 0 & 0 & 0 & 0 & 0 \end{bmatrix} \qquad (4.2.28)$$

Als weiteres Beispiel betrachten wir den Beitrag des Stabelements 1 des in Bild 4.2-3 skizzierten Systems zur (5,5)-Matrix $\underline{K}$. Wir erhalten:

$$\underline{K}^1 = \begin{bmatrix} k_{11} & k_{13} & k_{14} & k_{15} & k_{16} \\ k_{31} & k_{33} & k_{34} & k_{35} & k_{36} \\ k_{41} & k_{43} & k_{44} & k_{45} & k_{46} \\ k_{51} & k_{53} & k_{54} & k_{55} & k_{56} \\ k_{61} & k_{63} & k_{64} & k_{65} & k_{66} \end{bmatrix} \qquad (4.2.29)$$

Damit ist die automatische Aufstellung der Systemmatrizen mit Hilfe geeigneter Programme möglich. Näheres dazu steht in Abschnitt 4.4, in dem der für die Praxis wichtige Fall des diskreten Mehrmassenschwingers mit Punktmassen behandelt wird.

Die Systemmatrizen $\underline{M}$, $\underline{K}$ und $\underline{C}$ zeichnen sich in der Regel durch eine ausgeprägte Bandstruktur aus, die bei der elektronischen Berechnung zwecks Speicherplatz- und Rechenzeitersparnis ausgenutzt werden sollte. Die Elemente einer symmetrischen Bandmatrix lassen sich z.B. nach dem in Bild 4.2-5 skizzierten Schema speichern. Gezeigt ist die Speicherreihenfolge der Koeffizienten einer symmetrischen (10,10)-Matrix mit einer „Bandbreite" von 3, wobei wir hier als „Bandbreite" (eigentlich halbe Bandbreite ohne Diagonalelement) die maximale

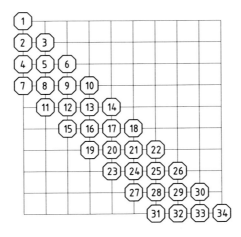

Bild 4.2-5: Speicherschema einer (10,10)-Matrix mit der Bandbreite 3

Differenz der Systemfreiheitsgradnummern innerhalb der Inzidenzvektoren (Zeilen der Inzidenzmatrix) verstehen. Für das Tragwerk des Bildes 4.2-3 beträgt z.B. die Bandbreite 4 (=5-1 aus Element 1), für das Tragwerk in Bild 4.2-4 beträgt sie 5 (=6-1 aus Element 2).

Die rechnerische Ermittlung der Verschiebungen und Schnittkräfte eines ebenen Rahmentragwerks unter statischen Knotenlasten mit beliebig vielen federelastischen Stützungen wird vom Programm RAHMEN durchgeführt:

Programmname	Eingabedateien	Ausgabedatei
RAHMEN	ERAHM INZFED FEDMAT	ARAHM

In der Eingabedatei ERAHM werden die geometrischen und mechanischen Eigenschaften des Tragwerks angegeben, dazu die Inzidenzmatrix des Systems und der Lastvektor. Das Programm sieht auch die Möglichkeit vor, mehrere Freiheitsgrade durch generalisierte Federelemente (Unterstrukturen) zu koppeln, deren Steifigkeitsmatrizen

$$\underline{k}_{Fed} = \begin{pmatrix} k_{11} & \cdot & \cdot & k_{1n} \\ \cdot & & & \cdot \\ \cdot & & & \cdot \\ \cdot & & & \cdot \\ k_{n1} & \cdot & \cdot & k_{nn} \end{pmatrix} \qquad (4.2.30)$$

in der Datei FEDMAT stehen; die Nummern der durch diese Unterstruktur gekoppelten N Freiheitsgrade stehen in der Datei INZFED. Damit können z.B. auch federelastische Lagerungen berücksichtigt werden, bei welchen die betreffenden Freiheitsgrade des Auflagers (Verschiebung oder Verdrehung) mit der Erdscheibe (Freiheitsgrad Null) verbunden werden. Es können mehrere (NFED) Federmatrizen unterschiedlicher Kantenlänge berücksichtigt werden; die Matrizen selbst sowie deren Inzidenzvektoren können in beliebiger (aber einander entsprechender) Reihenfolge in FEDMAT und INZFED eingetragen werden.

In der Ausgabedatei ARAHM stehen die Verformungen und Schnittkräfte an allen Stabendquerschnitten, bezogen auf das globale (x,z)-Koordinatensystem, in der Reihenfolge (Horizontalkomponente, Vertikalkomponente, Drehung oder Biegemoment) für die Enden 1 und 2. Als Beispiel wird das Tragwerk von Bild 4.2-3 betrachtet, belastet durch eine vertikale Einzellast P = 10 kN in der Mitte entsprechend Freiheitsgrad 4. Die Biegesteifigkeit beider Stäbe beträgt EI = 20.000 kNm^2, die Dehnsteifigkeit EA=100.000 kN, die Längen beider Stäbe 2,50 m und der Neigungswinkel beider Stäbe zur Horizontalen 12°. Es sind 2 Stabelemente (NELEM=2) und 5 aktive kinematische Freiheitsgrade vorhanden (NDOF=5); Federmatrizen seien zunächst nicht vorgesehen (NFED=0). Diese Werte (NDOF, NELEM, NFED) werden vom Programm interaktiv abgefragt.

In der Eingabedatei ERAHM stehen zunächst NELEM Zeilen mit den Daten EI, ℓ, EA und α, das sind die Biegesteifigkeit (z.B. in kNm^2), die Länge (z.B. in m), die Dehnsteifigkeit (z.B. in

4.2 Grundgleichungen und Diskretisierung viskoelastischer Kontinua

kN) und der Winkel (in Grad, positiv im Gegenuhrzeigersinn) zwischen der globalen x-Achse (horizontal) und der Stabachse. Diese Daten werden formatfrei wie folgt eingetragen:

```
20000., 2.5, 100000.,  12.0
20000., 2.5, 100000., -12.0
```

Die in der Datei ERAHM darauffolgende Inzidenzmatrix besteht aus NELEM Zeilen mit jeweils 6 natürlichen Zahlen, die die Nummern der Systemfreiheitsgrade an den Elementenden des jeweiligen Stabes angeben (4.2.25):

```
1,0,2, 3,4,5
3,4,5, 0,0,0
```

Schließlich folgt der Lastvektor, der in diesem Beispiel die Form hat:

```
0.0, 0.0, 0.0, 10.0, 0.0
```

Die Ergebnisdatei ARAHM lautet:

```
ELEMENT NR.         1
 -.1812E-03   .0000E+00  -.3833E-03  -.8064E-04   .5512E-03   .9459E-04
 -.7109E-15  -.3127E+01  -.3162E-14   .7109E-15   .3127E+01   .7647E+01
ELEMENT NR.         2
 -.8064E-04   .5512E-03   .9459E-04   .0000E+00   .0000E+00   .0000E+00
 -.3993E-15   .6873E+01  -.7647E+01   .3993E-15  -.6873E+01  -.9160E+01
```

Das Biegemomentendiagramm ist in Bild 4.2-6 dargestellt. Wird nun das linke Auflager mit den beiden in Bild 4.2-7 skizzierten Federn festgehalten (Federkonstanten k_c = 1000 kN/m, k_φ = 2500 kNm/rad), ergibt sich die Ergebnisdatei zu

```
ELEMENT NR.         1
 -.1586E-03   .0000E+00  -.3291E-03  -.7076E-04   .5168E-03   .8122E-04
  .1586E+00  -.3392E+01   .8229E+00  -.1586E+00   .3392E+01   .7389E+01
ELEMENT NR.         2
 -.7076E-04   .5168E-03   .8122E-04   .0000E+00   .0000E+00   .0000E+00
  .1586E+00   .6608E+01  -.7389E+01  -.1586E+00  -.6608E+01  -.8688E+01
```

und die zugehörige Momentenlinie hat den in Bild 4.2-7 dargestellten Verlauf. Die dabei verwendete Eingabedatei FEDMAT lautet

```
1000.0, -1000.0, -1000.0, 1000.0
2500.0, -2500.0, -2500.0, 2500.0
```

mit den Federsteifigkeitsmatrizen

$$\underline{k}_{Senk} = \begin{bmatrix} k_c & -k_c \\ -k_c & k_c \end{bmatrix}, \quad \underline{k}_{Dreh} = \begin{bmatrix} k_\varphi & -k_\varphi \\ -k_\varphi & k_\varphi \end{bmatrix} \qquad (4.2.31)$$

und den in INZFED enthaltenen (2,2)-Inzidenzvektoren

```
0,1
0,2
```

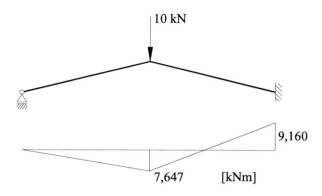

Bild 4.2-6: Biegemomentenverlauf im Tragwerk

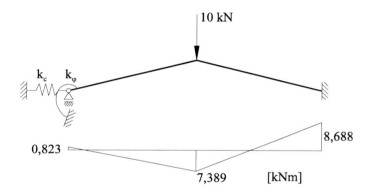

Bild 4.2-7: Biegemomentenverlauf im Tragwerk bei federelastisch gestütztem linken Auflager

Zur Ermittlung der Steifigkeitsmatrix und konsistenter Massenmatrix eines ebenen Rahmensystems kann das Programm VOLLST verwendet werden mit den Ein- und Ausgabedateien:

Programmname	Eingabedateien	Ausgabedateien
VOLLST	ERAHM EMAS INZFED FEDMAT	KVOLL MVOLL

Es benötigt als Eingabe neben den Dateien ERAHM, INZFED und FEDMAT des Programms RAHMEN zusätzlich eine Datei EMAS, die für alle NELEM Stabelemente die (konstant angenommene) Massenverteilung als Masse pro Längeneinheit (z.B. in t/m) enthält. Das Programm liefert als Ergebnis die beiden quadratischen (NDOF,NDOF)-Matrizen KVOLL und MVOLL.

4.3 Reduktions- und Unterstrukturtechniken, statische Kondensation

In der Baudynamik ist es grundsätzlich wichtig, beim zu lösenden Differentialgleichungssystem

$$\underline{M}\,\underline{\ddot{V}} + \underline{C}\,\underline{\dot{V}} + \underline{K}\,\underline{V} = \underline{P} \qquad (4.3.1)$$

eine möglichst geringe Zahl von Freiheitsgraden (Komponenten der Vektoren $\underline{V}$, $\underline{\dot{V}}$ und $\underline{\ddot{V}}$) anzustreben, um den Gesamtaufwand zu minimieren. Das kann dadurch erfolgen, daß nur diejenigen „wesentlichen" Freiheitsgrade in (4.3.1) Berücksichtigung finden, die mit größeren Massenkräften verknüpft sind. Das bedeutet natürlich nicht, daß die Verschiebungen, Geschwindigkeiten und Beschleunigungen in den restlichen, „unwesentlichen" Freiheitsgraden vernachlässigt werden, sondern nur, daß sie als Funktion der Verschiebungen, Geschwindigkeiten und Beschleunigungen in den „wesentlichen" Freiheitsgraden ausgedrückt werden. Dieses „Ausdrücken" oder „Ersetzen" einer Reihe von Variablen durch andere kommt auch zum Zug, wenn Teile („Unterstrukturen") einer Konstruktion unabhängig voneinander untersucht und erst später zum Gesamtsystem zusammengesetzt werden müssen. Auch hier dienen die Freiheitsgrade, die die jeweilige Unterstruktur mit dem Resttragwerk verbinden, als wesentliche Freiheitsgrade, durch welche die Zustandsvariablen der Unterstruktur (die jetzt als „Makroelement" auftritt) ausgedrückt werden. In allen Fällen wird zunächst eine Unterscheidung in wesentliche (unabhängige, beizubehaltende, „master") Freiheitsgrade $\underline{V}_u$ und in unwesentliche (abhängige, zu eliminierende, „slave") Freiheitsgrade $\underline{V}_\varphi$ zu treffen sein. Es wird eine entsprechende Partitionierung der Systemmatrizen laut folgendem Schema vorgenommen:

$$\begin{pmatrix} \underline{M}_{uu} & \underline{M}_{u\varphi} \\ \underline{M}_{\varphi u} & \underline{M}_{\varphi\varphi} \end{pmatrix} \cdot \begin{pmatrix} \underline{\ddot{V}}_u \\ \underline{\ddot{V}}_\varphi \end{pmatrix} + \begin{pmatrix} \underline{K}_{uu} & \underline{K}_{u\varphi} \\ \underline{K}_{\varphi u} & \underline{K}_{\varphi\varphi} \end{pmatrix} \cdot \begin{pmatrix} \underline{V}_u \\ \underline{V}_\varphi \end{pmatrix} = \begin{pmatrix} \underline{P}_u \\ \underline{P}_\varphi \end{pmatrix} \qquad (4.3.2)$$

Hier wird zunächst von einer Berücksichtigung der Dämpfung abgesehen, die erst anschließend als „proportionale" Dämpfung einzuführen sein wird.

Der Ersatz der unwesentlichen Freiheitsgrade durch die wesentlichen läßt sich als lineare Transformation

$$\begin{aligned} \underline{V}_\varphi &= \underline{a}\,\underline{V}_u, \\ \underline{\dot{V}}_\varphi &= \underline{a}\,\underline{\dot{V}}_u, \\ \underline{\ddot{V}}_\varphi &= \underline{a}\,\underline{\ddot{V}}_u \end{aligned} \qquad (4.3.3)$$

darstellen. Damit gilt

$$\underline{V} = \begin{bmatrix} \underline{V}_u \\ \underline{V}_\varphi \end{bmatrix} = \begin{bmatrix} \underline{V}_u \\ \underline{a}\,\underline{V}_u \end{bmatrix} = \begin{bmatrix} \underline{I} \\ \underline{a} \end{bmatrix} \underline{V}_u = \underline{A}\,\underline{V}_u \qquad (4.3.4)$$

mit entsprechenden Gleichungen für die Geschwindigkeits- und Beschleunigungsvektoren $\underline{\dot{V}}, \underline{\ddot{V}}$. Das ursprüngliche Problem (noch ohne Dämpfung) wird reduziert auf

$$\underline{M}\,\underline{A}\,\underline{\ddot{V}}_u + \underline{K}\,\underline{A}\,\underline{V}_u = \underline{P}$$
$$\underline{A}^T\underline{M}\,\underline{A}\,\underline{\ddot{V}}_u + \underline{A}^T\,\underline{K}\,\underline{A}\,\underline{V}_u = \underline{A}^T\underline{P} \qquad (4.3.5)$$

bzw.

$$\underline{\tilde{M}}\,\underline{\ddot{V}}_u + \underline{\tilde{K}}\,\underline{V}_u = \underline{\tilde{P}} \qquad (4.3.6)$$

mit

$$\underline{\tilde{M}} = \underline{A}^T\underline{M}\,\underline{A}$$
$$\underline{\tilde{K}} = \underline{A}^T\,\underline{K}\,\underline{A} \qquad (4.3.7)$$
$$\underline{\tilde{P}} = \underline{A}^T\underline{P}$$

Die Matrix $\underline{\tilde{K}}$ wird als kondensierte oder reduzierte Steifigkeitsmatrix bezeichnet, der Lastvektor $\underline{\tilde{P}}$ ist der zugehörige reduzierte Lastvektor. Sind die Unbekannten $\underline{V}_u, \underline{\dot{V}}_u, \underline{\ddot{V}}_u$ ermittelt worden, so lassen sich die übrigen Zustandsvariablen in den abhängigen Freiheitsgraden mit Hilfe von (4.3.3) bestimmen.

Bei der „statischen Kondensation" nach GUYAN [4.2] und IRONS [4.3], eine der einfachsten Techniken einer großen Gruppe von "Reduktionsalgorithmen", sind die Bedingungen zur Elimination der abhängigen Freiheitsgrade statische Beziehungen. Ausgehend von der Beziehung (4.3.2) wird die zweite Zeile dieser Matrixgleichung explizit angegeben. Mit $\underline{K}^T_{u\varphi} = \underline{K}_{\varphi u}$ gilt

$$\underline{P}_\varphi = \underline{M}_{\varphi u}\,\underline{\ddot{V}}_u + \underline{M}_{\varphi\varphi}\,\underline{\ddot{V}}_\varphi + \underline{K}^T_{u\varphi}\,\underline{V}_u + \underline{K}_{\varphi\varphi}\,\underline{V}_\varphi \qquad (4.3.8)$$

Voraussetzungsgemäß sind die Massenkräfte in den abhängigen Freiheitsgraden klein, so daß es zulässig ist, in diesem Ausdruck nur den „statischen Anteil" beizubehalten:

$$\underline{P}_\varphi = \underline{K}^T_{u\varphi}\,\underline{V}_u + \underline{K}_{\varphi\varphi}\,\underline{V}_\varphi$$
$$\underline{V}_\varphi = \underline{K}^{-1}_{\varphi\varphi}(\underline{P}_\varphi - \underline{K}^T_{u\varphi}\,\underline{V}_u) \qquad (4.3.9)$$

In den abhängigen Freiheitsgraden sollen keine äußeren Kraftgrößen angreifen, $\underline{P}_\varphi = 0$, so daß die folgende Transformationsgleichung entsteht

$$\underline{V}_\varphi = -\underline{K}^{-1}_{\varphi\varphi}\,\underline{K}^T_{u\varphi}\,\underline{V}_u \qquad (4.3.10)$$

Damit gilt auch

$$\underline{V} = \begin{bmatrix} \underline{V}_u \\ \underline{V}_\varphi \end{bmatrix} = \begin{bmatrix} \underline{I} \\ -\underline{K}^{-1}_{\varphi\varphi}\,\underline{K}^T_{u\varphi} \end{bmatrix} \underline{V}_u = \underline{A}\,\underline{V}_u \qquad (4.3.11)$$

Die reduzierte Massenmatrix und die reduzierte Steifigkeitsmatrix ergeben sich damit zu

$$\underline{\tilde{M}} = \underline{M}_{uu} - \underline{K}_{u\varphi}\,\underline{K}^{-1}_{\varphi\varphi}\,\underline{M}^T_{u\varphi} - \underline{M}_{u\varphi}\,\underline{K}^{-1}_{\varphi\varphi}\,\underline{K}^T_{u\varphi} + \underline{K}_{u\varphi}\,\underline{K}^{-1}_{\varphi\varphi}\,\underline{M}_{\varphi\varphi}\,\underline{K}^{-1}_{\varphi\varphi}\,\underline{K}^T_{u\varphi} \qquad (4.3.12)$$

4.3 Reduktions- und Unterstrukturtechniken, statische Kondensation

$$\underline{\tilde{K}} = \underline{K}_{uu} - \underline{K}_{u\varphi} \underline{K}_{\varphi\varphi}^{-1} \underline{K}_{u\varphi}^T \qquad (4.3.13)$$

während der Lastvektor voraussetzungsgemäß mit

$$\underline{\tilde{P}} = \underline{P}_u \qquad (4.3.14)$$

vorliegt.

Eine andere, anschauliche Möglichkeit zur Gewinnung der kondensierten Steifigkeitsmatrix für $\underline{P}_\varphi = 0$ besteht darin, zunächst die Flexibilitätsmatrix des Systems in den wesentlichen Freiheitsgraden $\underline{V}_u$ zu ermitteln, indem nacheinander Eins-Lasten in Richtung der wesentlichen Freiheitsgrade angesetzt werden, um die resultierenden Verschiebungen f_{ij} in allen wesentlichen Freiheitsgraden auszurechnen. Es werden damit nacheinander die Spalten der Flexibilitätsmatrix bestimmt, und die anschließend vorgenommene Invertierung der Flexibilitätsmatrix liefert direkt $\underline{\tilde{K}}$ als die gesuchte kondensierte Steifigkeitsmatrix.

Die rechnerische Durchführung der statischen Kondensation für ebene Rahmentragwerke wird vom Programm KONDEN durchgeführt:

Programmname	Eingabedateien	Ausgabedateien
KONDEN	EKOND INZFED FEDMAT	KMATR AMAT

Die Eingabedatei EKOND entspricht der Eingabedatei ERAHM des Programms RAHMEN mit dem Unterschied, daß anstelle des Lastvektors die Nummern der wesentlichen Freiheitsgrade einzutragen sind. In der Ausgabedatei KMATR steht die kondensierte (ndu,ndu)-Steifigkeitsmatrix des Tragwerks in den NDU wesentlichen Freiheitsgraden; die zugehörige Matrix A nach (4.3.4) steht in der Datei AMAT.

Wir betrachten als Beispiel das Tragwerk von Bild 4.3-1; gesucht ist die auf die Verschiebungsfreiheitsgrade normal zur Balkenachse kondensierte Steifigkeitsmatrix der Gesamtstruktur.

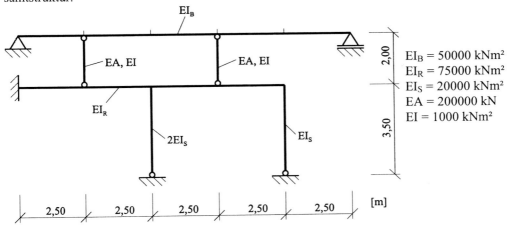

Bild 4.3-1: Gesamtstruktur mit Abmessungen und Steifigkeitswerten

Um die Vorgehensweise bei Anwendung der Unterstrukturtechnik zu demonstrieren, wird das Tragwerk in Teilstruktur A (das wäre der obere Durchlaufträger) und Teilstruktur B (das ist die darunterliegende Unterstützungskonstruktion) unterteilt, die unabhängig voneinander zu untersuchen sind. Es wird zuerst die in Bild 4.3-2 dargestellte Unterstruktur B betrachtet.

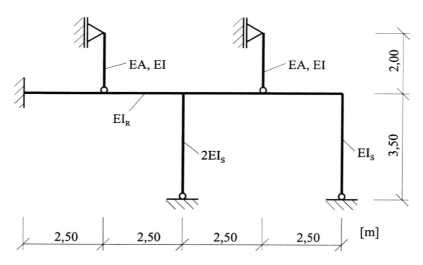

Bild 4.3-2: Unterstruktur B mit Abmessungen

Der erste Schritt ist die Diskretisierung, d.h. die Einführung von Stabelementen, Knoten und aktiven Freiheitsgraden. Bild 4.3-3 zeigt die eingeführten Stäbe und kinematischen Freiheitsgrade. Die Pfeilspitzen an den Stäben sind zur Unterscheidung des Endes 1 vom Ende 2 eingezeichnet. Man beachte, daß bei Momentengelenken ein zusätzlicher Rotationsfreiheitsgrad eingeführt werden muß.

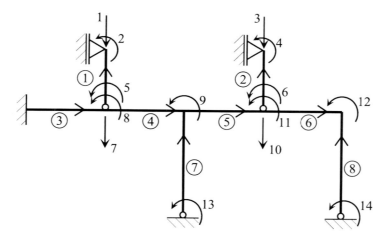

Bild 4.3-3: Diskretisierte Unterstruktur B

4.3 Reduktions- und Unterstrukturtechniken, statische Kondensation

Hier sind die Freiheitsgrade 1 und 3 als Koppelfreiheitsgrade zur Unterstruktur A die wesentlichen Freiheitsgrade (NDU=2). Es liegen 8 Stabelemente (NELEM=8) und 14 aktive kinematische Freiheitsgrade (NDOF=14) vor; Federmatrizen sind nicht vorhanden (NFED=0). Diese Information wird vom Programm über Bildschirm interaktiv abgefragt; hier wäre demnach die Gesamzahl der Freiheitsgrade gleich 14, die Anzahl der Stabelemente gleich 8 und die Anzahl der wesentlichen Freiheitsgrade gleich 2.

In EKOND stehen zunächst die NELEM Zeilen mit den Daten EI, ℓ, EA und α, wobei die Dehnsteifigkeit EA aller Stäbe, bei denen sie infolge der vorgenommenen Diskretisierung nicht benötigt wird, der Einfachheit halber gleich Null gesetzt wurde:

```
1000., 2.,200000., 90.0
1000., 2.,200000., 90.0
75000.,2.5, 0., 0.,
75000.,2.5, 0., 0.,
75000.,2.5, 0., 0.,
75000.,2.5, 0., 0.,
40000.,3.5, 0., 90.
20000.,3.5, 0., 90.
```

Es folgen die Inzidenzmatrix und die Nummern der wesentlichen Freiheitsgrade (hier 1 und 3), in welchen die kondensierte Steifigkeitsmatrix erstellt werden soll:

```
0,7,5,    0,1,2
0,10,6,   0,3,4
0,0,0,    0,7,8
0,7,8,    0,0,9
0,0,9,    0,10,11
0,10,11,  0,0,12
0,0,13,   0,0,9
0,0,14,   0,0,12
1,3
```

Als Ergebnis wird in KMATR folgende (2,2)-Steifigkeitsmatrix der Unterstruktur B abgelegt:

$$K_B = \begin{bmatrix} 47798{,}93 & 6264{,}063 \\ 6264{,}063 & 35270{,}81 \end{bmatrix} \qquad (4.3.15)$$

Diese Matrix kann als Federmatrix zur Kopplung der Freiheitsgrade 2 und 6 bei der Teilstruktur A dienen, die als nächstes untersucht wird.

Bild 4.3-4 zeigt die vorgenommene Diskretisierung, wobei die Freiheitsgrade 2 und 6 durch die (2,2)-Steifigkeitsmatrix der Unterstruktur B gekoppelt sind. Die Eingabedatei EKOND für Teilstruktur A lautet:

```
50000., 2.5, 0., 0.,
50000., 2.5, 0., 0.,
50000., 2.5, 0., 0.,
50000., 2.5, 0., 0.,
50000., 2.5, 0., 0.,
0,0,1, 0,2,3,
0,2,3, 0,4,5,
0,4,5, 0,6,7,
0,6,7, 0,8,9,
0,8,9, 0,0,10,
2,4,6,8,
```

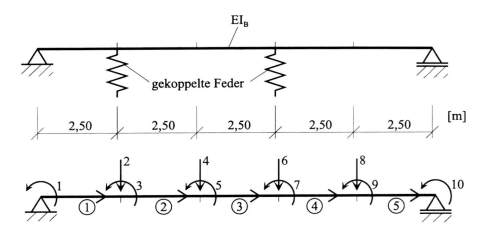

Bild 4.3-4: Unterstruktur A mit Abmessungen und Diskretisierung

wobei die Zahlen 2, 4, 6 und 8 in der letzten Zeile die wesentlichen Freiheitsgrade darstellen. Interaktiv wird eingegeben die Gesamtzahl der Freiheitsgrade (NDOF = 10), die Anzahl der wesentlichen Freiheitsgrade (NDU = 4), die Anzahl der Stäbe (NELEM = 5) und NFED mit 1; in der Datei INZFED stehen die Zahlen 2 und 6 als Nummern der zu koppelnden Freiheitsgrade und die Matrix (4.3.15) wird in die Eingabedatei FEDMAT kopiert. Die gesuchte kondensierte Steifigkeitsmatrix der Gesamtstruktur wird als Ergebnis in KMATR formatfrei geschrieben und lautet:

$$K = \begin{bmatrix} 79400{,}81 & -30407{,}66 & 19492{,}71 & -3307{,}18 \\ -30407{,}66 & 44830{,}62 & -33714{,}83 & 13228{,}71 \\ 19492{,}71 & -33714{,}83 & 80101{,}42 & -30407{,}66 \\ -3307{,}18 & 13228{,}71 & -30407{,}66 & 31601{,}91 \end{bmatrix} \quad (4.3.16)$$

Natürlich würde eine Diskretisierung des Gesamtsystems zum gleichen Ergebnis führen.

4.4 Diskrete Mehrmassenschwinger mit Punktmassen („lumped mass"-Systeme)

Bei diesem, für praktische Zwecke besonders wichtigen Fall, wird zu jedem der gewählten „wesentlichen" Freiheitsgrade die korrespondierende Masse getrennt ermittelt und auf der Hauptdiagonale der Diagonalmatrix $\underline{M}$ abgelegt. Nachdem die Unterscheidung zwischen wesentlichen und unwesentlichen Freiheitsgraden vorgenommen worden ist, muß die kondensierte Steifigkeitsmatrix des Systems in den n wesentlichen Freiheitsgraden bestimmt werden. Für ebene Rahmentragwerke kann dazu das Programm KONDEN benutzt werden, das bereits im letzten Abschnitt Verwendung fand. Die Vorgehensweise wird in diesem Abschnitt anhand eines ebenen Rahmens erläutert.

4.4 Diskrete Mehrmassenschwinger mit Punktmassen

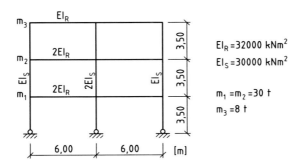

Bild 4.4-1: Rahmentragwerk mit Abmessungen, Steifigkeitswerte und Massen

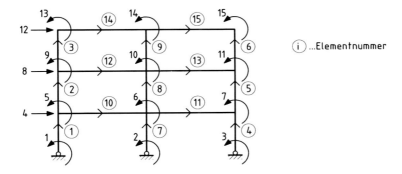

Bild 4.4-2: Diskretisiertes System

Der erste Schritt bei der rechnerischen Untersuchung eines Systems ist immer die Diskretisierung, d.h. die Wahl von Elementen, Knoten und aktiven Freiheitsgraden. Es empfiehlt sich, bei den Stäben durch eine Pfeilspitze Ende 1 von Ende 2 zu unterscheiden.

Als Beispiel sei das Tragwerk in Bild 4.4-1 betrachtet. Gesucht ist dessen kondensierte Steifigkeitsmatrix, wobei die Freiheitsgrade 4, 8 und 12 als Horizontalverschiebungen der Decken die wesentlichen Freiheitsgrade darstellen (NDU=3). Es liegen 15 Stabelemente (NELEM=15) und 15 aktive kinematische Freiheitsgrade (NDOF=15) vor, wobei die Längenänderungen von Stützen und Riegeln durch Weglassen der zugehörigen Freiheitsgrade vernachlässigt wurden. Diese Information wird vom Programm über Bildschirm interaktiv abgefragt; hier wäre demnach die Gesamzahl der Freiheitsgrade gleich 15, die Anzahl der Stabelemente ebenfalls gleich 15 und die Anzahl der wesentlichen Freiheitsgrade gleich 3. Der erste Block in der Eingabedatei EKOND lautet damit:

```
30000.0,  3.5,  0.0,  90.0
30000.0,  3.5,  0.0,  90.0
30000.0,  3.5,  0.0,  90.0
30000.0,  3.5,  0.0,  90.0
30000.0,  3.5,  0.0,  90.0
30000.0,  3.5,  0.0,  90.0
```

```
60000.0,  3.5,  0.0,  90.0
60000.0,  3.5,  0.0,  90.0
60000.0,  3.5,  0.0,  90.0
64000.0,  6.0,  0.0,   0.0
64000.0,  6.0,  0.0,   0.0
64000.0,  6.0,  0.0,   0.0
64000.0,  6.0,  0.0,   0.0
32000.0,  6.0,  0.0,   0.0
32000.0,  6.0,  0.0,   0.0
```

Der zweite Eingabeblock beinhaltet die Inzidenzmatrix:

```
0,0,1, 4,0,5,
4,0,5, 8,0,9,
8,0,9, 12,0,13,
0,0,3, 4,0,7,
4,0,7, 8,0,11,
8,0,11,12,0,15,
0,0,2, 4,0,6,
4,0,6, 8,0,10,
8,0,10,12,0,14,
4,0,5, 4,0,6,
4,0,6, 4,0,7,
8,0,9, 8,0,10,
8,0,10,8,0,11,
12,0,13,12,0,14,
12,0,14,12,0,15,
```

Zum Schluß müssen die NDU Nummern der wesentlichen Freiheitsgrade eingegeben werden, hier also die Zahlen

```
4,8,12
```

Als Ergebnis wird folgende (3,3)- Matrix in KMATR abgelegt:

```
 .3429090E+05  -.2933414E+05   .4739090E+04
-.2933414E+05   .4707862E+05  -.2116977E+05
 .4739090E+04  -.2116977E+05   .1678259E+05
```

Die (15,3)-Transformationsmatrix $\underline{A}$, die gemäß (4.3.4) die Rückrechnung der Verschiebungen, Geschwindigkeiten und Beschleunigungen in sämtlichen Freiheitsgraden bei bekannten Verschiebungen, Geschwindigkeiten und Beschleunigungen in den drei wesentlichen Freiheitsgraden erlaubt, lautet hier (Datei AMAT):

```
-.45068    .05828   -.00599
-.45068    .05828   -.00599
-.45068    .05828   -.00599
1.00000    .00000    .00000
 .04421   -.11655    .01197
 .04421   -.11655    .01197
 .04421   -.11655    .01197
 .00000   1.00000    .00000
 .10876   -.01406   -.08662
 .10876   -.01406   -.08662
 .10876   -.01406   -.08662
 .00000    .00000   1.00000
-.02813    .22531   -.19927
-.02813    .22531   -.19927
-.02813    .22531   -.19927
```

4.5 Modale Analyse

Die Massen, die mit den Freiheitsgraden 4, 8 und 12 des ursprünglichen Tragwerks, also mit den Freiheitsgraden 1, 2 und 3 des reduzierten Systems verknüpft sind, betragen nach Bild 4.4-1 im einzelnen 30, 30 und 8 Tonnen. Sie können in den Vektor MDIAG, der die Diagonale der Massenmatrix enthält, formatfrei eingetragen werden:

```
30.0, 30.0, 8.0
```

Damit sind vom Differentialgleichungssystem (4.3.1) die Matrizen $\underline{M}$ und $\underline{K}$ bekannt; auf die Ermittlung der Dämpfungsmatrix $\underline{C}$ wird in den Abschnitten 4.5 und 4.7 näher eingegangen.

Neben der hier besprochenen Bestimmung der reduzierten Steifigkeitsmatrix in den wesentlichen Freiheitsgraden, deren zugehörige Massen „von Hand" eingegeben werden, lassen sich auch die konsistente Massenmatrix und die Steifigkeitsmatrix in allen NDOF Freiheitsgraden aufstellen, und zwar mit Hilfe des in Abschnitt 4.2 eingeführten Programms VOLLST.

Zur Lösung des Differentialgleichungssystems (4.3.1) stehen zunächst dieselben Möglichkeiten zur Verfügung, wie sie bereits beim Einmassenschwinger Anwendung fanden, das sind die Direkte Integration im Zeitbereich und Integraltransformationsmethoden im Frequenzbereich. Eine besonders anschauliche und praktisch viel verwendete Lösungsmöglichkeit ist die Entkopplung des Differentialgleichungssystems und die getrennte Behandlung der einzelnen „Modalbeiträge", die unter der Bezeichnung „Modale Analyse" bekannt ist. Sie soll im nächsten Abschnitt als erstes besprochen werden.

4.5 Modale Analyse

Ausgangspunkt ist das Differentialgleichungssystem (4.3.1), das hier als Formel (4.5.1) wiederholt wird. Die Massenmatrix $\underline{M}$ ist wegen der „lumped-mass"-Idealisierung eine Diagonalmatrix, nicht jedoch die kondensierte Steifigkeitsmatrix, so daß letztere eine „Steifigkeitskopplung" der einzelnen Freiheitsgrade bewirkt. Um zu einem entkoppelten Differentialgleichungssystem zu gelangen, müssen neue, "generalisierte" Koordinaten η anstelle von $\underline{V}$ eingeführt werden, die als Amplituden zueinander orthogonal stehender Systemverschiebungskonfigurationen gedeutet werden können. Als solche "Biegelinien" werden üblicherweise die Eigenschwingungsformen des Tragwerks verwendet, die sich durch Lösung des zugehörigen Eigenwertproblems (EWP) ergeben. Diese Zusammenhänge werden nachfolgend hergeleitet.

Im Differentialgleichungssystem

$$\underline{M}\,\underline{\ddot{V}} + \underline{C}\,\underline{\dot{V}} + \underline{K}\,\underline{V} = \underline{P}(t) \qquad (4.5.1)$$

mit den Anfangsbedingungen

$$\underline{V}(0) = \underline{V}_0$$
$$\underline{\dot{V}}(0) = \underline{\dot{V}}_0 \qquad (4.5.2)$$

werden die „Modalkoordinaten" $\underline{\eta}$ eingeführt, gemäß

$$\underline{V} = \underline{\Phi}\,\underline{\eta}$$
$$\underline{\dot{V}} = \underline{\Phi}\,\underline{\dot{\eta}} \qquad (4.\,5.\,3)$$
$$\underline{\ddot{V}} = \underline{\Phi}\,\underline{\ddot{\eta}}$$

Die (n,r)-Matrix $\underline{\Phi}$, deren Koeffizienten von der Zeit unabhängig sind, wird als Modalmatrix bezeichnet. Ihre r Spalten (wobei r in der Regel wesentlich kleiner ist als die Zeilenanzahl n von $\underline{V}$) sind Eigenvektoren des Systems. Es gilt

$$\underline{M}\,\underline{\Phi}\,\underline{\ddot{\eta}} + \underline{C}\,\underline{\Phi}\,\underline{\dot{\eta}} + \underline{K}\,\underline{\Phi}\,\underline{\eta} = \underline{P}(t) \qquad (4.\,5.\,4)$$

und weiter

$$\underline{\Phi}^T\underline{M}\,\underline{\Phi}\,\underline{\ddot{\eta}} + \underline{\Phi}^T\underline{C}\,\underline{\Phi}\,\underline{\dot{\eta}} + \underline{\Phi}^T\underline{K}\,\underline{\Phi}\,\underline{\eta} = \underline{\Phi}^T\underline{P}(t) \qquad (4.\,5.\,5)$$

Um zu einem entkoppelten System zu gelangen, besteht jetzt die Forderung, daß die Steifigkeitsmatrix durch die in (4.5.5) enthaltene Transformation diagonalisiert wird. Darüberhinaus wird der Einfachheit halber gefordert, daß die Massenmatrix nach der Ähnlichkeitstransformation mit der Modalmatrix zu einer Einheitsmatrix wird, womit alle „modalen Massen" der r „Modalbeiträge" den Betrag Eins erhalten:

$$\underline{\Phi}^T\,\underline{M}\,\underline{\Phi} = \underline{I} \qquad (4.\,5.\,6)$$

$$\underline{\Phi}^T\,\underline{K}\,\underline{\Phi} = \underline{\omega}^2 = \mathrm{diag}\left[\omega_i^2\right] \qquad (4.\,5.\,7)$$

Die Dämpfungsmatrix $\underline{C}$ in (4.5.1) wird später behandelt. Die Bedingungen (4.5.6) und (4.5.7) lassen sich umformen, indem Gleichung (4.5.7) von links mit der Einheitsmatrix multipliziert wird, wobei rechts vom Gleichheitszeichen anstelle der Einheitsmatrix die ähnlichkeitstransformierte Massenmatrix nach Gleichung (4.5.6) als Faktor Verwendung findet:

$$\underline{\Phi}^T\,\underline{K}\,\underline{\Phi} = \underline{\Phi}^T\,\underline{M}\,\underline{\Phi}\,\underline{\omega}^2 \qquad (4.\,5.\,8)$$

Das führt zum allgemeinen Eigenwertproblem

$$\underline{K}\,\underline{\Phi} = \underline{M}\,\underline{\Phi}\,\underline{\omega}^2 \qquad (4.\,5.\,9)$$

dessen Lösungsmatrix $\underline{\Phi}$ wie gezeigt eine Diagonalisierung der Matrix $\underline{K}$ bewirkt. Dabei ist

- $\underline{\omega}^2$ eine Diagonalmatrix mit den r Eigenwerten ω_i^2, das sind die Quadrate der Eigenkreisfrequenzen, auf der Hauptdiagonale, und
- $\underline{\Phi}$ die (n,r)-Modalmatrix, deren Spalten r Eigenvektoren darstellen.

4.5 Modale Analyse

Im nächsten Abschnitt 4.6 wird auf Lösungsmöglichkeiten des allgemeinen Eigenwertproblems näher eingegangen. Nun wird die Dämpfung berücksichtigt, indem zunächst unterstellt wird, daß sich die Dämpfungsmatrix $\underline{C}$ ebenfalls durch die Modalmatrix $\underline{\Phi}$ diagonalisieren läßt („Bequemlichkeitshypothese"):

$$\underline{\tilde{C}} = \underline{\Phi}^T \, \underline{C} \, \underline{\Phi} = \text{diag}[\tilde{c}_{ii}] \qquad (4.5.10)$$

Analog zum Einmassenschwinger wird das Diagonalelement $\tilde{c}_{ii}$ wie folgt angenommen:

$$\tilde{c}_{ii} = 2\,D_i\,\omega_i \qquad (4.5.11)$$

Hier ist D_i der Dämpfungsgrad und ω_i die Kreiseigenfrequenz. Damit ergibt sich das entkoppelte Differentialgleichungssystem

$$\underline{\ddot{\eta}} + \underline{\tilde{C}}\,\underline{\dot{\eta}} + \underline{\omega}^2\,\underline{\eta} = \underline{\Phi}^T\,\underline{P} \qquad (4.5.12)$$

mit r Differentialgleichungen 2. Ordnung der Form

$$\ddot{\eta}_i + 2D_i\,\omega_i\,\dot{\eta}_i + \omega_i^2\,\eta_i = \underline{\Phi}_i^T\,\underline{P}, \quad i = 1, 2, ..\,r \qquad (4.5.13)$$

Jede einzelne dieser Gleichungen kann mit Hilfe der bekannten Verfahren gelöst werden, wozu allerdings noch die Verschiebungs- und Geschwindigkeitsanfangsbedingungen in den Modalkoordinaten benötigt werden. Dazu kann (4.5.6) umgeschrieben werden als

$$\underline{\Phi}^{-1} = \underline{\Phi}^T\,\underline{M} \qquad (4.5.14)$$

und mit den Definitionen (4.5.3) der Modalkoordinaten ergibt sich

$$\underline{\eta}(0) = \underline{\eta}_0 = \underline{\Phi}^T\,\underline{M}\,\underline{V}_0 \qquad (4.5.15)$$

$$\underline{\dot{\eta}}(0) = \underline{\dot{\eta}}_0 = \underline{\Phi}^T\,\underline{M}\,\underline{\dot{V}}_0 \qquad (4.5.16)$$

Der besondere Vorteil der Modalanalyse liegt darin, daß gute (=genaue) Lösungen in der Regel bereits bei Verwendung von nur einigen wenigen Modalformen möglich sind. Die relative Bedeutung eines Modalbeitrags kann durch die Größe der "generalisierten Last" $\underline{\Phi}_i^T\,\underline{P}$ abgeschätzt werden, bzw. durch die in der Zeitfunktion enthaltenen Frequenzanteile in Relation zur Eigenfrequenz der jeweiligen Eigenform. Nachteil der Modalanalyse ist der bei größeren Systemen beträchtliche Aufwand für die Lösung des Eigenwertproblems, dazu die Tatsache, daß wegen der Überlagerung der Ergebnisse der einzelnen Modalbeiträge nur lineare Systeme, für die das Superpositionsgesetz gilt, behandelt werden können. Sind die zeitlichen Verläufe der Modalkoordinaten $\eta_i(t)$, $i = 1,2,\ldots r$ (bzw. der entsprechenden Ableitungen $\dot{\eta}_i(t)$ und $\ddot{\eta}_i(t)$) bekannt, so ergeben sich die Verschiebungen (bzw. Geschwindigkeiten und Beschleunigungen) aus Gleichung (4.5.3), wobei, wie bereits erwähnt, die Anzahl r der berücksichtigten Modalbeiträge in der Regel wesentlich kleiner ist als die Anzahl der wesentlichen Systemfreiheitsgrade.

Im allgemeinen Fall des gedämpften Systems (4.5.1) führt ein Ansatz

$$\underline{V}(t) = \hat{\underline{\Phi}} e^{\hat{\lambda} t} \tag{4.5.17}$$

mit komplexen Eigenvektoren $\hat{\underline{\Phi}}$ und Eigenwerten $\hat{\lambda}$ weiter. Einsetzen in das homogene Differentialgleichungssystem liefert das quadratische Eigenwertproblem

$$(\hat{\lambda}^2 \underline{M} + \hat{\lambda} \underline{C} + \underline{K}) \hat{\underline{\Phi}} = 0 \tag{4.5.18}$$

das in ein lineares Eigenwertproblem mit doppelter Kantenlänge überführt werden kann, indem das Differentialgleichungssystem 2. Ordnung (4.5.1) alternativ als System 1. Ordnung mit dem neuen Vektor der Unbekannten $\tilde{\underline{V}}^T = \begin{bmatrix} \underline{V} & \underline{\dot{V}} \end{bmatrix}$ geschrieben wird:

$$\begin{bmatrix} \underline{C} & \underline{M} \\ \underline{M} & 0 \end{bmatrix} \frac{d}{dt} \begin{bmatrix} \underline{V} \\ \underline{\dot{V}} \end{bmatrix} + \begin{bmatrix} \underline{K} & 0 \\ 0 & -\underline{M} \end{bmatrix} \begin{bmatrix} \underline{V} \\ \underline{\dot{V}} \end{bmatrix} = 0 \tag{4.5.19}$$

Die Lösung des linearen Eigenwertproblems wird im nächsten Abschnitt näher erläutert. Das Programm JACOBI benötigt als Eingabe die kondensierte (n,n)-Steifigkeitsmatrix des Systems (formatfrei aus der Datei KMATR einzulesen) sowie den Vektor mit den n Massen, die den wesentlichen Freiheitsgraden zugeordnet sind (Diagonale der Massenmatrix, formatfrei aus der Datei MDIAG einzulesen). Die Ausgabe erfolgt in die Dateien AUSJAC, OMEG und PHI und liefert alle gewünschten Perioden und Eigenformen des Systems.

Für das in Bild 4.4.1 dargestellte Rahmentragwerk wurde bereits im letzten Abschnitt die kondensierte Steifigkeitsmatrix ermittelt. Mit der Diagonalen der Massenmatrix (eingetragen in die Datei MDIAG)

```
30.0, 30.0, 8.0
```

liefert das Program JACOBI folgende Ergebnisse (Datei AUSJAC):

```
Eigenvektor Nr.          1 Periode=   7.55128E-001
1      .1000492E+00
2      .1332279E+00
3      .1445747E+00
Eigenvektor Nr.          2 Periode=   1.81723E-001
1      .1388166E+00
2     -.4212581E-01
3     -.2146686E+00
Eigenvektor Nr.          3 Periode=   1.05522E-001
1      .6366659E-01
2     -.1175121E+00
3      .2408641E+00
```

Die Eigenkreisfrequenzen der drei Modalformen betragen $\omega_1 = \dfrac{2\pi}{0{,}755} = 8{,}32 \dfrac{\text{rad}}{\text{s}}$, $\omega_2 = 34{,}58 \dfrac{\text{rad}}{\text{s}}$ und $\omega_3 = 59{,}55 \dfrac{\text{rad}}{\text{s}}$; die Eigenformen sind in Bild 4.5-1 zu sehen.

4.5 Modale Analyse

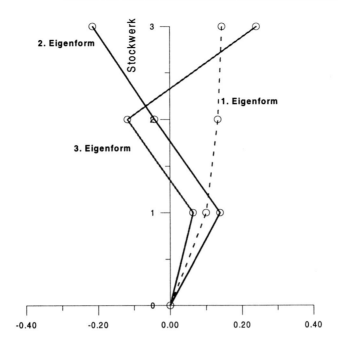

Bild 4.5-1: Eigenformen des dreistöckigen Rahmens.

Untersucht wird jetzt das Verhalten des Rahmens infolge einer Belastung

$$\underline{P}(t) = \begin{bmatrix} 10{,}0 \\ 10{,}0 \\ 5{,}0 \end{bmatrix} f(t) \tag{4.5.20}$$

mit der Zeitfunktion f(t) wie in Bild 4.5-2 angegeben. Die „Anteilsfaktoren" $\underline{\Phi}_i^T \underline{P}$ der drei Modalformen lauten:

$$\underline{\Phi}_1^T \underline{P} = \begin{pmatrix} 0{,}10 & 0{,}322 & 0{,}446 \end{pmatrix} \begin{pmatrix} 10{,}0 \\ 10{,}0 \\ 5{,}0 \end{pmatrix} = 3{,}045 \tag{4.5.21}$$

$$\underline{\Phi}_2^T \underline{P} = \begin{pmatrix} 0{,}139 & -0{,}042 & -0{,}215 \end{pmatrix} \begin{pmatrix} 10{,}0 \\ 10{,}0 \\ 5{,}0 \end{pmatrix} = -0{,}105 \tag{4.5.22}$$

$$\underline{\Phi}_3^T \underline{P} = \begin{pmatrix} 0{,}0637 & -0{,}118 & 0{,}241 \end{pmatrix} \begin{pmatrix} 10{,}0 \\ 10{,}0 \\ 5{,}0 \end{pmatrix} = 0{,}666 \tag{4.5.23}$$

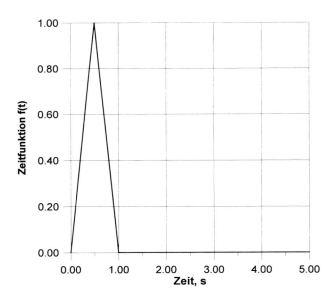

Bild 4.5-2: Zeitfunktion der Tragwerksbelastung

und bei einem gewählten Dämpfungswert von 2% für alle drei Modalbeiträge ergeben sich folgende drei Differentialgleichungen für die Modalkoordinaten η_1, η_2, η_3:

$$\ddot{\eta}_1 + 2 \cdot 0{,}02 \cdot 8{,}32\, \dot{\eta}_1 + 8{,}32^2\, \eta_1 = 3{,}045 \cdot f(t) \qquad (4.5.24)$$

$$\ddot{\eta}_2 + 2 \cdot 0{,}02 \cdot 34{,}58\, \dot{\eta}_2 + 34{,}48^2\, \eta_2 = -0{,}105 \cdot f(t) \qquad (4.5.25)$$

$$\ddot{\eta}_3 + 2 \cdot 0{,}02 \cdot 59{,}55\, \dot{\eta}_3 + 59{,}55^2\, \eta_3 = 0{,}666 \cdot f(t) \qquad (4.5.26)$$

Sie können z.B. mit dem Programm LEINM integriert werden und liefern die in Bild 4.5-3 dargestellten Zeitverläufe, worin die Ordinaten der 2. und 3. Modalkoordinate um den Faktor 100 vergrößert dargestellt sind.

Die Durchführung einer modalanalytischen Untersuchung eines Rahmentragwerks kann am einfachsten direkt mit Hilfe des Programms MODAL durchgeführt werden. Es benötigt die Eigenfrequenzen und Eigenformen des Systems, wie sie mit Hilfe des Programms JACOBI bestimmt und in die Dateien OMEG und PHI abgelegt wurden, dazu die Anfangsbedingungen $\underline{V}_0$ und $\underline{\dot{V}}_0$ (jeweils n Werte in den Dateien V0 bzw. VP0) und die Systembelastung $\underline{P}(t)$ (Datei LASTV). Darin sind die Werte der n Lastkomponenten $P_1(t), \ldots, P_n(t)$ zu jedem der NT Zeitpunkte im konstanten Abstand Δt enthalten. Diese Datei kann bei einer gemeinsamen Zeitfunktion für alle Komponenten mit Hilfe des Programms INTERP erstellt werden. INTERP benötigt als Eingabe die Zeitfunktion (Datei FKT wie beim Programm LININT) sowie die Amplituden aller n Komponenten von $\underline{P}$ (Datei AMPL); seine Ausgabe ist die Datei LASTV, wobei bei einer Verwendung von LASTV als Eingabe zu MODAL die Option ohne Ausgabe der Zeitpunkte gewählt werden muß.

4.5 Modale Analyse

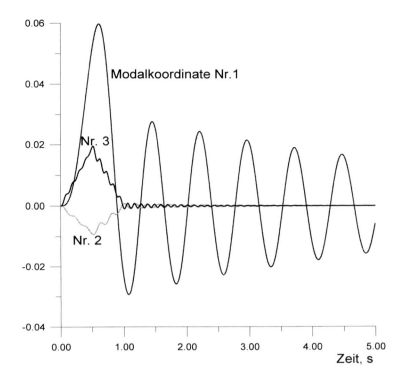

Bild 4.5-3: Zeitverläufe der Modalkoordinaten

Das Programm MODAL liefert drei Ausgabedateien: In THIS.MOD stehen die Zeitverläufe der Verschiebungen der wesentlichen Freiheitsgrade (Zeitpunkte in der ersten Spalte, Verschiebungswerte in weiteren NDU Spalten), in THISDG die Verschiebungszeitverläufe in allen (NDU + NDPHI) Freiheitsgraden (ohne Zeitpunkte), und in THISDU die Verschiebungen in den wesentlichen Freiheitsgraden ohne Zeitpunkte. Bild 4.5-4 zeigt den mit Hilfe von MODAL ermittelten Zeitverlauf der Horizontalverschiebung des oberen Rahmenriegels unseres Systems, wobei bei der vorgegebenen Belastung der Anteil der Grundeigenform praktisch allein von Bedeutung ist.

Um die Schnittkräfte des Rahmentragwerks zu berechnen, müssen zunächst die Verschiebungen des Tragwerks in allen Freiheitsgraden ermittelt werden, was mit Hilfe der Beziehung (4.3.4)

$$\underline{V} = \underline{A}\,\underline{V}_u \qquad (4.5.27)$$

geschehen kann. Die Verformungen werden sodann den einzelnen Stabelementen zugewiesen und das Produkt der Einzelsteifigkeitsmatrix $\underline{k}$ des jeweiligen Elements mit dem Vektor der Stabendverformungen $\underline{v}$ liefert die Schnittkräfte $\underline{s}$ gemäß

$$\underline{s} = \underline{k}\cdot\underline{v} \qquad (4.5.28)$$

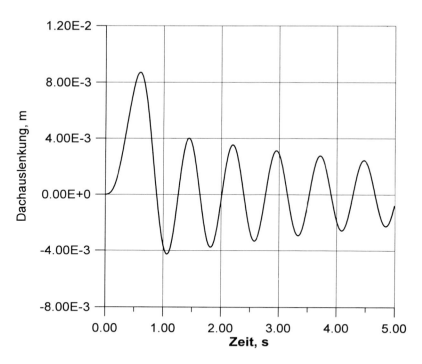

Bild 4.5-4: Zeitverlauf der Horizontalauslenkung des oberen Riegels.

Dafür kann das Programm INTFOR harangezogen werden, das die Schnittkräfte und Verschiebungen des Tragwerks sowie deren Maximalwerte und, optional, deren Zeitverlauf ermittelt. INTFOR benötigt als Eingabe die Ausgabedatei THISDU von MODAL, dazu die Eingabedatei EKOND des Programms KONDEN und die Datei AMAT, die von KONDEN erstellt wurde. Als Ergebnis liefert INTFOR zum einen die Maxima und Minima von Schnittkräften mit den zugehörigen Auftretenszeitpunkten und den zu diesen Zeitpunkten vorhandenen weiteren Schnittkräften (Datei MAXMIN), zum anderen den vollständigen Schnittkraft- und Verformungsverlauf des Systems zu einem bestimmten Zeitpunkt (Datei FORSTA) sowie, nach Wunsch, den Zeitverlauf einer bestimmten Stabendschnittkraft oder -verformung (Datei THHVM). INTFOR verlangt interaktiv die Eingabe der Zeitschrittnummer, für die der Schnittkraft- und Verformungsverlauf ermittelt werden soll; im allgemeinen wird derjenige Zeitpunkt gewählt, zu dem eine Verformung ihr Maximum erreicht; dieser Wert mit dem zugehörigen Zeitpunkt erscheint bei der Ausführung von MODAL auf dem Bildschirm. Für das betrachtete Rahmentragwerk erreicht die Verschiebung des obersten Riegels ihren Maximalwert bei t=0,61 s, das ist bei dem verwendeten Inkrement von $\Delta t = 0,01$ s der 61. Zeitschritt. Die Ausgabedatei FORSTA des Programms INTFOR enthält für jeden Stab (vgl. Stabnumerierung in Bild 4.4-2) die Verformungen $u_1, w_1, \varphi_1, u_2, w_2, \varphi_2$ an beiden Stabenden (u positiv von links nach rechts, w von oben nach unten entsprechend dem globalen x,z-Koordinatensystem, φ positiv im Gegenuhrzeigersinn), dazu in einer zweiten Zeile die Horizontal- und Vertikalkomponenten der Stabendkräfte sowie die Biegemomente

4.5 Modale Analyse 109

$H_1, V_1, M_1, H_2, V_2, M_2$, ebenfalls bezogen auf das globale (x,z)-Koordinatensystem. Die Ausgabedatei unseres Beispiels lautet:

```
Element Nr. 1
   .0000E+00    .0000E+00   -.2291E-02    .5998E-02    .0000E+00   -.5595E-03
  -.8480E+01   -.5192E-15   -.5365E-05    .8480E+01    .5192E-15    .2968E+02

Element Nr. 2
   .5998E-02    .0000E+00   -.5595E-03    .7971E-02    .0000E+00   -.2146E-03
  -.5190E+01   -.3178E-15    .6126E+01    .5190E+01    .3178E-15    .1204E+02

Element Nr. 3
   .7971E-02    .0000E+00   -.2146E-03    .8715E-02    .0000E+00   -.1095E-03
  -.1486E+01   -.9101E-16    .1700E+01    .1486E+01    .9101E-16    .3503E+01

Element Nr. 4
   .0000E+00    .0000E+00   -.2291E-02    .5998E-02    .0000E+00   -.5595E-03
  -.8480E+01   -.5192E-15   -.5365E-05    .8480E+01    .5192E-15    .2968E+02

Element Nr. 5
   .5998E-02    .0000E+00   -.5595E-03    .7971E-02    .0000E+00   -.2146E-03
  -.5190E+01   -.3178E-15    .6126E+01    .5190E+01    .3178E-15    .1204E+02

Element Nr. 6
   .7971E-02    .0000E+00   -.2146E-03    .8715E-02    .0000E+00   -.1095E-03
  -.1486E+01   -.9101E-16    .1700E+01    .1486E+01    .9101E-16    .3503E+01

Element Nr. 7
   .0000E+00    .0000E+00   -.2291E-02    .5998E-02    .0000E+00   -.5595E-03
  -.1696E+02   -.1038E-14   -.1073E-04    .1696E+02    .1038E-14    .5936E+02

Element Nr. 8
   .5998E-02    .0000E+00   -.5595E-03    .7971E-02    .0000E+00   -.2146E-03
  -.1038E+02   -.6355E-15    .1225E+02    .1038E+02    .6355E-15    .2408E+02

Element Nr. 9
   .7971E-02    .0000E+00   -.2146E-03    .8715E-02    .0000E+00   -.1095E-03
  -.2973E+01   -.1820E-15    .3399E+01    .2973E+01    .1820E-15    .7006E+01

Element Nr.10
   .5998E-02    .0000E+00   -.5595E-03    .5998E-02    .0000E+00   -.5595E-03
   .0000E+00    .1194E+02   -.3581E+02    .0000E+00   -.1194E+02   -.3581E+02

Element Nr.11
   .5998E-02    .0000E+00   -.5595E-03    .5998E-02    .0000E+00   -.5595E-03
   .0000E+00    .1194E+02   -.3581E+02    .0000E+00   -.1194E+02   -.3581E+02

Element Nr.12
   .7971E-02    .0000E+00   -.2146E-03    .7971E-02    .0000E+00   -.2146E-03
   .0000E+00    .4579E+01   -.1374E+02    .0000E+00   -.4579E+01   -.1374E+02

Element Nr.13
   .7971E-02    .0000E+00   -.2146E-03    .7971E-02    .0000E+00   -.2146E-03
   .0000E+00    .4579E+01   -.1374E+02    .0000E+00   -.4579E+01   -.1374E+02

Element Nr.14
   .8715E-02    .0000E+00   -.1095E-03    .8715E-02    .0000E+00   -.1095E-03
   .0000E+00    .1168E+01   -.3503E+01    .0000E+00   -.1168E+01   -.3503E+01

Element Nr.15
   .8715E-02    .0000E+00   -.1095E-03    .8715E-02    .0000E+00   -.1095E-03
   .0000E+00    .1168E+01   -.3503E+01    .0000E+00   -.1168E+01   -.3503E+01
```

110   4 Systeme mit mehreren Freiheitsgraden

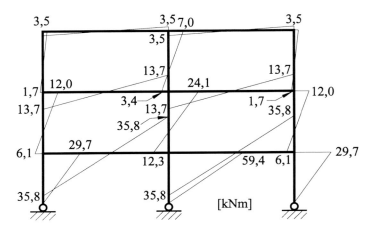

Bild 4.5-5: **Biegemomentenverlauf** zum Zeitpunkt t = 0,61 s

Bild 4.5-5 zeigt die berechneten Biegemomente zum Zeitpunkt t=0.61 s. Zum Vergleich dazu ist in Bild 4.5-6 der Biegemomentenverlauf des statischen Falls dargestellt, bei dem Horizontalkräfte von 10,0, 10,0 und 5,0 kN an der Riegeln angreifen, durchgeführt mit dem im Abschnitt 4.2 eingeführten Programm RAHMEN. Dessen Eingabedatei ERAHM ist weitgehend identisch mit der Datei EKOND mit dem Unterschied, daß anstelle des letzten Datensatzes in EKOND mit den Nummern der wesentlichen Freiheitsgrade jetzt der Lastvektor korrespondierend zu den gewählten Freiheitsgraden 1 bis 15 (Bild 4.4-2) vorkommt. Der Lastvektor lautet im vorliegenden Fall

```
0., 0., 0., 10., 0., 0., 0., 10., 0., 0., 0., 5., 0., 0., 0
```

worin die Kräfte von 10,0, 10,0, und 5,0 kN den Freiheitsgraden 4, 8 und 12 zugeordnet sind. Der zugehörige Teil der Ausgabedatei ARAHM lautet:

```
ELEMENT NR.           1
    .0000E+00    .0000E+00   -.1687E-02    .4415E-02    .0000E+00   -.4108E-03
   -.6250E+01   -.3827E-15    .1032E-13    .6250E+01    .3827E-15    .2188E+02
ELEMENT NR.           2
    .4415E-02    .0000E+00   -.4108E-03    .5862E-02    .0000E+00   -.1605E-03
   -.3750E+01   -.2296E-15    .4417E+01    .3750E+01    .2296E-15    .8708E+01
ELEMENT NR.           3
    .5862E-02    .0000E+00   -.1605E-03    .6445E-02    .0000E+00   -.8783E-04
   -.1250E+01   -.7654E-16    .1565E+01    .1250E+01    .7654E-16    .2810E+01
ELEMENT NR.           4
    .0000E+00    .0000E+00   -.1687E-02    .4415E-02    .0000E+00   -.4108E-03
   -.6250E+01   -.3827E-15    .1032E-13    .6250E+01    .3827E-15    .2188E+02
ELEMENT NR.           5
    .4415E-02    .0000E+00   -.4108E-03    .5862E-02    .0000E+00   -.1605E-03
   -.3750E+01   -.2296E-15    .4417E+01    .3750E+01    .2296E-15    .8708E+01
ELEMENT NR.           6
    .5862E-02    .0000E+00   -.1605E-03    .6445E-02    .0000E+00   -.8783E-04
   -.1250E+01   -.7654E-16    .1565E+01    .1250E+01    .7654E-16    .2810E+01
ELEMENT NR.           7
    .0000E+00    .0000E+00   -.1687E-02    .4415E-02    .0000E+00   -.4108E-03
   -.1250E+02   -.7654E-15   -.9640E-14    .1250E+02    .7654E-15    .4375E+02
ELEMENT NR.           8
    .4415E-02    .0000E+00   -.4108E-03    .5862E-02    .0000E+00   -.1605E-03
   -.7500E+01   -.4592E-15    .8834E+01    .7500E+01    .4592E-15    .1742E+02
```

4.5 Modale Analyse 111

```
ELEMENT NR.             9
 .5862E-02   .0000E+00  -.1605E-03   .6445E-02   .0000E+00  -.8783E-04
-.2500E+01  -.1531E-15   .3129E+01   .2500E+01   .1531E-15   .5621E+01
ELEMENT NR.            10
 .4415E-02   .0000E+00  -.4108E-03   .4415E-02   .0000E+00  -.4108E-03
 .0000E+00   .8764E+01  -.2629E+02   .0000E+00  -.8764E+01  -.2629E+02
ELEMENT NR.            11
 .4415E-02   .0000E+00  -.4108E-03   .4415E-02   .0000E+00  -.4108E-03
 .0000E+00   .8764E+01  -.2629E+02   .0000E+00  -.8764E+01  -.2629E+02
ELEMENT NR.            12
 .5862E-02   .0000E+00  -.1605E-03   .5862E-02   .0000E+00  -.1605E-03
 .0000E+00   .3424E+01  -.1027E+02   .0000E+00  -.3424E+01  -.1027E+02
ELEMENT NR.            13
 .5862E-02   .0000E+00  -.1605E-03   .5862E-02   .0000E+00  -.1605E-03
 .0000E+00   .3424E+01  -.1027E+02   .0000E+00  -.3424E+01  -.1027E+02
ELEMENT NR.            14
 .6445E-02   .0000E+00  -.8783E-04   .6445E-02   .0000E+00  -.8783E-04
 .0000E+00   .9368E+00  -.2810E+01   .0000E+00  -.9368E+00  -.2810E+01
ELEMENT NR.            15
 .6445E-02   .0000E+00  -.8783E-04   .6445E-02   .0000E+00  -.8783E-04
 .0000E+00   .9368E+00  -.2810E+01   .0000E+00  -.9368E+00  -.2810E+01
```

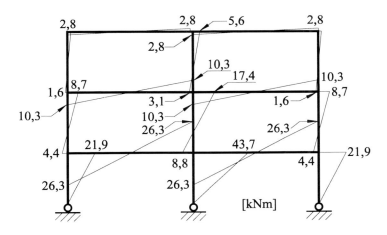

Bild 4.5-6: Biegemomentenverlauf für statische Belastung

Wie der Vergleich der „dynamischen" Biegemomente des Bildes 4.5-5 mit den „statischen" Werten des Bildes 4.5-6 zeigt, nimmt der Erhöhungsfaktor $\frac{S_{dyn}}{S_{stat}}$ für die verschiedenen Querschnitte unterschiedliche Werte an. Eine willkommene Verprobungsmöglichkeit der dynamischen Berechnung liefert die Untersuchung einer langsam auf ihren Endwert ansteigenden und anschließend konstant bleibenden Belastung, deren Schnittkräfte dem statischen Fall entsprechen müssen.

Die Untersuchung der maximalen Biegemomente liefert folgende Datei MAXMIN für die Extremwerte des Biegemoments (letzte Spalte), aufgetreten zum in der 1. Spalte angegebenen Zeitpunkt, mit den zu diesem Zeitpunkt vorhandenen weiteren Stabendschnittkräften in der Reihenfolge Horizontalkraft, Vertikalkraft, Biegemoment:

```
Stab Nr.              1
Max. pos., Stabende 1:    1.0700    .4161E+01    .2548E-15    .2644E-05
Max. neg., Stabende 1:     .6100   -.8480E+01   -.5192E-15   -.5365E-05
Max. pos., Stabende 2:     .6100    .8480E+01    .5192E-15    .2968E+02
Max. neg., Stabende 2:    1.0800   -.4161E+01   -.2548E-15   -.1456E+02
Stab Nr.              2
Max. pos., Stabende 1:     .6000   -.5197E+01   -.3182E-15    .6141E+01
Max. neg., Stabende 1:    1.0700    .2647E+01    .1620E-15   -.3146E+01
Max. pos., Stabende 2:     .6000    .5197E+01    .3182E-15    .1205E+02
Max. neg., Stabende 2:    1.0700   -.2647E+01   -.1620E-15   -.6117E+01
Stab Nr.              3
Max. pos., Stabende 1:     .5300   -.1485E+01   -.9096E-16    .1793E+01
Max. neg., Stabende 1:    1.0300    .5735E+00    .3512E-16   -.5597E+00
Max. pos., Stabende 2:     .6100    .1486E+01    .9101E-16    .3503E+01
Max. neg., Stabende 2:    1.0600   -.5707E+00   -.3495E-16   -.1483E+01
Stab Nr.              4
Max. pos., Stabende 1:    1.0700    .4161E+01    .2548E-15    .2644E-05
Max. neg., Stabende 1:     .6100   -.8480E+01   -.5192E-15   -.5365E-05
Max. pos., Stabende 2:     .6100    .8480E+01    .5192E-15    .2968E+02
Max. neg., Stabende 2:    1.0800   -.4161E+01   -.2548E-15   -.1456E+02
Stab Nr.              5
Max. pos., Stabende 1:     .6000   -.5197E+01   -.3182E-15    .6141E+01
Max. neg., Stabende 1:    1.0700    .2647E+01    .1620E-15   -.3146E+01
Max. pos., Stabende 2:     .6000    .5197E+01    .3182E-15    .1205E+02
Max. neg., Stabende 2:    1.0700   -.2647E+01   -.1620E-15   -.6117E+01
Stab Nr.              6
Max. pos., Stabende 1:     .5300   -.1485E+01   -.9096E-16    .1793E+01
Max. neg., Stabende 1:    1.0300    .5735E+00    .3512E-16   -.5597E+00
Max. pos., Stabende 2:     .6100    .1486E+01    .9101E-16    .3503E+01
Max. neg., Stabende 2:    1.0600   -.5707E+00   -.3495E-16   -.1483E+01
Stab Nr.              7
Max. pos., Stabende 1:    1.0700    .8321E+01    .5095E-15    .5288E-05
Max. neg., Stabende 1:     .6100   -.1696E+02   -.1038E-14   -.1073E-04
Max. pos., Stabende 2:     .6100    .1696E+02    .1038E-14    .5936E+02
Max. neg., Stabende 2:    1.0800   -.8322E+01   -.5096E-15   -.2913E+02
Stab Nr.              8
Max. pos., Stabende 1:     .6000   -.1039E+02   -.6365E-15    .1228E+02
Max. neg., Stabende 1:    1.0700    .5293E+01    .3241E-15   -.6292E+01
Max. pos., Stabende 2:     .6000    .1039E+02    .6365E-15    .2410E+02
Max. neg., Stabende 2:    1.0700   -.5293E+01   -.3241E-15   -.1223E+02
Stab Nr.              9
Max. pos., Stabende 1:     .5300   -.2971E+01   -.1819E-15    .3587E+01
Max. neg., Stabende 1:    1.0300    .1147E+01    .7023E-16   -.1119E+01
Max. pos., Stabende 2:     .6100    .2973E+01    .1820E-15    .7006E+01
Max. neg., Stabende 2:    1.0600   -.1141E+01   -.6989E-16   -.2966E+01
Stab Nr.             10
Max. pos., Stabende 1:    1.0700    .0000E+00   -.5903E+01    .1771E+02
Max. neg., Stabende 1:     .6100    .0000E+00    .1194E+02   -.3581E+02
Max. pos., Stabende 2:    1.0700    .0000E+00    .5903E+01    .1771E+02
Max. neg., Stabende 2:     .6100    .0000E+00   -.1194E+02   -.3581E+02
Stab Nr.             11
Max. pos., Stabende 1:    1.0700    .0000E+00   -.5903E+01    .1771E+02
Max. neg., Stabende 1:     .6100    .0000E+00    .1194E+02   -.3581E+02
Max. pos., Stabende 2:    1.0700    .0000E+00    .5903E+01    .1771E+02
Max. neg., Stabende 2:     .6100    .0000E+00   -.1194E+02   -.3581E+02
Stab Nr.             12
Max. pos., Stabende 1:    1.0700    .0000E+00   -.2206E+01    .6619E+01
Max. neg., Stabende 1:     .6000    .0000E+00    .4579E+01   -.1374E+02
Max. pos., Stabende 2:    1.0700    .0000E+00    .2206E+01    .6619E+01
Max. neg., Stabende 2:     .6000    .0000E+00   -.4579E+01   -.1374E+02
Stab Nr.             13
Max. pos., Stabende 1:    1.0700    .0000E+00   -.2206E+01    .6619E+01
Max. neg., Stabende 1:     .6000    .0000E+00    .4579E+01   -.1374E+02
Max. pos., Stabende 2:    1.0700    .0000E+00    .2206E+01    .6619E+01
Max. neg., Stabende 2:     .6000    .0000E+00   -.4579E+01   -.1374E+02
Stab Nr.             14
Max. pos., Stabende 1:    1.0600    .0000E+00   -.4944E+00    .1483E+01
Max. neg., Stabende 1:     .6100    .0000E+00    .1168E+01   -.3503E+01
Max. pos., Stabende 2:    1.0600    .0000E+00    .4944E+00    .1483E+01
Max. neg., Stabende 2:     .6100    .0000E+00   -.1168E+01   -.3503E+01
```

4.5 Modale Analyse

```
   Stab Nr.            15
Max. pos., Stabende 1:        1.0600      .0000E+00    -.4944E+00     .1483E+01
Max. neg., Stabende 1:         .6100      .0000E+00     .1168E+01    -.3503E+01
Max. pos., Stabende 2:        1.0600      .0000E+00     .4944E+00     .1483E+01
Max. neg., Stabende 2:         .6100      .0000E+00    -.1168E+01    -.3503E+01
```

Der Zeitverlauf des Biegemoments am Kopf der mittleren Erdgeschoßstütze ist in Bild 4.5-7 zu sehen.

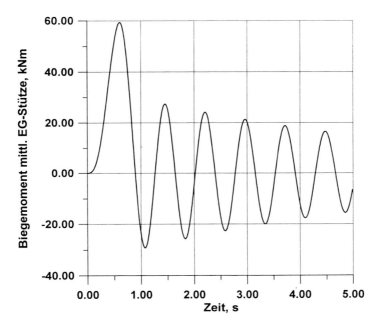

Bild 4.5-7: Zeitverlauf des Biegemoments am Kopf der mittleren Erdgeschoßstütze

Zum Schluß werden die in diesem Abschnitt neu eingeführten Programme tabellarisch zusammengefaßt:

Programmname	Eingabedateien	Ausgabedateien
JACOBI	KMATR MDIAG	AUSJAC OMEG PHI
INTERP	FKT AMPL	LASTV
MODAL	OMEG PHI MDIAG V0 VP0 AMAT LASTV	THIS.MOD THISDU THISDG
INTFOR	EKOND THISDU AMAT	FORSTA THHVM MAXMIN

4.6 Zum linearen Eigenwertproblem

Betrachtet wird das allgemeine Eigenwertproblem

$$\underline{K}\,\underline{\Phi} = \underline{M}\,\underline{\Phi}\,\omega^2 \qquad (4.6.1)$$

das speziell für den i-ten Eigenwert bzw. Eigenvektor

$$\underline{K}\,\underline{\Phi}_i = \omega_i^2\,\underline{M}\,\underline{\Phi}_i \qquad (4.6.2)$$

lautet. Beide Matrizen $\underline{M}$ und $\underline{K}$ sind symmetrisch; nach der Elimination von Starrkörperverschiebungen ist die Steifigkeitsmatrix $\underline{K}$ zudem positiv definit, d.h. es gilt für beliebige Vektoren $\underline{V}$:

$$\underline{V}^T\,\underline{K}\,\underline{V} > 0 \qquad (4.6.3)$$

Die Massenmatrix $\underline{M}$ ist als konsistente Massenmatrix positiv definit, als "lumped mass matrix" ist sie eine Diagonalmatrix und ebenfalls positiv definit, wenn alle Diagonalelemente $m_{ii} > 0$ sind. Da sowohl die Steifigkeits- als auch die Massenmatrix reelle, symmetrische Matrizen der Kantenlänge n sind, ist die Existenz von n reellen und positiven Eigenwerten ω_i^2, $i = 1, 2, \ldots, n$ gesichert, wobei allerdings auch mehrfache Eigenwerte vorkommen können. Sind alle Eigenwerte verschieden, stellen die zugehörigen Eigenvektoren ein vollständiges orthogonales System dar. In der Regel werden nur diejenigen Eigenwerte mit den zugehörigen Eigenvektoren gesucht, welche die niedrigen Eigenfrequenzen des Systems angeben, weil die numerisch ermittelten höheren Eigenfrequenzen infolge der unvermeidlichen Ungenauigkeit des diskreten Modells keine physikalische Aussagekraft besitzen.

Gleichung (4.6.2) kann als Gleichungssystem

$$(\underline{K} - \omega_i^2\,\underline{M})\,\underline{\Phi}_i = 0 \qquad (4.6.4)$$

definiert werden; nichttriviale Lösungen sind nur möglich bei Erfüllung der Bedingung

$$\det(\underline{K} - \omega_i^2\,\underline{M}) = 0 \qquad (4.6.5)$$

(4.6.5) wird als charakteristische Gleichung oder Frequenzgleichung des Mehrmassenschwingers bezeichnet; sie besitzt n Lösungen ω_i^2, $i = 1, 2, \ldots, n$, korrespondierend zu n Eigenvektoren $\underline{\Phi}_i$, die z.B. nach Ausrechnung der Determinante als Nullstellen des resultierenden Polynoms n-ten Grades in ω_i^2 ermittelt werden können. Diese Vorgehensweise ist jedoch bei größeren Systemen recht aufwendig.

Prinzipiell läßt sich das allgemeine Eigenwertproblem entweder direkt oder nach Zurückführung auf das „spezielle" Eigenwertproblem

$$\underline{C}\,\underline{Y} = \lambda\,\underline{Y} \qquad (4.6.6)$$

4.6 Zum linearen Eigenwertproblem

mit nur einer Systemmatrix $\underline{C}$ behandeln. Beim speziellen Eigenwertproblem wird das Wesentliche einer Eigenproblemlösung auf besonders anschauliche Art und Weise klar: Gesucht sind Vektoren $\underline{Y}$, die bei Linksmultiplikation mit $\underline{C}$ ihre Richtung beibehalten und nur ihre Länge um den Faktor λ ändern. Hier ist es wichtig, daß der algebraisch größte Eigenwert λ_1, dessen Bestimmung mit Hilfe der später zu besprechenden Potenzmethode sehr einfach ist, der baudynamisch wichtigen Grundeigenfrequenz des Systems entspricht. Das kann dadurch garantiert werden, daß der Kehrwert des Quadrats der Kreiseigenfrequenz als Eigenwert definiert wird, gemäß

$$\lambda_i = \frac{1}{\omega_i^2} \qquad (4.6.7)$$

Mit dieser Definition des Eigenwerts lautet das allgemeine Eigenwertproblem:

$$\underline{M}\,\underline{\Phi}_i = \frac{1}{\omega_i^2}\,\underline{K}\,\underline{\Phi}_i \qquad (4.6.8)$$

Als RAYLEIGH-Quotienten definieren wir den Wert:

$$R(\underline{V}_i) = \frac{\underline{V}_i^T\,\underline{K}\,\underline{V}_i}{\underline{V}_i^T\,\underline{M}\,\underline{V}_i} \qquad (4.6.9)$$

wobei für jeden beliebigen Vektor $\underline{V}$ die Beziehung gilt

$$\omega_1^2 \leq R(\underline{V}) \leq \omega_n^2 \qquad (4.6.10)$$

Damit liefert der RAYLEIGH-Quotient bei Verwendung eines Vektors $\underline{V}$, der eine gewisse Ähnlichkeit mit der Grundeigenform hat, eine (meist recht brauchbare) obere Schranke als Näherungswert für ω_1^2.

Die einfachste Art, aus (4.6.8) zu einem speziellen Eigenwertproblem zu gelangen, liegt in der Linksmultiplikation dieser Beziehung mit der inversen Steifigkeitsmatrix des Systems, die als Flexibilitätsmatrix $\underline{F}$ bezeichnet wird, $\underline{F} = \underline{K}^{-1}$. Man erhält

$$\underline{F}\,\underline{M}\,\underline{\Phi}_i = \frac{1}{\omega_i^2}\,\underline{\Phi}_i \qquad (4.6.11)$$

oder

$$\underline{D}\,\underline{\Phi}_i = \frac{1}{\omega_i^2}\,\underline{\Phi}_i \qquad (4.6.12)$$

mit der Matrix $\underline{D} = \underline{F}\,\underline{M}$, die allerdings im allgemeinen nicht symmetrisch ist. Eine erste Lösungsmöglichkeit des Eigenwertproblems (4.6.12) bietet die sogenannte Potenzmethode oder

VON-MISES-Methode an. Dazu wird ein beliebiger Startvektor $\underline{\varphi}_0$ von links mit der Systemmatrix $\underline{D}$ multipliziert; das Ergebnis ist ein Vektor $\underline{\varphi}_1$:

$$\underline{D}\,\underline{\varphi}_0 = \underline{\varphi}_1 = \frac{1}{\omega_1^2}\,\underline{\varphi}_0 \qquad (4.6.13)$$

Wäre $\underline{\varphi}_0$ bereits der gesuchte Eigenvektor, so ließe sich der Eigenwert $\frac{1}{\omega_1^2}$ als Quotient entsprechender Komponenten von $\underline{\varphi}_0$ und $\underline{\varphi}_1$ bilden, wobei alle n Quotienten denselben Wert liefern würden. Stellt der Startvektor $\underline{\varphi}_0$ nur eine mehr oder weniger gute Approximation des wirklichen Eigenvektors, lassen sich aus dem Maximal- und Minimalwert der n Koeffizientenquotienten Grenzen für den tatsächlichen Eigenwert ablesen. Der Vektor $\underline{\varphi}_1$ stellt eine bessere Approximation an den „Grundeigenvektor" (das ist der Eigenvektor, der zum algebraisch größten Eigenwert $\frac{1}{\omega_1^2}$ korrespondiert) dar als $\underline{\varphi}_0$, und eine Iteration gemäß

$$\underline{D}\,\underline{\varphi}_i = \underline{\varphi}_{i+1} \qquad (4.6.14)$$

liefert nach einigen Zyklen die „richtige" Grundeigenform und den dazugehörigen Eigenwert $\frac{1}{\omega_1^2}$, korrespondierend zur größten Periode $T_1 = \frac{2\pi}{\omega_1}$. Das soeben beschriebene Verfahren ist bei kleineren Problemen auch für die Handrechnung geeignet; es belohnt eine geschickte Wahl des Startvektors durch rasche Konvergenz und kann auch dazu dienen, den algebraisch kleinsten Eigenwert der Systemmatrix $\underline{D}$ nebst dazugehörigem Eigenvektor zu ermitteln, indem die inverse Matrix $\underline{D}^{-1}$ untersucht wird.

Das nach der Potenzmethode arbeitende Programm EIGVOL dient zur Bestimmung der Grundperiode des Tragwerks und des entsprechenden Eigenvektors, wobei es auf die konsistente Massenmatrix und die volle Steifigkeitsmatrix zurückgreift, die als Ausgabedateien des Programms VOLLST (siehe Abschnitt 4.2) erhältlich sind.

Programmname	Eingabedateien	Ausgabedatei
EIGVOL	MVOLL KVOLL	AUSVOL

Es kann zur Überprüfung der Qualität der Systemidealisierung mit und ohne Reduktion auf einige wenige wesentliche Freiheitsgrade dienen.

Bei der computergestützten Lösung des Eigenwertproblems empfiehlt es sich, eine symmetrische Systemmatrix der Untersuchung zugrundezulegen. Zu diesem Zweck wird auf die CHOLESKY-Zerlegung der Steifigkeitsmatrix zurückgegriffen, die sich in der Form

$$\underline{K} = \underline{L}\,\underline{L}^T \qquad (4.6.15)$$

4.6 Zum linearen Eigenwertproblem

mit der unteren Dreiecksmatrix $\underline{L}$ und ihrer Transponierten $\underline{L}^T$ darstellen läßt. Ausgehend vom allgemeinen Eigenwertproblem

$$\underline{M}\,\underline{\Phi}_i = \frac{1}{\omega_i^2}\underline{K}\,\underline{\Phi}_i \qquad (4.6.16)$$

multipliziert man beide Seiten mit $\underline{L}^{-1}$ und erhält:

$$\underline{L}^{-1}\underline{M}\,\underline{\Phi}_i = \frac{1}{\omega_i^2}\underline{L}^T\,\underline{\Phi}_i \qquad (4.6.17)$$

oder

$$\underline{C}\,\underline{Y}_i = \frac{1}{\omega_i^2}\underline{Y}_i \qquad (4.6.18)$$

mit dem transformierten Eigenvektor

$$\underline{Y}_i = \underline{L}^T\,\underline{\Phi}_i \qquad (4.6.19)$$

und der nunmehr symmetrischen Systemmatrix

$$\underline{C} = \underline{L}^{-1}\,\underline{M}\,(\underline{L}^{-1})^T \qquad (4.6.20)$$

Die Eigenwerte von $\underline{C}$ sind identisch mit den Eigenwerten des ursprünglichen Problems und die Eigenvektoren des Ausgangsproblems lassen sich mit Hilfe von (4.6.19) ermitteln. Bei der Herleitung von (4.6.20) wurde übrigens die für untere Dreiecksmatrizen gültige Beziehung $(\underline{L}^{-1})^T = (\underline{L}^T)^{-1}$ verwendet.

Zur Lösung des Eigenwertproblems (4.6.18) stehen eine Reihe bewährter Algorithmen bereit. Allgemein ist anzumerken, daß sie in der Regel die Eigenwerte und Eigenvektoren nicht direkt aus der (unter Umständen voll besetzten) Systemmatrix ermitteln, sondern zunächst diese Matrix in eine geeignete Spezialform überführen (z.B. Dreidiagonalmatrix), deren Eigenwerte und -vektoren sich leichter ermitteln lassen. Natürlich müssen die Eigenwerte der Dreidiagonalmatrix und der ursprünglichen Systemmatrix gleich sein; das ist sicherlich der Fall, wenn die Dreidiagonalmatrix über Ähnlichkeitstransformationen (d.h. durch Links- und Rechtsmultiplikation der Matrix durch eine beliebige Matrix und ihre Inverse) aus der ursprünglichen Matrix hervorgegangen ist. Zum Beweis führen wir in das Eigenwertproblem

$$\underline{A}\,\underline{\Phi} = \underline{\Phi}\,\underline{\Lambda} \qquad (4.6.21)$$

eine neue Modalmatrix $\underline{Y}$ gemäß $\underline{Y} = \underline{T}\,\underline{\Phi}$, $\underline{\Phi} = \underline{T}^{-1}\underline{Y}$ ein. Es ergibt sich:

$$\underline{A}\,(\underline{T}^{-1}\,\underline{Y}) = (\underline{T}^{-1}\underline{Y})\,\underline{\Lambda} \qquad (4.6.22)$$

und nach Linksmultiplikation beider Seiten mit $\underline{T}$:

$$\underline{T}\,\underline{A}\,\underline{T}^{-1}\,\underline{Y} = \underline{Y}\,\underline{\Lambda} \tag{4.6.23}$$

Der Vergleich mit (4.6.21) zeigt, daß die in $\underline{\Lambda}$ enthaltenen Eigenwerte der Matrix $\underline{A}$ die gleichen sind wie diejenigen der ähnlichkeitstransformierten Matrix $\underline{T}\,\underline{A}\,\underline{T}^{-1}$. In der Regel werden zur Ähnlichkeitstransformation spezielle Matrizen verwendet, wie z.B. orthogonale Matrizen mit der Eigenschaft $\underline{T}^T = \underline{T}^{-1}$, die die Symmetrie der Systemmatrix nicht zerstören. Das bekannteste Verfahren auf dieser Basis ist der JACOBI-Algorithmus, der im Programm JACOBI Verwendung findet. Andere, viel verwendete Methoden sind der ebenfalls auf Transformationen beruhende HOUSEHOLDER-Algorithmus sowie Verfahren mit „simultaner Vektoriteration". Bei diesen werden in Erweiterung der einfachen Potenzmethode mehrere Eigenwerte mit den dazugehörigen Eigenvektoren bestimmt, indem gleichzeitig mit mehreren orthogonal zueinander stehenden Vektoren iteriert wird.

4.7 Der viskose Dämpfungsansatz

Die Wichtigkeit einer zutreffenden Erfassung der Dämpfungseinflüsse bei der Lösung baudynamischer Probleme ist oft herausgestellt worden. Zentrales Problem ist die Wahl eines "vernünftigen", d.h. die Größenordnung des Phänomens richtig wiedergebenden, dabei in der Anwendung nicht übermäßig komplizierten Dämpfungsansatzes. In den meisten Fällen erfüllt das klassische linear-viskose Dämpfungsmodell diese Forderung.

Ausgangspunkt ist erneut das Differentialgleichungssystem

$$\underline{M}\,\underline{\ddot{V}} + \underline{C}\,\underline{\dot{V}} + \underline{K}\,\underline{V} = \underline{P}(t) \tag{4.7.1}$$

Hierbei handelt es sich um proportionale Dämpfung, wenn sich die viskose Dämpfungsmatrix $\underline{C}$ durch eine Ähnlichkeitstransformation mit der Matrix $\underline{\Phi}$ der Eigenvektoren des ungedämpften Systems diagonalisieren läßt,

$$\underline{\widetilde{C}} = \underline{\Phi}^T\,\underline{C}\,\underline{\Phi} = \mathrm{diag}\!\left[\widetilde{c}_{ii}\right] = \mathrm{diag}\!\left[2\,D_i\,\omega_i\right] \tag{4.7.2}$$

mit dem Dämpfungsgrad D_i und der Kreiseigenfrequenz ω_i der i-ten Modalform. Wegen der leichten Handhabung dieses Ansatzes werden vielfach auch andere, ihrem Wesen nach nichtviskose Dämpfungsmechanismen (wie z.B. die Materialdämpfung, siehe Abschnitt 4.9) durch äquivalente linear-viskose Dämpfungswerte näherungsweise berücksichtigt. Zur zahlenmäßigen Erfassung der viskosen Dämpfung kann neben dem Dämpfungsgrad D, der zahlenmäßig gleich dem „Prozentsatz der kritischen Dämpfung" ξ ist, das logarithmische Dekrement Λ, das im Abschnitt 3.3 eingeführt wurde, verwendet werden. Trifft (4.7.2) zu, so besitzt das System (4.7.1) sogenannte "klassische" Eigenformen, also reelle, orthogonal zueinander stehende Eigenvektoren als Spalten der Modalmatrix $\underline{\Phi}$. Die notwendige und hinreichende Bedingung für die Existenz von klassischen Eigenformen geht auf CAUGHEY [4.4] zurück; sie lautet:

4.7 Der viskose Dämpfungsansatz

$$\underline{C}\,\underline{M}^{-1}\,\underline{K} = \underline{K}\,\underline{M}^{-1}\,\underline{C} \qquad (4.7.3)$$

Physikalisch setzt die Existenz klassischer Eigenformen voraus, daß die Dämpfungsmechanismen im System örtlich nicht allzu verschieden sind. Starke lokale Unterschiede der Energiedissipationsrate (etwa in Tragwerken bei Berücksichtigung der Boden-Bauwerk-Interaktion) bedingen eine Verteilung der Dämpfungskräfte, die sich von denjenigen der Trägheitskräfte und der Rückstellkräfte deutlich unterscheidet. Ist (4.7.3) nicht erfüllt, liegt der allgemeinere Fall der nichtproportionalen viskosen Dämpfung vor.

In der Regel ist die viskose Dämpfungsmatrix nicht bekannt, und es können bestenfalls modale Dämpfungswerte $2\,D_i\,\omega_i$ für die im Rahmen einer modalanalytischen Untersuchung mitgenommenen Modalbeiträge $i = 1, \ldots r$ geschätzt werden. Für die Modale Analyse wird eine explizite Dämpfungsmatrix $\underline{C}$ nicht benötigt, sondern es genügt die Angabe des Dämpfungswerts D_i für jede Modalform. Wird jedoch die Dämpfungsmatrix $\underline{C}$ in expliziter Form verlangt, z.B. für die Lösung des Systems (4.7.1) mittels Direkter Integration, so führen unter anderem folgende zwei Methoden zum Ziel, wobei jeweils nur ein einziger oder mehrere Dämpfungswerte bei bestimmten Perioden als Ausgangsinformation zur Verfügung stehen:

- **RAYLEIGH-Dämpfung**

Hier wird $\underline{C}$ als Linearkombination der Steifigkeits- und Massenmatrix des Systems betrachtet, gemäß

$$\underline{C} = \alpha\,\underline{M} + \beta\,\underline{K} \qquad (4.7.4)$$

Analog zum Einmassenschwinger mit dem Koeffizienten $\dfrac{c}{m} = 2\,D\,\omega_1$ der Geschwindigkeit $\dot{u}$ erhalten wir:

$$2\,D_i\,\omega_i = \underline{\Phi}_i^T\,\underline{C}\,\underline{\Phi}_i = \underline{\Phi}_i^T(\alpha\,\underline{M} + \beta\,\underline{K})\underline{\Phi}_i = \alpha + \beta\,\omega_i^2 \qquad (4.7.5)$$

und damit

$$D_i = \frac{\alpha}{2\,\omega_i} + \beta\,\frac{\omega_i}{2} = \alpha\,\frac{T_i}{4\pi} + \beta\,\frac{\pi}{T_i} \qquad (4.7.6)$$

Die beiden zur Verfügung stehenden Freiwerte α und β können so gewählt werden, daß sich bei zwei frei gewählten Perioden T_1 und T_2, die nicht unbedingt Eigenperioden des Tragwerks sein müssen, vorgegebene Dämpfungsgrade D_1 und D_2 einstellen. Liegen diese Perioden nicht allzu weit voneinander entfernt, wird bei Angabe des gleichen Dämpfungsgrades für beide Perioden dieser in erster Näherung auch für den gesamten dazwischenliegenden Periodenbereich gelten. Für die Parameter α und β ergeben sich die Ausdrücke:

$$\alpha = 4\pi\,\frac{T_1 D_1 - T_2 D_2}{T_1^2 - T_2^2} \qquad (4.7.7)$$

$$\beta = T_1 \, T_2 \, \frac{T_1 D_2 - T_2 D_1}{\pi \left(T_1^2 - T_2^2 \right)} \qquad (4.7.8)$$

Im Sonderfall der steifigkeitsproportionalen Dämpfung ist $\alpha = 0$ und β ergibt sich aus (4.7.6) zu

$$\beta = \frac{D_1 T_1}{\pi} \qquad (4.7.9)$$

Bei der massenproportionalen Dämpfung ($\beta = 0$) gilt entsprechend

$$\alpha = \frac{4\pi \, D_1}{T_1} \qquad (4.7.10)$$

Für reine steifigkeits- oder massenproportionale Dämpfung kann offensichtlich nur ein Dämpfungswert D_1 bei einer Periode T_1 vorgegeben werden. Der steifigkeitsproportionale Ansatz ist dabei i.a. realistischer als der massenproportionale Ansatz, weil letzterer für höhere Eigenformen (kleinere Perioden) geringere Dämpfungswerte liefert als für die Grundperiode. Zur Illustration zeigt Bild 4.7-1 die Verläufe des Dämpfungsgrades D bei allen drei soeben besprochenen Varianten der RAYLEIGH-Dämpfung, nämlich steifigkeitsproportional ($\beta \underline{K}$), mas-

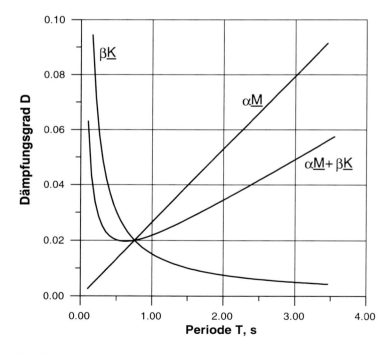

Bild 4.7-1: Modale Dämpfungsgrade bei RAYLEIGH-Dämpfung

4.7 Der viskose Dämpfungsansatz

senproportional ($\alpha \underline{M}$) sowie gemischt ($\alpha \underline{M} + \beta \underline{K}$). Das Programm ALFBET erlaubt die schnelle Auswertung der Koeffizienten α und β und liefert auch den Verlauf der Dämpfung über den interessierenden Periodenbereich (Eingabe interaktiv, Ausgabedatei APERD). Das dem Bild 4.7-1 zugrundeliegende Beispiel ist der Rahmen des Bildes 4.4-1, dessen Eigenperioden im Abschnitt 4.5 zu 0,7551, 0,1817 und 0,1055 s bestimmt wurden. Für die Grundperiode $T_1 = 0,7551\,s$ wurde ein modaler Dämpfungsgrad $D_1 = 0,02$ gewählt, womit bei reiner steifigkeits- oder massenproportionaler Dämpfung die Koeffizienten α und β nach den Formeln (4.7.10) und (4.7.9) errechnet werden können; es ergeben sich $\alpha = 0,3328$ und $\beta = 0,004807$. Wird zusätzlich die Dämpfung bei $T_3 = 0,1055\,s$ zu $D_3 = 0,06$ gewählt, ergeben sich α und β zu $\alpha = 0,1972$ und $\beta = 0,001959$. Sind diese Parameter einmal bestimmt, so steht auch die Dämpfung für alle anderen Periodenwerte fest, wie in Bild 4.7-1 zu sehen.

Zur Ermittlung der $\underline{C}$-Matrix nach RAYLEIGH kann das Programm CRAY herangezogen werden. Es erlaubt die Wahl eines massenproportionalen, steifigkeitsproportionalen oder gemischten Ansatzes und benötigt neben der Steifigkeitsmatrix und der Diagonalen der Massenmatrix (KMATR und MDIAG) des Tragwerks lediglich Angaben zu ein bis zwei Periodenwerten mit zugehörigen, frei gewählten Dämpfungsgraden. Das Ergebnis wird in die Datei CMATR geschrieben.

Sind mehr als zwei modale Dämpfungsgrade vorgegeben, die bei der Ermittlung der Matrix $\underline{C}$ Berücksichtigung finden sollen, empfiehlt sich die folgende alternative Vorgehensweise:

- **Vollständiger modaler Dämpfungsansatz**

Ausgehend von (4.7.2) läßt sich schreiben

$$\underline{\Phi}^T \underline{C}\, \underline{\Phi} = \mathrm{diag}[2\, D_i\, \omega_i] \qquad (4.7.11)$$

$$\underline{C}\, \underline{\Phi} = \left(\underline{\Phi}^T\right)^{-1} \mathrm{diag}[2\, D_i\, \omega_i] \qquad (4.7.12)$$

$$\underline{C} = \left(\underline{\Phi}^T\right)^{-1} \mathrm{diag}[2\, D_i\, \omega_i]\, \underline{\Phi}^{-1} \qquad (4.7.13)$$

und mit

$$\left(\underline{\Phi}^T\right)^{-1} = \underline{M}\, \underline{\Phi} \qquad (4.7.14)$$

ergibt sich

$$\underline{C} = \underline{M}\, \underline{\Phi}\, \mathrm{diag}[2\, D_i\, \omega_i]\, \underline{\Phi}^T \underline{M} \qquad (4.7.15)$$

Dabei können alle gewünschten Modaldämpfungswerte $D_i, i=1,\ldots,r$ mitgenommen werden. Als Beispiel dient der soeben untersuchte Rahmen, wobei zu allen drei Eigenformen mit den Perioden T_1, T_2 und T_3 bestimmte Dämpfungsgrade gewählt werden, und zwar mit $D_1 = 0,02$, $D_2 = 0,04$ und $D_3 = 0,06$. Das Programm CMOD führt diese Berechnung durch, wobei es als Eingabedateien neben MDIAG, PHI und OMEG auch die in der Datei DAEM zusammengefaßten r gewünschten modalen Dämpfungswerte benötigt. In der Ausgabedatei CMATR steht die Dämpfungsmatrix $\underline{C}$, die sich im vorliegenden Fall zu

```
 .77036E+02  -.58677E+02   .76702E+01
-.58677E+02   .98537E+02  -.40996E+02
 .76702E+01  -.40996E+02   .35133E+02
```

ergibt. Zur Kontrolle wird die Ähnlichkeitstransformation $\underline{\Phi}^T \underline{C} \underline{\Phi}$ mit Hilfe des Programms FTCF durchgeführt; FTCF benötigt als Eingabedateien PHI und CMATR. Die Ausgabedatei CCMAT enthält die Matrix

```
0.3328    0.0000    0.0000
0.0000    2.7660    0.0000
0.0000    0.0000    7.1452
```

entsprechend $\mathrm{diag}[2 D_i \omega_i]$. Wie man sieht, stellen sich in der Tat die eingeführten Modaldämpfungsgrade von jeweils 2%, 4% und 6% ein.

Die Einzelelemente eines Tragwerks (Rahmenstiele und -riegel, Schubwände, tragende und nichttragende Zwischenwände), besitzen i.a. unterschiedliche Dämpfungseigenschaften, die von der Schwingungsamplitude und der Frequenz abhängen. Bei bekannten viskosen Dämpfungsgraden der Einzelkomponenten kann die Gesamtdämpfungsmatrix des Tragwerks durch Addition der Dämpfungsmatrizen der Komponenten (Stäbe, Scheiben, Platten) wie beim Aufstellen der Steifigkeitsmatrix gewonnen werden. Die durch Addition (Einmischen) der Dämpfungsmatrizen der Einzelkomponenten entstehende Gesamtdämpfungsmatrix $\underline{C}$ ist jedoch im allgemeinen "nichtproportional" in dem Sinn, daß sie nicht durch eine Ähnlichkeitstransformation mit der Modalmatrix (deren Spalten die Eigenvektoren des ungedämpften Systems sind) diagonalisiert werden kann. Zur Lösung des Differentialgleichungssystems (4.7.1) stehen damit neben der Direkten Integration des Systems im Zeitbereich folgende Möglichkeiten zur Verfügung:

1. Modale Analyse mit komplexen Eigenvektoren,

2. Näherungsweise Zurückführung auf den proportional gedämpften Fall:

    2.1 Äquivalente Modaldämpfung

    2.2 Diagonalisierung von $\underline{\Phi}^T \underline{C} \underline{\Phi}$

3. Direkte Integration eines kleineren Systems gekoppelter Modalgleichungen.

4.7 Der viskose Dämpfungsansatz

Zu den einzelnen Alternativen ist folgendes zu bemerken:

zu 1: Eine Entkopplung der Gleichungen des nichtproportional gedämpften Systems gelingt mit Hilfe komplexer Eigenvektoren und komplexer Eigenwerte, wie in Abschnitt 4.5 kurz erwähnt [4.1][4.5][4.6]. Der numerische Aufwand ist jedoch relativ hoch und im Hinblick auf die Ungenauigkeiten des Dämpfungsmodells nicht immer gerechtfertigt.

zu 2.1: Es werden äquivalente Modaldämpfungsgrade durch Wichtung der Dämpfungsgrade D_i der Systemkomponenten gewonnen [4.7]. Die Wichtung kann nach den in den Komponenten gespeicherten modalen Arbeitsanteilen erfolgen, gemäß

$$D_j = \frac{\sum_i D_i W_{i,j}}{\sum_i W_{i,j}} \qquad (4.7.16)$$

mit der im i-ten Element in der j-ten Eigenform gespeicherten Arbeit

$$W_{i,j} = \frac{1}{2} \underline{\Phi}_j^T \underline{k}_i \underline{\Phi}_j \qquad (4.7.17)$$

zu 2.2: Auch durch schlichtes Weglassen der Nichtdiagonalelemente von $\underline{\Phi}^T \underline{C} \underline{\Phi}$ läßt sich eine Entkopplung des Systems erreichen. Nachteilig ist hierbei das Unvermögen, den begangenen Fehler realistisch abzuschätzen.

zu 3: Nach einem Vorschlag von MOJTAHEDI [4.8] kann ein in den Modalkoordinaten gekoppeltes Differentialgleichungssystem unter Berücksichtigung von nur einigen wenigen Modalformen im Zeitbereich direkt integriert werden. Auch hier besteht die Gefahr, höhere Modalbeiträge, die wegen der Dämpfungskopplung in den Vordergrund rücken, zu vernachlässigen.

Sind die Dämpfungsgrade aller Stabelemente bekannt (was in der Regel nicht der Fall ist), kann durch das Programm CALLG die zugehörige (i.a. nichtproportionale) Dämpfungsmatrix in allen Tragwerksfreiheitsgraden (also ohne Kondensation auf die wesentlichen Freiheitsgrade) aufgestellt werden. In diesem Programm wird die Einzelsteifigkeitsmatrix von jedem Stab im Sinne der steifigkeitsproportionalen RAYLEIGH-Dämpfung nach (4.7.9) mit einem Faktor β multipliziert und in die Gesamtdämpfungsmatrix eingemischt; die NELEM Faktoren β für alle Stäbe sind in einer Eingabedatei BETA vorzuhalten. Sind diskrete Feder- oder Dämpferelemente vorhanden, müssen deren Dämpfungsmatrizen in der Eingabedatei FEDCMT, die dazugehörigen Inzidenzen in INZFED vorhanden sein. Die Ausgabedatei enthält in CVOLL die vollständige Dämpfungsmatrix.

In diesem Abschnitt eingeführte Programme:

Programmname	Eingabedateien	Ausgabedateien
ALFBET	-	APERD
CRAY	MDIAG KMATR	CMATR
CMOD	MDIAG PHI OMEG DAEM	CMATR
FTCF	PHI CMATR	CCMAT
CALLG	EKOND BETA INZFED FEDCMT	CVOLL

4.8 Direkte Integrationsverfahren

Direkte numerische Integrationsverfahren erfordern keine Modalzerlegung und sind auch bei nichtlinearen Systemen anwendbar. Sie erzeugen numerische Näherungslösungen eines Antwortprozesses $\{\underline{V}, \underline{\dot{V}}, \underline{\ddot{V}}\}$ in diskreten Zeitpunkten $t = 1 \cdot \Delta t, \, 2 \cdot \Delta t, \, ..., n \cdot \Delta t$. Bei der Herleitung der Grundbeziehungen wird vorausgesetzt, daß - bei vollständig vorgegebener Erregung $\underline{P}$ - der gesamte Antwortprozeß zu einem bestimmten Zeitpunkt t (üblicherweise wird t = 0 gesetzt) bekannt ist. Aus diesen Anfangswerten soll die Systemantwort zu einem späteren Zeitpunkt $t + \Delta t$ berechnet werden. Die für den Einmassenschwinger in Abschnitt 3.4 angegebenen Beziehungen behalten ihre Gültigkeit für Mehrmassenschwinger bei, wenn anstelle von Masse m, Dämpfungskoeffizient c, Steifigkeit k, Lastfunktion F(t) und Systemantwort u(t) die entsprechenden Matrizen bzw. Vektoren $\underline{M}, \underline{C}, \underline{K}, \underline{P}$ und $\underline{V}$ eingeführt werden.

Die bereits in Abschnitt 3.4 hervorgehobene Bedeutung eines unbedingt stabilen Integrationsschemas ist beim Mehrmassensystem besonders zu beachten, da die Zeitschrittweite Δt im Normalfall ein Mehrfaches der höheren Eigenperioden des Systems beträgt und die zugehörigen Lösungsanteile bei Instabilität die eigentlich interessante niederfrequente Lösung stark verfälschen würden. Besonders beliebt bei baudynamischen Anwendungen sind implizite Einschritt-Integratoren wie die NEWMARK-Methode [4.9]. Darin wird die Lösung zum Zeitpunkt $t + \Delta t$ folgendermaßen angegeben:

$$\underline{\dot{V}}_{t+\Delta t} = \underline{\dot{V}}_t + \int_t^{t+\Delta t} \underline{\ddot{V}}(\tau)\, d\tau \qquad (4.8.1)$$

$$\underline{V}_{t+\Delta t} = \underline{V}_t + \underline{\dot{V}}_t \, \Delta t + \int_t^{t+\Delta t} \underline{\ddot{V}}(\tau)(t + \Delta t - \tau)\, d\tau \qquad (4.8.2)$$

4.8 Direkte Integrationsverfahren

wobei die Integrale numerisch ausgewertet werden. Das führt konkret zu den Ausdrücken

$$\underline{\dot{V}}_{t+\Delta t} = \underline{\dot{V}}_t + \Delta t \cdot (1-\gamma) \underline{\ddot{V}}_t + \Delta t \cdot \gamma \cdot \underline{\ddot{V}}_{t+\Delta t} \qquad (4.8.3)$$

$$\underline{V}_{t+\Delta t} = \underline{V}_t + \underline{\dot{V}}_t \Delta t + (\Delta t)^2 \cdot \left(\frac{1}{2} - \beta\right) \cdot \underline{\ddot{V}}_t + (\Delta t)^2 \cdot \beta \cdot \underline{\ddot{V}}_{t+\Delta t} \qquad (4.8.4)$$

wobei die Parameter β und γ bei dem unbedingt stabilen „Konstante-Beschleunigungs-Schema" die Werte

$$\beta = \frac{1}{4}, \gamma = \frac{1}{2} \qquad (4.8.5)$$

annehmen; die Beschleunigung innerhalb des Zeitschrittes ($t \leq \tau \leq t + \Delta t$) beträgt

$$\underline{\ddot{V}}(\tau) = \frac{1}{2}\left(\underline{\ddot{V}}_t + \underline{\ddot{V}}_{t+\Delta t}\right) \qquad (4.8.6)$$

Für Parameterwerte

$$\beta = \frac{1}{6}, \gamma = \frac{1}{2} \qquad (4.8.7)$$

verläuft die Beschleunigung innerhalb des Zeitschritts linear, gemäß

$$\underline{\ddot{V}}(\tau) = \underline{\ddot{V}}_t + \frac{\tau}{\Delta t}\left(\underline{\ddot{V}}_{t+\Delta t} - \underline{\ddot{V}}_t\right) \qquad (4.8.8)$$

Dieses „Lineare-Beschleunigungs-Schema" ist jedoch nur bedingt stabil und dementsprechend nur mit Vorsicht anzuwenden. Als Anhaltswert für die Wahl des Zeitschritts beim unbedingt stabilen „Konstante-Beschleunigungs-Schema" kann etwa ein Viertel der kleinsten Systemperiode T_n dienen; auch mit größeren Werten für Δt lassen sich jedoch bei vorwiegend niedrigfrequenter Systemantwort ausreichend genaue Lösungen berechnen.

Das für die Durchführung der Berechnung vorgesehene Rechenprogramm NEWMAR verwendet die quadratischen Systemsteifigkeits- und Dämpfungsmatrizen $\underline{K}$ und $\underline{C}$, die in den Dateien KMATR und CMATR vorhanden sein müssen, und liest die Diagonale der Massenmatrix $\underline{M}$ aus der Datei MDIAG ein. Die Erstellung von CMATR kann, z.B. mit Hilfe der Programme CRAY oder CMOD, wie in Abschnitt 4.7 erläutert, erfolgen. Die einzelnen Rechenschritte des Algorithmus lauten wie folgt:

1. Schritt : Wertzuweisung der NEWMARK-Parameter β und γ und damit Berechnung der Konstanten c_1 bis c_6 :

$$c_1 = \frac{1}{\beta(\Delta t)^2} \qquad (4.8.9)$$

$$c_2 = \frac{1}{\beta \Delta t} \qquad (4.8.10)$$

$$c_3 = \frac{1}{2\beta} \qquad (4.8.11)$$

$$c_4 = \frac{\gamma}{\beta \Delta t} = c_2 \gamma \qquad (4.8.12)$$

$$c_5 = \frac{\gamma}{\beta} \qquad (4.8.13)$$

$$c_6 = \Delta t \left(\frac{\gamma}{2\beta} - 1 \right) = \Delta t \left(\frac{c_5}{2} - 1 \right) \qquad (4.8.14)$$

2. Schritt: Berechnung von

$$\underline{K}^* = \underline{K} + c_1 \underline{M} + c_4 \underline{C} \qquad (4.8.15)$$

und Bildung der Inversen $\underline{F}^*$ von $\underline{K}^*$, bzw. der Dreiecksfaktoren von $\underline{K}^*$.

3. Schritt: Auswertung von

$$\underline{P}^* = \Delta \underline{P} + \underline{M} \left(c_2 \, \underline{\dot{V}}_t + c_3 \, \underline{\ddot{V}}_t \right) + \underline{C} \left(c_5 \, \underline{\dot{V}}_t + c_6 \, \underline{\ddot{V}}_t \right) \qquad (4.8.16)$$

mit $\Delta \underline{P} = \underline{P}_{t+\Delta t} - \underline{P}_t$.

4. Schritt: Ermittlung des Verschiebungsinkrementes $\Delta \underline{V}$ aus

$$\Delta \underline{V} = \underline{V}_{t+\Delta t} - \underline{V}_t = \underline{F}^* \cdot \underline{P}^* \qquad (4.8.17)$$

5. Schritt: Bestimmung der Lösungsvektoren zum Zeitpunkt $t + \Delta t$:

$$\underline{\ddot{V}}_{t+\Delta t} = \underline{\ddot{V}}_t + c_1 \Delta \underline{V} - c_2 \underline{\dot{V}}_t - c_3 \underline{\ddot{V}}_t \qquad (4.8.18)$$

$$\underline{\dot{V}}_{t+\Delta t} = \underline{\dot{V}}_t + c_4 \Delta \underline{V} - c_5 \underline{\dot{V}}_t - c_6 \underline{\ddot{V}}_t \qquad (4.8.19)$$

$$\underline{V}_{t+\Delta t} = \underline{V}_t + \Delta \underline{V} \qquad (4.8.20)$$

Bei linearem Systemverhalten ist keine Aktualisierung der Systemeigenschaften und Auswertung evtl. vorhandener Ungleichgewichtskräfte nötig; die Berechnung kann ab Schritt 3 für den nächsten Zeitschritt weitergeführt werden.

4.8 Direkte Integrationsverfahren

Zu den Ein- und Ausgabedateien des Programms NEWMAR:

Programmname	Eingabedateien	Ausgabedateien
NEWMAR	KMATR MDIAG CMATR LASTV V0 VP0	THIS.NEW THISDU

In THIS.NEW stehen neben den Zeitpunkten (in der ersten Spalte) wahlweise die Verschiebungen, Geschwindigkeiten oder Beschleunigungen in den NDU wesentlichen Freiheitsgraden; in THISDU werden die Verschiebungen in den wesentlichen Freiheitsgraden ohne Zeitpunkte ausgegeben, als Grundlage für die Ermittlung von Schnittkräften durch das Programm INTFOR.

Als Beispiel dient wieder der Rahmen von Bild 4.4-1, dessen Beanspruchung unter der Lastgruppe $\underline{P}^T = f(t) \cdot (10{,}0 \quad 10{,}0 \quad 5{,}0)$ in Höhe jeweils der 1., 2. und 3. Deckenebene bereits in Abschnitt 4.5 auf modalanalytischem Weg untersucht wurde. Das Programm CMOD liefert für Dämpfungsgrade von 2% für alle drei Modalbeiträge die Dämpfungsmatrix

```
  .35673E+02  -.19323E+02   .29939E-01
 -.19323E+02   .37126E+02  -.11639E+02
  .29939E-01  -.11639E+02   .13368E+02
```

Die Steifigkeitsmatrix und die Massenmatrix sind bereits bekannt (Abschnitt 4.4):

$$\underline{K} = \begin{bmatrix} .3429090E+05 & -.2933414E+05 & .4739090E+04 \\ -.2933414E+05 & .4707862E+05 & -.2116977E+05 \\ .4739090E+04 & -.2116977E+05 & .1678259E+05 \end{bmatrix} \qquad (4.8.21)$$

$$\text{diag } \underline{M} = \begin{bmatrix} 30{,}0 & 30{,}0 & 8{,}0 \end{bmatrix} \qquad (4.8.22)$$

Mit einem Zeitschritt von 0,01s erhalten wir die in den Bildern 4.8-1, 4.8-2 und 4.8-3 dargestellten Zeitverläufe der Verschiebung, Geschwindigkeit und Beschleunigung des untersten und des obersten Riegels; sie stimmen mit den in Abschnitt 4.5 auf modalanalytischem Weg ermittelten Verläufen völlig überein.

Wie in Abschnitt 4.5 kann auch hier die weitere Ermittlung der Verformungen in den unwesentlichen Freiheitsgraden sowie der Schnittkräfte mit Hilfe des Programms INTFOR erfolgen; es greift auf die Datei THISDU zurück, in der vom Programm NEWMAR die Verschiebungszeitverläufe in den wesentlichen Freiheitsgraden abgelegt wurden. Zusätzlich benötigt INTFOR die Matrix $\underline{A}$ (Datei AMATR, Ausgabedatei des Programms KONDEN) und die Eingabedatei EKOND des Programms KONDEN. Für weitere Erläuterungen wird auf den Abschnitt 4.5 verwiesen; die Ermittlung der Zustandsgrößen zu einem bestimmten Zeitpunkt sowie der Extremwerte einer Schnittkraft mit den gleichzeitig auftretenden Werten der anderen Schnittkräfte erfolgt wie dort beschrieben.

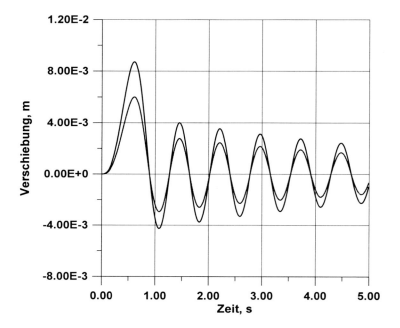

Bild 4.8-1: Verschiebungszeitverläufe für den untersten und den obersten Riegel

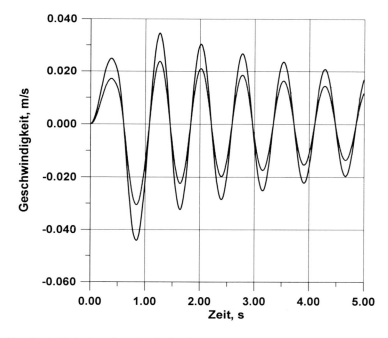

Bild 4.8-2: Geschwindigkeitszeitverläufe für den untersten und den obersten Riegel

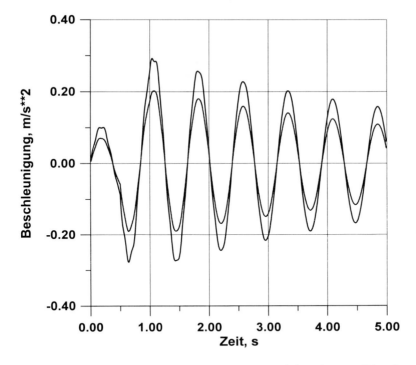

Bild 4.8-3: Beschleunigungszeitverläufe für den untersten und den obersten Riegel

4.9 Frequenzbereichsmethoden

Die Transformation von Differentialgleichungssystemen in algebraische Gleichungssysteme des Bildraumes mit Hilfe der FOURIER- oder der LAPLACE-Integraltransformation stellt eine weitere Möglichkeit der rechnerischen Behandlung des Systems (4.7.1) dar. Physikalisch entspricht dieses Vorgehen einer Beschreibung des Tragwerks durch Übertragungsfunktionen, die sein Verhalten bei stationär-harmonischer Erregung wiedergeben. Diese Übertragungsfunktionen werden mit den Frequenzspektren der Belastung multipliziert und die resultierende Systemantwort im Bildraum kann mit der inversen Integraltransformation in den Zeitbereich rücktransformiert werden. Die Vorgehensweise ist zunächst nur für lineare Systeme direkt anwendbar. Sie ist vor allem dann zu empfehlen, wenn elastische oder viskoelastische Kontinua Teile des Systems bilden (so z.B. bei Berücksichtigung von Boden-Bauwerk-Interaktionseffekten).

Wird im Differentialgleichungssystem (4.7.1) die harmonische Erregung

$$\underline{P}(t) = \underline{\tilde{P}}(i\Omega)\, e^{i\Omega t} \qquad (4.9.1)$$

als Belastung betrachtet, erhält man mit dem Lösungsansatz

$$\underline{V}(t) = \underline{\tilde{V}}(i\Omega)\, e^{i\Omega t} \qquad (4.9.2)$$

das komplexe Gleichungssystem

$$\left(-\Omega^2 \underline{M} + i\Omega \underline{C} + \underline{K}\right) \underline{\tilde{V}}(i\Omega) = \underline{\tilde{P}}(i\Omega) \qquad (4.9.3)$$

oder

$$\underline{\tilde{K}}(i\Omega) \, \underline{\tilde{V}}(i\Omega) = \underline{\tilde{P}}(i\Omega) \qquad (4.9.4)$$

mit

$$\underline{\tilde{K}}(i\Omega) = -\Omega^2 \underline{M} + i\Omega \underline{C} + \underline{K} \qquad (4.9.5)$$

Damit lautet die Systemantwort auf die harmonische Erregung (bzw. auf die FOURIER-Transformierte einer nichtharmonischen Erregung)

$$\underline{\tilde{V}}(i\Omega) = \left[\underline{\tilde{K}}(i\Omega)\right]^{-1} \underline{\tilde{P}}(i\Omega) = \underline{H}(i\Omega) \, \underline{\tilde{P}}(i\Omega) \qquad (4.9.6)$$

mit der komplexen Matrix der Übertragungsfunktionen (Frequenzgangmatrix) des Systems (4.7.1)

$$\underline{H}(i\Omega) = \left[\underline{\tilde{K}}(i\Omega)\right]^{-1} = \left[-\Omega^2 \underline{M} + i\Omega \underline{C} + \underline{K}\right]^{-1} \qquad (4.9.7)$$

Der Aufwand zur Bestimmung von $\underline{H}(i\Omega)$ ist nicht zu unterschätzen, denn die in (4.9.7) angedeutete Invertierung des Klammerausdrucks muß für eine Vielzahl von Frequenzen Ω erfolgen. Meistens empfiehlt sich der Umweg über die Lösung des Eigenwertproblems und die Bestimmung der Übertragungsfunktionen der Modalkoordinaten. Aufgrund der Orthogonalität der Modalkoordinaten können ihre Übertragungsfunktionen direkt, also ohne Lösung eines Gleichungssystems, gewonnen werden, und zudem kann die Berücksichtigung von nur einigen wenigen Modalbeiträgen ausreichend genaue Lösungen liefern. Für Modalkoordinaten $\underline{\tilde{\eta}}$ gemäß

$$\underline{\tilde{V}}(i\Omega) = \underline{\Phi} \, \underline{\tilde{\eta}}(i\Omega) \qquad (4.9.8)$$

ergibt sich aus (4.9.4)

$$\underline{\tilde{K}}(i\Omega) \, \underline{\Phi} \, \underline{\tilde{\eta}}(i\Omega) = \underline{\tilde{P}}(i\Omega) \qquad (4.9.9)$$

bzw. nach Linksmultiplikation mit der transponierten Modalmatrix

$$\underline{\Phi}^T \underline{\tilde{K}}(i\Omega) \, \underline{\Phi} \, \underline{\tilde{\eta}}(i\Omega) = \underline{\Phi}^T \left[-\Omega^2 \underline{M} + i\Omega \underline{C} + \underline{K}\right] \underline{\Phi} \, \underline{\tilde{\eta}}(i\Omega) = \underline{\Phi}^T \underline{\tilde{P}}(i\Omega) \qquad (4.9.10)$$

Die Ausmultiplikation der Klammer liefert für die i-te Modalform

$$\left[-\Omega^2 + i\Omega \, \underline{\Phi}_i^T \underline{C} \, \underline{\Phi}_i + \omega_i^2\right] \underline{\tilde{\eta}}_i(i\Omega) = \underline{\Phi}_i^T \underline{\tilde{P}}(i\Omega) \qquad (4.9.11)$$

4.9 Frequenzbereichsmethoden

oder, für den Spezialfall der proportionalen Dämpfung

$$\left[-\Omega^2 + i\Omega \cdot 2 D_i \omega_i + \omega_i^2\right] \underline{\tilde{\eta}}_i (i\Omega) = \underline{\Phi}_i^T \underline{\tilde{P}}(i\Omega) \qquad (4.9.12)$$

Damit lautet der Ausdruck für die i-te Modalkoordinate

$$\underline{\tilde{\eta}}_i (i\Omega) = \underline{H}_i \underline{\Phi}_i^T \underline{\tilde{P}}(i\Omega) = \frac{1}{\omega_i^2 - \Omega^2 + i\Omega \cdot 2 D_i \omega_i} \underline{\Phi}_i^T \underline{\tilde{P}}(i\Omega) \qquad (4.9.13)$$

mit der Übertragungsfunktion $\underline{H}_i$. Die modale Frequenzgangmatrix ist somit die Diagonalmatrix

$$\underline{H}_\eta (i\Omega) = \text{diag}(H_i) = \text{diag}\left[\frac{1}{\omega_i^2 - \Omega^2 + 2i D_i \omega_i \Omega}\right] \qquad (4.9.14)$$

Die Lösung für die ursprünglichen Koordinaten im Frequenzraum lautet

$$\underline{\tilde{V}}(i\Omega) = \underline{\Phi} \, \underline{H}_\eta \, \underline{\Phi}^T \underline{\tilde{P}}(i\Omega) \qquad (4.9.15)$$

Durch Rücktransformation in den Zeitbereich gemäß

$$\underline{V}(t) = \int_{-\infty}^{\infty} \underline{\tilde{V}} e^{i\omega t} \, d\omega \qquad (4.9.16)$$

erhält man schließlich die Komponenten des Lösungsvektors als Zeitfunktionen.

Anstelle des im Zeitbereich nicht zuletzt aus Bequemlichkeitsgründen beliebten linear-viskosen Dämpfungsansatzes $\underline{F}_D = \underline{C} \, \underline{\dot{V}}$ wird im Frequenzbereich oft der sogenannte hysteretische Dämpfungsansatz verwendet. Dieses Dämpfungsmodell, das auch als Materialdämpfung bezeichnet wird, liefert im Gegensatz zur viskosen Dämpfung frequenzunabhängige Dämpfungswerte, was mit experimentellen Befunden im Einklang ist. Die lineare Materialdämpfung sieht eine Dämpfungskraft vor, die der Auslenkung proportional, ihr gegenüber jedoch um $\pi / 2$ phasenversetzt ist, gemäß

$$\underline{F}_D = i \cdot d \cdot \underline{K} \, \underline{V} \qquad (4.9.17)$$

mit der imaginären Einheit i, dem Dämpfungskoeffizienten d („Verlustfaktor"), der Steifigkeitsmatrix $\underline{K}$ und dem Verschiebungsvektor $\underline{V}$. Allgemeiner ist der Ansatz einer komplexen Steifigkeitsmatrix

$$\underline{K}_{ges} = \underline{K} + i \, \underline{K}_d \qquad (4.9.18)$$

der zum Differentialgleichungssystem

$$\underline{M}\,\underline{\ddot{V}} + \underline{K}_{ges}\,\underline{V} = \underline{P}(t) \qquad (4.9.19)$$

führt. Die Ansätze (4.9.1) und (4.9.2) liefern die Beziehung

$$\left(-\Omega^2\,\underline{M} + \underline{K} + i\,\underline{K}_d\right)\underline{\tilde{V}} = \underline{\tilde{P}} \qquad (4.9.20)$$

Die modale Analyse führt für den Sonderfall (4.9.17) mit $\underline{K}_d = d\,\underline{K}$ über den Ausdruck

$$\underline{\Phi}^T\left[-\Omega^2\,\underline{M} + +\underline{K} + i\,\underline{K}_d\right]\underline{\Phi}\,\underline{\tilde{\eta}}(i\Omega) = \underline{\Phi}^T\,\underline{\tilde{P}}(i\Omega) \qquad (4.9.21)$$

$$\left[-\Omega^2 + \omega_i^2(1 + i\,d_i)\right]\underline{\tilde{\eta}}_i(i\Omega) = \underline{\Phi}_i^T\,\underline{\tilde{P}}(i\Omega) \qquad (4.9.22)$$

zu folgender Beziehung, die (4.9.13) entspricht:

$$\underline{\tilde{\eta}}_i(i\Omega) = \frac{1}{\omega_i^2 - \Omega^2 + i\,d_i\,\omega_i^2}\,\underline{\Phi}_i^T\,\underline{\tilde{P}}(i\Omega) \qquad (4.9.23)$$

Für den Fall der Resonanz, $\Omega = \omega_i$, liefert die Bedingung einer gleichen Resonanzüberhöhung bei viskoser und Materialdämpfung durch Vergleich von (4.9.23) und (4.9.13) die Formel

$$D_i = \frac{d_i}{2} \qquad (4.9.24)$$

Diese Beziehung zwischen Verlustfaktor und Dämpfungsgrad gilt wohlgemerkt nur für den Resonanzfall. Es sei am Rande erwähnt, daß darüber hinaus der gesamte Materialdämpfungsansatz (4.9.18) strenggenommen nur für stationär-harmonische Schwingungsvorgänge gültig ist, auch wenn das in der Praxis oft mißachtet wird.

5 Systeme mit verteilter Masse und Steifigkeit

5.1 Allgemeines

Stabtragwerke mit kontinuierlich verteilter Masse und Steifigkeit besitzen unendlich viele Freiheitsgrade, entsprechend den unendlich vielen infinitesimalen Punktmassen. Ihr Schwingungszustand wird durch partielle Differentialgleichungen in Raum und Zeit beschrieben, deren Lösung wesentlich mehr Aufwand erfordert als die Behandlung der beim diskreten Mehrmassenschwinger vorkommenden Systeme gewöhnlicher Differentialgleichungen. Geschlossene Lösungen sind nur für Sonderfälle bekannt, wie z. B. den geraden Biegebalken mit konstanter Massen- und Steifigkeitsverteilung. Sind die Eigenfrequenzen und zugehörigen Eigenformen dieser Stabtragwerke bekannt, so lassen sich erzwungene Schwingungen mit Hilfe der Modalen Analyse untersuchen, vorausgesetzt, das System verhält sich linear. Wir erhalten analog zu früher folgende gewöhnliche Differentialgleichung für die i-te Modalkoordinate Y_i

$$\ddot{Y}_i(t) + 2\xi_i\omega_i\dot{Y}_i(t) + \omega_i^2 Y_i(t) = \frac{P_i(t)}{M_i} \qquad (5.1.1)$$

mit der generalisierten Masse M_i und der generalisierten Last P_i. Diese ergeben sich zum Beispiel für ein Stabkontinuum der Länge ℓ und der Massenverteilung $m(x)$ aus

$$M_i = \int_0^\ell m(x)\varphi_i^2(x)\,dx, \quad P_i(t) = \int_0^\ell P(x,t)\varphi_i(x)\,dx \qquad (5.1.2)$$

entsprechend $M_i = \underline{\Phi}_i^T \underline{M}\, \underline{\Phi}_i$ bzw. $P_i = \underline{\Phi}_i^T \underline{P}$ beim diskreten Mehrmassenschwinger. In (5.1.2) stellt $\varphi_i(x)$ die i-te Eigenform und $P(x,t)$ die in Raum und Zeit veränderliche Belastung dar. Im Normalfall brauchen auch hier nur einige wenige Modalformen berücksichtigt zu werden.

Ein nützlicher Weg zur Ermittlung der Zustandsgrößen dynamisch beanspruchter, kontinuierlich mit Masse und Steifigkeit belegter Systeme besteht darin, harmonische erzwungene Schwingungen mit der Erregung $P(x,t) = P(x)\sin\omega t$ zu untersuchen, für die das Gesetz für die zeitliche Variabilität aller Schnitt- und Verformungsgrößen bereits bekannt ist. Für die verallgemeinerte Verschiebung $V(x,t)$ infolge $P(x,t) = P(x)\sin\omega t$ muß nach Abklingen des Einschwingvorgangs

$$V(x,t) = V(x)\sin\omega t \qquad (5.1.3)$$

gelten. Durch diesen Produktansatz läßt sich die zeitliche von der räumlichen Veränderlichkeit trennen, und man erhält gewöhnliche Differentialgleichungen für die „Schwingungsgrenzlinien" $V(x)$ mit $\sin\omega t = 1$. Wie in der Statik, führen die Lösungen dieser „Differentialgleichungen der Biegelinie" zu matriziellen Beziehungen der Form

$$\underline{P} = \underline{K}_{dyn} \cdot \underline{V} \qquad (5.1.4)$$

die die Kopplung zwischen den harmonisch veränderlichen Knotenkraftgrößen $\underline{P}$ und den ebenfalls harmonisch veränderlichen Knotenverformungen $\underline{V}$ beschreiben. Der „dynamische" Einflußkoeffizient k_{ij} in $\underline{K}_{dyn}$ stellt dabei die mit der Kreisfrequenz ω harmonisch pulsierende Kraftgröße am Freiheitsgrad i dar, die eine (ebenfalls harmonische) Verformung der Amplitude Eins am Freiheitsgrad j verursacht. Es läßt sich zeigen (PAZ, [5.1]), daß eine Reihenentwicklung dieser dynamischen Einflußkoeffizienten die Koeffizienten der "statischen" Steifigkeitsmatrix und der konsistenten Massenmatrix liefert. Eine einfache Möglichkeit zur Berücksichtigung der Dämpfung liefert das linear-viskose Modell: Die Dämpfungsarbeit ist in diesem Fall ebenso wie die elastische Formänderungsarbeit dem Quadrat der Schwingungsamplitude proportional, so daß der Verlustfaktor d nach (3.3.30) amplitudenunabhängig ist und das Superpositionsgesetz seine Gültigkeit beibehält. Mit dem Ansatz

$$\sigma = E(\varepsilon + \vartheta\dot{\varepsilon}) \qquad (5.1.5)$$

und $\varepsilon = \varepsilon_0\, e^{i\omega t}$ ergibt sich

$$\sigma = \varepsilon\, \hat{E}, \quad \hat{E} = E\,(1 + id) \qquad (5.1.6)$$

mit $d = \omega\vartheta$ als Verlustfaktor. Durch die formale Einführung des komplexen Elastizitätsmoduls $\hat{E}$ anstelle von E kann somit die linear-viskose Dämpfung auf einfachem Weg rechnerisch berücksichtigt werden.

In den folgenden Abschnitten 5.2 bis 5.6 werden die wichtigsten dynamischen Steifigkeitsmatrizen gängiger Stabelemente hergeleitet und zusammengestellt.

5.2 Längsschwingung gerader Stäbe

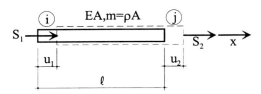

Bild 5.2-1: Längsschwingender Stab

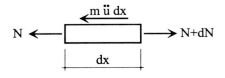

Bild 5.2-2: Gleichgewicht am differentiellen Element

5.2 Längsschwingung gerader Stäbe

Betrachtet wird das Stabelement von Bild 5.2-1 mit der konstanten Massenverteilung $m = \rho A$, der Länge ℓ und der Dehnsteifigkeit EA. An den Endquerschnitten i und j wirken die mit der Kreisfrequenz ω harmonisch veränderlichen Längskräfte S_1 und S_2, die entsprechende Verformungen u_1 und u_2 hervorrufen. Die Gleichgewichtsbedingung am differentiellen Element (Bild 5.2-2) liefert

$$\frac{dN}{dx} = N' = m\ddot{u} \qquad (5.2.1)$$

Hier wie im folgenden kennzeichnet der Punkt die Ableitung nach der Zeit, der Strich die Ableitung nach der Koordinate x. Das Werkstoffgesetz hat die Form

$$N = EA\,\varepsilon \qquad (5.2.2)$$

mit der Dehnsteifigkeit EA und der Dehnung ε, die über die kinematische Beziehung

$$\varepsilon = \frac{du}{dx} = u' \qquad (5.2.3)$$

mit der Längsverformung zusammenhängt. Ersetzt man in (5.2.2) die Dehnung ε durch die Ableitung u' und leitet die Beziehung nochmals nach x ab, erhält man

$$\frac{dN}{dx} = EA\,u'' \qquad (5.2.4)$$

Der Term auf der linken Seite läßt sich nach (5.2.1) als $m\ddot{u}$ schreiben, und für eine harmonische Schwingung $u(x,t) = u(x)\sin\omega t$, $\ddot{u} = -\omega^2 u$, ergibt sich die Differentialgleichung für die Schwingungsgrenzlinie $u(x)$:

$$EAu'' + m\omega^2 u = 0. \qquad (5.2.5)$$

Mit der Abkürzung

$$\psi = \ell\sqrt{\frac{m\omega^2}{EA}} \qquad (5.2.6)$$

lautet die allgemeine Lösung von (5.2.5):

$$u(x) = C_1 \cos\left(\frac{\psi x}{\ell}\right) + C_2 \sin\left(\frac{\psi x}{\ell}\right) \qquad (5.2.7)$$

Für die allgemeinsten Randbedingungen $u(0) = u_1$, $u(\ell) = u_2$ ergeben sich die Konstanten zu

$$C_1 = u_1,$$
$$C_2 = \frac{u_2}{\sin\psi} - u_1 \cot\psi. \qquad (5.2.8)$$

Weiter gilt für die Normalkräfte an den Endquerschnitten:

$$S_1 = -N(0) = -EA\, u'(0),$$
$$S_2 = N(\ell) = EA\, u'(\ell),\qquad(5.2.9)$$

und damit entsprechend (5.1.4):

$$\begin{bmatrix} S_1 \\ S_2 \end{bmatrix} = \frac{EA}{\ell}\begin{bmatrix} \psi\cot\psi & -\dfrac{\psi}{\sin\psi} \\ -\dfrac{\psi}{\sin\psi} & \psi\cot\psi \end{bmatrix}\begin{bmatrix} u_1 \\ u_2 \end{bmatrix} \qquad(5.2.10)$$

Auf einen Unterschied zum statischen Fall sei in diesem Zusammenhang hingewiesen: In der (5.2.10) entsprechenden „statischen" Beziehung

$$\begin{bmatrix} S_1 \\ S_2 \end{bmatrix} = \frac{EA}{\ell}\begin{bmatrix} 1 & -1 \\ -1 & 1 \end{bmatrix}\begin{bmatrix} u_1 \\ u_2 \end{bmatrix} \qquad(5.2.11)$$

ist die Steifigkeitsmatrix $\underline{K}$ immer singulär, solange mögliche Starrkörperverschiebungen nicht durch entsprechende Auflagerbedingungen eliminiert worden sind. Das ist bei der dynamischen Matrix $\underline{K}_{dyn}$ in (5.2.10) nicht der Fall (sogenannte Frei-Frei-Schwingung), wohl ist jedoch die statische Starrkörperverschiebung (für $\omega = 0$) darin enthalten.

5.3 Torsionsschwingung gerader Stäbe

Betrachtungsgegenstand ist das tordierte Balkenelement des Bildes 5.3-1 mit der Länge ℓ, der Torsionssteifigkeit GI_T und dem Massenträgheitsmoment Θ pro Längeneinheit um die Stablängsachse.

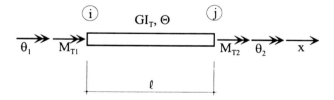

Bild 5.3-1: Tordiertes Balkenelement

An den Endquerschnitten des Elements greifen die Torsionsmomente

$$M_{T,1}(t) = M_{T,1}\sin\omega t \qquad(5.3.1)$$

und

$$M_{T,2}(t) = M_{T,2}\sin\omega t \qquad(5.3.2)$$

5.3 Torsionsschwingung gerader Stäbe

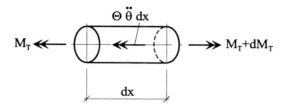

Bild 5.3-2: Gleichgewicht am differentiellen Element

an, die die Endverdrehungen ϑ_1 und ϑ_2 um die Stabachse hervorrufen. Das Gleichgewicht am differentiellen Element (Bild 5.3-2) liefert die Beziehung

$$\frac{dM_T}{dx} = \Theta \ddot{\vartheta} \qquad (5.3.3)$$

Werkstoffgesetz und Kinematik lassen sich wie folgt ausdrücken:

$$M_T = G\,I_T\,\vartheta' \qquad (5.3.4)$$

wobei ϑ' als Verdrillung bezeichnet wird. Damit erhält man

$$\frac{dM_T}{dx} = G\,I_T\,\vartheta'' \qquad (5.3.5)$$

und mit (5.3.3) für die harmonische Schwingung $\ddot{\vartheta} = -\omega^2 \vartheta$:

$$\Theta(-\omega^2 \vartheta) = G\,I_T\,\vartheta'' \qquad (5.3.6)$$

Das liefert die gesuchte Differentialgleichung der „Torsionslinie":

$$G\,I_T\,\vartheta'' + \Theta\omega^2\,\vartheta = 0 \qquad (5.3.7)$$

Sie läßt sich völlig analog zu der Differentialgleichung des längsschwingenden Stabes im Abschnitt 5.2 lösen. Mit dem charakteristischen Parameter λ gemäß

$$\lambda = \ell \sqrt{\frac{\Theta\omega^2}{G J_T}} \qquad (5.3.8)$$

ergibt sich folgender Zusammenhang zwischen den Kraft- und Verformungsgrößen an den Stabendquerschnitten:

$$\begin{bmatrix} M_{T,1} \\ M_{T,2} \end{bmatrix} = \frac{G J_T}{\ell} \begin{bmatrix} \lambda \cot \lambda & -\dfrac{\lambda}{\sin \lambda} \\ -\dfrac{\lambda}{\sin \lambda} & \lambda \cot \lambda \end{bmatrix} \begin{bmatrix} \varphi_1 \\ \varphi_2 \end{bmatrix} \qquad (5.3.9)$$

5.4 Biegeschwingung des EULER-BERNOULLI-Balkens

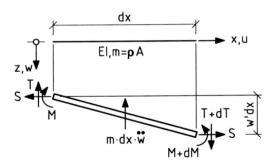

Bild 5.4-1: Schnitt- und Trägheitskräfte beim EULER/BERNOULLI-Balken

Die Schwingungen von schlanken Biegebalken, bei denen die Einflüsse von Schubverformung und Rotationsträgheit eine vernachlässigbar geringe Rolle spielen, lassen sich mit Hilfe der EULER/BERNOULLI-Theorie beschreiben. Das in Bild 5.4-1 dargestellte differentielle Stabelement besitzt eine konstante Biegesteifigkeit EI und Masse m pro Längeneinheit; die senkrecht zur ursprünglichen Balkenachse verlaufende Transversalkraft T ist im Rahmen der Theorie 1. Ordnung gleich der Querkraft im jeweiligen Querschnitt, T = Q. Das Gleichgewicht in vertikaler Richtung liefert die Beziehung

$$\frac{dT}{dx} = m\ddot{w} \qquad (5.4.1)$$

und die Bedingung des Momentengleichgewichts

$$M + dM - M - T dx - m\ddot{w}\frac{(dx)^2}{2} + S w' dx = 0 \qquad (5.4.2)$$

liefert nach Streichen des von höherer Ordnung kleineren Terms und erneuter Differentiation nach x

$$\frac{d^2M}{dx^2} - \frac{dT}{dx} + S w'' = 0 \,. \qquad (5.4.3)$$

Die Kinematik des Biegebalkens liefert die Beziehung

$$\frac{dw}{dx} = -\varphi \qquad (5.4.4)$$

bzw. mit der Verkrümmung κ des Querschnitts

$$\frac{d\varphi}{dx} = \varphi' = \kappa \qquad (5.4.5)$$

5.4 Biegeschwingung des EULER-BERNOULLI-Balkens

Das Werkstoffgesetz für den Biegebalken lautet

$$M = EI\,\kappa = -EI\,w'' \tag{5.4.6}$$

Die Zusammenstellung der Beziehungen aus Werkstoffgesetz, Kinematik und Gleichgewicht liefert die Differentialgleichung der Biegelinie w(x) in der Form

$$EI\,w^{IV} - S\,w'' + m\ddot{w} = 0 \tag{5.4.7}$$

oder auch

$$w^{IV} - \frac{S}{EI}w'' + \frac{m}{EI}\ddot{w} = 0 \tag{5.4.8}$$

Bei Vernachlässigung des Längskrafteinflusses, S = 0, erhalten wir daraus die Schwingungsgrenzlinie w(x) des harmonisch schwingenden Balkens mit w(x,t) = w(x) sin ωt als Lösung der Differentialgleichung

$$w^{IV} - \left(\frac{\lambda^4}{\ell^4}\right) w = 0, \tag{5.4.9}$$

Darin hat der Parameter λ die Bedeutung

$$\lambda = \ell \sqrt[4]{\frac{m\omega^2}{EI}} \tag{5.4.10}$$

Die allgemeine Lösung von (5.4.9) läßt sich schreiben als

$$w = C_1 \sinh \lambda\xi + C_2 \cosh \lambda\xi + C_3 \sin \lambda\xi + C_4 \cos \lambda\xi, \tag{5.4.11}$$

mit der dimensionslosen Koordinate $\xi = \frac{x}{\ell}$. Die Konstanten C_1 bis C_4 ergeben sich aus den vier Randbedingungen $w(0) = w_1$, $w'(0) = -\varphi_1$, $w(\ell) = w_2$ und $w'(\ell) = -\varphi_2$. Mit dem Werkstoffgesetz (5.4.6) bzw. der entsprechenden Beziehung für die Querkraft

$$T(x) = Q(x) = -EI\,w'''(x) \tag{5.4.12}$$

lassen sich die Endschnittkräfte T_1, M_1, T_2, M_2 durch die Endverformungen w_1, φ_1, w_2 und φ_2 ausdrücken. Für die Vektoren

$$\underline{P}^T = (T_1, M_1, T_2, M_2) \tag{5.4.13}$$

und

$$\underline{V}^T = (w_1, \varphi_1, w_2, \varphi_2) \tag{5.4.14}$$

lautet die dynamische Steifigkeitsmatrix $\underline{K}_{dyn}$, die sie gemäß (5.1.4) miteinander verknüpft

$$\underline{K}_{dyn} = \frac{EI}{1-f_8} \begin{bmatrix} k_{11} & & & \\ k_{21} & k_{22} & \text{symm.} & \\ k_{31} & k_{32} & k_{33} & \\ k_{41} & k_{42} & k_{43} & k_{44} \end{bmatrix} \quad (5.4.15)$$

mit den Koeffizienten

$$\begin{aligned} k_{11} &= \frac{\lambda^3}{\ell^3}(f_6 + f_7) \\ k_{21} &= -\frac{\lambda^2}{\ell^2} f_5 \\ k_{22} &= \frac{\lambda}{\ell}(f_6 - f_7) \\ k_{31} &= -\frac{\lambda^3}{\ell^3}(f_1 + f_3) \\ k_{32} &= -\frac{\lambda^2}{\ell^2}(f_2 - f_4) \\ k_{33} &= k_{11} \\ k_{41} &= -k_{32} \\ k_{42} &= \frac{\lambda}{\ell}(f_3 - f_1) \\ k_{43} &= -k_{21} \\ k_{44} &= k_{22}. \end{aligned} \quad (5.4.16)$$

und den Hilfsfunktionen

$$\begin{aligned} f_1 &= \sin \lambda \\ f_2 &= \cos \lambda \\ f_3 &= \sinh \lambda \\ f_4 &= \cosh \lambda \\ f_5 &= f_1 f_3 \\ f_6 &= f_1 f_4 \\ f_7 &= f_2 f_3 \\ f_8 &= f_2 f_4 \end{aligned} \quad (5.4.17)$$

Wenn die Erregerfrequenz ω mit einer Eigenfrequenz des Stabes übereinstimmt, wird seine Steifigkeit zu Null, gemäß

$$\det(\underline{K}(\omega)) = 0 \quad (5.4.18)$$

5.5 Biegeschwingung unter Berücksichtigung der Längskraft

Diese Bedingung kann zur Auffindung der Eigenfrequenzen des Einzelstabs oder eines Rahmentragwerks (Abschnitt 5.7) dienen, indem die Eigenfrequenzen als Nullstellen ω_i dieser transzendenten Gleichung gefunden werden. Dabei ist von Interesse, daß dies auch für „Frei-Frei"-Schwingungen, die bei Stäben ohne Auflagerreaktionen auftreten, gilt, allerdings ist für diesen Fall auch immer die Eigenfrequenz Null, entsprechend einer Starrkörperverschiebung, vorhanden. Ein entsprechendes Beispiel ist in Abschnitt 5.8 enthalten.

In Tabelle 5.4-1 sind die ersten drei Eigenkreisfrequenzen einer Reihe üblicher Fälle zusammengestellt; für Rahmentragwerke wird auf die Abschnitte 5.7 und 5.8 verwiesen.

Fall	k_1	k_2	k_3
EI, m / ℓ (Kragbalken)	3,52	22,05	61,70
gelenkig-eingespannt	2,47	22,18	61,70
eingespannt-eingespannt (frei)	5,59	30,22	74,77
gelenkig-gelenkig	9,86	39,48	88,59
eingespannt-gelenkig	15,39	49,95	104,3
eingespannt-eingespannt	22,37	61,70	120,6
Kreiseigenfrequenzen $\omega_i = k_i \cdot \sqrt{\dfrac{EI}{m\ell^4}}$ [rad/s], i = 1,2,3			

Tabelle 5.4-1: Kreiseigenfrequenzen einfacher Balkenträger

5.5 Biegeschwingung unter Berücksichtigung der Längskraft (Theorie 2. Ordnung)

Eine Berücksichtigung des Einflusses der Axiallast ist vor allem bei Stützen mit hohen Druckkräften aus Sicherheitsgründen notwendig [5.2]. Betrachtet wird erneut das Bild 5.4-1 und die (konstant angenommene) Axiallast D = -S wird als Druckkraft positiv eingeführt. Hier sind Transversalkraft T und Querkraft Q nicht mehr identisch; die Umrechnungsbeziehungen zwischen T, Q, N und S lassen sich wie folgt formulieren (Bild 5.5-1):

$$S = N + Q\varphi \approx N \qquad (5.5.1)$$

$$T = Q - N\varphi \approx Q - S\varphi = Q + Sw' \qquad (5.5.2)$$

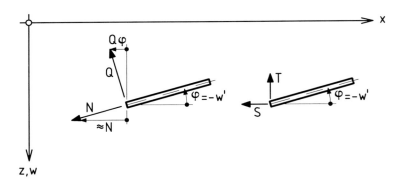

Bild 5.5-1: Zusammenhang zwischen den Stabendkräften (S,T) und (N,Q)

Die Differentialgleichung für die Schwingungsgrenzlinie w(x) bei einer harmonischen Schwingung mit $\ddot{w} = -\omega^2 w$ lautet nach (5.4.8)

$$w^{IV} + \frac{D}{EI} w'' - \frac{m\omega^2}{EI} w = 0 \qquad (5.5.3)$$

Mit den Abkürzungen

$$\lambda_1 = \sqrt{-\frac{D}{2EI} + \sqrt{\frac{D^2}{(2EI)^2} + \frac{m\omega^2}{EI}}}$$

$$\lambda_2 = \sqrt{\frac{D}{2EI} + \sqrt{\frac{D^2}{(2EI)^2} + \frac{m\omega^2}{EI}}} \qquad (5.5.4)$$

lautet ihre allgemeine Lösung:

$$w(x) = C_1 \sinh(\lambda_1 x) + C_2 \cosh(\lambda_1 x) + C_3 \sin(\lambda_2 x) + C_4 \cos(\lambda_2 x) \qquad (5.5.5)$$

mit $\xi = \frac{x}{\ell}$ als dimensionslose Längskoordinate. Die dynamische Steifigkeitsmatrix hat jetzt die Form

$$\underline{K}_{dyn} = \frac{EI}{2\lambda_1 \lambda_2 (1 - f_8) + f_5 (\lambda_1^2 - \lambda_2^2)} \begin{bmatrix} k_{11} & & & \\ k_{21} & k_{22} & \text{symm.} & \\ k_{31} & k_{32} & k_{33} & \\ k_{41} & k_{42} & k_{43} & k_{44} \end{bmatrix} \qquad (5.5.6)$$

mit den Koeffizienten

$$
\begin{aligned}
k_{11} &= f_7\left(\lambda_1^2\lambda_2^3 + \lambda_1^4\lambda_2\right) + f_6\left(\lambda_1\lambda_2^4 + \lambda_1^3\lambda_2^2\right) \\
k_{21} &= \lambda_1^3\lambda_2 - \lambda_1\lambda_2^3 + f_8\left(\lambda_1\lambda_2^3 - \lambda_1^3\lambda_2\right) - 2f_5\lambda_1^2\lambda_2^2 \\
k_{22} &= f_6\left(\lambda_1\lambda_2^2 + \lambda_1^3\right) - f_7\left(\lambda_1^2\lambda_2 + \lambda_2^3\right) \\
k_{31} &= -f_3\left(\lambda_1^4\lambda_2 + \lambda_1^2\lambda_2^3\right) - f_1\left(\lambda_1^3\lambda_2^2 + \lambda_1\lambda_2^4\right) \\
k_{32} &= \left(f_4 - f_2\right)\left(\lambda_1\lambda_2^3 + \lambda_1^3\lambda_2\right) \\
k_{33} &= k_{11} \\
k_{41} &= -k_{32} \\
k_{42} &= f_3\left(\lambda_1^2\lambda_2 + \lambda_2^3\right) - f_1\left(\lambda_1\lambda_2^2 + \lambda_1^3\right) \\
k_{43} &= -k_{21} \\
k_{44} &= k_{22}
\end{aligned}
\qquad (5.5.7)
$$

und den Hilfsfunktionen

$$
\begin{aligned}
f_1 &= \sin\lambda_2\ell \\
f_2 &= \cos\lambda_2\ell \\
f_3 &= \sinh\lambda_1\ell \\
f_4 &= \cosh\lambda_1\ell \\
f_5 &= f_1 f_3 \\
f_6 &= f_1 f_4 \\
f_7 &= f_2 f_3 \\
f_8 &= f_2 f_4
\end{aligned}
\qquad (5.5.8)
$$

Auch hier lassen sich die Eigenkreisfrequenzen als Nullstellen der Determinante der Steifigkeitsmatrix bestimmen. Im Vergleich zum längskraftfreien Fall setzt die konstante Druckkraft D die Eigenkreisfrequenzen des Stabes herab; ist D gleich der EULERschen Knicklast, erhalten wir die Grundeigenfrequenz Null, da der Stab keine Steifigkeit mehr besitzt. Wenn die Eigenformen für Knickung und Biegeschwingung affin sind (wie z.B. beim freiauf liegenden Träger auf zwei Stützen, entsprechend dem EULERfall II), hängt der Grundeigenwert für die Schwingung als Quadrat der ersten Eigenkreisfrequenz nach Theorie 2. Ordnung linear mit dem Verhältnis der vorhandenen Druckkraft zur EULERschen Knicklast D_{ki} zusammen (DUNKERLEY-Gerade):

$$
\left(\frac{\omega^2_{II}}{\omega^2_{I}}\right) = 1 - \frac{D}{D_{ki}} \qquad (5.5.9)
$$

Für den EULERfall II beträgt die ideelle Knicklast des Stabes mit der Länge ℓ und der Biegesteifigkeit EI bekanntlich

$$D_{ki} = \frac{EI\,\pi^2}{\ell^2} \qquad (5.5.10)$$

Für Fälle, für welche diese Affinität zwischen Knick- und Eigenschwingungslinie nicht gegeben ist (z.B. bei den übrigen EULER-Fällen sowie für allgemeine Rahmensysteme), gilt die Interaktion (5.5.9) nur angenähert; man erhält dafür die Beziehung

$$\left(\frac{\omega^2_{II}}{\omega^2_{I}}\right) + \frac{D}{D_{ki}} > 1 \qquad (5.5.11)$$

Unterstellt man die Gültigkeit von (5.5.9), so läßt sich durch Messung der Grundeigenfrequenzen ω_1, ω_2 bei zwei verschiedenen Laststufen D_1, D_2 die ideale Knicklast des Tragwerks bestimmen; sie ergibt sich zu [5.3]:

$$D_{ki} = \frac{D_2 \cdot \omega_1^2 - D_1 \cdot \omega_2^2}{\omega_1^2 - \omega_2^2} \qquad (5.5.12)$$

Ein Beispiel dazu findet sich im Abschnitt 5.8.

5.6 Biegeschwingung des TIMOSHENKO-Balkens

Bei kurzen Balkenträgern muß die Schubverformung des Querschnitts berücksichtigt werden; ebenso ist bei hohen Querschnitten deren Rotationsträgheit unter Umständen von Bedeutung.

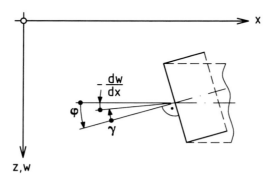

Bild 5.6-1: Geometrische Zusammenhänge beim schubbeanspruchten Querschnitt

In Bild 5.6-1 sind die grundlegenden kinematischen Zusammenhänge beim schubbeanspruchten Träger skizziert; die Neigung der Stabachse $\dfrac{dw}{dx}$ setzt sich zusammen aus dem

5.6 Biegeschwingung des TIMOSHENKO-Balkens

Winkel φ infolge reiner Biegung und dem Winkel γ infolge Schubverzerrung. Es ist

$$\frac{dw}{dx} = w' = \gamma - \varphi \qquad (5.6.1)$$

Das Werkstoffgesetz für die Schubverformung lautet

$$\gamma = \frac{\tau}{G} = \frac{Q}{\alpha_s A} \frac{1}{G} = \frac{Q}{GA_s} \qquad (5.6.2)$$

mit dem Schubmodul G, der mittleren Schubspannung τ im Querschnitt und der wirksamen Schubfläche A_s, die sich durch Multiplikation der tatsächlichen Querschnittsfläche A mit dem Korrekturfaktor α_s ergibt. Der Faktor α_s beträgt etwa $\frac{5}{6}$ für einen Rechteckquerschnitt; für I-Profile, bei denen sich nur der Steg an der Aufnahme der Querkraft beteiligt, ist α_s gleich dem Verhältnis der Stegfläche zur Gesamtfläche des Profils. Aus den beiden vorangegangenen Gleichungen folgt

$$\varphi' = -w'' + \frac{Q'}{GA_s} \qquad (5.6.3)$$

Da die Schubverzerrung keinen Beitrag zum Biegewinkel liefert, gilt auch

$$\varphi' = \frac{M}{EI} \Rightarrow M = EI\left(-w'' + \frac{Q'}{GA_s}\right) \qquad (5.6.4)$$

Bei einem hohen Querschnitt werden bei der harmonischen Schwingung am differentiellen Element neben den Trägheitskräften $-m\ddot{w}\,dx$ auch Momente der Größe $-m\frac{I}{A}\ddot{\varphi}\,dx = -\rho I \ddot{\varphi}\,dx$ infolge der Winkelbeschleunigung $\ddot{\varphi}$ entstehen (Bild 5.6-2). Ihre

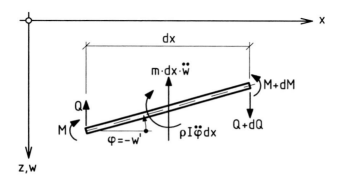

Bild 5.6-2: Schnitt- und Trägheitskräfte beim TIMOSHENKO-Balken

Größe ist dem Trägheitsradius $i = \sqrt{\dfrac{I}{A}}$ proportional, mit I als Trägheitsmoment und A als Fläche des Querschnitts. Da wir uns im Rahmen der Theorie 1. Ordnung bewegen, ist die Transversalkraft T gleich der Querkraft Q.

Die Gleichgewichtsbedingung am differentiellen Element in vertikaler Richtung liefert

$$\frac{dQ}{dx} - m\ddot{w} = 0 \qquad (5.6.5)$$

und aus dem Momentengleichgewicht folgt

$$\frac{dM}{dx} - Q - \rho I \ddot{\varphi} = 0 \qquad (5.6.6)$$

Einsetzen von (5.6.5) in (5.6.4) liefert für die harmonische Schwingung mit $\ddot{w} = -\omega^2 w$:

$$M = EI\left(-w'' + \frac{Q'}{GA_s}\right) = -EI\, w'' + \frac{EI}{GA_s}\left(-m\omega^2 w\right) \qquad (5.6.7)$$

bzw. nach zweimaliger Differentiation

$$M'' = -EI\, w^{IV} + \frac{EI}{GA_s}\left(-m\omega^2 w''\right) \qquad (5.6.8)$$

Die Momentengleichgewichtsbedingung (5.6.6) lautet für die harmonische Schwingung

$$M' = Q - \rho I \omega^2 \varphi \qquad (5.6.9)$$

Wird (5.6.9) einmal nach x differenziert und die Ableitung der Querkraft aus (5.6.5) übernommen, ergibt sich

$$M'' = Q' - \rho I \omega^2 \varphi' = -m\omega^2 w - \rho I \omega^2 \varphi' \qquad (5.6.10)$$

und mit (5.6.3)

$$M'' = -m\omega^2 w - \rho I \omega^2 \left(-w'' + \frac{-m\omega^2 w}{GA_s}\right) \qquad (5.6.11)$$

Gleichsetzung von (5.6.11) und (5.6.8) führt zur Differentialgleichung für die harmonische Schwingung:

$$EI\, w^{IV} + w'' \cdot m\omega^2 i^2 \left(1 + \alpha_s \frac{E}{G}\right) + w \cdot m\omega^2 \left(-1 + \frac{i^2 \omega^2 m}{GA_s}\right) = 0 \qquad (5.6.12)$$

5.6 Biegeschwingung des TIMOSHENKO-Balkens

Für die Koeffizienten der Steifigkeitsmatrix $\underline{K}_{dyn}$, die die Vektoren $\underline{P}$ und $\underline{V}$ der Endschnittkräfte und -verformungen gemäß (5.4.13) und (5.4.14) verbindet, erhält man

$$\underline{K}_{dyn} = B \begin{bmatrix} k_{11} & & & \\ k_{21} & k_{22} & \text{symm.} & \\ k_{31} & k_{32} & k_{33} & \\ k_{41} & k_{42} & k_{43} & k_{44} \end{bmatrix} \qquad (5.6.13)$$

Die darin enthaltenen Koeffizienten besitzen folgende Werte:

$$
\begin{aligned}
k_{11} &= -\frac{1}{\ell^3} h_1 h_2 \left(\alpha^2 + \beta^2\right)\left(h_1 f_7 + h_2 f_6\right) \\
k_{21} &= \frac{1}{\ell^2} h_1 h_2 \left[\left(\beta h_2 - \alpha h_1\right)\left(f_5 - 1\right) + h_1 h_2 f_8 \left(h_1 \beta + h_2 \alpha\right)\right] \\
k_{22} &= -\frac{1}{\ell}\left(\alpha^2 + \beta^2\right)\left(h_2 f_7 - h_1 f_6\right) \\
k_{31} &= \frac{h_1 h_2}{\ell^3}\left(\alpha^2 + \beta^2\right)\left(h_2 f_4 + h_1 f_2\right) \\
k_{32} &= \frac{1}{\ell^2} h_1 h_2 \left(\alpha^2 + \beta^2\right)\left(f_1 - f_3\right) \\
k_{33} &= k_{11} \\
k_{41} &= -k_{32} \\
k_{42} &= -\frac{1}{\ell}\left(\alpha^2 + \beta^2\right)\left(h_1 f_4 - h_2 f_2\right) \\
k_{43} &= -k_{21} \\
k_{44} &= k_{22}
\end{aligned}
\qquad (5.6.14)
$$

mit den Abkürzungen

$$
\begin{aligned}
\lambda &= \ell \sqrt[4]{\frac{m\omega^2}{EI}}, \quad i = \sqrt{\frac{I}{A}}, \quad \zeta = \frac{EI}{GA_s \ell^2}, \\
\alpha &= \lambda \sqrt{0{,}50\lambda^2\left(\frac{i^2}{\ell^2}+\zeta\right) + \sqrt{0{,}25\lambda^4\left(\frac{i^2}{\ell^2}-\zeta\right)^2 + 1}} \\
\beta &= \lambda \sqrt{-0{,}50\lambda^2\left(\frac{i^2}{\ell^2}+\zeta\right) + \sqrt{0{,}25\lambda^4\left(\frac{i^2}{\ell^2}-\zeta\right)^2 + 1}} \\
h_1 &= \alpha - \lambda^4 \frac{\zeta}{\alpha} \\
h_2 &= \beta + \lambda^4 \frac{\zeta}{\beta} \\
B &= \frac{EI}{2 h_1 h_2 \left(f_5 - 1\right) + f_8 \left(h_1^2 - h_2^2\right)}
\end{aligned}
\qquad (5.6.15)
$$

und den Hilfsfunktionen

$$f_1 = \cos \alpha$$
$$f_2 = \sin \alpha$$
$$f_3 = \cosh \beta$$
$$f_4 = \sinh \beta$$
$$f_5 = f_1 f_3$$
$$f_6 = f_1 f_4$$
$$f_7 = f_2 f_3$$
$$f_8 = f_2 f_4.$$

(5. 6. 16)

Während beim TIMOSHENKO-Balken sowohl die Schubverformung als auch die Rotationsträgheit Eingang finden, wird beim RAYLEIGH-Balken allein die Rotationsträgheit erfaßt; durch Annahme einer hohen Schubsteifigkeit läßt sich der RAYLEIGH-Balken aus dem TIMOSHENKO-Stab gewinnen.

5.7 Programmtechnische Umsetzung

Zur Abbildung allgemeiner ebener Stabtragwerke müssen die Steifigkeitsmatrizen der Einzelelemente in den globalen Freiheitsgraden u_1, w_1, φ_1, u_2, w_2, φ_2 ausgedrückt werden bevor sie in die globale Steifigkeitsmatrix eingemischt werden können.

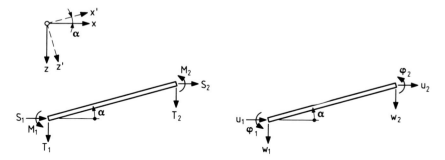

Bild 5.7-1: Lokales und globales Stabkoordinatensystem

Die (6,6)-Einzelsteifigkeitsmatrix des Stabes im lokalen (x',z')-Koordinatensystem (Bild 5.7-1) hat die Form

$$\underline{k} = \begin{bmatrix} s_{11} & & & & & \\ 0 & k_{11} & & \text{symm.} & & \\ 0 & k_{21} & k_{22} & & & \\ s_{21} & 0 & 0 & s_{22} & & \\ 0 & k_{31} & k_{32} & 0 & k_{33} & \\ 0 & k_{41} & k_{42} & 0 & k_{43} & k_{44} \end{bmatrix}$$

(5. 7. 1)

5.7 Programmtechnische Umsetzung

Dabei sind die Koeffizienten s_{ij} (5.2.10) zu entnehmen, die Koeffizienten k_{ij} je nach verwendeter Theorie (5.4.15), (5.5.6) oder (5.6.13). Die Steifigkeitsmatrix $\underline{k}_g$ des Stabelements in den globalen Freiheitsgraden $(u_1, w_1, \varphi_1, u_2, w_2, \varphi_2)$ ergibt sich als

$$\underline{k}_g = \underline{T}^T \underline{k} \underline{T} \tag{5.7.2}$$

mit der orthogonalen Transformationsmatrix (Transponierte gleich der Inversen):

$$\underline{T} = \begin{bmatrix} c & -s & 0 & 0 & 0 & 0 \\ s & c & 0 & 0 & 0 & 0 \\ 0 & 0 & 1 & 0 & 0 & 0 \\ 0 & 0 & 0 & c & -s & 0 \\ 0 & 0 & 0 & s & c & 0 \\ 0 & 0 & 0 & 0 & 0 & 1 \end{bmatrix} \tag{5.7.3}$$

Darin steht s für sin α und c für cos α. In der nachfolgenden Tabelle sind die drei Programme zusammengefaßt, die der Ermittlung der Schnittkräfte und Verformungen von ebenen Rahmen unter harmonischer Beanspruchung in der Schwingungsgrenzlinie dienen. Alle drei Programme liefern die Zustandsgrößen ungedämpfter ebener Rahmentragwerke in der Schwingungsgrenzlinie bei harmonischer Beanspruchung durch Knotenlasten, die allesamt mit derselben Erregerfrequenz pulsieren. Die Unterschiede liegen in der verwendeten Theorie; so basiert EULBER auf der EULER/BERNOULLI-Theorie 1. Ordnung, EUBER2 auf der entsprechenden Theorie 2. Ordnung und TIMOSH auf der TIMOSHENKO-Theorie.

Programmname	Eingabedatei	Ausgabedatei
EULBER	EEBN	AEBN
EUBER2	EEB2	AEB2
TIMOSH	ETIM	ATIM

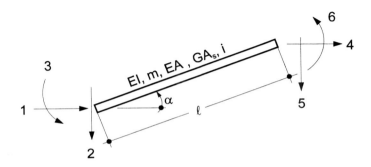

Bild 5.7-2: Allgemeines Stabelement mit Freiheitsgradnumerierung

Die Belastung besteht in allen Fällen, wie bereits erwähnt, aus diskreten, mit konstantem ω harmonisch veränderlichen Knotenkräften und -momenten. Bei einem Rahmen mit NELEM Stabelementen und NDOF aktiven kinematischen Freiheitsgraden bestehen die (formatfreien) Eingabedateien aus drei Blöcken: Zuerst NELEM Zeilen mit den geometrischen und mechanischen Eigenschaften aller Stäbe, dann NELEM Zeilen mit den Inzidenzen der Stäbe (Nummern der globalen Systemfreiheitsgrade, die den Elementfreiheitsgraden 1 bis 6 laut Bild 5.7.2 entsprechen) und schließlich die NDOF Amplituden der äußeren Belastung korrespondierend zu den eingeführten Freiheitsgraden. Während der zweite und der dritte Eingabeblock für alle drei Programme identisch sind, variieren die erforderlichen Angaben des ersten Blocks. Sie sind nachfolgend tabellarisch zusammengestellt:

Programmname	Einzugebende Daten für jeden der NELEM Stäbe
EULBER	EI, ℓ, EA, m, α
EUBER2	EI, ℓ, EA, m, α, D
TIMOSH	EI, ℓ, EA, m, α, i, GA_s

Hier sind EI die Biegesteifigkeit und EA die Dehnsteifigkeit des Stabes (in kNm² bzw. kN), ℓ die Stablänge (in m), m die konstante Massenverteilung in t/m, α der Neigungswinkel des Stabes wie in Bild 5.7-1 dargestellt (in Grad, positiv im Gegenuhrzeigersinn), D die konstante Druckkraft im Stab (in kN), i der Trägheitsradius des Stabquerschnitts in m ($i = \sqrt{I/A}$) und GA_s die Schubsteifigkeit des Querschnitts in kN. Stabzugkräfte, die eine Versteifung des Tragwerks bewirken, werden bei dem Programm für die Theorie 2. Ordnung nicht berücksichtigt, d.h. für zugbeanspruchte Stäbe sollte näherungsweise D = 0 eingegeben werden. Betreffend das Aufstellen der Eingabedateien und die Interpretation der Ausgabe wird auf die Beispiele im nächsten Abschnitt 5.8 hingewiesen.

Stimmt die Erregerfrequenz ω der Lastgruppe mit einer Eigenfrequenz des Tragwerks überein, so verschwindet die Determinante der Systemsteifigkeitsmatrix $\underline{K}$ und die Lösung des Gleichungssystems $\underline{P} = \underline{K} \cdot \underline{V}$ gelingt nicht. Die Bestimmung der Eigenkreisfrequenzen von ebenen Rahmentragwerken kann somit dadurch erfolgen, daß der Wert der Determinante von $\underline{K}(\omega)$ für mehrere Werte von ω ausgerechnet wird und die Eigenkreisfrequenzen als Nullstellen der Kurve det $(\underline{K}(\omega)) = 0$ ermittelt werden. Nachteilig sind dabei jedoch die zahlenmäßig großen Determinantenwerte, die den Zahlenbereich gängiger Personalcomputer überfordern können; auch der Übergang auf den Logarithmus der Determinante ist nicht unproblematisch. Es empfiehlt sich, statt der Determinante der Steifigkeitsmatrix den Kehrwert einer geeignet gewählten Verschiebungsgröße als Funktion von ω zu bestimmen und aufzutragen und die Nullstellen dieser Kurve als Eigenfrequenzen zu bestimmen, wobei der besseren Interpolationsgenauigkeit wegen statt des Kehrwerts der Verschiebungsgröße dessen Quadratwurzel berechnet und (zwecks graphischer Darstellung) ausgegeben wird. Im Programm werden dabei alle Freiheitsgrade mit einer Eins-Last beaufschlagt, d.h. man verwendet den Einheitsvektor als Lastvektor. Diese Vorgehensweise wurde in den drei Programmen realisiert, die anschließend mit den Namen ihrer Ein- und Ausgabedateien zusammengestellt werden:

Programmname	Eingabedatei	Ausgabedateien
EUBFRQ	EEBN	ECHO AEBNFR
EB2FRQ	EEB2	ECHO AEB2FR
TIMFRQ	ETIM	ECHO ATIMFR

Die Eingabedateien dieser Programme sind stets dieselben wie bei der Ermittlung der Zustandsgrößen; bei der Ausgabe werden die Eingabedaten zur Kontrolle in die jeweiligen ECHO-Dateien geschrieben, während die für verschiedene ω-Werte ermittelten Wertepaare (Kreiseigenfrequenz und Quadratwurzel des Kehrwerts der charakteristischen Verformung) in die jeweilige Datei (AEBNFR, AEB2FR, ATIMFR) „plotfertig" abgelegt werden. Anhand des Plotbildes läßt sich erkennen, ob ein Vorzeichenwechsel einer Nullstelle oder einer vertikalen Asymptote entspricht [5.3]. Während die Nullstellen die gesuchten Resonanzfrequenzen darstellen, entsprechen vertikale Asymptoten Nullstellen der Flexibilitätsmatrix $\underline{F}(\omega)$ als Inverse der Steifikeitsmatrix:

$$\underline{F}(\omega) = \underline{K}^{-1}(\omega) \qquad (5.7.4)$$

Im nächsten Abschnitt wird der Gebrauch dieser Programme anhand von Beispielen erläutert.

5.8 Beispiele

In diesem Abschnitt soll sowohl die Ermittlung der Zustandsgrößen von harmonisch erregten, ungedämpften ebenen Rahmentragwerken als auch die Bestimmung von deren Eigenfrequenzen mittels Auffinden der Nullpunkte frequenzabhängiger Verformungsreziprokwerte durch Beispiele illustriert werden. Für praktische Zwecke dürfte die Bestimmung der Eigenfrequenzen durch Lösung des Eigenwertproblems bei einem geeigneten diskreten Mehrmassenschwingermodell schneller zum Ziel führen, andererseits ist gerade bei höheren Eigenfrequenzen die Genauigkeit bei den Methoden dieses Abschnitts deutlich besser, vor allem wenn das diskrete Modell über zuwenig Freiheitsgrade verfügt.

Betrachtet wird zuerst der in Bild 5.8-1 dargestellte zweistöckige Rahmen, dessen Stäbe die nachfolgend zusammengefaßten Eigenschaften besitzen:

Stabnr.	EI	EA	m	$i = \sqrt{\dfrac{I}{A}}$	GA_s
	kNm²	kN	t/m	m	kN
1, 2, 3, 4	270.112,0	6,620 10⁶	0,788	0,200	2,297 10⁶
8	294.000,0	10,71 10⁶	4,35	0,166	1,968 10⁶
6, 7	170.100,0	9,765 10⁶	5,14	0,132	1,640 10⁶
5	71.761,0	4,252 10⁶	0,506	0,130	1,641 10⁶

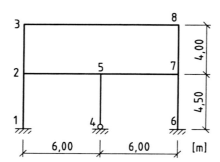

Bild 5.8-1: Rahmentragwerk mit Abmessungen

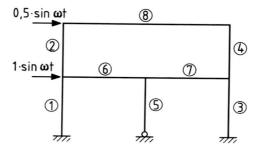

Bild 5.8-2: Stabnumerierung und Belastung

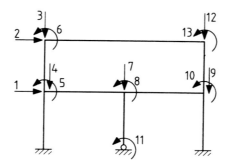

Bild 5.8-3: Diskretisiertes System

Als Belastung werden die in Bild 5.8-2 skizzierten harmonischen Horizontallasten angenommen. Die Diskretisierung gemäß Bild 5.8-3 enthält insgesant dreizehn aktive kinematische Freiheitsgrade und acht Stabelemente; damit ist NDOF = 13 und NELEM = 8 . Die Eingabedatei EEBN für das Programm EULBER lautet:

5.8 Beispiele

```
270112.,   4.5,  6.62e6,   0.788,  90.
270112.,   4.0,  6.62e6,   0.788,  90.
270112.,   4.5,  6.62e6,   0.788,  90.
270112.,   4.0,  6.62e6,   0.788,  90.
 71761.,   4.5,  4.252e6,  0.506,  90.
170100.,   6.,   9.765e6,  5.14,    0.
170100.,   6.,   9.765e6,  5.14,    0.
294000.,  12.,  10.71e6,   4.35,    0.
0,0,0,    1,4,5,
1,4,5,    2,3,6,
0,0,0,    1,9,10
1,9,10,   2,12,13,
0,0,11,   1,7,8,
1,4,5,    1,7,8,
1,7,8,    1,9,10,
2,3,6,    2,12,13,
1.,  0.5,  0.,  0.,  0.,
0.,  0.,   0.,  0.,  0.,
0.,  0.,   0.,
```

Für ω = 10 rad/s liefert EULBER die in Bild 5.8-4 dargestellte Momentenlinie. Zum Vergleich dazu zeigt Bild 5.8-5 die „statische" Momentenlinie, die ebenfalls mit dem Programm EULBER für ω ≈ 0 ermittelt wurde; da für ω = 0 eine Berechnung nicht möglich ist, muß mit ω = 1 oder 2 rad/s gerechnet werden.

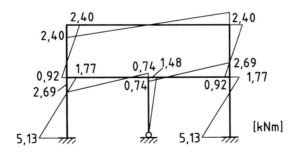

Bild 5.8-4: Momentenlinie nach EULER/BERNOULLI Theorie 1. Ordnung

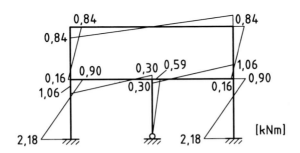

Bild 5.8-5 Statische Momentenlinie

Es folgen die Eingabedateien für die Programme EUBER2 (für die Berechnung nach Theorie 2. Ordnung bei Berücksichtigung von Druckkräften der Größe 277 bis 449 kN in den Stützen)

und TIMOSH (nach der TIMOSHENKO-Theorie). Angegeben sind nur die ersten NELEM Zeilen der Eingabedateien, die sich allein ändern. Für EUBER2 lauten sie:

```
270112.,  4.5,  6.62e6,   0.788,  90.,  449.,
270112.,  4.0,  6.62e6,   0.788,  90.,  277.,
270112.,  4.5,  6.62e6,   0.788,  90.,  449.0,
270112.,  4.0,  6.62e6,   0.788,  90.,  277.0,
 71761.,  4.5,  4.252e6,  0.506,  90.,  320.,
170100.,  6.,   9.765e6,  5.14,   0.,   0.001
170100.,  6.,   9.765e6,  5.14,   0.,   0.001
294000., 12.,  10.71e6,   4.35,   0.,   0.001
```

Für das Programm TIMOSH lauten die ersten NELEM Zeilen der Eingabedatei ETIM entsprechend:

```
270112.,  4.5,  6.62e6,   0.788,  90.,  0.20,   2.297e6
270112.,  4.0,  6.62e6,   0.788,  90.,  0.20,   2.297e6
270112.,  4.5,  6.62e6,   0.788,  90.,  0.20,   2.297e6
270112.,  4.0,  6.62e6,   0.788,  90.,  0.20,   2.297e6
 71761.,  4.5,  4.252e6,  0.506,  90.,  0.13,   1.641e6
170100.,  6.,   9.765e6,  5.14,   0.,   0.132,  1.64e6
170100.,  6.,   9.765e6,  5.14,   0.,   0.132,  1.64e6
294000., 12.,  10.71e6,   4.35,   0.,   0.166,  1.968e6
```

Die resultierenden Momentenflächen sind in den Bildern 5.8-6 und 5.8-7 dargestellt.

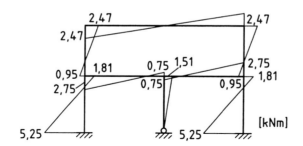

Bild 5.8-6: Momentenlinie nach EULER/BERNOULLI - Theorie 2. Ordnung

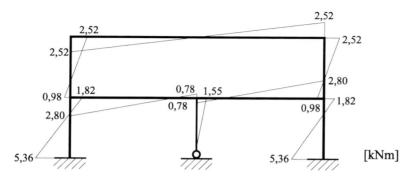

Bild 5.8-7: Momentenlinie nach TIMOSHENKO

5.8 Beispiele

Zur Bestimmung der Eigenfrequenzen des Systems wird der Verlauf der Quadratwurzel des Reziprokwerts der horizontalen Verschiebung v des Daches entsprechend Freiheitsgrad 2 als Funktion der Erregerkreisfrequenz ω geplottet. Nach der EULER/BERNOULLI-Theorie (Programm EUBFRQ) erhält man den in Bild 5.8-8 dargestellten Verlauf.

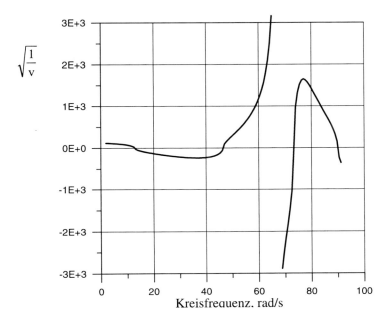

Bild 5.8-8: Zur Bestimmung der Eigenfrequenzen des Rahmens

Ersichtlicherweise tritt bei einer Kreisfrequenz von etwa 66 rad/s eine vertikale Asymptote auf, die einem Nulldurchgang der Flexibilitätsmatrix entspricht, während die eigentlichen Nullstellen bei 12,85, 46,50, 73,26 und 89,96 rad/s liegen. Ein Vergleich mit den entsprechenden Werten nach Theorie 2. Ordnung bzw. nach der TIMOSHENKO-Theorie kann in nachfolgender Tabelle geschehen:

Theorie	ω_1 (rad/s)	ω_2 (rad/s)	ω_3 (rad/s)	ω_4 (rad/s)
EULER/BERN.	12,85	46,50	73,26	89,96
Th. 2. Ordnung	12,74	46,40	73,23	89,95
TIMOSHENKO	12,63	45,31	70,67	86,31

Als zweites Beispiel werden die Eigenfrequenzen des in Bild 5.8-9 skizzierten, beidseitig eingespannten Trägers ermittelt.

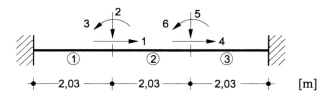

Bild 5.8-9: Eingespannter Träger, System und Diskretisierung

Seine Masse beträgt pro Längeneinheit 0,0804 Tonnen, die Biegesteifigkeit EI = 36170 kNm², die Dehnsteifigkeit EA = 2,06 $\cdot 10^6$ kN, der Trägheitsradius i = 0,132 m und die Schubsteifigkeit GA_s = 2,152 $\cdot 10^5$ kNm². Die folgende Tabelle stellt die ersten drei Kreiseigenfrequenzen in rad/s nach der EULER/BERNOULLI- und der TIMOSHENKO-Theorie einander gegenüber; ersichtlicherweise fallen die Unterschiede hier schon ins Gewicht.

	ω_1	ω_2	ω_3
EULER/BERNOULLI	405	1115	2187
TIMOSHENKO	365	907	1596

Im dritten Beispiel ist nach der Grundeigenfrequenz der Stütze von Bild 5.8-10 bei Berücksichtigung des Einflusses der statischen Druckkraft D gefragt.

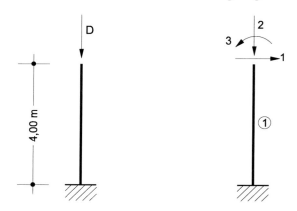

Bild 5.8-10: Druckbeanspruchte Stütze mit Diskretisierung

Die EULER/BERNOULLI-Theorie liefert für den längskraftfreien Fall (D = 0) laut Tabelle 5.4-1 eine Grundkreiseigenfrequenz von $\omega_1 = 3{,}52\sqrt{EI/m\ell^4}$; für das vorliegende Beispiel (EI=44800 kNm², m=0,40 t/m, ℓ = 4,00 m) ist ω_1 = 73,6 rad/s. Für verschiedene Stufen der Druckkraft D, die zweckmäßigerweise als Bruchteile der EULER-Knicklast der Stütze

$$D_{ki} = \frac{\pi^2 EI}{(2\ell)^2} = 6908{,}7 \text{ kN} \qquad (5.8.1)$$

5.8 Beispiele

angegeben werden, liefert die Berechnung folgende Ergebnisse für das Verhältnis $\left(\dfrac{\omega_D}{\omega_{D=0}}\right)^2$:

$\dfrac{D}{D_{ki}}$	ω_D rad/s	$\left(\dfrac{\omega_D}{\omega_{D=0}}\right)^2$
0	73,60	1,0
0,1	70,02	0,9051
0,2	66,27	0,8107
0,3	62,23	0,7149
0,4	57,84	0,6176
0,5	53,01	0,5188
0,6	47,61	0,4184
0,7	41,41	0,3166
0,8	33,96	0,2129
0,9	24,12	0,1074
1,0	0,0	0,0

Besonders anschaulich läßt sich die Abnahme der Grundeigenfrequenz der Stütze mit wachsender Druckkraft in Form des Interaktionsdiagramms Bild 5.8-11 darstellen.

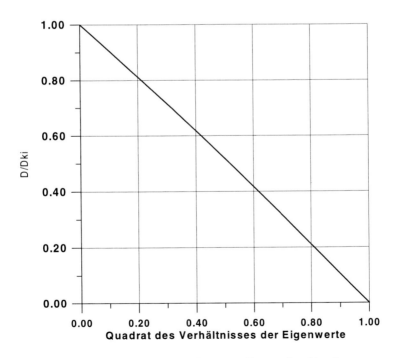

Bild 5.8-11: Interaktionsdiagramm Kreiseigenfrequenz-Stützendruckkraft

Beim vorliegenden Beispiel (Eulerfall I) ergeben sich für Druckkräfte von $D_1 = 1000$ kN und $D_2 = 5000$ kN Grundeigenkreisfrequenzen von 68,4 rad/s und 39,8 rad/s. Die Beziehung (5.5.12) gilt hier nur angenähert, weil die Knickeigenform und die Schwingungseigenform nicht, wie das z.B. beim frei aufliegenden Träger der Fall ist, identisch sind. Damit gilt auch nur angenähert

$$D_{ki} \approx \frac{D_2 \cdot \omega_1^2 - D_1 \cdot \omega_2^2}{\omega_1^2 - \omega_2^2} \qquad (5.\,8.\,2)$$

Mit den ermittelten Wertepaaren (1000 kN, 68,4 rad/s) und (5000 kN, 39,8 rad/s) erhält man den Näherungswert

$$D_{ki} \approx \frac{5000 \cdot 68{,}4^2 - 1000 \cdot 39{,}8^2}{68{,}4^2 - 39{,}8^2} = 7047{,}5 \text{ kN} \qquad (5.\,8.\,3)$$

Der Unterschied zum korrekten Wert von 6908,7 kN beträgt nur 2%.

In einem abschließenden Beispiel werden die Eigenfrequenzen der Biegeschwingungen eines „Frei-Frei"-Stabes mit folgenden Daten bestimmt: Biegesteifigkeit $EI = 20.000{,}0$ kNm^2, Länge $\ell = 10$ m, Dehnsteifigkeit $EA = 2{,}0 \cdot 10^6$ kN, Masse 2,0 t/m. Es ergeben sich Eigenfrequenzen von $\omega_2 = 22{,}4$ und $\omega_3 = 61{,}7$ rad/s neben der Starrkörperfrequenz von $\omega_1 = 0$. Bild 5.8-12 zeigt den Verlauf der Kurve für die Ermittlung dieser Eigenfrequenzen, wobei als charakteristische Verformung eine der beiden Stabendverdrehungen φ angenommen wurde.

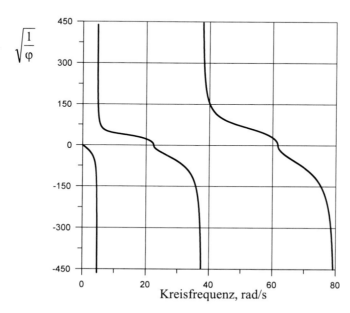

Bild 5.8-12: Zur Ermittlung der Eigenfrequenzen eines Frei-Frei-Trägers

6 Beanspruchung von Kirchtürmen durch Glockenläuten

6.1 Rechnerische Grundlagen

Kirchtürme sind relativ hohe Bauwerke, die unter anderem die Aufgabe haben, die beim Läuten der Glocken entstehenden dynamische Kräfte sicher ins Fundament zu leiten. In diesem Abschnitt werden die rechnerischen Grundlagen zur Beschreibung der Beanspruchung des Turmes infolge von Glockenläuten präsentiert, wobei die Grundeigenfrequenz und die Dämpfung des Bauwerks als wesentliche Parameter erkannt werden; in Abschnitt 6.2 kommen wir auf deren experimentelle Ermittlung zu sprechen, und in Abschnitt 6.3 wird die Vorgehensweise anhand von zwei Beispielen aus der Praxis erläutert.

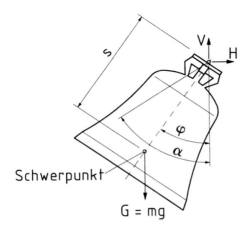

Bild 6.1-1: Glocke als physikalisches Pendel

Bei der in Bild 6.1-1 dargestellten Glocke wird der maximale Ausschwingwinkel, auch Läutewinkel genannt, mit α bezeichnet; seine Größe ist eine Funktion der Glockenform und Glockengröße, des Glockentons und der Glockenschwingzahl n. In der maßgebenden deutschen Norm DIN 4178 „Glockentürme - Berechnung und Ausführung", finden sich folgende Bezeichnungen, die hier der besseren Übersicht wegen wiedergegeben werden:

- Die Glockenschwingzahl n ist als Anzahl der Glockenschwingungen pro Minute halb so groß wie die Klöppelanschlagzahl a, n = a/2; als Kreisfrequenz Ω ausgedrückt liefert dies

$$\Omega = \frac{\pi n}{30} = \frac{\pi a}{60} \quad \left[\frac{rad}{s}\right] \tag{6.1.1}$$

- Die Eigenkreisfrequenz des Turmes wird mit ω bezeichnet; der Zusammenhang zwischen ω und der Turm-Eigenschwingzahl n_e lautet analog

$$\omega = \frac{\pi n_e}{30} \quad \left[\frac{rad}{s}\right] \tag{6.1.2}$$

- Mit dem Massenträgheitsmoment Θ_S der Glocke, bezogen auf die Schwerachse parallel zur Drehachse, der Glockenmasse m (Gewicht G = mg) und dem Abstand s des Glockenschwerpunktes von der Drehachse (Bild 5.1-1) ergibt sich ein Formbeiwert c zu

$$c = \frac{m \cdot s^2}{\Theta_s + m \cdot s^2} \qquad (6.1.3)$$

Falls keine genauen Angaben zu obigen Glockenparametern vorliegen, lassen sich diese Größen zusammen mit weiteren Kennwerten der Glocke aus einer in DIN 4178 enthaltenen Tabelle näherungsweise entnehmen. Die Masse des Klöppels wird in der Regel vernachlässigt, da sie gegenüber der Glockenmasse nicht ins Gewicht fällt.

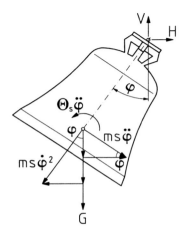

Bild 6.1-2: Zur Aufstellung der Bewegungsdifferentialgleichung

Wie in Bild 6.1-2 dargestellt, wirken auf das System neben dem Glockengewicht G die D'ALEMBERTsche Trägheitskraft $m s \ddot{\varphi}$ und das entsprechende Moment $\Theta_S \ddot{\varphi}$, beide entgegengesetzt der Bewegungsrichtung, sowie die Zentripetalkraft $m s \dot{\varphi}^2$ [6.1]. Die Bewegungsdifferentialgleichung der Glocke ergibt sich aus der Bedingung, daß die Summe der Momente um den Lagerpunkt verschwindet:

$$\sum M = 0: \quad G \cdot s \cdot \sin\varphi + m s \ddot{\varphi} \cdot s + \Theta_S \ddot{\varphi} = 0 \qquad (6.1.4)$$

Vertikal- und Horizontalkomponente der Lagerkraft bei dem Ausschwingwinkel φ sind aus den Gleichgewichtsbedingungen zu bestimmen:

$$\sum H = 0: \quad H + m s \ddot{\varphi} \cos\varphi - m s \dot{\varphi}^2 \sin\varphi = 0 \qquad (6.1.5)$$

$$\sum V = 0: \quad V - G - m s \ddot{\varphi} \sin\varphi - m s \dot{\varphi}^2 \cos\varphi = 0 \qquad (6.1.6)$$

6.1 Rechnerische Grundlagen

Die Summe aus kinetischer und potentieller Energie beim Ausschwingwinkel φ muß nach dem Energiesatz gleich der potentiellen Energie beim Erreichen des Maximalausschlags ($\varphi = \alpha$, zugehörige kinetische Energie gleich Null) sein:

$$G \cdot s \cdot (1 - \cos \varphi) + \frac{m s^2 \dot{\varphi}^2}{2} + \frac{\Theta_s \dot{\varphi}^2}{2} = G \cdot s \cdot (1 - \cos \alpha) \tag{6.1.7}$$

Mit dem Trägheitsmoment $\Theta_0 = \Theta_s + m s^2$ der Glocke um ihren Aufhängepunkt liefern diese Beziehungen folgende Ausdrücke für die Glockenlagerkräfte in Abhängigkeit vom Ausschwingwinkel φ:

$$V(\varphi) = \frac{G \cdot m \cdot s^2}{\Theta_s + m \cdot s^2} \left(3 \cos^2 \varphi - 2 \cos \varphi \cos \alpha - 1\right) + G \tag{6.1.8}$$

$$H(\varphi) = \frac{G \cdot m \cdot s^2}{\Theta_s + m \cdot s^2} \left(\frac{3}{2} \sin 2\varphi - 2 \sin \varphi \cos \alpha \right) \tag{6.1.9}$$

Die nichtlineare Bewegungsdifferentialgleichung (6.1.4) des Pendels läßt sich in die Form bringen:

$$\ddot{\varphi} + \frac{G \cdot s}{\Theta_s + m \cdot s^2} \sin \varphi = 0 \tag{6.1.10}$$

Ihre Lösung φ(t) führt auf eine JACOBIsche elliptische Sinusfunktion [6.2], die in DIN 4178 für die Lagerreaktionskomponenten in Form ihrer FOURIERreihenentwicklung aufbereitet worden ist:

$$H(t) = c \cdot G \sum_i \gamma_i \sin \Omega_i t , \quad i = 1, 3, 5, \ldots \tag{6.1.11}$$

$$V(t) = c \cdot G \sum_i \beta_i \cos \Omega_i t , \quad i = 2, 4, 6, \ldots \tag{6.1.12}$$

Hierbei ist c der Formbeiwert nach (6.1.3). Die Erregerkreisfrequenzen Ω_i ergeben sich aus

$$\Omega_i = i \cdot \Omega = i \frac{\pi n}{30} \tag{6.1.13}$$

Die Koeffizienten γ_i und β_i lassen sich aus in DIN 4178 abgedruckten Diagrammen (vgl. Bild 6.1-3) in Abhängigkeit vom Läutewinkel α ablesen. Die Reihenentwicklung der Vertikalkomponente enthält nur gerade (Kosinus-) Glieder, diejenige der Horizontalkomponente nur ungerade (Sinus-) Glieder.

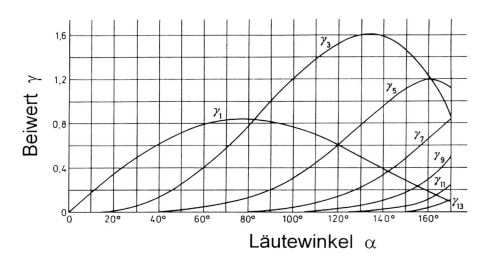

Bild 6.1-3: Beiwerte γ für die Horizontalkomponente der Lagerkraft nach DIN 4178

Beispielhaft wird der Verlauf der horizontalen Glockenkraft für eine 250 kg schwere Glocke der Tonart c'' mit mittlerer Rippe bestimmt. Weitere Parameter der Glocke sind:

Formbeiwert $c = 0{,}76$
Glockenschwingzahl $n = 32 \text{ min}^{-1}$ (64 Anschläge / min)
                         $\rightarrow \Omega = 2\pi \cdot 32/60 = 3{,}35 \text{ rad/s}$
                         $\rightarrow$ Periode $T = 1{,}875 \text{ s}$
Läutewinkel $\alpha = 70°$

H(t) in kN berechnet sich nach (6.1.11) zu:

$$H(t) = \sum_i H_i(t) = G \cdot c \cdot \sum_i \gamma_i \cdot \sin \Omega_i \cdot t \quad \text{für } i = 1,3,5$$
$$= 2{,}5 \cdot 0{,}76 \cdot (\gamma_1 \cdot \sin \Omega_1 \cdot t + \gamma_3 \cdot \sin \Omega_3 \cdot t + \gamma_5 \cdot \sin \Omega_5 \cdot t)$$

Bild 6.1-3 liefert folgende Koeffizienten für den gegebenen Läutewinkel $\alpha = 70°$:

$$\gamma_1 = 0{,}84$$
$$\gamma_3 = 0{,}57 \qquad (6.1.14)$$
$$\gamma_5 = 0{,}08$$

Damit ist

$$H(t) = 2{,}5 \cdot 0{,}76 \cdot (0{,}84 \cdot \sin 3{,}35 \cdot t + 0{,}57 \cdot \sin 3{,}35 \cdot 3 \cdot t + 0{,}08 \cdot \sin 3{,}35 \cdot 5 \cdot t) \qquad (6.1.15)$$

6.1 Rechnerische Grundlagen 163

Der Verlauf der resultierenden Glockenkraft ist in Bild 6.1-4 dargestellt. Sind in einem Turm mehrere Glocken als Teile eines Geläuts vorhanden, so ist bei der Bemessung davon auszugehen, daß im ungünstigsten Fall alle Glocken in eine Richtung schwingen.

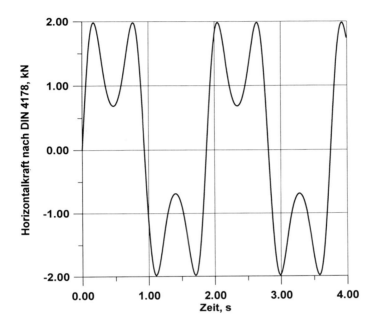

Bild 6.1-4: Zeitverlauf einer Glocken-Horizontalkraft nach DIN 4178

Natürlich ist auch eine numerische Lösung der nichtlinearen Differentialgleichung (6.1.10) möglich, mit direkter Auswertung der Kräfte H(t) und V(t). Das Programm GLOCKE liefert die entsprechenden Zeitverläufe H(t) und V(t), angefangen mit $\varphi(t=0)=\alpha$. Neben dem Glockengewicht, dem Glockenformbeiwert c, dem Läutewinkel α und der Kreisfrequenz Ω der Glocke ist auch der Schwerpunktabstand s einzugeben, der in der Regel etwa 70% des Glockendurchmessers beträgt. Alle diese Werte werden vom Programm interaktiv abgefragt; in der Ausgabedatei AGLO stehen in vier Spalten die Zeitpunkte, der Ausschwingwinkel φ, die Horizontalkomponente H und die Vertikalkomponente V. Die Maximalwerte von H und V werden gesondert auf dem Bildschirm ausgegeben.

Programmname	Eingabedatei	Ausgabedatei
GLOCKE	-	AGLO

In Bild 6.1-5 sind die Ergebnisse für den Zeitverlauf H(t) aus der numerischen Lösung der Differentialgleichung denjenigen nach dem in DIN 4178 angegebenen Verfahren gegenübergestellt; die Unterschiede sind vernachlässigbar.

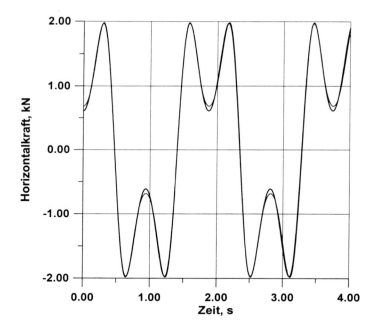

Bild 6.1-5: Vergleich der numerischen Lösung mit der Lösung nach DIN 4178

Nun zu der Untersuchung des Glockenturms selbst nach DIN 4178:

Die Norm schreibt vor, daß für den Glockenturm die Biegebeanspruchung infolge der horizontalen Glockenkräfte nachzuweisen ist. Sind die Glocken im oberen Turmdrittel aufgehängt, wird eine Berechnung auf Basis folgender statischer Ersatzlasten vorgeschlagen:

$$H_{ersatz} = \max\left[c \cdot G \sum_i \gamma_i V_i \sin \Omega_i t\right], \quad i = 1, 3, 5, \ldots \quad (6.1.16)$$

Der hier eingeführte Vergrößerungsfaktor

$$V_i = \frac{1}{\sqrt{(1 - \eta_i^2)^2 + (2D\eta_i)^2}} \quad (6.1.17)$$

ist eine Funktion der Dämpfung D des Turmes sowie des Abstimmungsverhältnisses

$$\eta_i = \frac{\Omega_i}{\omega} \quad (6.1.18)$$

das ist das Verhältnis der Erregerfrequenz zur Eigenfrequenz der Turmes. Die so bestimmte statische Ersatzlast ist in Höhe des Glockenlagers anzusetzen; sind die Glocken unterhalb des oberen Turmdrittels angebracht, sind genauere Berechnungen, zum Beispiel unter Verwendung der modalen Analyse oder eines Zeitschrittverfahrens erforderlich. Bei den heute gegebenen Rechenmöglichkeiten ist eine genaue dynamische Analyse in jedem Fall dem Näherungsverfahren vorzuziehen, auch wenn die Glocken im oberen Turmdrittel hängen.

Für die Dämpfung des Turmes sind, wenn keine Messungen vorgenommen werden, folgende Erfahrungswerte zu empfehlen:

Konstruktion/Baustoff	LEHRsches Dämpfungsmaß in %
Stahlkonstruktion, geschweißt oder HV-verschraubt	0,2-0,3%
Stahlkonstruktion, geschraubt oder genietet	0,5-0,6%
Stahlbeton	1-1,5%
Mauerwerk	1,5-2%

Weiterhin fordert die DIN 4178, daß die Turm-Grundeigenkreisfrequenz ω_1 höher liegen muß als die dreifache Glockenkreisfrequenz und zu dieser einen Sicherheitsabstand von mindestens 20% (bei rechnerischer Eigenfrequenzermittlung) oder 10% (bei gemessener Eigenfrequenz) aufweisen muß:

$$\omega_1 \geq 1{,}2\, \Omega_3 \text{ (gerechnet)}$$
$$\omega_1 \geq 1{,}1\, \Omega_3 \text{ (gemessen)} \tag{6.1.19}$$

Bei der Berechnung der Turmeigenfrequenz ist der Baugrundfederung besondere Beachtung zu schenken, da sie die erste Eigenform eines freistehenden Turms erheblich beeinflussen kann. Für Rechteckfundamente gibt die Norm den dynamischen Kippbettungsmodul C_k mit

$$C_k = \frac{E_{S,dyn}}{f \cdot \sqrt{A}} \tag{6.1.20}$$

an. Dabei ist A die Fundamentfläche, f ein von dem Fundamentseitenverhältnis und der Tiefenwirkung abhängiger Beiwert, der näherungsweise zu 0,35 angenommen werden kann, und $E_{S,dyn}$ der dynamische Steifemodul, für den die folgende Tabelle (aus DIN 4178) einige Werte angibt:

Bodenart	$E_{S,dyn}$ in kN/m²
mitteldichter Sand	60.000 bis 150.000
ungleichförmiger Kiessand	200.000 bis 400.000
Geröll, Schotter	300.000 bis 600.000
halbfester Ton	70.000 bis 140.000
sandiger Ton, Lehm (halbfest)	75.000 bis 120.000
steifer Ton	35.000 bis 70.000

Der dynamische Kippbettungsmodul C_k hat die Einheit kN/m^3, gibt also die Bodenpressung an, die eine Fundamentsetzung von 1 m verursachen würde. Die entsprechende Federkonstante k_φ in kNm/rad für die elastische Gründung beträgt

$$k_\varphi = C_k \cdot I \qquad (6.1.21)$$

Darin ist I das Trägheitsmoment der Gründungsfläche um die Kippachse. Für den Nachweis des Glockenstuhls reicht es aus, die maximal auftretende Horizontallast mit einem Faktor von 1,3 zur Berücksichtigung der dynamischen Einwirkung zu multiplizieren; ein Nachweis der Eigenfrequenz des Glockenstuhls ist nicht erforderlich. Eine Untersuchung der dynamischen Turmbeanspruchung in lotrechter Richtung erübrigt sich ebenfalls, da die hohe Steifigkeit in vertikaler Richtung ein günstiges Abstimmungsverhältnis garantiert.

Es wird empfohlen, die Fundamentfläche des Turms größer als statisch erforderlich zu planen, um den Einfluß der Baugrundfederung gering zu halten. Des weiteren ist es bei weniger gutem Baugrund ratsam, den mittleren Teil des Fundaments auszusparen, d. h. die Gründungsfläche als Hohlquerschnitt auszuführen. So wird ein „Reiten" des Fundaments auf dem Boden ausgeschlossen.

6.2 Experimentelle Untersuchungen

Häufig gibt das Auftreten von Schäden Anlaß für die dynamische Untersuchung eines bestehenden (Glocken)turms. Bei der Untersuchung des Schwingungsverhaltens interessieren vorrangig die niedrigste Eigenfrequenz sowie die Dämpfung. In diesem Abschnitt werden vorhandene Möglichkeiten zur experimentellen Bestimmung dieser Parameter vorgestellt, wobei wir uns auf folgende drei Vorgehensweisen beschränken wollen:

1. Beschleunigungs- oder Geschwindigkeitsmessung bei Anregung durch die natürliche Bodenunruhe,

2. Beschleunigungs- oder Geschwindigkeitsmessung bei Anregung durch Stöße (z.B. mit einem Impulshammer),

3. Beschleunigungs- oder Geschwindigkeitsmessung bei Anregung durch Unwuchterreger (besonders geeignet zur Dämpfungsbestimmung).

Allgemein ist anzumerken, daß moderne, portable Meßrechner eine komfortable Echtzeit-Spektralanalyse zusätzlich zur Datenspeicherung erlauben. Bild 6.2-1 zeigt eine einfache apparative Ausrüstung zum Anregen der Struktur und zur Durchführung von Messung und Analyse, bestehend aus einem Vierkanalmeßrechner, einem Impulshammer und einem handbetriebenen Unwuchterreger.

Zur Registrierung aller drei Translationskomponenten von Beschleunigungssignalen kann ein Aufnehmer nach Bild 6.2-2 dienen.

6.2 Experimentelle Untersuchungen

Bild 6.2-1: Ausrüstung mit Meßrechner, Impulshammer und Unwuchterreger

Bild 6.2-2: 3-Kanal-Beschleunigungsaufnehmer

Nun zu der ersten der eingangs erwähnten Möglichkeiten einer dynamischen Untersuchung, nämlich der Beschleunigungs- oder Geschwindigkeitsmessung bei Anregung durch die natürliche Bodenunruhe. Die stets vorhandene Mikroseismik bzw. die Anregung durch den natürlichen Wind reicht bei nicht zu niedrigen Türmen aus, um bei Messung (in möglichst großer Höhe) ein „sauberes" Signal zu erhalten. Die von der Umgebung angebotene Energie entspricht in der Regel einem Breitbandrauschen, aus dem das Tragwerk die in der Nähe seiner Eigenfrequenzen (vornehmlich der Grundeigenfrequenz) vorhandenen Frequenzanteile aufnimmt und in Bewegungsenergie umsetzt, so daß eine Analyse der erhaltenen Zeitverläufe die Eigenfrequenzen liefert. Als Beispiel zeigt Bild 6.2-3 das Ergebnis einer solchen Untersuchung. Es handelt sich um eine Schwingungsmessung am Kölner Dom in etwa 100m Höhe. Im oberen Teil ist der Beschleunigungs-Zeitverlauf dargestellt, und im unteren Bildteil sehen wir das Amplitudenspektrum des Beschleunigungssignals, aufgetragen über die Frequenz f.

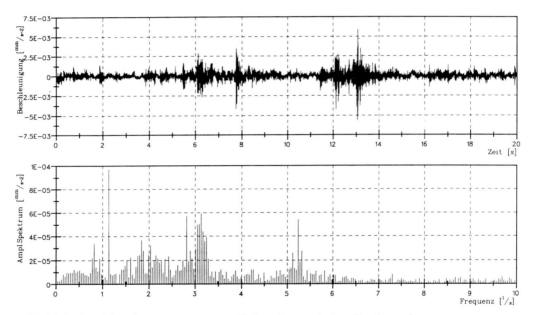

Bild 6.2-3: Beschleunigungsmessung am Kölner Dom mit Amplitudenspektrum

Die Untersuchung des Tragwerks durch Hintergrundrauschen (ambient vibration) zeichnet sich durch einen geringen technischen Aufwand bei der Durchführung aus, da keinerlei Geräte zur Schwingungserregung benötigt werden. Es können jedoch nur Eigenfrequenzen gemessen werden, eine Zuordnung der Frequenzen zu den zugehörigen Eigenformen kann nicht erfolgen.

Nun zur zweiten der oben erwähnten Möglichkeiten, der Beschleunigungs- oder Geschwindigkeitsmessung bei Anregung durch einen Stoß. Diese Vorgehensweise empfiehlt sich insbesondere zur schnellen Ermittlung der Grundeigenfrequenz, indem der Turm durch einen Schlag mit einem Impulshammer auf Höhe der Glockenstube so stark wie möglich in Schwingungen versetzt wird (Bild 6.2-4). Ein Beispiel dazu findet sich in Abschnitt 6.3.

Bild 6.2-4: Impulshammereinsatz

Die dritte der erwähnten Möglichkeiten, die Beschleunigungs- oder Geschwindigkeitsmessung bei Anregung durch Unwuchterreger, ist zwar aufwendiger als die beiden ersten, dafür aber besonders genau und auch zur Dämpfungsbestimmung hervorragend geeignet. Neben elektromagnetisch oder hydraulisch gesteuerten Shakern können motorisch oder mit Hand betriebene Unwuchterreger verwendet werden, um das System anzuregen. Die Erregung erfolgt am wirkungsvollsten in der Systemeigenfrequenz. Wenn der Turm dann ausschwingt, läßt sich das logarithmische Dekrement der Dämpfung aus dem gemessenen Signal, wie in Abschnitt 3.3 beschrieben, ermitteln. Auch dazu bietet Abschnitt 6.3 ein Beispiel. Zum Schluß sei noch erwähnt, daß auf meßtechnischem Weg neben den dynamischen Eigenschaften des Glockenturms bei Bedarf auch die Schwingzahlen der Glocken bestimmt werden können.

6.3 Beispiele

Als erstes Beispiel betrachten wir den in Bild 6.3-1 dargestellten, 30 m hohen Turm in Mauerwerksbauweise, der einen quadratischen Grundriß mit der Seitenlänge von 4,20 m aufweist. In der folgenden Tabelle sind nähere Angaben zu seiner Glockenbestückung zusammengefaßt.

Glocke Nr.	Ton	Durchmesser [mm]	Masse [kg]	Anschläge [1/min]	Läutewinkel [Grad]
I	e'+1	1237	1180	53	62
II	fis'+1	1102	820	56	64
III	a'+2	914	460	59	66
IV	h'+2	812	320	62	68

Bild 6.3-1: 30-m-Kirchturm

Eine Impulshammererregung des Tragwerks liefert das Spektrum von Bild 6.3-2, aus dem die Grundeigenfrequenz des Turms $f_1 = 2{,}0$ Hz erkannt werden kann. Das Spektrum der Horizontalbeschleunigungen infolge Läutens von Glocke III ist in Bild 6.3-3 dargestellt. Bei einer Anschlagzahl von 59 /min, entsprechend einer Erregerfrequenz nach (6.1.13) von $\frac{59 \cdot \pi}{60} = 3{,}09 \, \frac{\text{rad}}{\text{s}} = 0{,}49$ Hz, sind die Spitzen aus der 1., 3. und 5. Harmonischen ersichtlich. Der Abstand der Turmeigenfrequenz zur 3. Harmonischen der Glockenerregung ist ausreichend groß, um Resonanzeffekte zu vermeiden.

6.3 Beispiele

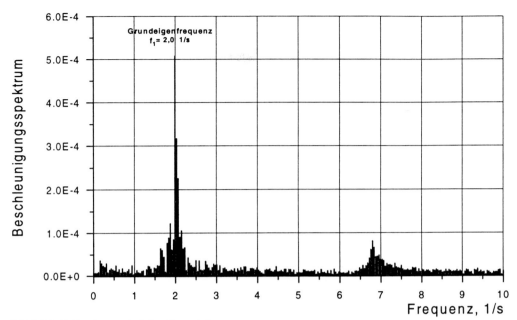

Bild 6.3-2: Spektrum infolge Impulshammeranregung

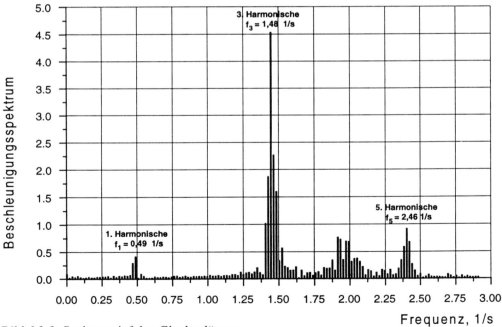

Bild 6.3-3: Spektrum infolge Glockenläutens

172 6 Beanspruchung von Kirchtürmen durch Glockenläuten

Bild 6.3-4: 35-m-Kirchturm

Als zweites Beispiel sei der 35 m hohe Stahlbetonkirchturm des Bildes 6.3-4 betrachtet; sein Grundriß entspricht einem gleichseitigen Dreieck mit einer Kantenlänge von 5 m. In der folgenden Tabelle sind die Daten der vorhandenen Glocken zusammengefaßt.

Glocke Nr	Ton	Durchmesser [mm]	Masse [kg]	Anschlagzahl [1/min]	Läutewinkel [Grad]
I	as'	929	450	61	60
II	ces'	845	380	65	67
III	des'	772	300	67	68
IV	es'	685	210	70	70
V	ges'	596	150	75	70

Eine erste Untersuchung mittels Impulshammer lieferte für die Grundeigenfrequenz des Turmes den Wert $f_1 = 1{,}8$ Hz. Das ist (zu) nah zur der Erregerfrequenz des Geläutes; so liegt z.B. die dritte Harmonische der Glocke IV (Anschlagzahl = 70 /min) bei

$$f_3 = 3 \cdot \frac{70\,\pi}{60} \cdot \frac{1}{2\pi} = 1{,}75\,\text{Hz} \qquad (6.3.1)$$

6.3 Beispiele

Zur Bestimmung der Dämpfung des Turms wurde dieser mit dem Unwuchterreger in seiner Eigenfrequenz von 1,8 Hz aufgeschaukelt und die Ausschwingkurve nach plötzlichem Arretieren des Erregers aufgenommen (Bild 6.3-5).

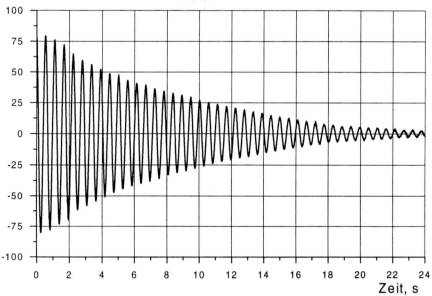

Bild 6.3-5: Abklingkurve nach Eregung in der Grundeigenfrequenz

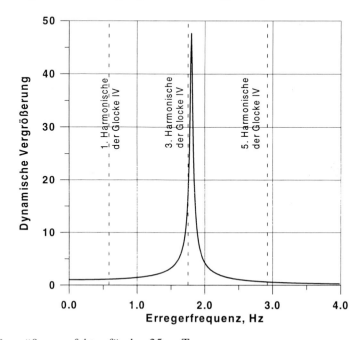

Bild 6.3-6: Vergrößerungsfaktor für den 35-m-Turm

Mit Hilfe der Beziehungen des Abschnitts 3.3 ergibt sich ein logarithmisches Dekrement von 0,066, entsprechend einem Dämpfungsmaß D = 1,05%. Die rechnerische Auswertung des Vergrößerungsfaktors nach Formel (6.1.17) im interessierenden Frequenzbereich liefert Bild 6.3-6, in dem die Erregerfrequenzen der Glocke IV ebenfalls eingetragen wurden.

In diesem ungünstigen Fall erzeugt das Glockenläuten starke Resonanzerscheinungen im Turm, die sich in den folgenden Schrieben für die zwei Horizontalkomponenten der Geschwindigkeit infolge Läutens aller Glocken niederschlagen (Bild 6.3-7 und 6.3-8). Die Maximalwerte überschreiten deutlich den in DIN 4150, „Erschütterungen im Bauwesen", erwähnten Schwellenwert von 8 mm/s.

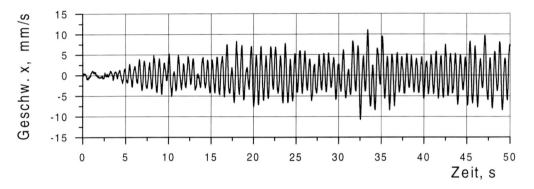

Bild 6.3-7: Geschwindigkeit in x-Richtung, Läuten aller Glocken

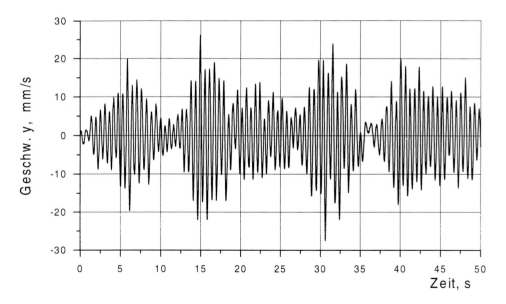

Bild 6.3-8: Geschwindigkeit in y-Richtung, Läuten aller Glocken

Offensichtlich sind in diesem Fall Sanierungsmaßnahmen erforderlich, um Schäden im Bauwerk zu vermeiden.

Um die Möglichkeit zu demonstrieren, die Erregerfrequenz bzw. die Anschlagzahl einer Glocke aus gemessenen Geschwindigkeits- oder Beschleunigungsverläufen zu bestimmen, betrachten wir in Bild 6.3-9 das Spektrum der gemessenen Beschleunigung infolge Läuten von Glocke IV.

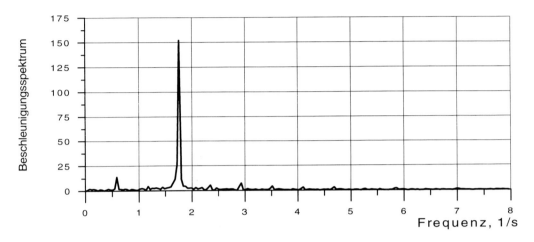

Bild 6.3-9: Spektrum der Beschleunigung, Läuten Glocke IV

Es weist Spitzen auf an den Stellen $f_1 = 0{,}59$ Hz, $f_2 = 1{,}76$ Hz und $f_3 = 2{,}93$ Hz, entsprechend der Grunderregerfrequenz, der dritten und der fünften Harmonischen. Daraus ergibt sich die Anschlagzahl gemäß

$$a = \Omega_1 \frac{60}{\pi} = 120 \cdot f_1 = 70 \frac{1}{\min} \qquad (6.3.2)$$

aber auch

$$a = \Omega_3 \frac{60}{3\pi} = \frac{1}{3} 120 \cdot f_3 = 70 \frac{1}{\min} \qquad (6.3.3)$$

und

$$a = \Omega_5 \frac{60}{5\pi} = \frac{1}{5} 120 \cdot f_5 = 70 \frac{1}{\min} \qquad (6.3.4)$$

7 Erdbebenbeanspruchung von Bauwerken

7.1 Seismologische Grundlagen

Nach den Erkenntnissen der Geowissenschaften [7.1] [7.2] ist die äußere Kugelschale im Aufbau der Erde die Lithosphäre, mit einer Mächtigkeit von bis zu 100 km. Darunter liegt die dickflüssige Asthenosphäre. Die Lithosphäre selbst besteht aus einzelnen (Kontinental)-Platten, die sich an den Rändern horizontal und vertikal gegenseitig bewegen können und dabei eine Vielzahl von Phänomenen, darunter auch Erdbeben, hervorrufen (Bild 7.1-1). Neben diesen „tektonischen" Erdbeben, die durch plötzliche Bruchereignisse (Abschiebung, Horizontalverschiebung oder Überschiebung) entlang der Plattenränder verursacht werden, führen auch Vulkanausbrüche oder der Einsturz unterirdischer Hohlräume gelegentlich zu Erdbeben, deren Zahl jedoch wesentlich kleiner und deren Stärke in der Regel geringer ist als bei tektonischen Beben.

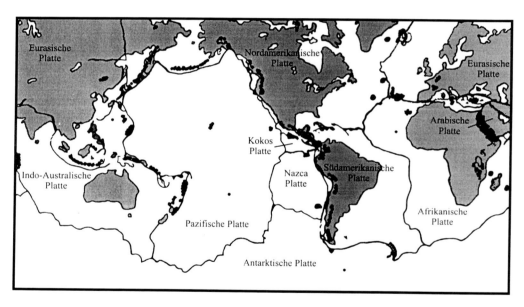

Bild 7.1-1: Die wichtigsten Kontinentalplatten

Die Bruchprozesse an den Kontinentalrändern entstehen, wenn die sich über lange Zeiträume, bei großen Beben mehrere hundert Jahre, aufbauenden Gebirgsspannungen die Gesteins- oder Gebirgsfestigkeit überschreiten. Die dabei schlagartig freiwerdende Verformungsenergie versetzt die benachbarten Gesteinsmassen in Schwingungen, die sich in Form von seismischen Wellen ausbreiten und (im allgemeinen erst nach mehrfacher Reflexion und Brechung) die Erdoberfläche erreichen. Dabei spielen die Größe der Bruchfläche und der Verschiebungsbetrag die ausschlaggebende Rolle für die Stärke des Erdbebens. Zunächst sind es Raumwellen, die vom Herd ausgehend die Energie nach allen Richtungen transportieren. Bei diesen handelt es sich um Längswellen (P-Wellen, Kompressionswellen) oder Transversalwellen (S-Wellen, Scherwellen); die Fortpflanzungsgeschwindigkeit v_s der Scherwellen beträgt

7.1 Seismologische Grundlagen

$$v_s = \sqrt{\frac{E}{\rho}} \sqrt{\frac{1}{2(1+\nu)}} \qquad (7.1.1)$$

und ist damit wesentlich kleiner ist als diejenige der Kompressionswellen v_p

$$v_p = \sqrt{\frac{E}{\rho}} \sqrt{\frac{1-\nu}{(1+\nu)(1-2\nu)}} \qquad (7.1.2)$$

Hierbei ist ν die Querkontraktionszahl des Mediums, E sein Elastizitätsmodul und ρ die Dichte. Typische Werte für v_p an der Kruste-Mantel-Grenze liegen bei 7 bis 8 km/s im Vergleich zu 4 bis 5 km/s für die S-Wellen. An der freien Erdoberfläche und durch innere Schichtgrenzen entstehen auch sogenannte Oberflächenwellen; sie werden in RAYLEIGH- und LOVE-Wellen unterteilt, die beide mit der Tiefe sehr schnell abnehmen. Bei den RAYLEIGH-Wellen bewegen sich die Materialteilchen an der Oberfläche entgegen der Wellen-Fortpflanzungsrichtung auf Ellipsen in Ebenen senkrecht zur Erdoberfläche, bei den LOVE-Wellen dagegen erfolgt die Bewegung senkrecht zur Fortpflanzungsrichtung und parallel zur Erdoberfläche.

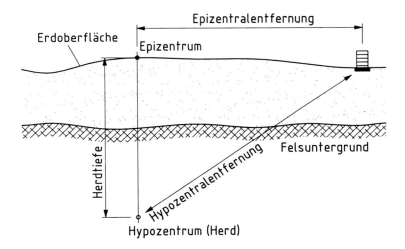

Bild 7.1-2: Zur Lage des Erdbebenherds

Bild 7.1-2 zeigt die üblichen Bezeichnungen für die Lage des Herdes (oder der Herdfläche) in bezug auf den interessierenden Aufpunkt der Erdoberfläche. Die Epizentralentfernung (Δ oder D) ist der Abstand zwischen dem Epizentrum und dem Standort; bei großen Entfernungen wird sie in der Regel in Grad gemessen (z.B. $\Delta = 32{,}5°$). Mit h wird die Herdtiefe und mit s die Hypozentralentfernung bezeichnet. Die meisten Beben entstehen in Tiefen von bis zu h = 60 km (Flachbeben); Tiefbeben, die unterhalb 300 km ihren Herd haben, sind für die Bauwerksbeanspruchung weniger interessant. Für die seismische Beanspruchung einer Konstruktion ist die am Fundament ankommende Bodenbeschleunigung maßgebend, die eine vektorielle Größe ist und meist in den beiden Horizontalkomponenten Ost-West und Nord-Süd und der Vertikalkomponente gemessen wird. Letztere ist in der Regel schwächer als die

Horizontalkomponenten, um einen Faktor 0,5 bis 0,7, andererseits gibt es vereinzelt Messungen, die höhere Vertikal- als Horizontalbeschleunigungen ausweisen. Die beiden Horizontalkomponenten sind oft etwa gleich „stark", so daß es nicht sinnvoll ist, von einer besonderen Richtung des Erdbebens zu sprechen.

Zur Beschreibung der Stärke eines Bebens werden in der Geophysik eine Reihe von Größen verwendet, von denen im folgenden die wichtigsten kurz erläutert werden; für ein genaueres Studium wird auf geophysikalische Standardwerke [7.1][7.2] verwiesen. Bei diesen Größen handelt es sich um die Magnitude (M), die Intensität (I) und das seismische Moment M_0 bzw. die Momentenmagnitude M_W.

Magnitude:

Die Magnitude ist definitionsgemäß unabhängig vom Standort des Beobachters und nur von der beim Beben freigesetzten Energie abhängig. Die ursprünglich von dem amerikanischen Seismologen Charles RICHTER 1935 eingeführte „RICHTERskala", die Lokalmagnitude M_L (local magnitude), beruht auf dem Vergleich der Registrierung (Maximalamplitude A in mm) des jeweiligen Bebens (eigentlich ist A das Mittel der Messungen in beiden Horizontalrichtungen oder auch die geometrische Resultierende beider Werte) auf einem speziellen Seismometer (Wood-Anderson-Typ) mit der Amplitude $A_0 = 1$ µm eines Standardbebens in einem Abstand von 100 km vom Meßort. Es ist

$$M_L = \log \frac{A}{A_0} + S \qquad (7.1.3)$$

mit dem standortabhängigen Korrekturterm S, der die örtlichen geologischen Verhältnisse am Meßort erfaßt. Gleichung (7.1.3) läßt sich auch in der Form

$$M_L = \log A - \log A_0 + S \qquad (7.1.4)$$

ausdrücken; für den Korrekturfaktor $-\log A_0$ gab RICHTER Werte in Abhängigkeit von Δ an, die auch heute noch Verwendung finden; für $\Delta = 100$ km beträgt der Korrekturfaktor $-\log A_0 = 3$, entsprechend 1 mm = 1000 µm. Im Grunde stellt die Lokalmagnitude den dekadischen Logarithmus des Ausschlags in µm auf einem WOOD-ANDERSON-Gerät dar, wenn dieses 100 km vom Epizentrum entfernt ist. Natürlich erfolgen seismische Registrierungen heute nicht mehr mittels dieses Geräts, jedoch lassen sich die anderweitig ermittelten Amplituden digital auf das WOOD-ANDERSON-Gerät rückrechnen und der Bestimmung von M_L zugrundelegen. Von BOLT [7.3] stammen Nomogramme zur schnellen Ermittlung der Lokalmagnitude, basierend auf dem Zeitunterschied zwischen der Ankunft der P- und der S-Wellen (als Maß für die Entfernung Δ) und der Amplitude der S-Wellen (vgl. Bild 7.1-3 nach [7.4]).

Die Bestimmung der Lokalmagnitude (Nahbeben-Magnitude) ist nur sinnvoll bei Epizentralentfernungen Δ bis zu etwa 700 km (vereinzelt sogar bis 1000 km).

7.1 Seismologische Grundlagen 179

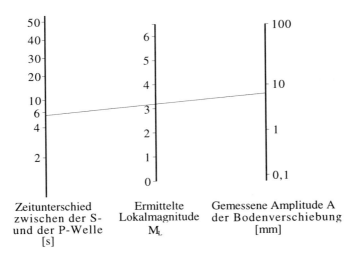

Bild 7.1-3: Nomogramm nach BOLT zur Bestimmung der Lokalmagnitude (schematisch)

Für Flachbeben mit h < 60 km in größerer Entfernung (etwa ab 20°) wurde die Oberflächenwellen-Magnitude M_S (surface wave magnitude) eingeführt. Sie wird definiert durch eine empirische Beziehung der Form

$$M_S = \log A + C_1 \log \Delta + C_2 \qquad (7.1.5)$$

oder auch

$$M_S = \log \frac{A}{T} + C_3 \log \Delta + C_4 \qquad (7.1.6)$$

und ist nicht an einen bestimmten Seismometertyp gebunden.

Für größere Tiefbeben wird die sogenannte Raumwellen-Magnitude m_b (body wave magnitude) herangezogen, da bei diesen Beben kaum Oberflächenwellen entstehen. Sie wird in der Form

$$m_b = \log \frac{A}{T} + Q(\Delta, h) + C_5 \qquad (7.1.7)$$

eingeführt, mit einem Korrekturglied Q zur Erfassung der nichtlinearen Beziehung zwischen $\log \frac{A}{T}$ und der Epizentralentfernung.

In (7.1.5) bis (7.1.7) bezeichnet A die maximale Amplitude der Oberflächenwellen im Periodenbereich 18 bis 22 s, Δ die Epizentralentfernung, T die Periode der Oberflächenwellen. C_1 bis C_5 stellen Korrekturkonstanten dar.

Zwischen den verschiedenen Magnituden lassen sich empirische lineare Umrechnungsbeziehungen aufstellen, die jedoch nur bedingt gültig sind.

Intensität:

Im Gegensatz zur Magnitude bezieht sich die Intensität auf einen bestimmten Einwirkungsort und beschreibt die Auswirkungen des Bebens anhand von makroskopischen Beobachtungen mehr oder weniger qualitativen Charakters. Bekannte Intensitätsskalen sind die 12-teilige MSK-Skala (MEDVEDEV-SPONHEUER-KARNIK-Skala, die in DIN 4149 enthalten ist, und die ebenfalls 12-teilige Modifizierte MERCALLI-Skala (MM-Skala). Die vereinfachte MSK-Skala wird in Tabelle 7.1-1 wiedergegeben.

Heute wird versucht, die Intensität als Maß des Schädigungspotentials von Beben an einem bestimmten Standort quantitativ zu interpretieren und als „instrumental intensity" mit objektiven Meßdaten zu koppeln; diese Möglichkeiten werden im folgenden Abschnitt 7.2 erläutert.

Intensität	Kennzeichen
1	Nur von Instrumenten registriert
2	Von ruhenden Personen vereinzelt wahrgenommen
3	Nur von wenigen verspürt
4	Von vielen wahrgenommen; Klirren von Fenstern und Geschirr
5	Hängende Gegenstände pendeln; viele Schlafende erwachen
6	Leichte Schäden an Gebäuden; feine Putzrisse
7	Risse im Verputz, Spalten in Wänden und Schornsteinen
8	Große Mauerwerksspalten, Giebelteile/Gesimse stürzen ein
9	An einigen Bauten Einsturz von Decken und Wänden, Erdrutsche
10	Mehrere Bauten stürzen ein, bis 1m breite Bodenspalten
11	Viele Spalten und Erdrutsche in den Bergen
12	Starke Veränderungen an der Erdoberfläche

Tabelle 7.1-1: Vereinfachte MSK-Skala nach DIN 4149 Teil 1

Seismisches Moment:

Eingeführt wird das seismische Moment M_0 (seismic moment) über die Beziehung

$$M_0 = \mu \, D \, A \qquad (7.1.8)$$

mit D als mittlere Verschiebung der Bruchfläche von der Größe A und μ als Wert der dabei überwundenen Gesteinsfestigkeit. Bei örtlich unterschiedlichen Festigkeiten und Verschiebungen wird M_0 als Integral über alle Teilflächen gebildet. Die direkte physikalische Relevanz des seismischen Moments führte zur Einführung einer weiteren Magnitude, der sogenannten Momentenmagnitude M_W (moment magnitude), die nach KANAMORI [7.5] als

$$M_W = \frac{2}{3} \log M_0 - 10{,}73 \qquad (7.1.9)$$

definiert wird. Hier ist das seismische Moment M_0 in der Einheit dyn cm einzuführen, wobei die Umrechnungsbeziehung 1 dyn = 10^{-8} kN gilt. Während die übrigen Magnituden für stärkere Beben einem Sättigungswert zustreben, wächst die Momentenmagnitude kontinuierlich mit der Bebenstärke und vermeidet somit diesen störenden Sättigungseffekt.

7.2 Kenngrößen zur Beschreibung der Bodenbewegung

Für Ingenieuranwendungen bilden gemessene Zeitverläufe der Bodenbeschleunigung, sogenannte Akzelerogramme, den Datengrundstock für die Herleitung aller möglichen Kennfunktionen und Parameter zur Beschreibung der seismischen Gefährdung eines Standorts bzw. zur Ermittlung der Tragwerksbeanspruchung für ein tatsächliches oder mögliches Bebenereignis. Die Registrierung der drei Komponenten (zwei Horizontalkomponenten und die Vertikalkomponente) der Bodenbeschleunigung geschieht mit Hilfe spezieller Geräte, die im wesentlichen Einmassenschwingern mit etwa 25 Hz Eigenfrequenz und D = 60% Dämpfung entsprechen. Die Geräte liefern „Rohversionen" der Beschleunigungszeitverläufe, die mit Hilfe besonderer Prozeduren noch soweit aufbereitet werden müssen, daß die durch einfache bzw. zweifache Integration des Beschleunigungszeitverlaufs gewonnenen Verläufe der Bodengeschwindigkeit bzw. der Bodenverschiebung keine unrealistischen „Rest"geschwindigkeiten bzw. allzu große bleibende Bodenverschiebungen nach Ablauf des Bebens liefern. Dabei bleibt der Unterschied der Beschleunigungsordinaten zwischen der „Rohversion" und dem korrigierten Akzelerogramm klein. Übrigens sollten nicht nur gemessene, sondern auch künstlich erzeugte Beschleunigungszeitverläufe bei Bedarf einer Basislinienkorrektur unterzogen werden.

Die einfachste Möglichkeit zur Durchführung einer Basislinienkorrektur liegt in der Minimierung des mittleren Quadrats der Bodengeschwindigkeit. Für eine lineare Korrektur der Bodenbeschleunigung

$$a_{kor} = a_{unk} - (c_1 + c_2 \cdot t) \qquad (7.2.1)$$

ergeben sich die Bodengeschwindigkeit und die Bodenverschiebung zu

$$v_{kor} = v_{unk} - \left(c_1 \cdot t + c_2 \cdot \frac{t^2}{2}\right) \qquad (7.2.2)$$

$$d_{kor} = d_{unk} - \left(c_1 \cdot \frac{t^2}{2} + c_2 \cdot \frac{t^3}{6}\right) \qquad (7.2.3)$$

Die Bedingung, daß das Quadrat der Bodengeschwindigkeit zu einem Minimum wird,

$$INT = \int_{t=0}^{t=s} v_{kor}^2 \, dt = \int_{t=0}^{t=s} \left(v_{unk} - \left(c_1 \cdot t + c_2 \cdot \frac{t^2}{2}\right)\right)^2 dt \rightarrow Min \qquad (7.2.4)$$

liefert ein lineares Gleichungssystem für die unbekannten Koeffizienten c_1 und c_2:

$$\frac{\partial}{\partial c_1}(\text{INT})=0, \quad \frac{\partial}{\partial c_2}(\text{INT})=0 \qquad (7.2.5)$$

Das Programm BASKOR führt diese lineare Basislinienkorrektur durch. Auch eine einfache Hochpaßfilterung nach Abschnitt 3.5 kann langwellige Anteile unterdrücken und zu brauchbaren Ergebnissen führen.

Als Beispiele sind in den Bildern 7.2-1 und 7.2-2 einige natürliche Beschleunigungszeitverläufe dargestellt. Es handelt sich dabei um die in Ulcinj im Hotel Albatros gemessene Ost-West-Komponente des Montenegro-Bebens von 1979 (Bild 7.2-1) und um die an der Japan Meteorological Agency (JMA) in Kobe während des 1995 Hyogoken-Nanbu-Bebens gemessene Nord-Süd-Komponente (Bild 7.2-2).

Die Zeitverläufe der Bodengeschwindigkeit und -verschiebung dieser Akzelerogramme vor und nach Durchführung einer Basislinienkorrektur mit Hilfe von BASKOR sind in den Bildern 7.2-3 bis 7.2-5 zu sehen.

Die Berechnung der Zeitverläufe der Bodengeschwindigkeit und -verschiebung aus dem Akzelerogramm erfolgt mit Hilfe des Programms INTEG; seine Eingabedatei ACC enthält das Akzelerogramm (Format 2E14.7, mit den Zeitpunkten in der ersten und den Beschleunigungsordinaten in der zweiten Spalte) und die Ergebnisse werden in Dateien mit den Bezeichnungen VEL (für die Geschwindigkeit) und DIS (für die Verschiebung) geschrieben, ebenfalls im Format 2E14.7 mit den Zeitpunkten in der ersten Spalte. Das Programm fragt nach einem Faktor zum Multiplizieren der einzulesenden Beschleunigungsordinaten, so daß sich eine

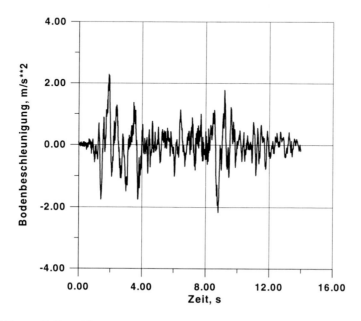

Bild 7.2-1: „Albatros"- Beschleunigungszeitverlauf

7.2 Kenngrößen zur Beschreibung der Bodenbewegung

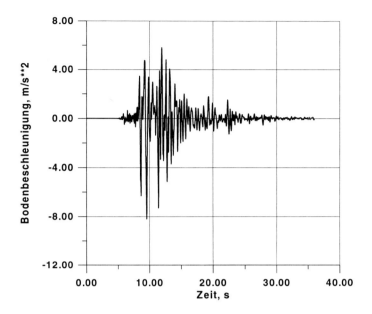

Bild 7.2-2: „JMA"- Beschleunigungszeitverlauf

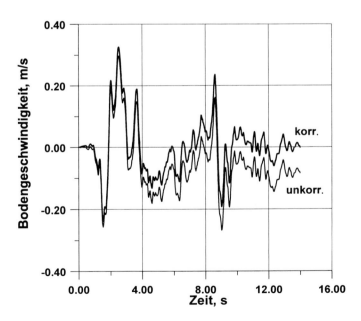

Bild 7.2-3: Geschwindigkeitszeitverläufe „Albatros", korrigiert/unkorrigiert

184 7 Erdbebenbeanspruchung von Bauwerken

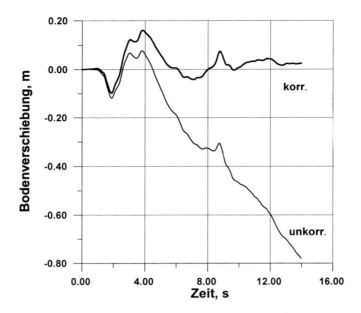

Bild 7.2-4: Verschiebungszeitverläufe „Albatros", korrigiert/unkorrigiert

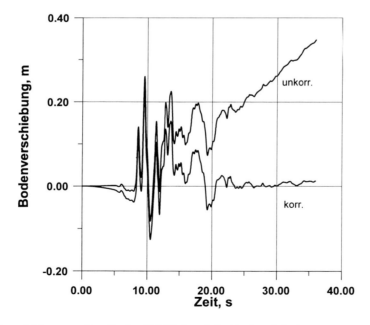

Bild 7.2-5: Verschiebungszeitverläufe „JMA", korrigiert/unkorrigiert

Einheit von m/s² ergibt; entsprechend wird die Geschwindigkeit in m/s und die Verschiebung in m ausgegeben. Auch das Programm BASKOR liefert Zeitverläufe der Bodengeschwindigkeit und -verschiebung und zwar sowohl für das unkorrigierte als auch für das korrigierte Akzelerogramm.

In den beiden folgenden Abschnitten 7.2.1 und 7.2.2 werden einige gebräuchliche Kennwerte und Kennfunktionen von Akzelerogrammen im Zeit- und im Frequenzbereich vorgestellt.

7.2.1 Zeitbereichskennwerte

1. Maximale Bodenbeschleunigung, „peak ground acceleration" (PGA)

Die maximale Bodenbeschleunigung ist als isolierter Wert kaum mit der schädigenden Wirkung des Bebens korreliert, zumal die Höhe der Spitzen meist durch höherfrequente Komponenten des Akzelerogramms entsteht. Trotzdem ist sie ein wichtiger Wert für die Charakterisierung der Intensität eines Bebens und dient häufig als Skalierungsfaktor für weitere Kennfunktionen, wie z.B. Antwortspektren. Auf die Möglichkeit, „effektive" Beschleunigungen auszuwerten wird im Abschnitt 7.2 im Zusammenhang mit der Bestimmung von Antwortspektren eingegangen. Beim JMA-Akzelerogramm betrug die maximale Bodenbeschleunigung 8,2 m/s², beim „Albatros"-Beben 2,3 m/s²; bei typischen mitteleuropäischen Beben liegt sie meist deutlich unter 1 m/s².

2. Effektivwert (RMS-Wert) der Bodenbeschleunigung

Definiert als Quadratwurzel des Integrals des quadrierten Beschleunigungszeitverlaufs über die Gesamtdauer des Bebens, welches noch durch die (nominelle) Bebendauer s dividiert wird, gemäß

$$\text{RMS} = \sqrt{\frac{1}{s} \int_{t=0}^{t=s} a^2 \, dt} \qquad (7.2.6)$$

ist der Effektivwert direkt mit der Energie des Beschleunigungszeitverlaufs verknüpft. In dieser Gleichung ist $a = \ddot{u}_g(t)$ die Bodenbeschleunigung (acceleration).

3. HUSID-Diagramm H(t)

Es handelt sich dabei um das Zeitintegral des Quadrats der Bodenbeschleunigung, normiert auf den Wert 1 am Ende des Bebens (t = s, d.h. nach Ablauf der nominellen Bebendauer):

$$H(t) = \frac{\int_{t=0}^{t} a^2 \, dt}{\int_{t=0}^{t=s} a^2 \, dt} \qquad (7.2.7)$$

Im HUSID-Diagramm spiegelt sich die zeitliche Verteilung des Energiegehalts des Bebens wider, weshalb es gern zur Definition einer „effektiven Bebendauer" herangezogen wird. Die Ermittlung des HUSID-Diagramms erfolgt mit Hilfe des Programms HUSID, das die Eingabedatei ACC wie beim Programm INTEG verarbeitet und das HUSID-Diagramm in die Datei HUS schreibt.

Bild 7.2-7 zeigt den Verlauf des HUSID-Diagramms für ein weiteres natürliches Beben, und zwar für die in Bild 7.2-6 gezeigte, im Oliva-Hotel in Petrovac gemessene Komponente des Montenegro-Bebens von 1979. In Bild 7.2-8 ist als Beispiel eines besonders langen Bebens die Aufzeichnung SCT des Mexico City-Bebens von 1985 dargestellt. Dessen HUSID-Diagramm ist zusammen mit demjenigen der JMA-Aufzeichnung in Bild 7.2-9 zu sehen.

4. ARIAS-Intensität AI

Sie entspricht dem Normierungsfaktor des HUSID-Diagramms, gemäß

$$AI = \int_0^s a^2 \, dt \qquad (7.2.8)$$

In der ursprünglichen, von ARIAS [7.6] vorgeschlagenen Form, lautet sie

$$AI = \frac{\pi}{2g} \int_0^s a^2 \, dt \qquad (7.2.9)$$

und ist, wie auch der RMS-Wert, ein Maß für die im Akzelerogramm enthaltene Energie. Als Beispiel beträgt die ARIAS-Intensität (7.2.9) des „Oliva"-Bebens 4,46 m/s, der JMA-Aufzeichnung 8,43 m/s, des „Albatros"-Bebens 0,68 m/s und des SCT-Akzelerogramms 2,43 m/s.

5. Starkbebendauer

Zur Bestimmung der „effektiven" Dauer eines Bebens anhand eines vorliegenden Akzelerogramms kann z.B. nach BOLT [7.7] das Zeitsegment gewählt werden, währenddessen die Bodenbeschleunigung oberhalb eines bestimmten Wertes (z.B. 0,05g) bleibt. Andere Definitionen gehen vom HUSID-Diagramm aus und setzen die effektive Bebendauer gleich der Zeitspanne zwischen der 5% und 95%-Marke des HUSID-Diagramms (TRIFUNAC und BRADY, [7.8], NOVIKOVA und TRIFUNAC [7.9]) oder auch von 0 bis 90%. Eine lange Starkbebendauer bewirkt infolge der zyklischen Beanspruchung entsprechend hohe Bauwerksschäden und stellt damit einen wichtigen Parameter für die Beurteilung des Schädigungspotentials eines Bebens dar. Für das „Oliva"-Beben beträgt die 5%-95%-Bebendauer 10,6 s, für das „Albatros"-Beben 9,7 s, für die JMA-Aufzeichnung 8,1 s und für das lange Mexico City-Beben (SCT) 36,5 s.

7.2 Kenngrößen zur Beschreibung der Bodenbewegung

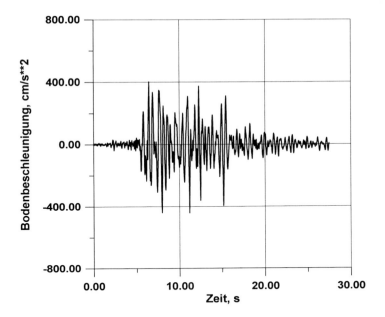

Bild 7.2-6: Montenegro-Beben von 1979, Petrovac, Hotel Oliva

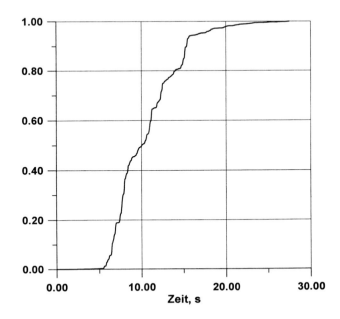

Bild 7.2-7: HUSID-Diagramm des „Oliva"-Akzelerogramms

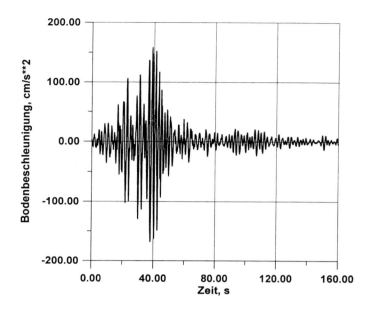

Bild 7.2-8: SCT-Akzelerogramm des Mexico City-Bebens von 1985

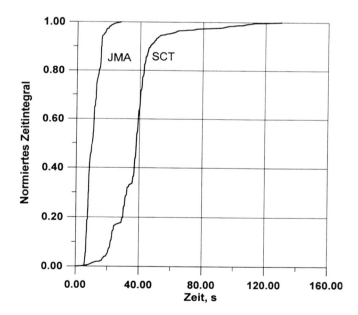

Bild 7.2-9: HUSID-Diagramme für das JMA- und das SCT-Akzelerogramm

7.2 Kenngrößen zur Beschreibung der Bodenbewegung

Zum Abschluß dieses Teilabschnitts werden die ermittelten Zeitbereichskennwerte der vier betrachteten Akzelerogramme zusammengestellt, um eine Vorstellung von ihrem Variabilitätsbereich zu geben.

Akzelerogramm	PGA	AI	Dauer 5%-95%
	m/s^2	m/s	s
„Albatros"	2,29	0,68	9,7
„Oliva"	4,43	4,46	10,6
SCT	1,68	2,43	36,5
JMA	8,20	8,43	8,1

7.2.2 Frequenzbereichskennwerte

1. Antwortspektren

In Bild 7.2-10 ist der allgemeine Fall fußpunkterregter Konstruktionen skizziert mit den beiden Grenzfällen einer besonders weichen Struktur (als Getreideähre veranschaulicht) und eines starren, mit dem Baugrund verbundenen Blocks. Im ersten Fall haben wir es mit einem System zu tun, dessen Eigenfrequenz gegen Null geht, während beim starren Block die Eigenfrequenz über alle Grenzen wächst und dafür die Periode zu Null wird. Anschaulicherweise wird bei einem System mit $\omega_1 \approx 0$ die Masse aufgrund ihrer Trägheit quasi in Ruhe verharren während der Boden darunter hin- und herschwingt. Hier sind die Beschleunigung (und damit auch die Trägheitskraft) der Masse gleich Null, dafür wird eine maximale Verschiebung Δ zwischen Boden und Masse entsprechend dem Maximum des zweifachen Zeitintegrals der Bodenbeschleunigung erreicht. Im anderen Extremfall ist die gegenseitige Verschiebung zwischen Masse und Baugrund Null, dafür erfährt die Masse die volle Baugrundbeschleunigung.

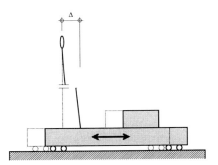

Bild 7.2-10: Weiches und starres System auf bewegter Unterlage

Zur quantitativen Erfassung dieser Verhältnisse und gleichzeitig zur Beschreibung der Verteilung der in einem Akzelerogramm enthaltenen Energie über den für Baukonstruktionen maßgebenden Frequenzbereich zwischen etwa 0.1 und 10 Hz (Perioden zwischen 0,1 und 10 s)

leisten "seismische Antwortspektren" gute Dienste. Lineare Antwortspektren für ein bestimmtes Akzelerogramm $\ddot{u}_g(t)$ werden gewonnen, indem viskos gedämpfte Einmassenschwinger (Dämpfungsmaß D) mit variabler Eigenkreisfrequenz ω_1 dem betreffenden Beschleunigungszeitverlauf als Fußpunkterregung unterworfen werden. Die resultierende Bewegungsdifferentialgleichung

$$\ddot{u} + 2 \cdot D \cdot \omega_1 \dot{u} + \omega_1^2 \cdot u = -\ddot{u}_g(t) \qquad (7.2.10)$$

wird (z.B. mit Hilfe des DUHAMEL-Integrals) gelöst, und die dem Absolutwert nach maximale Auslenkung des Einmassenschwingers relativ zu seinem Fußpunkt, $u_{max} = S_d$, bestimmt. Das Minuszeichen auf der rechten Seite von (7.2.10) wird üblicherweise unterdrückt, da es ja nur auf den Absolutwert der maximalen Verschiebung ankommt. Die S_d-Werte stellen bereits Verschiebungs-Spektralordinaten (Index d für displacement) dar; mit der Kreisfrequenz ω_1 des Einmassenschwingers werden zugehörig zu S_d auch Spektralordinaten S_v für die Pseudo-Relativ-Geschwindigkeit (velocity) und S_a für die Pseudo-Absolut-Beschleunigung (acceleration) eingeführt. Sie ergeben sich aus S_d gemäß

$$S_d = (1/\omega_1) \cdot S_v = (1/\omega_1^2) \cdot S_a \qquad (7.2.11)$$

stellen also nicht unbedingt die tatsächlichen Maximalwerte von Geschwindigkeit und Beschleunigung dar (worauf der Zusatz "Pseudo..." bei der jeweiligen Bezeichnung hinweist).

Wie bereits erwähnt, kann mit Hilfe eines Rechenprogramms die Maximalverschiebung S_d für ein festes D und mehrere ω_1 ermittelt und als "Verschiebungsantwortspektrum" aufgetragen werden. Besonders empfehlenswert ist dabei die Verwendung eines logarithmischen Rahmens wie in Bild 7.2-11 gezeigt, wobei auf der Abszisse die Perioden (bzw. alternativ die Eigenfrequenzen) zu finden sind und auf der Ordinate die S_v-Werte aufgetragen werden.

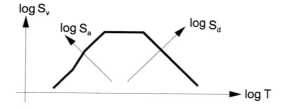

Bild 7.2-11: Logarithmische Darstellung eines Antwortspektrums (schematisch)

Damit lassen sich längs der 45°-Winkelhalbierenden und senkrecht dazu direkt die Werte S_d bzw. S_a abgreifen (Bild 7.2-12). Für kleine Perioden (steife Systeme) ergibt das eine konstante Spektralbeschleunigung gleich der maximalen Bodenbeschleunigung, und für weiche Systeme (große Perioden) eine konstante Spektralverschiebung entsprechend der maximalen bebeninduzierten Bodenverschiebung.

7.2 Kenngrößen zur Beschreibung der Bodenbewegung   191

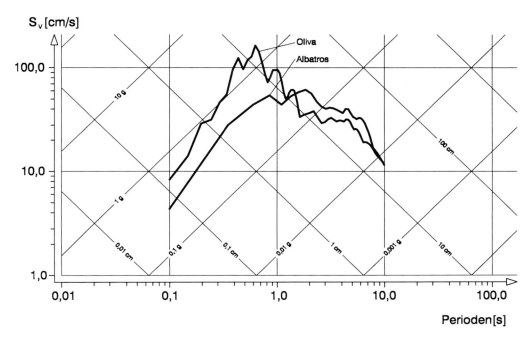

Bild 7.2-12: Dreifach logarithmisches Netz mit den Spektren der „Oliva"- und „Albatros"-Aufzeichnungen

In Bild 7.2-13 sind die Beschleunigungsantwortspektren der Akzelerogramme „Oliva" und „Albatros" zu sehen, berechnet für einen Dämpfungsgrad von 5%; Bild 7.2-12 zeigt dieselben Spektren in logarithmischer Darstellung. Sie wurden mit Hilfe des Programms SPECTR gewonnen. Das Programm benötigt als Eingabe den Beschleunigungszeitverlauf (Datei ACC wie vor) und liefert in der Ausgabedatei SPECTR in den Spalten 2, 3 und 4 die Spektralordinaten der Verschiebung in cm, der Pseudo-Relativ-Geschwindigkeit in cm/s und der Absolutbeschleunigung in g; in Spalte 1 sind die Perioden in s abgelegt. In den Spalten 5 und 6 der Datei SPECTR werden die Ordinaten der Absolut- und Relativenergiespektren, die im nächsten Unterabschnitt erläutert werden, abgelegt.

Ein Vergleich des montenegrinischen Spektrums mit den Spektren der SCT- und JMA-Aufzeichnungen ist in Bild 7.2-14 zu sehen.

Das Antwortspektrum kann auch zur Bestimmung einer „effektiven Beschleunigung" dienen, indem z.B. mittlere Spektralbeschleunigungen in einem bestimmten Periodenbereich durch eine Konstante dividiert werden. So schlägt das Applied Technology Council (ATC) in den Vereinigten Staaten eine effektive Beschleunigung von $a_{eff} = \overline{S}_a / 2{,}5$ vor, mit $\overline{S}_a$ als Mittelwert der Spektralbeschleunigung zwischen 0,1 und 0,5 s.

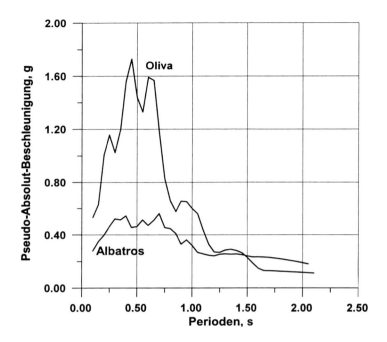

Bild 7.2-13: Beschleunigungsantwortspektren für das Montenegro-Beben von 1979

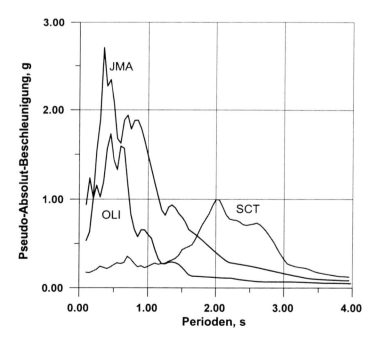

Bild 7.2-14: Vergleich der Beschleunigungsantwortspektren „Oliva", SCT und JMA

2. Energieantwortspektren

Beim fußpunkterregten Einmassenschwinger mit der Bewegungsdifferentialgleichung

$$m(\ddot{u} + \ddot{u}_g) + c\dot{u} + ku = 0 \qquad (7.2.12)$$

bezeichnet u die Relativverschiebung der Masse zum Fußpunkt und $\ddot{u}_g$ die Bodenbeschleunigung. Eine Integration dieser Gleichung über die gesamte Bebendauer liefert folgende Beziehung für die geleisteten Arbeitsbeträge:

$$\int (c\dot{u})du + \int (ku)du + \frac{1}{2}m(\dot{u} + \dot{u}_g)^2 = \int m(\ddot{u} + \ddot{u}_g)du_g \qquad (7.2.13)$$

bzw.

$$\int (c\dot{u})\dot{u}\,dt + \int (ku)\dot{u}\,dt + \frac{1}{2}m(\dot{u} + \dot{u}_g)^2 = \int m(\ddot{u} + \ddot{u}_g)\dot{u}_g\,dt \qquad (7.2.14)$$

Die einzelnen Terme sind von links nach rechts die Dämpfungsarbeit, die elastisch gespeicherte Arbeit, die kinetische Energie und, als Summe aller drei Energieanteile, die „absolute" eingebrachte Bebenarbeit, wobei letztere der Arbeit der Trägheitskraft $m(\ddot{u}+\ddot{u}_g)$ längs des Weges des Systemfußpunktes entspricht. Betrachtet wird der Einmassenschwinger mit der (7.2.12) entsprechenden Differentialgleichung

$$m\ddot{u} + c\dot{u} + ku = -m\ddot{u}_g \qquad (7.2.15)$$

als ein fixiertes System (keine Verschiebung des Fußpunktes möglich), das mit der Kraft $-m\ddot{u}_g$ belastet wird. Es ergibt sich folgende Energiebilanz:

$$\int (c\dot{u})\dot{u}\,dt + \int (ku)\dot{u}\,dt + \frac{1}{2}m\dot{u}^2 = -\int m\ddot{u}_g\,\dot{u}\,dt \qquad (7.2.16)$$

Während die Ausdrücke für die Dämpfungsarbeit und die elastisch gespeicherte Arbeit gleich bleiben, stellt der dritte Term auf der linken Seite die „relative" kinetische Energie dar, und der Ausdruck rechts vom Gleichheitszeichen ist die „relative" eingebrachte Bebenarbeit, die als Arbeit der Kraft $-m\ddot{u}_g$ längs des Weges u relativ zum Fußpunkt gedeutet werden kann.

Sowohl die absolute als auch die relative Bebenarbeit

$$E_{abs} = \int_{t=0}^{t=s} m(\ddot{u} + \ddot{u}_g)\dot{u}_g\,dt \qquad (7.2.17)$$

bzw.

$$E_{rel} = (-)\int_{t=0}^{t=s} m\ddot{u}_g\,\dot{u}\,dt \qquad (7.2.18)$$

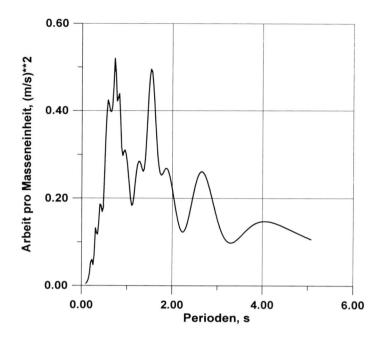

Bild 7.2-15: Energieantwortspektrum des „Albatros"-Bebens

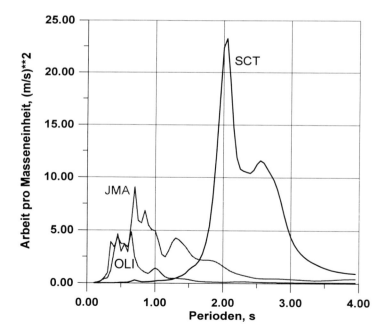

Bild 7.2-16: Vergleich der Energieantwortspektren dreier natürlicher Beben

lassen sich für eine Reihe von Einmassenschwingern verschiedener Periode (mit jeweils konstantem Dämpfungsmaß) ermitteln und in Form von Energieantwortspektren darstellen. Die Unterschiede zwischen den Maximalwerten von E_{abs} und E_{rel} sind in der Regel nicht groß [7.9], [7.10]. Bild 7.2-15 zeigt das Energieantwortspektrum des „Albatros" -Akzelerogramms, und in Bild 7.2-16 sind die Energiespektren für das Mexico City-Beben (SCT), das „Oliva-Beben" (OLI) und das Kobe-Beben (JMA) zu sehen; die Gefährlichkeit des SCT-Akzelerogramms tritt in dieser Darstellung im Vergleich zu Bild 7.2-14 besonders deutlich hervor. Auch diese Energieantwortspektren wurden mit Hilfe des Programms SPECTR ermittelt; sie finden sich in den Spalten 5 (für die „absolute") und 6 (für die „relative" Bebenarbeit) der Ausgabedatei.

3. Inelastische Antwortspektren

Werden nichtlineare Einmassenschwinger (Abschnitt 3.7) mit Beschleunigungszeitverläufen als Fußpunkterregung beaufschlagt, erhalten wir „inelastische Antwortspektren", die gegenüber den elastischen Antwortspektren mehr oder weniger stark reduziert sind. Für die nichtlineare Federkennlinie wird üblicherweise das elastisch-idealplastische Gesetz (Bild 3.7-1) verwendet. Das Verhältnis der erreichten maximalen absoluten Auslenkung u_{max} zum elastischen Grenzwert u_{el} dient als „Maximalduktilität" μ gemäß

$$\mu = \frac{u_{max}}{u_{el}} \qquad (7.2.19)$$

der Charakterisierung des Spektrums. Natürlich beziehen sich die Spektralordinaten auf die maximale elastische Auslenkung u_{el}, so gilt $S_d = u_{el}$, $S_v = u_{el} \cdot \omega$ und $S_a = u_{el} \cdot \omega^2$. Mit dem Rechenprogramm NLSPEC können inelastische Antwortspektren vorgegebener Beschleunigungszeitverläufe zu gewünschten Duktilitätswerten μ punktweise errechnet werden. Als Eingabedatei dient das in ACC enthaltene Akzelerogramm, und in der Ausgabedatei NLSPK stehen in fünf Spalten nebeneinader die Perioden in s, die Spektralordinaten für Verschiebung (in cm), Pseudo-Relativgeschwindigkeit (in cm/s) und Pseudo-Absolutbeschleunigung (in g), sowie, in Spalte 5, die tatsächlich erreichte Duktilität, die mit der Zielduktilität nicht immer genau übereinstimmt. Die relativ langen Rechenzeiten hängen mit dem iterativen Prozeß zur Ermittlung der inelastischen Spektralordinaten zusammen. Unter Umständen kann zu einer gewünschten Zielduktilität kein zufriedenstellendes Ergebnis innerhalb der intern vorgegebenen Maximalanzahl der Iterationen gefunden werden; in diesem Fall wird die bislang beste Approximation als Ergebnis genommen.

In Bild 7.2-17 ist ein mit dem Programm NLSPEC gewonnenes inelastische Antwortspektrum zu einem Duktilitätswert $\mu = 2,5$ eingezeichnet. Es korrespondiert zu einem künstlich erzeugten Beschleunigungszeitverlauf, dessen elastisches Antwortspektrum mit dem Zielspektrum ebenfalls in Bild 7.2-17 zu sehen sind.

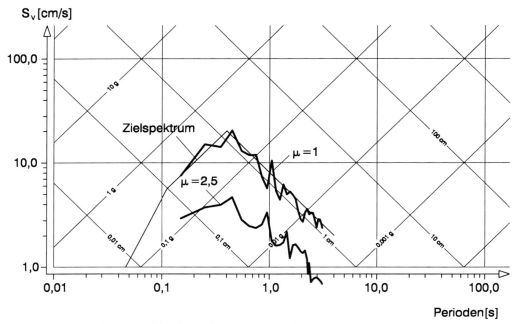

Bild 7.2-17: Elastisches und inelastisches Antwortspektrum

4. Spektralintensität

Die Fläche unterhalb des Spektrums der Pseudo-Relativ-Geschwindigkeit S_v im Periodenbereich zwischen 0,1 und 2,5 s wurde von HOUSNER als Spektralintensität SI eingeführt:

$$SI(D) = \int_{T=0,1}^{2,5} S_v(T,D)\,dT \qquad (7.\,2.\,20)$$

Sie hängt somit nur von der Dämpfung D des Spektrums ab; da die S_v-Spektralordinaten erfahrungsgemäß recht gut mit der seismischen Schädigung von Tragwerken korrelieren, ist SI ebenfalls deutlich mit der schädigenden Wirkung des Akzelerogramms verknüpft. Werte von SI werden ebenfalls vom Programm SPECTR berechnet.

Die in Abschnitt 7.2 eingeführten Programme werden mit ihren Ein- und Ausgabedateien nachfolgend zusammengefaßt:

Programmname	Eingabedatei	Ausgabedatei(en)
BASKOR	ACC	VEL.UNK DIS.UNK ACC.KOR VEL.KOR DIS.KOR
INTEG	ACC	VEL DIS
HUSID	ACC	HUS
SPECTR	ACC	SPECTR
NLSPEC	ACC	NLSPK

7.3 Standortabhängige elastische Antwortspektren

Das Antwortspektrum eines einzelnen gemessenen Akzelerogramms kann in dieser Form kaum als Entwurfsgrundlage für ein projektiertes Bauwerk dienen, denn es ist höchst unwahrscheinlich, daß es die möglichen zukünftigen Beben am Standort des Bauwerks zutreffend charakterisiert. Um zu Antwortspektren zur allgemeinen Charakterisierung der seismischen Gefährdung zu gelangen, empfiehlt sich die folgende klassische Vorgehensweise:

- Klassifizierung der gemessenen Beschleunigungszeitverläufe in drei bis vier Gruppen je nach Beschaffenheit des Untergrundes (Fels, alluviale Böden, weicher Untergrund).

- Skalierung der Akzelerogramme innerhalb der einzelnen Gruppen, so daß sie dieselbe maximale oder effektive Bodenbeschleunigung, ARIAS-Intensität oder Spektralintensität erhalten.

- Ermittlung der Antwortspektren der skalierten Akzelerogramme, Bestimmung einer Kurve entsprechend dem Mittelwert plus einer geeignet faktorisierten Standardabweichung aller ausgewerteten Spektren und anschließende Glättung dieser Spektralkurve, um die typischerweise vorhandenen, von lokalen Besonderheiten abhängigen „Täler" im Kurvenverlauf zu eliminieren. Dabei wird angestrebt, für alle Ordinaten des Spektrums dieselbe Überschreitungswahrscheinlichkeit einzuhalten (gleichmäßiges Gefährdungsspektrum).

Die Beziehungen zwischen der maximalen Bodenverschiebung $d_g = d_{max}$, Bodengeschwindigkeit $v_g = v_{max}$ und Bodenbeschleunigung $a_g = a_{max}$ einerseits und den Maxima der Spektralwerte S_a, S_v und S_d für eine bestimmte Dämpfung D des Spektrums andererseits sind für verschiedene Bodentypen eingehend untersucht worden. Für festen Boden und D=2% gilt nach NEWMARK [7.11]

$$\max S_a = \beta_a \cdot a_{max} \approx 4 \cdot a_{max} \qquad (7.3.1)$$

$$\max S_v = \beta_v \cdot v_{max} \approx 3 \cdot v_{max} \qquad (7.3.2)$$

$$\max S_d = \beta_d \cdot d_{max} \approx 2 \cdot d_{max} \qquad (7.3.3)$$

Für D=5% erhalten wir Faktoren β_a, β_v und β_d die jeweils bei etwa 2,5, 2,0 und 1,8 liegen. Sind die Maximalwerte der Bodenbewegung a_{max}, v_{max} und d_{max} bekannt, so lassen sie sich als drei Geraden im dreifach logarithmischen Diagramm einzeichnen und liefern damit ein standortabhängiges „Grundspektrum", das nach Anwendung von dämpfungsabhängigen Faktoren β_a, β_v und β_d zum eigentlichen Anwortspektrum des Standorts wird. Sind, wie allgemein zu erwarten, a_{max}, v_{max} und d_{max} des Standorts nicht bekannt, sondern nur eine dieser Größen (meistens wird das die maximal zu erwartende Bodenbeschleunigung a_{max} sein), können bestimmte „Normspektren", gültig für den jeweiligen Bodentyp, mit dem vorgegebenen a_{max} skaliert werden, um das Grundspektrum zu erhalten. Von NEWMARK und HALL [7.11] wird z.B. ein solches Referenzgrundspektrum mit $a_{max} = 1 \cdot g$, $v_{max} = 122$ cm/s und $d_{max} = 91$ cm vorgeschlagen, zu dem geeignete Vergrößerungsfaktoren für verschiedene Dämpfungswerte angegeben werden; in Bild 7.3-1 ist das Ergebnis für $a_{max} = 0,33 \cdot g$ dargestellt. Allgemein werden bei der logarithmischen Darstellung des Antwortspektrums vier Bereiche unterschieden, die mit wachsender Periode wie folgt definiert sind (Bild 7.3-1):

Bereich $T \leq T_A$:   Konstante Spektralbeschleunigung $S_a = a_{max}$; T_A kann auch (wie im EC 8) gleich Null angesetzt werden
Bereich $T_A \leq T \leq T_B$: Übergangsbereich mit wachsender Spektralbeschleunigung
Bereich $T_B \leq T \leq T_C$: Bereich konstanter Spektralbeschleunigung $\max S_a = f_a \cdot a_{max}$
Bereich $T_C \leq T \leq T_D$: Bereich konstanter Spektralgeschwindigkeit $\max S_v = f_v \cdot v_{max}$
Bereich $T_D \leq T$:   Bereich konstanter Spektralverschiebung, $\max S_d = f_d \cdot d_{max}$

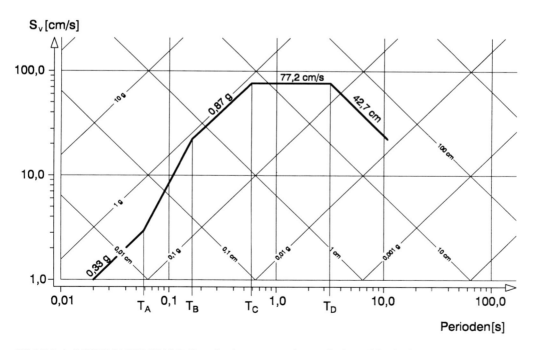

Bild 7.3-1: NEWMARK-HALL Standardantwortspektrum in logarithmischer Darstellung

7.3 Standortabhängige elastische Antwortspektren

Im EC 8 werden drei Bodenarten (Baugrundklassen) A, B und C wie folgt definiert, wobei die Scherwellengeschwindigkeit v_s nach Gleichung (7.1.1) als wichtigstes Kriterium dient:

Baugrundklasse	Eigenschaften
A	Felsuntergrund mit v_s mindestens 800 m/s, Steife Böden mit v_s mind. 400 m/s in 10 m Tiefe
B	Mitteldicht gelagerte Kiese und Sande oder bindige Böden, v_s mind. 200 m/s in 10 m Tiefe
C	Böden mit v_s unter 200 m/s in den obersten 20 m Tiefe

Die elastischen Beschleunigungsantwortspektren nach EC 8 sind durch folgende Gleichungen definiert:

$$0 \leq T \leq T_B : \quad S_e(T) = a_g \cdot S \cdot \left[1 + \frac{T}{T_B}(\eta \cdot \beta_0 - 1)\right] \qquad (7.3.4)$$

$$T_B \leq T \leq T_C : \quad S_e(T) = a_g \cdot S \cdot \eta \cdot \beta_0 \qquad (7.3.5)$$

$$T_C \leq T \leq T_D : \quad S_e(T) = a_g \cdot S \cdot \eta \cdot \beta_0 \left[\frac{T_C}{T}\right]^{k_1} \qquad (7.3.6)$$

$$T_D \leq T : \quad S_e(T) = a_g \cdot S \cdot \eta \cdot \beta_0 \left[\frac{T_C}{T_D}\right]^{k_1} \left[\frac{T_D}{T}\right]^{k_2} \qquad (7.3.7)$$

Dabei ist S_e die Ordinate des elastischen Beschleunigungsantwortspektrums, η ein Korrekturbeiwert für den Fall, daß die Dämpfung des Spektrums nicht 5% beträgt, S ein Bodenparameter, k_1 und k_2 vom Baugrund abhängige Exponenten und β_0 der Vergrößerungsbeiwert der Spektralbeschleunigung für D=5%. Diese Parameter ergeben sich wie folgt in Abhängigkeit von der Baugrundklasse:

Baugrund	S	β_0	k_1	k_2	T_B in s	T_C in s	T_D in s
A	1,0	2,5	1,0	2,0	0,10	0,40	3,0
B	1,0	2,5	1,0	2,0	0,15	0,60	3,0
C	0,9	2,5	1,0	2,0	0,20	0,80	3,0

In Bild 7.3-2 sind diese Spektren in linearer Darstellung für $a_g = 1,0$ m/s² und $\eta = 1$ dargestellt. Für Dämpfungsprozentsätze $D \neq 5\%$ beträgt der Korrekturfaktor η nach EC 8:

$$\eta = \sqrt{\frac{7}{2+D}} \geq 0,7 \qquad (7.3.8)$$

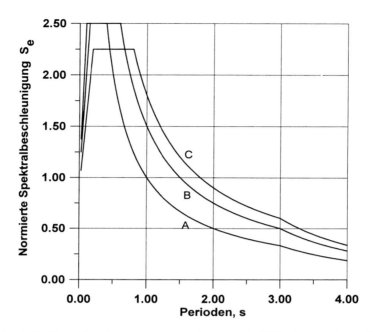

Bild 7.3-2: Elastische Beschleunigungsantwortspektren nach EC 8, lineare Darstellung

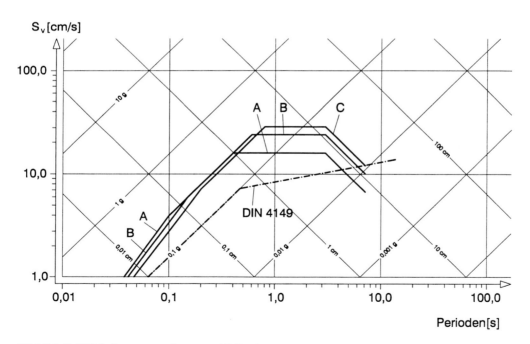

Bild 7.3-3: EC 8-Antwortspektren und DIN 4149-Bemessungsspektrum, logarithmisch

7.3 Standortabhängige elastische Antwortspektren

Bild 7.3-3 zeigt die elastischen EC 8-Spektren in logarithmischer Darstellung und zum Vergleich das DIN 4149-Bemessungsspektrum (mit bereits implizit vorgenommener Reduzierung um den Faktor 1,8 zur Berücksichtigung des inelastischen Verhaltens der Konstruktion) für a_g = 1,0 m/s².

Die Gleichung des DIN 4149-Bemessungsspektrums für $T \geq 0.45$ s lautet

$$S_e = 0{,}528 \cdot T^{-0{,}8} \tag{7.3.9}$$

und zwar ohne Beschränkung der Bodenverschiebung für lange Perioden. In EC 8 ist für den Wert d_g der maximalen Bodenverschiebung der Ausdruck

$$d_g = 0{,}05 \cdot a_g \cdot S \cdot T_C \cdot T_D \tag{7.3.10}$$

angegeben, der z.B. für die Baugrundklasse A und a_g = 1 m/s² zu d_g = 0,06 m führt.

Verlaufen Spektren im logarithmischen (T, S_v)-Diagramm abschnittsweise linear, so lassen sie sich mit dem Programm LINLOG in linearer Darstellung gewinnen. In der Eingabedatei ESLOG stehen formatfrei die (T, S_v)-Wertepaare in s und cm/s, deren Anzahl am Bildschirm abgefragt wird. In der Ausgabedatei ASLIN stehen auf vier Spalten nebeneinander die Perioden in s, die Spektralordinaten der Relativverschiebung in cm, der Pseudorelativgeschwindigkeit in cm/s und der Absolutbeschleunigung in g.

Programmname	Eingabedatei	Ausgabedatei
LINLOG	ESLOG	ASLIN

Als Beispiel betrachten wir das DIN 4149 - Spektrum des Bildes 7.3-3, das durch folgende drei (T, S_v) - Wertepaare vollständig beschrieben werden kann:

Periode T [s]	Pseudorelativgeschwindigkeit [cm/s]
0,01	0,156
0,45	7,030
3,00	10,46

Bild 7.3-4 zeigt das zugehörige Beschleunigungsspektrum in linearer Darstellung, wie es durch das Programm LINLOG ermittelt wurde.

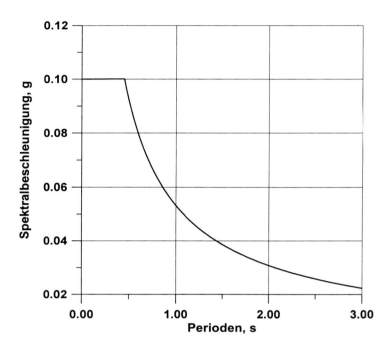

Bild 7.3-4: DIN 4149-Bemessungsspektrum in linearer Darstellung

7.4 Simulierte Bodenbeschleunigungszeitverläufe

Für die Überprüfung der seismischen Sicherheit projektierter oder bereits bestehender Bauwerke mit Hilfe nichtlinearer Zeitverlaufsmethoden werden geeignete Bodenbeschleunigungszeitverläufe benötigt, passend zum jeweiligen Standort. Da es in der Regel nicht möglich ist, auf natürliche Akzelerogramme zurückzugreifen, die in unmittelbarer Nähe des Standorts registriert wurden, müssen die entsprechenden Beschleunigungszeitverläufe oft künstlich erzeugt werden, unter weitgehender Berücksichtigung der Verhältnisse vor Ort. Die einfachste Vorgehensweise liegt darin, ein elastisches Antwortspektrum für den Standort anzunehmen, und einen Beschleunigungszeitverlauf zu erzeugen, dessen Antwortspektrum im interessierenden Periodenbereich praktisch mit dem angenommenen Spektrum (dem „Zielspektrum") übereinstimmmt. Die Dauer des erzeugten Akzelerogramms muß sinnvoll angenommen werden, da diese Information nicht dem Spektrum zu entnehmen ist. Diese Aufgabe kann dadurch gelöst werden, indem bei einem bereits existierenden Akzelerogramm die einzelnen Frequenzanteile durch selektives Filtern solange verstärkt oder geschwächt werden, bis eine gute Übereinstimmung mit dem Zielspektrum vorliegt. Einfacher ist es, das gesuchte Akzelerogramm als Summe von harmonischen Komponenten mit Phasenwinkeln, die zufällig zwischen Null und 2π verteilt sind, anzusetzen und iterativ zu verbessern, wobei am einfachsten eine deterministische trapezförmige Intensitätsfunktion nach Bild 7.4-1 zur Modulation verwendet wird. Diese Vorgehensweise ist im Programm SYNTH realisiert, dessen Anwendung im folgenden erläutert wird.

7.4 Simulierte Bodenbeschleunigungszeitverläufe

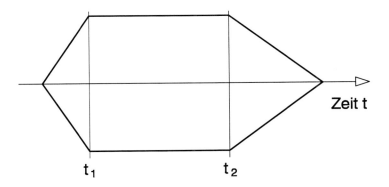

Bild 7.4-1: Trapezförmige Intensitätsfunktion

Gesucht sei ein (nominal) 10 s langer synthetischer Beschleunigungszeitverlauf mit der in Bild 7.3-3 skizzierten Kurve B als Zielspektrum. Das Spektrum wird durch eine Reihe von NK Wertepaaren (T, S_v) beschrieben, wobei unterstellt wird, daß es in der doppeltlogarithmischen Darstellung wie in Bild 7.3-3 zwischen den Wertepaaren linear verläuft. Der interessierende Periodenbereich, innerhalb dessen das Spektrum des zu ermittelnden Akzelerogramms dem Zielspektrum entsprechen soll, wird durch Angabe von zwei Perioden, TANF und TEND, festgelegt. Dieser Bereich sollte zum einen innerhalb des von den NK Wertepaaren beschriebenen Verlaufs des Zielspektrums liegen, zum anderen nicht allzu breit sein (0,1 bis 2,5 s reicht meistens aus). Bei schlechter Konvergenz zum Zielspektrum kann es unter Umständen nötig sein, diesen Periodenbereich zu verkleinern und mehrere Akzelerogramme in sich überlappenden Periodenbereichen zu erzeugen. Einzugeben ist ferner eine ganze Zahl IY von 1 bis 1000 zur Initialisierung des Zufallszahlgenerators. In der Eingabedatei ESYN von SYNTH stehen nacheinander (formatfrei) folgende Eingabedaten:

1. Beliebige ganze Zahl IY,
2. Anzahl NK der einzulesenden (T, S_v)-Wertepaare zur Beschreibung des Zielspektrums,
3. Anzahl N der Ordinaten des zu erzeugenden Akzelerogramms, wobei die konstante Zeitschrittweite 0,01 s beträgt,
4. Nummer des Zeitschritts, mit dem die Anlaufphase der trapezförmigen Intensitätsfunktion nach Bild 7.4-1 endet,
5. Nummer des Zeitschritts, mit dem die abklingende Phase der trapezförmigen Intensitätsfunktion nach Bild 7.4-1 beginnt,
6. Anzahl der gewünschten Iterationszyklen, in der Regel 5 bis 10,
7. Perioden TANF und TEND zur Eingrenzung des zu approximierenden Bereichs,
8. Dämpfung des Zielspektrums,
9. NK Wertepaare (T, S_v) zur Beschreibung des Zielspektrums, mit T in s und S_v in cm/s; nur ein Wertepaar pro Zeile.

Für Kurve B von Bild 7.3-3 als Zielspektrum (D=5%), das im Bereich 0.1 bis 2,5 s approximiert werden soll, ergibt sich damit folgende Eingabedatei:

```
13
5
1000
150
800
16
0.1
2.5
0.05
0.025,  0.49736
0.15,   5.968
0.60,   23.873
3.0,    23.873
4.0,    17.905
```

Ausgerechnet wird ein 10 s langes Akzelerogramm (1000 Werte im Abstand von 0,01 s), dessen trapezförmige Intensitätskurve nach 1,5 s in das Plateau mündet, das bei 8 s endet. Die Eingabedaten werden zur Kontrolle in die Ausgabedatei KONTRL geschrieben, während das ermittelte Akzelerogramm (im Format 2E14.7 mit den Zeitpunkten in der ersten Spalte) als Datei ASYN ausgegeben wird, mit der Einheit (m/s^2) für die Beschleunigungsordinaten. Auch hier empfiehlt sich eine Kontrolle des Geschwindigkeits- und Verschiebungsverlaufs des berechneten Akzelerogramms (Programm INTEG) und bei Bedarf die Durchführung einer Basislinienkorrektur mit dem Programm BASKOR. Bild 7.4-2 zeigt den errechneten und mit einer Basislinienkorrektur versehenen Beschleunigungszeitverlauf, Bild 7.4-3 die Zeitverläufe der Bodenverschiebung mit und ohne diese Korrektur. In Bild 7.4-4 wurde schließlich das Spektrum des korrigierten Akzelerogramms dem Zielspektrum gegenübergestellt.

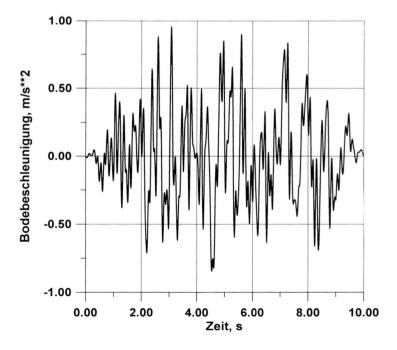

Bild 7.4-2: Synthetisches Akzelerogramm mit Basislinienkorrektur

7.4 Simulierte Bodenbeschleunigungszeitverläufe

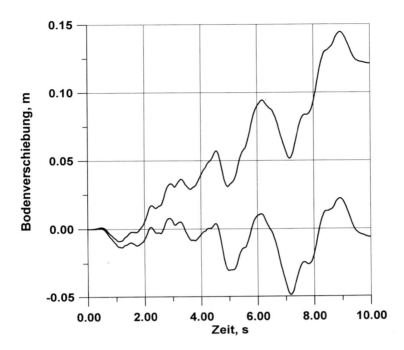

Bild 7.4-3: Vergleich der Bodenverschiebungsverläufe vor und nach der Basislinienkorrektur

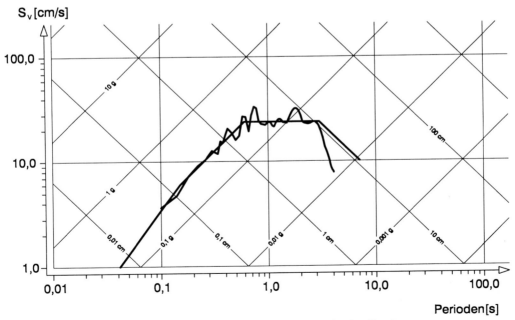

Bild 7.4-4: Vergleich des Zielspektrums mit dem Spektrum der Realisation

Ein Nachteil der solcherart erzeugten spektrumkompatiblen Beben ist deren relativ hoher Energiegehalt, da sämtliche Frequenzen des gewählten Periodenbereichs im Ergebnis vertreten sind, vorteilhaft ist dagegen die sofortige Anwendbarkeit mit einem Minimum an benötigter Information.

Mit Hilfe spektrumkompatibler Beben können auch aussagekräftige inelastische Antwortspektren ermittelt werden, indem mehrere (fünf bis zehn) Realisationen erzeugt und deren (elastische und inelastische) Spektren berechnet und gemittelt werden. Bild 7.4-5 zeigt zur Illustration das aus fünf Realisationen gemittelte elastische sowie drei inelastische Antwortspektren zu Zielduktilitäten von $\mu = 2{,}5$, $3{,}0$ und $3{,}5$. Der Vergleich mit dem Bild 7.2-13, worin das Spektrum einer einzigen Realisation zu sehen ist, macht die glättende Wirkung der Mittelwertbildung deutlich.

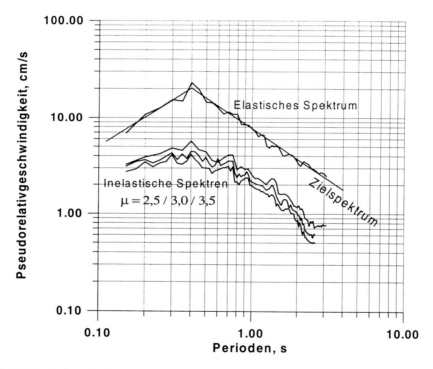

Bild 7.4-5: Elastisches Spektrum und inelastische Spektren zu drei Zielduktilitäten (gemittelt)

Das zum Generieren spektrumkombatibler Beben verwendete Programm hat folgende Ein- und Ausgabedateien:

Programmname	Eingabedatei	Ausgabedatei
SYNTH	ESYN	KONTRL ASYN

7.4 Simulierte Bodenbeschleunigungszeitverläufe

Eine weitere Methode zur Erzeugung von Beschleunigungszeitverläufen stellt diese als Realisationen eines in geeigneter Weise gefilterten und modulierten weißen Rauschens her, wobei evtl. bekannte Eigenfrequenzen des anstehenden Baugrunds berücksichtigt werden können. Die Vorgehensweise wird nachfolgend kurz skizziert:

- Es wird ein sinnvoller Wert S_0 für die Leistungsspektraldichte des weißen Rauschens angenommen, z.B. $S_0 = 0,001 \text{ m}^2/\text{s}^3$. Dazu passende Zeitfunktionen werden durch Multiplikation einer Reihe von Zufallszahlen mit dem Mittelwert Null und der Varianz Eins mit dem Faktor c erzeugt, mit

$$c = \sqrt{\frac{2\pi \cdot S_0}{\Delta t}} \tag{7.4.1}$$

- Die gewonnene Zeitreihe wird im Frequenzbereich mittels linearer Hochpaß-, Tiefpaß- und Bandpaßfiltern, wie in Abschnitt 3.5 beschrieben, geformt; besonders wichtig ist dabei die Filterung mit dem KANAI-TAJIMI-Filter nach Gleichung (3.5.19), die hier der Einfachheit halber wiederholt wird

$$H(\omega) = \frac{1 + \frac{\omega^2}{\omega_0^2}(4\xi_0^2 - 1) - i2\xi_0 \frac{\omega^3}{\omega_0^3}}{\left[1 - \left(\frac{\omega^2}{\omega_0^2}\right)^2\right]^2 + 4\xi_0^2\left(\frac{\omega^2}{\omega_0^2}\right)^2} \tag{7.4.2}$$

Die beiden Parameter ω_0 und ξ_0 können als Kreiseigenfrequenz bzw. Dämpfungsgrad des Bodens gedeutet werden; übliche Werte liegen bei 20 rad/s für ω_0 und 0.50 für ξ_0. Zur Abschwächung langwelliger Anteile kann das Hochpaßfilter 1. Ordnung nach Gleichung (3.5.18) herangezogen werden,

$$H(\omega) = \frac{\omega^2 + i\omega\omega_H}{\omega_H^2 + \omega^2} \tag{7.4.3}$$

mit $\omega_H = 1 \text{ rad/s}$.

- Schließlich wird das stationäre Signal nach Rücktransformation in den Zeitbereich mit einer geeigneten Intensitätsfunktion moduliert, wie sie in Bild 7.4-1 und Bild 7.4-6 zu sehen sind.

Eine wesentlich genauere Methode zur Ermittlung standortabhängiger Beschleunigungszeitverläufe verwendet in Standortnähe gemessene Akzelerogramme und rechnet sie unter Berücksichtigung weiterer Informationen über andere, stärkere seismische Ereignisse auf den Standort um; dabei ist die Kenntnis des geologischen Aufbaus der Region essentiell.

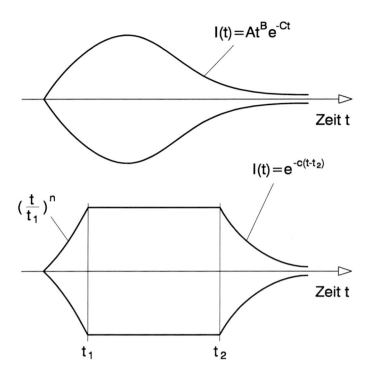

Bild 7.4-6: Weitere mögliche Intensitätsfunktionen zur Modulation stationärer Signale

Als Beispiel für diese Vorgehensweise wird nachfolgend die Ermittlung der maßgebenden seismischen Erregung für eine Untersuchung der seismischen Sicherheit des Kölner Doms erläutert, wie sie von Dr. K. HINZEN (Erdbebenstation Bensberg der Universität zu Köln) durchgeführt wurde. Ausgangsdaten waren die an der Erdbebenstation Bergheim (Abstand zum Dom etwa 30 km) registrierten drei Komponenten des Beschleunigungszeitverlaufs infolge des Roermond-Bebens von 1992 (Momentenmagnitude 5,2), wovon Bild 7.4-7 die Nord-Süd-Komponente zeigt. Mit einem eindimensionalen Modell der geologischen Schichten bis zum Felsuntergrund (750 m unterhalb der Bergheim-Meßstation, verglichen mit 240 m beim Dom) wurden die in Bergheim gemessenen Horizontalkomponenten auf den Felsuntergrund „heruntergerechnet", mit einer Korrektur für die 30 km-Entfernung zur Domplatte versehen und vom Felsuntergrund unterhalb des Doms wieder durch die verschiedenen Erdschichten bis zum Domfundament „hochgerechnet" (Programm SHAKE91, [7.12]). Zusammengefaßt bestand die Vorgehensweise aus folgenden Schritten:

- Messung der drei Komponenten an der Station Bergheim,
- Berechnung der Beschleunigung am Felsuntergrund in Bergheim (SHAKE91),
- Transformation von Bergheim nach Köln,
- Berechnung der Beschleunigungszeitverläufe am Dom (SHAKE91).

7.4 Simulierte Bodenbeschleunigungszeitverläufe   209

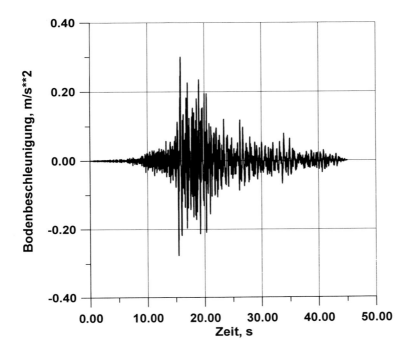

Bild 7.4-7: In Bergheim gemessene Nord-Süd-Komponente des Roermond-Bebens von 1992

Als denkbar stärkstes Ereignis, das der seismischen Untersuchung zugrundegelegt wurde, diente allerdings ein historisches Beben der angenommenen Momentenmagnitude 6,0, das sich 1878 in Tollhausen, etwa 30 km westlich vom Dom, ereignet hat. Da von diesem Beben natürlich keine instrumentellen Aufzeichnungen vorliegen, wurden Beschleunigungszeitverläufe zu empirischen Spektren erstellt und ebenfalls mittels des eindimensionalen Wellenausbreitungsmodells von SHAKE91 dem anliegenden Baugrund angepaßt. Auch hier seien die einzelnen Schritte zusammengefaßt:

- Berechnung eines Standardantwortspektrums für den Felsuntergrund (nur einachsig),
- Berechnung kompatibler Beschleunigungszeitverläufe (SYNTH),
- Anwendung einer Nahbebenenveloppe,
- Berechnung des Einflusses der Sedimente unter dem Dom (SHAKE91).

Bild 7.4-8 zeigt das mit TOL60 bezeichnete resultierende Akzelerogramm, dessen Antwortspektrum zum besseren Vergleich mit anderen Beben in Bild 7.4-9 dargestellt ist. Zu sehen sind neben dem SCT-Spektrum von Mexico-City das Spektrum der am Rathaus in Kalamata/Griechenland 1986 gemessenen Nord-Süd-Komponente.

Die Modifikation der ankommenden Erdbebenwellen durch die örtlichen geophysikalischen Strukturen ist von großer Bedeutung für die Sicherheit der Bauwerke, wie das katastrophale Mexico-City-Beben mit der situationsbedingten starken Überhöhung der Periodenanteile um 2s zeigte. Dieses Problem ist unter dem Begriff „Earthquake Site Response" Gegenstand akti-

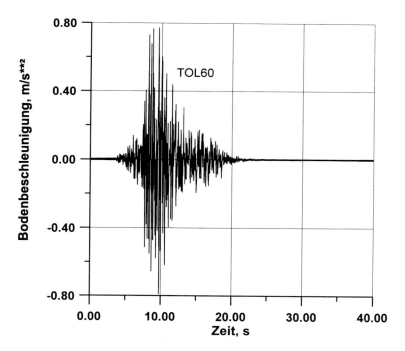

Bild 7.4-8: Für den Kölner Dom maßgebendes Beben (TOL60)

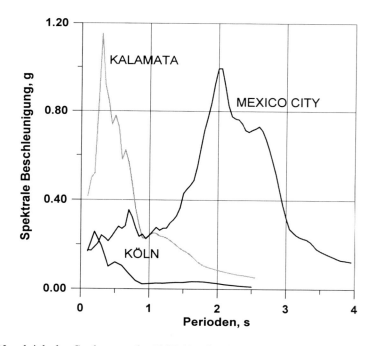

Bild 7.4-9: Vergleich des Spektrums des TOL60-Akzelerogramms mit anderen Spektren

ver Forschung; ein wichtiges Teilproblem betrifft die (experimentelle) Bestimmung örtlicher Baugrund-Eigenfrequenzen und Vergrößerungsfaktoren. Eine besonders einfache Methode dazu stammt von NAKAMURA [7.13]. Sie basiert auf der Messung von Horizontal- und Vertikalkomponenten der ständig vorhandenen Bodenbewegung und unterstellt, daß die Vertikalkomponenten kaum durch die Bodenschichten zwischen dem Felsuntergrund und der Oberfläche verzerrt werden, so daß unter der Voraussetzung, daß im Fels Horizontal- und Vertikalkomponenten gleich sind, das Verhältnis der Horizontal- zu den Vertikalspektren den Einfluß des Baugrunds wiedergibt. Auch wenn verschiedentlich die Genauigkeit der schlichten eindimensionalen Vorgehensweise von Nakamura in Frage gestellt wurde, scheint sie ausreichend aussagekräftige Ergebnisse zumindest für die Resonanzfrequenzen zu liefern (COUTEL und MORA, [7.14]).

7.5 Ermittlung der Tragwerksbeanspruchung - Grundlagen

7.5.1 Allgemeines

Grundsätzlich kann die gültige seismische „Bemessungsphilosophie", die den meisten modernen Normen zugrundeliegt, wie folgt umrissen werden:

- Häufige, schwache Erdbebenereignisse soll das Tragwerk unbeschadet überstehen können.

- Bei mittelstarken Beben, wie sie vielleicht ein einziges Mal während der Lebensdauer des Tragwerks vorkommen, sind geringe Schäden zulässig. Gefordert wird hier der Nachweis, daß die Gebrauchstauglichkeit erhalten bleibt.

- Anders bei den sehr seltenen Großbeben, deren Stärke an die am jeweiligen Standort maximal zu erwartende Intensität heranreicht: Hier werden auch ausgedehnte Schäden des Tragwerks in Kauf genommen, solange ein Totalversagen mit entsprechenden Folgen für Gesundheit und Leben von Personen vermieden wird. Gefordert wird in diesem Fall konsequenterweise der Nachweis der verbleibenden Standsicherheit.

Diese lange unumstrittene Bemessungsphilosophie wird jedoch in letzter Zeit vor dem Hintergrund von Ereignissen wie dem Beben von Northridge (1994) mit 61 Toten und einem Schaden von 30 Milliarden US-$ oder dem Kobe-Beben von 1995 mit über 5000 Toten und rund 150 Milliarden US-$ an Schäden zunehmend kritisch beurteilt. Zentraler Diskussions- und Kritikpunkt ist die Frage, ob nicht im Hinblick auf diese horrenden Verlustziffern eine merkliche Anhebung der Sicherheit von „erdbebenresistenten" Konstruktionen angebracht ist, womit neben dem verbesserten Personenschutz auch eine Reduzierung des volkswirtschaftlichen Schadens erreicht werden könnte. Gerade die immensen Schäden infolge seismischer Aktivität in der Nähe moderner Großstädte erinnern immer wieder daran, daß parallel zur steigenden Bevölkerungsdichte und wachsendem monetären Wert der Bausubstanz unserer städtischen Umwelt auch das Schadensrisiko zunimmt, solange die diesbezügliche Schadensanfälligkeit der Bauwerke, darunter besonders von Hochhäusern, nicht entsprechend reduziert wird.

Grundsätzlich ist das Schadenspotential gleich dem monetären Wert der Konstruktion multipliziert mit der seismischen Gefährdung und der Vulnerabilität des Systems. Die Ertüchtigung von existierenden und der erdbebenresistente Entwurf geplanter Gebäude sind jedoch nur dann konsequent durchführbar, wenn das zu erwartende nichtlineare Versagensverhalten des Bauwerks explizit oder implizit im Rahmen des durchzuführenden Nachweises angemessen berücksichtigt wird. Näheres siehe Abschnitt 8.1.

Bei der Fußpunkterregung eines Bauwerks (Bild 7.5-1) werden Trägheitskräfte geweckt, die zu inneren Kräften und Verformungen im Tragwerk führen. Bei dem Hochhaus des Bildes 7.5-1 ist u_g die Verschiebung des Fundaments bezogen auf eine raumfeste Koordinatenachse, und der Vektor $\underline{V}^T = (V_1, V_2, ..., V_N)$ enthält die auf den Fußpunkt bezogenen Auslenkungen der N Stockwerksmassen.

Die zugrundeliegende Differentialgleichung des diskreten Mehrmassenschwingers in den wesentlichen Freiheitsgraden (in Bild 7.5-1 sind das z.B. die N horizontalen Stockwerksverschiebungen) lautet

$$\underline{M}\left(\underline{\ddot{V}} + \underline{r}\,\ddot{u}_g\right) + \underline{C}\,\underline{\dot{V}} + \underline{K}\,\underline{V} = 0 \qquad (7.5.1)$$

oder

$$\underline{M}\,\underline{\ddot{V}} + \underline{C}\,\underline{\dot{V}} + \underline{K}\,\underline{V} = -\underline{M}\,\underline{r}\,\ddot{u}_g \qquad (7.5.2)$$

Darin ist $\underline{K}$ die kondensierte (N,N)-Steifigkeitsmatrix; die Massenmatrix $\underline{M}$ enthält als Diagonalmatrix die N Stockwerksmassen und die viskose Dämpfungsmatrix $\underline{C}$, die nur bei Lösung von (7.5.1) mit Hilfe Direkter Integrationsmethoden explizit benötigt wird, kann bei Bedarf nach den Methoden des Abschnitts 4.7 aufgestellt werden. Der Spaltenvektor $\underline{r}$ gibt die Verschiebungen in den einzelnen wesentlichen Freiheitsgraden bei einer Einheitsverschiebung des Fußpunkts in Erregungsrichtung an. Im Fall des Tragwerks Bild 7.5-1 mit horizontaler Bebenerregung besitzt $\underline{r}$ N Komponenten vom Betrag 1, gemäß

$$\underline{r}^T = (1,1,1,...,1) \qquad (7.5.3)$$

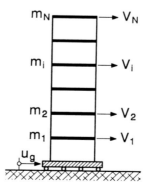

Bild 7.5-1: Modell eines seismisch beanspruchten Hochhauses

7.5   Ermittlung der Tragwerksbeanspruchung – Grundlagen   213

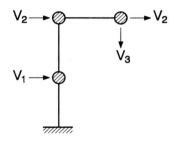

Bild 7.5-2: Idealisiertes System mit Verschiebungsfreiheitsgraden

Beim System des Bildes 7.5-2 erhalten wir analog

$$\underline{r}^T = (1,1,0) \tag{7.5.4}$$

für eine Horizontalanregung und

$$\underline{r}^T = (0,0,1) \tag{7.5.5}$$

für eine Vertikalanregung.

Die Ermittlung der Schnittkräfte und Verformungen von Tragwerken, die wir in diesem Abschnitt mit Hilfe von ebenen Modellen idealisieren wollen, ist prinzipiell auf verschiedenen Wegen möglich:

1. Anbringung vereinfacht ermittelter statischer Ersatzlasten,
2. Modalanalytisches Vorgehen (Antwortspektrumverfahren),
3. Frequenzbereichsuntersuchungen mit dem Leistungsspektrum der Bodenbeschleunigung als Eingangsgröße,
4. Zeitverlaufsuntersuchungen mit Akzelerogrammen als Eingangsgrößen.

Die beiden ersten Methoden sind für die Praxis am wichtigsten, nicht zuletzt wegen der einfachen Erfassung der Belastungsseite. Für die Untersuchung mittels Direkter Integration werden geeignete Bodenbeschleunigungszeitverläufe benötigt, bei Frequenzbereichsuntersuchungen entsprechende Leistungsspektraldichten, die in der Regel gesondert bestimmt werden müssen, während die beim Antwortspektrumverfahren als Eingang dienenden (Bemessungs-)spektren im Normalfall direkt der jeweiligen Norm entnommen werden können. Der Aufwand bei dem Antwortspektrumverfahren kann weiter reduziert werden, indem nur eine einzige Modalform (in der Regel die Grundeigenform) berücksichtigt wird, womit der Aufwand demjenigen der ersten Verfahrensgruppe (Anbringung äquivalenter statischer Ersatzlasten) nahekommt.

Neben den ebenen Tragwerksidealisierungen werden zunehmend dreidimensionale Modelle eingesetzt; einige damit zusammenhängende Fragen werden im Abschnitt 7.6, der sich mit der Abbildung der horizontalen Aussteifungssysteme von Gebäuden befaßt, näher behandelt. Bis auf die Zeitverlaufsuntersuchungen sind alle anderen Verfahren nicht in der Lage, nichtlineares Systemverhalten abzubilden, d.h. die bei stärkeren Beben in jedem Fall zu erwartende nichtlineare Schädigung läßt sich nicht direkt verfolgen.

7.5.2 Modalanalytisches Antwortspektrumverfahren

Ausgangspunkt ist die Differentialgleichung (7.5.1) des diskreten Mehrmassenschwingers

$$\underline{M}\, \underline{\ddot{V}}_{abs} + \underline{C}\, \underline{\dot{V}} + \underline{K}\, \underline{V} = 0 \tag{7.5.6}$$

bzw. (Gl. 7.5.2)

$$\underline{M}\, \underline{\ddot{V}} + \underline{C}\, \underline{\dot{V}} + \underline{K}\, \underline{V} = -\underline{M}\,\underline{r}\,\ddot{u}_g = \underline{P} \tag{7.5.7}$$

Die modale Zerlegung von (7.5.7) bei angenommener Proportionaldämpfung ($\underline{\Phi}^T \underline{C}\, \underline{\Phi} = \text{diag}[2 D_i\, \omega_i]$) liefert N entkoppelte Gleichungen in den Modalkoordinaten η_i, $i = 1,2,\ldots N$:

$$\ddot{\eta}_i + 2 D_i\, \omega_i\, \dot{\eta}_i + \omega_i^2\, \eta_i = \underline{\Phi}_i^T\, \underline{P} \tag{7.5.8}$$

Darin ist $\underline{\Phi}_i$ der i-te Eigenvektor des Systems, dessen Kreiseigenfrequenz ω_i rad/s beträgt und dessen modales Dämpfungsmaß D_i in geeigneter Weise angenommen werden muß. Für jede Eigenform i läßt sich nun ein „Anteilsfaktor" gemäß

$$\beta_i = (-)\frac{\underline{\Phi}_i^T\, \underline{M}\, \underline{r}}{\underline{\Phi}_i^T\, \underline{M}\, \underline{\Phi}_i} = \frac{L_i}{M_i} = \frac{L_i}{1} = \underline{\Phi}_i^T\, \underline{M}\, \underline{r} \tag{7.5.9}$$

definieren, wobei die modale Masse $M_i = \underline{\Phi}_i^T\, \underline{M}\, \underline{\Phi}_i$ bei der im Programm JACOBI enthaltenen Normierung den Wert Eins erhält. Das negative Vorzeichen wird üblicherweise unterdrückt. Damit erhält (7.5.8) die Form

$$\ddot{\eta}_i + 2 D_i \omega_i \dot{\eta}_i + \omega_i^2 \eta_i = \beta_i \ddot{u}_g(t) \tag{7.5.10}$$

Die Lösung dieser Gleichung ergibt sich mit Hilfe des DUHAMEL-Integrals zu

$$\eta_i(t) = \beta_i \cdot \overline{S}_{d,i} \tag{7.5.11}$$

Darin ist

$$\overline{S}_{d,i}(t) = \frac{1}{\omega_{Di}} \int_0^t \ddot{u}_g\, e^{-D_i \omega_i (t-\tau)} \sin \omega_{Di}(t-\tau)\, d\tau \tag{7.5.12}$$

das bereits im Abschnitt 3.3, Gleichung (3.3.14), aufgeführte DUHAMEL-Integral. Der dem Absolutbetrag nach maximale Wert des Integrals ist gleich der Ordinate S_d des Verschiebungsantwortspektrums nach Gleichung (7.2.11):

7.5 Ermittlung der Tragwerksbeanspruchung – Grundlagen

$$\max \left| \overline{S}_d(t) \right| = S_d = (1/\omega_1) \cdot S_v = (1/\omega_1^2) \cdot S_a \qquad (7.5.13)$$

Mit den Ordinaten des Verschiebungsspektrums $S_{d,i}$, des Pseudo-Geschwindigkeitsspektrums $S_{v,i}$ oder des Pseudo-Absolutbeschleunigungsspektrums $S_{a,i}$ für die vorgegebenen Werte ω_i und D_i ergibt sich der Maximalwert der Modalkoordinate η_i zu

$$\max \eta_i = \beta_i \cdot S_{d,i} = \beta_i \cdot \frac{S_{v,i}}{\omega_i} = \beta_i \cdot \frac{S_{a,i}}{\omega_i^2} \qquad (7.5.14)$$

Die Maximalwerte der modalen Verformungen der i-ten Modalform lauten damit:

$$\max \underline{V}_i = \max \eta_i \cdot \underline{\Phi}_i = \beta_i \cdot S_{d,i} \cdot \underline{\Phi}_i = \beta_i \cdot \frac{S_{v,i}}{\omega_i} \cdot \underline{\Phi}_i = \beta_i \cdot \frac{S_{a,i}}{\omega_i^2} \cdot \underline{\Phi}_i \qquad (7.5.15)$$

Aus den modalen Verschiebungen lassen sich die modalen Schnittgrößen mit Hilfe der bekannten Verfahren der Matrizenstatik bestimmen. Alternativ können modale statische Ersatzlasten ermittelt und als äußere Lasten auf das System aufgebracht werden. Die maximalen elastischen Rückstellkräfte in der i-ten Modalform betragen

$$\max \left(\underline{K} \cdot \underline{V} \right)_i = \underline{K} \beta_i S_{d,i} \underline{\Phi}_i \qquad (7.5.16)$$

und sind zahlenmäßig gleich den Trägheitskräften, wie die folgende Überlegung zeigt:

$$\max \left(\underline{K} \cdot \underline{V} \right)_i = \underline{K} \beta_i S_{d,i} \underline{\Phi}_i = \omega_i^2 \underline{M} \beta_i S_{d,i} \underline{\Phi}_i =$$
$$= \underline{M} \beta_i S_{d,i} \omega_i^2 \underline{\Phi}_i = \underline{M} \beta_i S_{a,i} \underline{\Phi}_i = \max \left(\underline{M} \cdot \underline{\ddot{V}}_{abs} \right)_i \qquad (7.5.17)$$

Die statische Ersatzlast H_E am Freiheitsgrad k der i-ten Modalform beträgt damit

$$H_{E,k,i} = \beta_i \, S_{a,i} \, m_k \, \Phi_{i,k} \qquad (7.5.18)$$

Dabei ist m_k die dem Freiheitsgrad k zugeordnete Masse und $\Phi_{i,k}$ die entsprechende Ordinate der i-ten Eigenform.

Von großer praktischer Bedeutung ist die Frage, wieviele Modalbeiträge mitgenommen werden sollten, um eine ausreichende Genauigkeit der Ergebnisse zu ermöglichen. Zu ihrer Beantwortung führen wir die sogenannte „effektive modale Masse" der i-ten Eigenform wie folgt ein:

$$M_{i,eff} = \beta_i^2 \, M_i = \beta_i^2 \, (\underline{\Phi}_i^T \, \underline{M} \, \underline{\Phi}_i) \qquad (7.5.19)$$

Im folgenden wird gezeigt, daß die Summe aller N effektiven Modalmassen gleich der effektiven Gesamtmasse $M_{Tot,eff}$ ist, die sich in der Form

$$M_{Tot,eff} = \underline{r}^T \underline{M} \underline{r} \qquad (7.5.20)$$

schreiben läßt. Dazu wird die Beziehung

$$\underline{r} = \underline{\Phi} \underline{\beta} \qquad (7.5.21)$$

eingeführt, mit der Modalmatrix $\underline{\Phi}$, deren Spalten die N Eigenformen sind, und dem Spaltenvektor $\underline{\beta}$, der die N Anteilsfaktoren enthält. Zum Beweis von (7.5.21) multiplizieren wir beide Seiten von links mit dem Term $\underline{\Phi}_i^T \underline{M}$ und erhalten

$$\underline{\Phi}_i^T \underline{M} \underline{r} = \underline{\Phi}_i^T \underline{M} \underline{\Phi} \underline{\beta} \qquad (7.5.22)$$

oder

$$L_i = M_i \beta_i; \quad \beta_i = \frac{L_i}{M_i} \qquad (7.5.23)$$

wie bereits in Gl. (7.5.9) eingeführt. Einsetzen von (7.5.21) in den Ausdruck (7.5.20) für die effektive Gesamtmasse liefert

$$M_{Tot,eff} = \underline{\beta}^T \underline{\Phi}^T \underline{M} \underline{\Phi} \underline{\beta} = \underline{\beta}^T \underline{M}_i \underline{\beta} = \sum_{i=1}^{N} \beta_i^2 M_i = \sum_{i=1}^{N} M_{i,eff} \qquad (7.5.24)$$

Grundsätzlich sollten so viele Modalformen mitgenommen werden, daß die Summe der effektiven modalen Massen (d.h. bei einer vorgenommenen Normierung $M_i = 1$ die Summe der Quadrate der Anteilsfaktoren) mindenstens 90% der effektiven Gesamtmasse beträgt. Letztere ist bei ebenen Modellen wie dem Hochhaus in Bild 7.5-1 gleich der Gesamtmasse des Tragwerks, da die Komponenten des Vektors $\underline{r}$ allesamt Eins sind. Vorsicht ist bei der Mitnahme von Rotationen als wesentliche Freiheitsgrade mit den Massenträgheitsmomenten als zugehörige Koeffizienten der $\underline{M}$-Matrix geboten; diese Massenanteile werden nur bei einer Drehererregung des Fußpunktes aktiviert, wobei der dazu passende Vektor $\underline{r}$ die Verschiebungen (bei Translations-) und die Verdrehungen (bei Rotationsfreiheitsgraden) infolge einer Drehung des Fußpunktes um Eins enthalten muß.

Das Produkt der effektiven Modalmasse mit der spektralen Beschleunigung S_a stellt die seismische Gesamtkraft dar, die der i-ten Eigenform in der Fundamentfuge auftritt. Es ist

$$F_i = M_{i,eff} \cdot S_{a,i} \qquad (7.5.25)$$

Ebenso läßt sich eine seismische Gesamtkraft als Produkt der effektiven Gesamtmasse mit der spektralen Beschleunigung für die Grundperiode des Tragwerks bestimmen; sie wird im EC 8 als „Gesamterdbebenkraft" F_b (base shear) bezeichnet und beträgt

$$F_b = \frac{W}{g} \cdot S_a(T_1) \qquad (7.5.26)$$

7.5 Ermittlung der Tragwerksbeanspruchung – Grundlagen

mit W als Gesamtgewicht des Bauwerks. Abschnitt 7.5.3 kommt im Zusammenhang mit den vereinfachten Antwortspektrenverfahren darauf zurück.

Das Programm MDA2DE liefert für ebene Rahmensysteme bei bekannten Eigenformen und Eigenfrequenzen (ermittelt z.B. durch das Programm JACOBI) die modalen Verschiebungen und statischen Ersatzlasten zu einzugebenden Spektralordinaten. Es benötigt als Eingabedateien MDIAG, OMEG, PHI und RVEKT, wobei in letzterer der Vektor der Verschiebungen in allen Freiheitsgraden bei einer Einheitsverschiebung des Fundaments in Bebenrichtung steht.

Als Beispiel betrachten wir den Rahmen des Bildes 4.4-1 unter einer seismischen Fußpunkterregung in horizontaler Richtung. Die drei horizontalen Stockwerksverschiebungen sind unsere wesentlichen Freiheitsgrade, und der Vektor $\underline{r}$ besteht aus drei Eins-Koeffizienten. Die im Programm MDA2DE erfolgte Auswertung der oben angegebenen Formeln liefert für die Anteilfaktoren und effektiven Modalmassen die Werte:

Periode des Modalbeitrags	Anteilfaktor β_i	$M_{i,eff}$ in Tonnen
$T_1 = 0{,}755$ s	8,15	66,5 (= 98% von $M_{tot,eff}$)
$T_2 = 0{,}182$ s	1,18	1,39
$T_3 = 0{,}106$ s	0,31	0,10

Damit steht fest, daß der Einfluß der Grundmodalform bei weitem überwiegt, was bei kragträgerähnlichen Hochhaussystemen praktisch immer zutrifft. Für (interaktiv einzugebende) Spektralordinaten $S_a = 1$ m/s^2 in allen drei Modalformen liefert das Programm MDA2DE folgende modale Verschiebungen und statische Ersatzlasten:

1. Modalbeitrag	Stockwerk 1	Stockwerk 2	Stockwerk 3
Auslenkung, m	0,0118	0.0157	0,0170
Stat. Ersatzlast, kN	24,477	32,594	9,432

2. Modalbeitrag	Stockwerk 1	Stockwerk 2	Stockwerk 3
Auslenkung, m	$0{,}1374 \cdot 10^{-3}$	$-0{,}4170 \cdot 10^{-4}$	$-0{,}2125 \cdot 10^{-3}$
Stat. Ersatzlast, kN	4,928	-1,496	-2,032

3. Modalbeitrag	Stockwerk 1	Stockwerk 2	Stockwerk 3
Auslenkung, m	$0{,}5595 \cdot 10^{-5}$	$-0{,}1033 \cdot 10^{-4}$	$0{,}2117 \cdot 10^{-4}$
Stat. Ersatzlast, kN	0,595	-1,098	0,600

Zur Berechnung aller weiteren Schnittkräfte und Verformungen, getrennt für jeden Modalbeitrag, empfiehlt sich die Verwendung des Programms RAHMEN, wie bereits in Abschnitt 4.2 erläutert. Die den Freiheitsgraden 4, 8 und 12 der Originaldiskretisierung laut Bild 4.4-2 entsprechenden statischen Ersatzlasten sind, getrennt für jede Modalform, der obigen Zusammenstellung zu entnehmen; für die Grundmodalform lautet z.B. der Lastvektor:

```
0.0,  0.0,    0.0,     24.477,  0.0
0.0,  0.0,    32.594,  0.0,     0.0
0.0,  9.432,  0.0,     0.0,     0.0
```

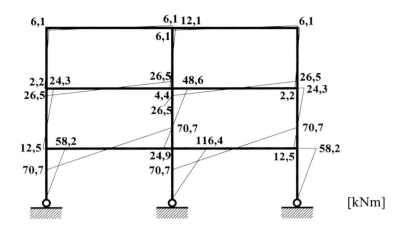

Bild 7.5-3: Biegemomentenverlauf in der Grundmodalform

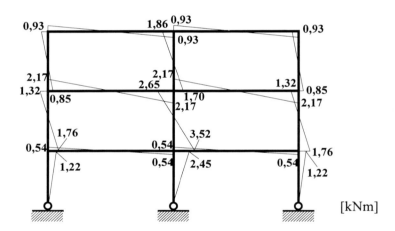

Bild 7.5-4: Biegemomentenverlauf in der 2. Modalform

In den Bildern 7.5-3 und 7.5-4 sind die berechneten Biegemomentenverläufe für die beiden ersten Modalbeiträge dargestellt; die Dominanz der Grundeigenform ist auch hier evident, wenn auch nicht so ausgeprägt wie bei den Auslenkungen.

Die eben skizzierte modalanalytische Antwortspektrum-Methode ist wegen ihrer Einfachheit besonders beliebt. Sie wird in vielen Regelwerken zur erdbebengerechten Gestaltung von Bauwerken (so etwa in der DIN 4149) der Berechnung zugrundegelegt, da in ihr im Gegensatz zu rein statischen Verfahren auch die dynamischen Tragwerkseigenschaften Berücksichtigung finden. Ihr hauptsächlicher Nachteil liegt in der Schwierigkeit einer korrekten Überlagerung der gewonnenen maximalen Modalschnittkräfte und -verformungen, die ja im allgemeinen zu verschiedenen Zeitpunkten auftreten. Üblich ist die Verknüpfung von allen p ermittelten

Modalwerten von Schnittkräften oder Verformungen E_i zum rechnerischen Höchstwert E_E mit Hilfe der Quadratsummenwurzel-Regel (SRSS-Regel), wobei die Quadratwurzel der Summe der quadrierten Modalkomponenten gebildet wird:

$$E_E = \sqrt{E_1^2 + E_2^2 + \ldots + E_p^2} \qquad (7.5.27)$$

Sind jedoch (z.B. bei der Untersuchung räumlicher Modelle mit gemischten Torsions-/Translations-Eigenformen) benachbarte Modalformen vorhanden, deren Perioden sich um weniger als 10% unterscheiden, gemäß

$$\frac{T_i}{T_j} \geq 0{,}90;\ T_i < T_j \qquad (7.5.28)$$

muß die genauere „Vollständige quadratische Kombination" (Complete Quadratic Combination, CQC)-Regel angewandt werden. Sie lautet [7.15] für den Vektor $\underline{S}_E$ bestehend aus p Modalbeiträgen $\underline{S}^T = (E_1, E_2, \ldots, E_p)$:

$$\underline{S}_E = \sqrt{\sum_{i=1}^{p} \sum_{j=1}^{p} E_i E_j\, \varepsilon_{ij}\, \alpha_{ij}} \qquad (7.5.29)$$

mit

$$\varepsilon_{ij} = \frac{8\sqrt{D_i D_j}\,(D_i + r D_j)\, r^{1{,}5}}{(1-r^2)^2 + 4 D_i D_j\, r(1+r^2) + 4(D_i^2 + D_j^2)\, r^2}; \quad r = \frac{\omega_j}{\omega_i} \leq 1 \qquad (7.5.30)$$

und

$$\alpha_{ij} = \frac{\beta_i\, \beta_j}{|\beta_i\, \beta_j|} \qquad (7.5.31)$$

mit Werten gleich +1 oder −1 je nach Vorzeichen der Anteilsfaktoren. Sind alle modalen Dämpfungsmaße gleich, vereinfacht sich der Ausdruck (7.5.30) zu

$$\varepsilon_{ij} = \frac{8 D^2 (1+r)\, r^{1{,}5}}{(1-r^2)^2 + 4 D^2\, r(1+r)^2} \qquad (7.5.32)$$

Die Korrelationskoeffizienten ε_{ij} sind 1 für r = 1; ist (7.5.28) erfüllt, können alle $\varepsilon_{ij}, i \neq j$, vernachlässigt werden und man erhält die übliche SRSS-Überlagerungsvorschrift.

Die Problematik der Überlagerung der verschiedenen Modalbeiträge bei der mehraxialen (räumlichen) Beanspruchung des Tragwerks kann durch die soeben angesprochene Ermittlung wahrscheinlicher Maximalwerte nicht als abschließend geklärt betrachtet werden, denn zu jedem Maximalwert einer Schnittkraft (z.B. des Biegemoments) werden die gleichzeitig auftretenden weiteren Zustandsgrößen (z.B. die Normalkraft und die Querkraft) benötigt, um eine Bemessung bzw. eine Überprüfung der vorhandenen Sicherheit vornehmen zu können. Im einfachsten Fall haben wir es mit einer einzigen bemessungsrelevanten Schnittkraft zu tun, wie z.B. mit dem Biegemoment bei vernachlässigbar kleiner Normalkraft; in diesem Fall reicht die Angabe des nach der SRSS- oder CQC-Regel ermittelten seismischen Schnittkraftmaximums aus. Bei zwei oder drei bemessungsrelevanten Größen (z.B. Biegemoment, Normalkraft und Querkraft bei einer Stütze) ist es üblich, von einem gleichzeitigen Auftreten der Maxima auszugehen. Genauere Formeln für die Bestimmung maßgebender Schnittkraftkombinationen wurden unter anderem von GUPTA / SINGH [7.16], ANASTASSIADIS [7.17] und ROSENBLUETH / CONTRERAS [7.18] angegeben; bei Durchführung einer Zeitverlaufsberechnung nach Abschnitt 7.5.4 fallen die einzelnen Schnittkraftmaxima und ihre Begleitschnittkräfte automatisch an.

Auf die Problematik der Überlagerung der Effekte aus der räumlichen Erdbebenwirkung (zwei Horizontalkomponenten und ggf. die Vertikalkomponente) kommen wir im Zusammenhang mit der Idealisierung durch räumliche Modelle (Abschnitt 7.6) zurück.

7.5.3 Äquivalente statische Ersatzlasten, vereinfachte Antwortspektrenverfahren

Ein Schwachpunkt der modalanalytischen Vorgehensweise liegt, wie bereits erwähnt, in den mit der Überlagerung der einzelnen Modalbeiträge verbundenen Unsicherheiten. Die (z.B. nach der SRSS-Regel) überlagerten modalen Schnittkräfte erfüllen nicht mehr die Gleichgewichtsbedingungen, und die Frage nach den Amplituden von gleichzeitig auftretenden bemessungsrelevanten Schnittkräften (z.B. maximales Biegemoment mit gleichzeitig wirkender minimaler Druckkraft bei einer Stütze) ist ebenfalls nicht leicht zu beantworten. Eine einfache Vorgehensweise, die zumindest für regelmäßige Tragwerke ausreichend genaue Ergebnisse liefert, konzentriert sich auf die Ermittlung einer „Gesamt-Erdbebenkraft" („base shear", Querkraft in Fundamenthöhe) als Produkt des Gewichts des Tragwerks mit einem Koeffizienten, der im wesentlichen von dem Standort (Bebenintensität, Baugrundtyp) und den geometrischen und mechanischen Tragwerkseigenschaften (Grundperiode) abhängt. Die Bestimmung der Grundperiode kann dabei überschläglich mit Hilfe einer von mehreren empirischen Formeln erfolgen, ohne daß ein genaues mathematisches Modell des Tragwerks mit nachfolgender Eigenwertanalyse aufgestellt werden muß.

Die ermittelte Gesamt-Erdbebenkraft wird in einem zweiten Schritt nach einem einfachen Gesetz auf die einzelnen Stockwerke verteilt und die nachfolgende statische Berechnung liefert die Schnittkräfte und Verformungen des Tragwerks. Es ist von Vorteil, daß dabei das Erdbeben formal als ein statischer Lastfall unter vielen behandelt wird. Als Beispiel wird das im EC 8 enthaltene Verteilungsgesetz der Gesamterdbebenkraft F_b auf die einzelnen Stockwerksmassen erwähnt. Es gilt

$$H_i = F_b \frac{W_i h_i}{\sum_{i=1}^{n} W_i h_i} \qquad (7.5.33)$$

7.5 Ermittlung der Tragwerksbeanspruchung – Grundlagen   221

mit den Stockwerksgewichten W_i und den Höhen h_i des jeweiligen Stockwerks bezogen auf die Fundamentoberkante. Weitere Details zur Vorgehensweise werden in den Abschnitten, die sich auf die jeweilige Norm beziehen, gegeben.

7.5.4 Lösung durch Direkte Integration

Darunter versteht man sowohl die Lösung des Differentialgleichungssystems (7.5.1) im Zeitbereich (z.B. mit Hilfe des NEWMARK-Algorithmus) für geeignete Bodenbeschleunigungszeitverläufe, als auch eine Kombination der Direkten Integration mit der modalen Analyse, wobei nur einige wenige der einzelnen Modalgleichungen (7.5.10) direkt integriert werden. Diese letzte Vorgehensweise ist besonders zu empfehlen, da gerade bei Hochhäusern die Mitnahme von nur wenigen Eigenformen (kaum jemals über fünf bis neun) erfahrungsgemäß ausreichend genaue Ergebnisse liefert; die Überprüfung der Summe der mitgenommenen modalen Massen im Verhältnis zur wirksamen Gesamtmasse liefert auch hier den richtigen Anhaltspunkt. Vorteilhaft ist die Möglichkeit der Bestimmung der tatsächlich maximal auftretenden Schnittkräfte und Verformungen zusammen mit den zum gleichen Zeitpunkt vorhandenen übrigen Zustandsgrößen, dazu die Möglichkeit, verschiedene Akzelerogramme mit jeweils anderen Charakteristiken als Erregung zu verwenden, um die Variabilität bei den resultierenden Zustandsgrößen besser abschätzen zu können. Die Untersuchung sollte nach EC 8 für mindestens 5 Akzelerogramme erfolgen, die bestimmten, in der Norm festgelegten Erfordernissen, z.B. bezüglich ihrer Zeitdauer, genügen müssen. Nachteilig bei diesem, mit einer vorangegangenen Modalen Analyse verknüpften Zeitverlaufsverfahren ist, daß wegen der modalen Überlagerung eine Erfassung des nichtlinearen Systemverhaltens unmöglich wird.

Das Programm MODBEN führt die Direkte Integration nach vorangegangener Lösung des Eigenwertproblems durch. Als Eingabe benötigt es die Ausgabedateien OMEG und PHI des Programms JACOBI, die Datei MDIAG mit den Massen und den NDU wesentlichen Freiheitsgraden, die Datei AMAT als Ausgabedatei des Programms KONDEN, den Beschleunigungszeitverlauf (Datei ACC), den $\underline{r}$-Vektor in RVEKT und zusätzlich zwei Dateien V0 und VP0 mit den Anfangsverschiebungen und -geschwindigkeiten der NDU Freiheitsgrade (in der Regel Null). Es liefert drei Ausgabedateien: In THIS.MOD stehen die Zeitverläufe der Verschiebungen der wesentlichen Freiheitsgrade (Zeitpunkte in der ersten Spalte, Verschiebungswerte in weiteren NDU Spalten), in THISDG die Verschiebungszeitverläufe in allen (NDU + NDPHI) Freiheitsgraden (ohne Zeitpunkte), und in THISDU die Verschiebungen in den wesentlichen Freiheitsgraden ohne Zeitpunkte. Diese letzte Datei dient als Eingabe für das Programm INTFOR, das die Schnittkräfte und Verschiebungen des Tragwerks sowie deren Maximalwerte und, optional, deren Zeitverlauf ermittelt. INTFOR benötigt als Eingabe neben THISDU die Eingabedatei EKOND des Programms KOND2 und die Datei AMAT, die von KONDEN erstellt wurde. Als Ergebnis liefert INTFOR zum einen die Maxima und Minima von Schnittkräften mit den zugehörigen Auftretenszeitpunkten und den zu diesen Zeitpunkten vorhandenen weiteren Schnittkräften (Datei MAXMIN), zum anderen den vollständigen Schnittkraft- und Verformungsverlauf des Systems zu einem bestimmten Zeitpunkt (Datei FORSTA) sowie, nach Wunsch, den Zeitverlauf einer bestimmten Stabendschnittkraft oder -verformung (Datei THHVM).

Eine Lösung des Differentialgleichungssystems mit Hilfe des NEWMARK-Algorithmus ohne vorangegangene Modalzerlegung wird vom Programm NEWBEN durchgeführt. Als Eingabedateien werden neben dem Akzelerogramm (Datei ACC) der Vektor r (Datei RVEKT), die Steifigkeitsmatrix in den wesentlichen Freiheitsgraden (Datei KMATR), die Diagonale der Massenmatrix (Datei MDIAG), die Anfangsbedingungen (Dateien V0 und VP0) sowie die Dämpfungsmatrix (Datei CMATR), die z.B. mit dem Programm CRAY oder CMOD erstellt werden kann. Als Ausgabe werden die Zeitverläufe der Verschiebungen, Geschwindigkeiten oder Beschleunigungen in den wesentlichen Freiheitsgraden ausgegeben (Datei THIS.NEW); die Ausgabedatei THISDU dient wie bei MODBEN als Eingabe für das Programm INTFOR.

Die Ein-und Ausgabedateien der in diesem Abschnitt besprochenen Programme lauten in tabellarischer Form:

Programmname	Eingabedateien	Ausgabedatei(en)
MDA2DE	MDIAG OMEG PHI RVEKT	STERS2
MODBEN	MDIAG OMEG PHI V0 VP0 ACC RVEKT AMAT	THIS.MOD THISDG THISDU
NEWBEN	MDIAG KMATR CMATR V0 VP0 ACC RVEKT	KONTRL THIS.NEW THISDU

Als Beispiel dient der in Abschnitt 7.5.2 bereits modalanalytisch untersuchte dreistöckige Rahmen. Er wird dem mit dem Faktor 0,238 multiplizierten „Albatros"-Beben unterworfen, womit sich bei der Grundperiode des Tragwerks, T_1 = 0,755 s, die im Abschnitt 7.5.2 angenommene Beschleunigungsspektralordinate von 1,0 m/s^2 einstellt. Für alle drei Modalbeiträge wurde die Dämpfung zu 5% gewählt. Bild 7.5-5 zeigt den Zeitverlauf der horizontalen Verschiebung des Daches und der Decke über dem Erdgeschoß; der letzte Wert ist als „gegenseitige Stockwerksverschiebung" besonders interessant für die Beurteilung der Schädigung. Das Verschiebungsmaximum wird bei t = 9,36 s erreicht, wie das Programm MODBEN per Bildschirmausdruck mitteilt; beim nachfolgenden Aufruf des Programms INTFOR wird der Systemzustand für diesen Zeitpunkt zu ermitteln sein (Ausgabe in die Datei

FORSTA). Der Momentenverlauf zu diesem Zeitpunkt ist in Bild 7.5-6 zu sehen; die Übereinstimmung zwischen den Ergebnissen der Direkten Integration und derjenigen der modalen Analyse ist erwartungsgemäß gut.

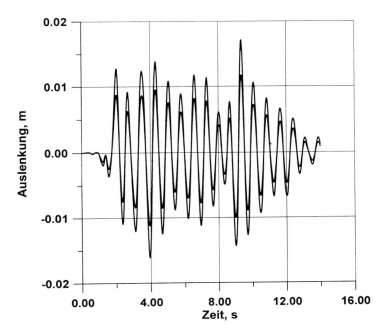

Bild 7.5-5: Zeitverläufe der Auslenkungen des Daches sowie der Decke über dem EG

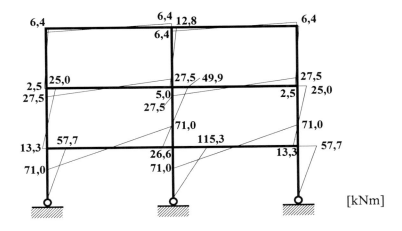

Bild 7.5-6: Momentenlinie des Tragwerks zum Zeitpunkt t = 9,36 s

Weiter liefert das Programm INTFOR in der Ausgabedatei MAXMIN Maximalwerte einer gewünschten Schnittkraft mit ihren Auftretenszeitpunkten und den gleichzeitig vorhandenen weiteren Schnittkräften. Für die Mittelstütze im Erdgeschoß (Stab 7) wird der Datensatz für die Maximalwerte des Biegemoments nachfolgend wiedergegeben; darin enthalten sind auch die zugehörige Horizontal- und Vertikalkraft (Spalten 2 und 3) zum Extremwert des Moments (Spalte 4). In Spalte 1 stehen die Zeiten, zu denen die Momentenextremwerte erreicht wurden.

```
Stab Nr.              7
Max. pos., Stabende 1:      3.9400      .3173E+02     .1943E-14     .2003E-04
Max. neg., Stabende 1:      9.3600     -.3295E+02    -.2017E-14    -.2115E-04
Max. pos., Stabende 2:      9.3600      .3295E+02     .2017E-14     .1153E+03
Max. neg., Stabende 2:      3.9500     -.3175E+02    -.1944E-14    -.1111E+03
```

In Bild 7.5-7 sind die Zeitverläufe des Biegemoments am Kopf der mittleren Erdgeschoßstütze sowie der Querkraft in dieser Stütze dargestellt. Bild 7.5-8 zeigt den Vergleich der Zeitverläufe der Dachauslenkung, gerechnet mit den Programmen MODBEN und NEWBEN, wobei die Dämpfungsmatrix für NEWBEN mit Hilfe des Programms CMOD unter Annahme einer modalen Dämpfung von 5% für alle drei Modalformen aufgestellt wurde. Die Übereinstimmung ist fast vollständig.

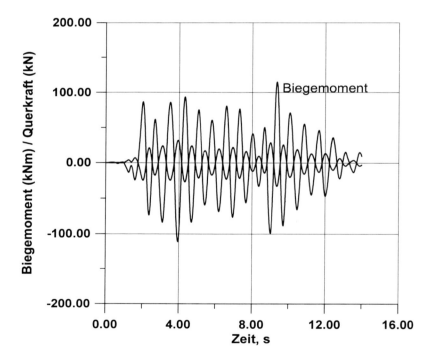

Bild 7.5-7: Biegemoment- und Querkraftszeitverläufe in der mittleren Erdgeschoßstütze

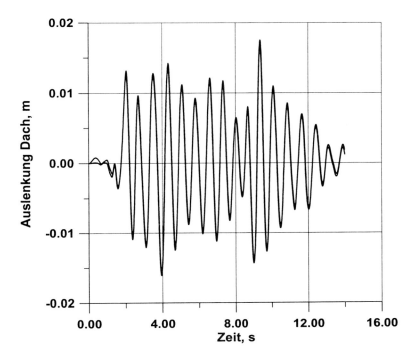

Bild 7.5-8: Zeitverlauf der Dachauslenkung, Vergleich MODBEN und NEWBEN

7.6 Tragwerksbeanspruchung - Räumliche Idealisierungen

7.6.1 Allgemeines

In diesem Abschnitt sollen in aller Kürze einige der wichtigsten Idealisierungen der Aussteifungssysteme von Hochbauten gegenüber horizontal wirkenden Lasten (wie z.B. Wind oder Erdbeben) vorgestellt werden. Nach einer knappen Übersicht über bauliche Formen werden wir uns den rechnerischen Ansätzen zuwenden und die nötigen Rechenhilfsmittel zusammenstellen.

Folgende Aussteifungssysteme sind häufig anzutreffen (Bild 7.6-1):

1. Biegesteife Rahmen,
2. Ausgefachte Rahmensysteme (z.B. bei Ausmauerung der Öffnungen),
3. Schubwände oder Wandscheiben, mit oder ohne Öffnungen,
4. Gekoppelte Scheiben-Rahmen-Systeme,
5. Verbundene Schubwände als „offene Kerne" (etwa mit U-, L- oder T-Profil),
6. Geschlossene Kerne mit Öffnungen, bzw. U-Kerne mit starken Verbindungsriegeln, die die Flansche des U-Profils miteinander verbinden.

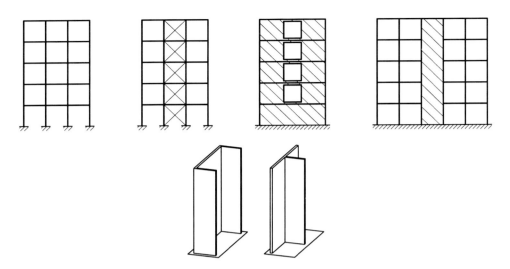

Bild 7.6-1: Aussteifungssysteme

Die Tragwirkung dieser Elemente ist recht heterogen. Während „offene" Systeme wie biegesteife Rahmen und Schubwände in Form von nicht miteinander verbundenen Einzelscheiben die horizontalen Lasten über Querkraftbiegung bzw. Scheibenwirkung abtragen, sind torsionssteife geschlossene Kerne auch in der Lage, Lastanteile über Torsionsmechanismen (und zwar im wesentlichen über die ST. VENANTsche Torsion) zu übernehmen. Bei „offenen Kernen" tritt der Anteil der Wölbkrafttorsion in den Vordergrund, während die bei geschlossenen Profilen maßgebende ST. VENANTsche Torsion bei offenen Profilen nur eine geringe Rolle spielt.

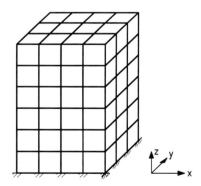

Bild 7.6-2: Räumliches Tragwerk

Hier sollen nur die „offenen" Aussteifungssysteme entsprechend den Typen 1 bis 4 der oben angegebenen Übersicht betrachtet werden. Bild 7.6-2 zeigt dazu ein Hochhaus, an Hand dessen der Komplexitätsgrad des zu erstellenden Rechenmodells deutlich wird. Es ist festzustellen, daß beim dargestellten sechsstöckigen System (n=6) mit vier Rahmen in der Längs- und fünf in der Querrichtung $4 \cdot 5 = 20$ Rahmenknoten pro Stockwerk vorhanden sind (m=20).

7.6 Tragwerksbeanspruchung – Räumliche Idealisierungen

- Ein allgemeines räumliches Rahmenmodell würde pro Knoten sechs räumliche Freiheitsgrade (drei Verschiebungs- und drei Verdrehungsfreiheitsgrade) aufweisen und somit insgesamt über $6 \cdot 6 \cdot 20 = 720$ kinematische Freiheitsgrade verfügen.
- Eine erste vereinfachende Annahme zur Reduzierung der Gesamtanzahl der Freiheitsgrade besteht darin, daß die Deckenscheiben in ihrer eigenen Ebene als starr aufgefaßt werden. Damit sind die zwei horizontalen Verschiebungskomponenten und die Verdrehung um die vertikale Achse für alle Knoten einer Deckenscheibe gleich und es verbleiben nur drei weitere unbekannte Verformungskomponenten je Knoten. Insgesamt wären dies $3 \cdot 6 \cdot 20$ Freiheitsgrade der Knoten plus sechs Deckenebenen mal jeweils drei Freiheitsgrade, also insgesamt 378 Freiheitsgrade. Gegenüber dem voll räumlichen Modell bedeutet das eine Reduzierung der Freiheitsgrade auf 52,5%.
- Darüber hinaus können die Verformungen der Stützen in ihrer Längsrichtung vernachlässigt werden, wobei weitere $6 \cdot 20$ Freiheitsgrade eingespart werden: Es verbleiben 258 Freiheitsgrade, das sind 35,8% der ursprünglichen Anzahl.
- Geht man weiter davon aus, daß alle Riegel torsionsweich sind und somit die einzelnen Rahmen nur in ihrer eigenen Ebene Beanspruchungen unterworfen sind, verbleiben drei unabhängige Freiheitsgrade pro Deckenebene, das sind die zwei Horizontalverschiebungen und die Drehung um die Vertikalachse. Mit den jetzt vorhandenen $3 \cdot 6 = 18$ Systemfreiheitsgraden (2.5% von 720) ist das Minimum des möglichen Diskretisierungsaufwandes erreicht.

Die letzte Variante führt zu den in der Praxis besonders beliebten „pseudoräumlichen Modellen", wobei jedes vom Fundament bis zur Dachebene durchlaufende aussteifende Element des n-stöckigen Gebäudes (sei es ein biegesteifer Rahmen, eine Wandscheibe oder ein Mischsystem) durch seine „Laterale Steifigkeitsmatrix" (also die (n,n)-Steifigkeitsmatrix in den horizontalen Stockwerksfreiheitsgraden in Scheibenebene) repräsentiert wird. Bevor nun die in Frage kommenden Steifigkeitsmatrizen für verschiedene Systeme besprochen werden, soll auf die Vorgehensweise bei der Zusammenfassung der durch starre Deckenscheiben miteinander verbundenen einzelnen „Lateralsteifigkeitsmatrizen" zur Gesamtsteifigkeitsmatrix des räumlichen Systems näher eingegangen werden.

In Bild 7.6-3 ist der Grundriß einer Hochhausdecke skizziert. Das System soll durch "offene" Scheiben gegen Horizontallasten ausgesteift sein (Wände, biegesteife Rahmen oder Mischsysteme), von welchen der Einfachheit halber angenommen wird, daß sie ohne Änderung ihrer geometrischen und mechanischen Eigenschaften vom Fundament bis zur Dachebene reichen. Wie bereits erwähnt, werden die einzelnen Decken in ihrer Ebene als starre Scheiben wirkend angenommen, d.h. daß die Verformungen aller Punkte der jeweiligen Deckenebene bekannt sind, vorausgesetzt, die Horizontalverschiebungen u_x, u_y des Massenmittelpunktes C_M des Stockwerks und die Verdrehung ϑ der Decke um die Vertikalachse sind bekannt. Somit existieren pro Deckenebene drei „wesentliche" Freiheitsgrade, nämlich die Verschiebungen in x- und y-Richtung und die Verdrehung um die z-Achse. Ferner wird angenommen, daß die einzelnen Aussteifungsscheiben (Rahmen oder Schubwände) nur in ihrer eigenen Vertikalebene Horizontallasten abtragen können, d.h. sie setzen einer senkrecht dazu wirkenden Belastung keinen Widerstand entgegen. Darüberhinaus ist in diesem einfachen Modell die vertikale Kompatibilität der Verformungen an Stützen, die mehr als einer Scheibe angehören, nicht gegeben. Um diesen Einfluß, der unter Umständen durchaus von Bedeutung sein kann, zu berücksichtigen, können die vertikalen Koppelfreiheitsgrade der einzelnen Scheiben zunächst mitgenommen und erst nach Aufstellung der Gesamtsteifigkeitsmatrix des Systems wegkondensiert werden, worauf hier allerdings nicht näher eingegangen wird.

Einige Grundbegriffe sollen zuerst eingeführt werden. Der Punkt C_M ist der Massenmittelpunkt des betrachteten Stockwerks, C_S der Steifigkeitsmittelpunkt. Letzterer ergibt sich als Schwerpunkt der „Horizontalsteifigkeiten" der einzelnen Scheiben, die bei vom Fundament bis zum Dach durchlaufenden „offenen" Scheiben mit konstanten Abmessungen proportional zu ihren Biegesteifigkeiten bzw. Trägheitsmomenten sind. Die Bestimmung von C_S kann problemlos von Hand oder mit Hilfe eines kleinen Rechenprogramms erfolgen. Definitionsgemäß erzeugen hauptachsenparallele Belastungen durch C_S rein translatorische Durchbiegungen ohne Drehanteile.

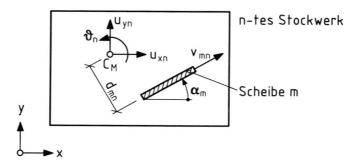

Bild 7.6-3: Deckengrundriß mit einer aussteifenden Scheibe in allgemeiner Lage

Betrachtet wird nun die aussteifende Scheibe m in Bild 7.6-3, das den Grundriß des n-ten Stockwerks darstellt. Ihr Abstand vom Massenmittelpunkt C_M wird mit d_{mn} bezeichnet, und sie schließt mit der globalen x-Richtung den Winkel α_m (positiv im Gegenuhrzeigersinn) ein. Ihre Verschiebung v_{mn} ergibt sich als Funktion der Verschiebungen u_x, u_y von C_M und der Verdrehung ϑ_n der starren Decke n zu

$$v_{mn} = (\cos\alpha_m \quad \sin\alpha_m \quad d_{mn}) \begin{pmatrix} u_{xn} \\ u_{yn} \\ \vartheta_n \end{pmatrix} \qquad (7.6.1)$$

Die n Horizontalverschiebungen in Scheibenebene auf der Höhe der n Stockwerke dieser m-ten Scheibe ergeben sich als Vektor $\underline{V}_m$ aus

$$\underline{V}_m = \underline{A}_m \underline{U} \qquad (7.6.2)$$

mit

$$\underline{V}_m^T = (v_{m1}, v_{m2}, \dots, v_{mn}),$$
$$\underline{U}^T = (u_{x1}, u_{x2}, \dots, u_{xn}, u_{y1}, u_{y2}, \dots, u_{yn}, \vartheta_1, \vartheta_2, \dots, \vartheta_n) \qquad (7.6.3)$$
$$\underline{A}_m = \left[\cos\alpha_m \underline{I} \quad \sin\alpha_m \underline{I} \quad \text{diag}[d_{mn}]\right]$$

mit der (n,n)-Einheitsmatrix $\underline{I}$ und der (n,n)-Diagonalmatrix $\text{diag}[d_{mn}]$, in der die Abstände der Massenmittelpunkte in den einzelnen Stockwerken von der Scheibe m enthalten sind.

Ins globale x,y-Koordinatensystem transformiert lautet die (3n,3n)-Steifigkeitsmatrix $\underline{\tilde{K}}_m$ der Scheibe m

$$\underline{\tilde{K}}_m = \underline{A}_m^T \, \underline{K}_m \, \underline{A}_m \qquad (7.6.4)$$

worin $\underline{K}_m$ die in den n Horizontalverschiebungen als wesentliche Freiheitsgrade kondensierte Steifigkeitsmatrix der m-ten Scheibe ist. Damit erhält man die (3n,3n)-Gesamtsteifigkeitsmatrix des Aussteifungssystems unseres Gebäudes durch Summation über sämtliche Wandscheiben:

$$\underline{\tilde{K}}_{ges} = \sum \underline{\tilde{K}}_m \qquad (7.6.5)$$

Der zu dieser Gesamtsteifigkeitsmatrix korrespondierende Lastvektor $\underline{P}$ (mit 3n Elementen) enthält (in dieser Reihenfolge):

- Die auf C_M bezogenen Einzellasten in x-Richtung aller n Geschosse,
- Die auf C_M bezogenen Einzellasten in y-Richtung aller n Geschosse,
- Die Versetzungsmomente (Kraft mal Abstand von C_M) in allen n Geschossen.

Für einen vorgegebenen Lastvektor $\underline{P}$ kann das Gleichungssystem $\underline{P} = \underline{\tilde{K}}_{ges} \, \underline{U}$ für die entsprechenden Verschiebungen und Verdrehungen gelöst werden. Die Verschiebungen $\underline{V}$ der einzelnen Scheiben ergeben sich durch Multiplikation des $3 \cdot n$-Vektors $\underline{U}$ mit der Transformationmatrix $\underline{A}$ gemäß (7.6.2). Anschließend kann der auf jede einzelne Scheibe entfallende Anteil der „Stockwerksquerkraft" ermittelt werden, indem die laterale Steifigkeitsmatrix der Scheibe mit dem Vektor $\underline{V}$ der n Scheibenverschiebungen in den n Stockwerken multipliziert wird. Diese Vorgehensweise läßt sich etappenweise mit folgender Programmkette durchführen:

- Zu Beginn liegen die lateralen (n,n)-Steifigkeitsmatrizen $\underline{K}_m$ aller aussteifenden Scheiben des n-stöckigen Gebäudes vor, die mit Hilfe der im Abschnitt 7.6.2 erläuterten Programme gewonnen werden können.

- Mit dem Programm TRA3D wird aus jeder dieser (n,n)-Matrizen eine (3n,3n)-Steifigkeitsmatrix $\underline{\tilde{K}}_m$ gewonnen, die sich auf das globale (x, y, ϑ)-Koordinatensystem bezieht. An Eingabedaten werden für jede Scheibe neben deren Lateralsteifigkeitsmatrix folgende Daten verlangt, die interaktiv eingegeben werden müssen: Abstand der jeweiligen Scheibe vom Massenmittelpunkt und Winkel α (im Gegenuhrzeigersinn positiv) zwischen der x-Achse und der Scheibenlängsrichtung.

- Nachdem alle globalen (3n,3n)-Steifigkeitsmatrizen vorliegen, werden sie vom Programm MATSUM zur Gesamtsteifigkeitsmatrix KMATR des räumlichen Tragwerks aufsummiert.

- Zur Durchführung einer Modalen Analyse wird das Eigenwertproblem mit Hilfe des Programms JACOBI gelöst. Dazu wird die Diagonale der Massenmatrix von Hand in die Datei MDIAG eingetragen; es werden zuerst die n Stockwerksmassen in x-Richtung, dann die (gleichen) n Stockwerksmassen in y-Richtung und schließlich die n Massenträgheitsmomente um die z-Achse durch den Massenmittelpunkt angegeben.

- Anschließend kann durch das Programm MDA3DE als Gegenstück zum Programm MDA2DE des ebenen Falls die Bestimmung der 3n modalen statischen Ersatzlasten für alle Eigenformen durchgeführt werden, dabei wird die Richtung der Erregung durch den Winkel, den sie mit der globalen x-Achse bildet, charakterisiert. Es werden nur diejenigen Modalbeiträge betrachtet, die nach Ansicht des Benutzers einen maßgebenden Beitrag zur gesamten Tragwerksbeanspruchung leisten, was anhand des jeweiligen Anteilsfaktors am Bildschirm entschieden werden muß. Für jeden dieser Beiträge werden die 3n Lastkomponenten (in x-Richtung, in y-Richtung und als Drehmoment um die vertikale Achse) in eine separate Datei mit vom Benutzer zu wählendem Namen geschrieben.

- Das Programm DISP3D liefert für jeden Satz (=Modalbeitrag) von statischen Ersatzlasten die zugehörige Verschiebungskonfiguration des Gesamttragwerks bestehend aus 3n Verschiebungen (in x-Richtung, in y-Richtung und als Verdrehung um die vertikale Achse), und zwar ebenfalls in separate, vom Benutzer zu benennende Dateien.

- Schließlich liefert das Programm FORWND zu jeder dieser Systemverschiebungskonfigurationen die n Stockwerksquerkräfte jeder gewünschten Scheibe, wozu die laterale Steifigkeitsmatrix dieser Scheibe und ihre Lage bezüglich des Massenmittelpunkts (Winkel α, Abstand d) benötigt wird.

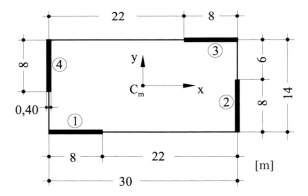

Bild 7.6-4: Grundriß einer Decke mit Wandscheiben

Die Vorgehensweise wird mit einem Beispiel illustriert. Bild 7.6-4 zeigt den Grundriß eines 10stöckigen Gebäudes (Geschoßhöhe 3,50 m), das lediglich durch die skizzierten Wandscheiben ausgesteift wird, die alle eine Länge von 8 m und eine Dicke von 0,40 m aufweisen. Der E-Modul des Betons sei mit $2,9 \cdot 10^7$ kN/m^2 angenommen, die Querkontraktionszahl mit 0,20. Um den Verlust an Steifigkeit gegenüber dem ungerissenen Zustand näherungsweise zu

7.6 Tragwerksbeanspruchung – Räumliche Idealisierungen

erfassen, wird der E-Modul um 40% abgemindert (PENELIS/KAPPOS [7.19]). Bei dieser schlanken Scheibe begeht man keinen Fehler, wenn man sie als Biegebalken betrachtet, dessen (10,10)-Lateralsteifigkeitsmatrix mit Hilfe des Programms KONDEN (Abschnitt 4.3) bestimmt werden kann. Das Programm TRA3D wird sodann viermal aufgerufen, um auf dieser Matrix basierend nacheinander die (30,30)-Matrizen M1, M2, M3 und M4 zu erstellen. Die dabei interaktiv einzugebenden Daten für die vier Scheiben lauten:

Scheibe, Ausgabedatei	Winkel α	Abstand d
M1	0°	7,0
M2	90°	15,0
M3	180°	7,0
M4	270°	15,0

Das Programm MATSUM addiert die vier (30,30)-Matrizen zur Gesamtsteifigkeitsmatrix KMATR auf. Mit der Diagonalen der Massenmatrix (Datei MDIAG) gemäß

```
546., 546., 546., 546., 546., 546., 546., 546., 462.
546., 546., 546., 546., 546., 546., 546., 546., 462.
49868., 49868., 49868., 49868., 49868.,
49868., 49868., 49868., 49868., 42196.,
```

liefert das Programm JACOBI dreißig Eigenwerte und Eigenvektoren, die in den Dateien OMEG und PHI abgelegt werden. Die ersten fünf Eigenperioden lauten:

```
T1 = 1.201873s
T2 = 1.201873s
T3 = 0.693902s
T4 = 0.192202s
T5 = 0.192202s
```

wobei auch mehrfache Eigenwerte auftreten.

Als nächstes wird das Programm MDA3DE aufgerufen, das die statischen Ersatzlasten des Gesamttragwerks in den gewünschten Modalbeiträgen liefert. Für ein Beben in y-Richtung ($\alpha = 90°$) wurden nach ihren am Bildschirm ausgegebenen Anteilfaktoren die Modalbeiträge Nr. 2, 5, 8, 11 und 13 ausgewählt, die zusammen über 90% der effektiven seismischen Masse enthalten. Die einzelnen Lastvektoren wurden beim Programmlauf in Dateien mit den Namen LV1, LV2, ... , LV5 abgelegt, während die unten abgedruckte Datei STERS3 einen Gesamtüberblick liefert.

Eigenform Nr.   2

Damit bislang berücksichtigter Massenanteil: 64.37%
Eingegebene spektrale Beschleunigung in g =   .102
```
 1         .000         13.402          .000
 2         .000         51.125          .000
 3         .000        109.462          .000
 4         .000        184.764          .000
 5         .000        273.505          .000
 6         .000        372.359          .000
 7         .000        478.297          .000
 8         .000        588.692          .000
 9         .000        701.434          .000
10         .000        689.652          .000
```
Modale Kraefte in x, y und theta-Richtung:
         .000   3462.692   .000

Eigenform Nr.   5

Damit bislang berücksichtigter Massenanteil: 84.17%
Eingegebene spektrale Beschleunigung in g =   .102
```
 1         .000         41.146          .000
 2         .000        134.966          .000
 3         .000        238.986          .000
 4         .000        316.493          .000
 5         .000        340.652          .000
 6         .000        297.587          .000
 7         .000        187.299          .000
 8         .000         21.850          .000
 9         .000       -179.193          .000
10         .000       -334.733          .000
```
Modale Kraefte in x, y und theta-Richtung:
         .000   1065.052   .000

Eigenform Nr.   8

Damit bislang berücksichtigter Massenanteil: 90.98%
Eingegebene spektrale Beschleunigung in g =   .102
```
 1         .000         59.734          .000
 2         .000        161.726          .000
 3         .000        210.541          .000
 4         .000        161.144          .000
 5         .000         32.525          .000
 6         .000       -107.548          .000
 7         .000       -181.211          .000
 8         .000       -142.412          .000
 9         .000          1.332          .000
10         .000        170.343          .000
```
Modale Kraefte in x, y und theta-Richtung:
         .000   366.175   .000

Eigenform Nr.   11

Damit bislang berücksichtigter Massenanteil: 94.45%
Eingegebene spektrale Beschleunigung in g =   .102
```
 1         .000         72.727          .000
 2         .000        148.591          .000
 3         .000         99.108          .000
 4         .000        -42.670          .000
 5         .000       -137.783          .000
```

7.6 Tragwerksbeanspruchung – Räumliche Idealisierungen

```
     6          .000        -91.405          .000
     7          .000         46.828          .000
     8          .000        131.020          .000
     9          .000         63.121          .000
    10          .000       -102.596          .000
Modale Kraefte in x, y und theta-Richtung:
                .000        186.943          .000
----------------------------------------------------

Eigenform Nr.  13

Damit bislang beruecksichtigter Massenanteil: 96.54%
Eingegebene spektrale Beschleunigung in g =   .102
     1          .000         79.780          .000
     2          .000        106.446          .000
     3          .000        -17.411          .000
     4          .000       -108.716          .000
     5          .000        -25.713          .000
     6          .000         98.711          .000
     7          .000         66.825          .000
     8          .000        -68.608          .000
     9          .000        -83.944          .000
    10          .000         65.107          .000
Modale Kraefte in x, y und theta-Richtung:
                .000        112.479          .000


Wirksame Gesamtmasse:        5376.000
Davon beruecksichtigt:       5190.122
Summe der Kraefte in x, y und theta-Richtung:
                .000        5193.341          .000
```

Mit dem nächsten Programm, DISP3D, werden nun zu den einzelnen Lastvektoren LV1, LV2, ..., LV5 die Verschiebungen des Gesamtsystems ermittelt und in Dateien mit Namen DIS1, DIS2, ..., DIS5 geschrieben. Das Programm schreibt bei jedem Lauf in der Datei DISPL die eingegebenen Lasten und die ermittelten Verschiebungen übersichtlich auf, während in den Dateien DIS1 bis DIS5 lediglich die Verschiebungsvektoren stehen, zur Weiterverarbeitung durch das Programm FORWND. Für den Lastvektor LV1 lautet z.B. die Ausgabedatei DISPL:

```
STOCKWERK   X-BELASTUNG            Y-BELASTUNG          TORSIONSMOM.
    1       .0000000E+00           .1340200E+02         .0000000E+00
    2       .0000000E+00           .5112486E+02         .0000000E+00
    3       .0000000E+00           .1094615E+03         .0000000E+00
    4       .0000000E+00           .1847639E+03         .0000000E+00
    5       .0000000E+00           .2735048E+03         .0000000E+00
    6       .0000000E+00           .3723588E+03         .0000000E+00
    7       .0000000E+00           .4782970E+03         .0000000E+00
    8       .0000000E+00           .5886925E+03         .0000000E+00
    9       .0000000E+00           .7014339E+03         .0000000E+00
   10       .0000000E+00           .6896523E+03         .0000000E+00
STOCKWERK   X-VERSCHIEBUNG         Y-VERSCHIEBUNG       DREHUNG, RAD
    1       .7327424E-20           .8981204E-03         -.1264754E-18
    2       .2795206E-19           .3426076E-02         -.4825930E-18
    3       .5984710E-19           .7335443E-02         -.1005034E-17
    4       .1010180E-18           .1238175E-01         -.1627625E-17
    5       .1495363E-18           .1832862E-01         -.2309106E-17
    6       .2035838E-18           .2495322E-01         -.3029236E-17
    7       .2615046E-18           .3205254E-01         -.3771721E-17
    8       .3218623E-18           .3945057E-01         -.4521461E-17
    9       .3835026E-18           .4700581E-01         -.5270179E-17
   10       .4456177E-18           .5461925E-01         -.6018387E-17
```

Das Programm FORWND liefert nun die statischen Ersatzlasten (Stockwerksquerkräfte) jeder gewünschten Scheibe, die durch ihre laterale Steifigkeitsmatrix, den Winkel α im Grundriß und ihren Abstand d vom Massenmittelpunkt charakterisiert wird. Für Scheibe 2 nach Bild 7.6-4 erhält man als Ergebnis für den ersten Modalbeitrag:

```
  6.701001074968837      25.562431240822150      54.730759328374520
 92.381940628272690     136.752416117879100     186.179420838239800
239.148498405041900     294.346227730211200     350.716928243864600
344.826142243447900
```

Auch bei einem symmetrischen System muß noch der Anteil aus unplanmäßiger Ausmittigkeit hinzugezählt werden. Der entsprechende Hebelarm beträgt nach EC 8 $\pm 0{,}05 \cdot L$, mit L als Abmessung des Tragwerks senkrecht zur Bebenrichtung, und die entstehenden Versetzungsmomente aus dem Produkt der Stockwerksquerkräfte mit diesem Hebelarm müssen als zusätzliche Lastfälle Berücksichtigung finden. Die Überlagerung der verschiedenen Modalanteile kann zum Schluß nach der SRSS- oder der CQC-Vorschrift geschehen.

Zusammenfassend stellt sich die Programmkette wie folgt dar, wobei n die Anzahl der Stockwerke des Gebäudes ist:

Programmname	Eingabedateien	Ausgabedateien
TRA3D	frei gewählte Namen für die lateralen (n,n)-Steifigkeitsmatrizen der einzelnen Scheiben, z.B. L1, L2, ...	frei gewählte Namen für die (3n,3n)-globalen Steifigkeitsmatrizen der einzelnen Scheiben, z.B. M1, M2, ...
MATSUM	Die von TRA3D erzeugten aufzusummierenden globalen (3n,3n)-Steifigkeitsmatrizen, z.B. M1, M2, ..	KMAT3D als Summe von M1, M2, ...
MDA3DE	MDIAG OMEG PHI	STERS3 frei gewählte Namen für die (3n)-Lastvektoren in den Modalbeiträgen, z.B. LV1, LV2, ..
DISP3D	KMAT3D Die von MDA3DE erzeugten (3n)-Lastvektoren, z.B. LV1, LV2,...	Frei gewählte Namen für die (3n,3n)-Verschiebungsvektoren, z.B. DIS1, DIS2, ... Eine Datei DISPL zu jedem Verschiebungsvektor faßt Ein- und Ausgabe zusammen.
FORWND	Die laterale (n,n)-Steifigkeitsmatrix der Scheibe, z.B. L1 Der (3n,3n)-Verschiebungsvektor aus DISP3D, z.B. DIS1	Frei gewählter Name für die Datei, die die n Stockwerksquerkräfte der betrachteten Scheibe enthält.

Bei der Bestimmung der Schnittgrößen der einzelnen Tragwerksteile müssen beide Horizontalkomponenten der seismischen Belastung berücksichtigt werden, die im Normalfall als

7.6 Tragwerksbeanspruchung – Räumliche Idealisierungen

gleichzeitig wirkend angenommen werden (EC 8, Abschnitt 3.3.5). Eine andere Kombinationsmöglichkeit, die ebenfalls im EC 8 enthalten ist, sieht eine Überlagerung nach der Formel

$$\begin{array}{l} E_{Edx} \ "+" \ 0{,}30 \cdot E_{Edy} \\ 0{,}30 \cdot E_{Edx} \ "+" \ E_{Edy} \end{array} \quad (7.6.6)$$

vor, wobei das Zeichen "+" die Bedeutung „zu kombinieren mit" besitzt, E_{Edx} die Schnittgrößen infolge Erdbebenwirkung in x-Richtung und E_{Edy} die Schnittgrößen infolge Erdbebenwirkung in y-Richtung darstellen. Für Bauteile, für die auch die Vertikalkomponente des Erdbebens eine Rolle spielt (z.B. horizontale kragträgerartige Bauteile), werden in (7.6.6) auch die Schnittgrößen aus der Vertikalkomponente E_{Edz} völlig analog zu E_{Edx} und E_{Edy} behandelt:

$$\begin{array}{l} E_{Edx} \ "+" \ 0{,}30 \cdot E_{Edy} \ "+" \ 0{,}30 \, E_{Edz} \\ 0{,}30 \cdot E_{Edx} \ "+" \ E_{Edy} \ "+" \ 0{,}30 \, E_{Edz} \\ 0{,}30 \cdot E_{Edx} \ "+" \ 0{,}30 \cdot E_{Edy} \ "+" \ E_{Edz} \end{array} \quad (7.6.7)$$

Ein weiterer wichtiger Punkt ist die Berücksichtigung der Torsionswirkungen, die sowohl infolge der planmäßigen Exzentrizität von Massen- und Steifigkeitsmittelpunkt als auch infolge von zufälligen (unvermeidlichen) Exzentrizitäten auftreten. Sie kann durch Verschiebung der Lage des Massenmittelpunkts im positiven wie im negativen Sinn für beide Wirkungsrichtungen des Erdbebens realisiert werden, was zu insgesamt vier verschiedenen Positionen für den Massenmittelpunkt führt. Nähere Einzelheiten für die Vorgehensweise nach DIN 4149 bzw. nach EC 8 sind in Abschnitt 7.7 enthalten.

7.6.2 Laterale Steifigkeitsmatrizen verschiedener Wandscheibentypen

Betrachtet werden hier folgende Fälle „offener" Wandscheiben:

1. Biegesteife oder durch Fachwerkstäbe ausgesteifte Rahmen,
2. Stahlbeton-Schubwände,
3. Rahmen-Scheiben-Mischsysteme

Zu 1): Bei allgemeinen ebenen Rahmentragwerken kann das bereits häufiger eingesetzte Programm KONDEN verwendet werden, welches die auf die horizontalen Freiheitsgrade kondensierten Steifigkeitsmatrizen liefert. Für den Fall stärkerer Stützenquerschnitte, die eine Modellierung der Riegel als Balken mit starren Endquerschnitten angezeigt erscheinen lassen, wird auf den Fall 3 verwiesen.

Zu 2): Eine schlanke, hohe Stahlbetonschubwand trägt im wesentlichen auf Biegung, im Gegensatz zu der in ihrem Namen suggerierten Schubwirkung. Während relativ schlanke Wände (mit einem Verhältnis Höhe zu Breite von rund 3 und darüber) gut als BERNOULLI- oder TIMOSHENKO-Balken abgebildet werden können, setzen wir bei gedrungenen Scheiben (zumal wenn sie mit Öffnungen versehen sind), eines der üblichen Finiten Elemente zur Diskretisierung ein. Man betrachte z.B. das in Bild 7.6-5 skizzierte rechteckige Scheibenelement mit den 8 Freiheitsgraden $u_1, v_1, \ldots u_4, v_4$.

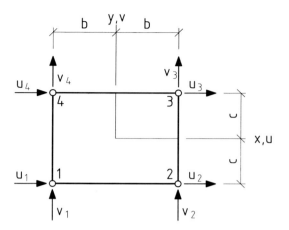

Bild 7.6-5: Scheiben-Rechteckelement

Der klassische bilineare Ansatz für die Verschiebung innerhalb des Elementes liefert folgende (8,8)-Elementsteifigkeitsmatrix (nach NILSSON/SAMUELSSON, mitgeteilt in [7.20]):

$$\underline{K} = \frac{Qt}{12(1-m^2)} \begin{pmatrix} A_1 & C_1 & A_2 & -C_2 & A_4 & -C_1 & A_3 & C_2 \\ & B_1 & C_2 & B_3 & -C_1 & B_4 & -C_2 & B_2 \\ & & A_1 & -C_1 & A_3 & -C_2 & A_4 & C_1 \\ & & & B_1 & C_2 & B_2 & C_1 & B_4 \\ & & & & A_1 & C_1 & A_2 & -C_2 \\ \text{Symm.} & & & & & B_1 & C_2 & B_3 \\ & & & & & & A_1 & -C_1 \\ & & & & & & & B_1 \end{pmatrix} \quad (7.6.8)$$

Hierbei ist für den ebenen Spannungszustand $Q = E$, $m = \nu$ zu setzen, im ebenen Verzerrungszustand dagegen $Q = \dfrac{E}{1-\nu^2}$, $m = \dfrac{\nu}{1-\nu}$. Die einzelnen Koeffizienten betragen:

$$\begin{aligned} A_1 &= (4-m^2)c/b + 1{,}5(1-m)b/c \\ A_2 &= -(4-m^2)c/b + 1{,}5(1-m)b/c \\ A_3 &= (2+m^2)c/b - 1{,}5(1-m)b/c \\ A_4 &= -(2+m^2)c/b - 1{,}5(1-m)b/c \end{aligned} \quad (7.6.9)$$

$$\begin{aligned} C_1 &= 1{,}5(1+m) \\ C_2 &= 1{,}5(1-3m) \end{aligned} \quad (7.6.10)$$

7.6 Tragwerksbeanspruchung – Räumliche Idealisierungen

und $B_1, \ldots, B_4$ entsprechen $A_1, \ldots, A_4$ mit vertauschtem b und c. Ersichtlicherweise sind die Elemente dieser Steifigkeitsmatrix Funktionen des Seitenverhältnisses c/b des Rechteckelements mit konstanter Dicke t. Der zugehörige Vektor der Verschiebung lautet

$$\underline{V}^T = (u_1, \ v_1, \ u_2, \ v_2, \ u_3, \ v_3, \ u_4, \ v_4) \qquad (7.6.11)$$

Im Gegensatz zu ebenen Rahmen ist bei der Diskretisierung einer Schubwand die Erstellung der Eingabedatei von Hand wegen der großen Anzahl der vorkommenden Freiheitsgrade mühsam und fehleranfällig. Für den Sonderfall einer Schubwand mit geschoßhohen Scheibenelementen liefert das Programm LATWND direkt die auf (n,n) kondensierte Steifigkeitsmatrix bei interaktiver Eingabe von Stockwerksanzahl, Anzahl der Scheibenelemente pro Stockwerk (bei feststehender Höhe der Elemente = Geschoßhöhe sollte die Anzahl der Elemente pro Geschoß derart gewählt werden, daß die Elementbreite in etwa der Geschoßhöhe entspricht), Scheibendicke, E-Modul und Querkontraktionszahl.

Programmname	Eingabedatei	Ausgabedatei
LATWND	-	LATWD als laterale (n,n)-Steifigkeitsmatrix der Wandscheibe.

Als Beispiel wird mit LATWND die (10,10)-Steifigkeitsmatrix der 8 m langen, 0,4 m dicken und 35 m hohen Stahlbetonscheibe aufgestellt, die beim Beispiel Bild 7.6-4 als Balken ideali-

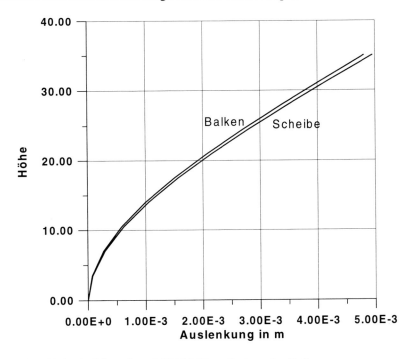

Bild 7.6-6: Biegelinien infolge einer 100 kN-Einzellast an der Spitze

siert wurde. Es werden drei Elemente pro Stockwerk (Breite = 2,667 m, Höhe = 3,50 m) angesetzt, mit $\nu = 0{,}20$ und $E = 1{,}74 \cdot 10^7$ kNm². Zum Vergleich wurden die Biegelinien beider Idealisierungen für eine Horizontallast von 100 kN auf 35 m Höhe ermittelt; Bild 7.6-6 zeigt die Ergebnisse, die für praktische Zwecke gleichwertig sind.

Zu 3): Schlanke Wandscheiben verhalten sich bei horizontaler Beanspruchung wie Biegebalken mit, von der Belastungsseite aus gesehen, konvexen Biegelinien, während biegesteife Rahmen, deren Riegel wie üblich wesentlich steifer sind als die Stützen, sich wie „Schubbalken" mit von der Belastungsseite aus gesehen konkaven Biegelinien verhalten. Die rechnerische Erfassung gekoppelter Systeme kann durch die bereitgestellten Programme problemlos erfolgen, wobei neben einer Diskretisierung des Gesamtsystems auch die Berücksichtigung von Teilsystemen als Federmatrizen (Makroelemente) möglich und u.U. empfehlenswert ist. Als Beispiel dient die in Bild 7.6-7 skizzierte Kombination eines fünfstöckigen Rahmens (Riegelsteifigkeiten $EI = 4{,}5 \cdot 10^5$ kNm², Stützensteifigkeiten $EI = 0{,}63 \cdot 10^5$ kNm²) mit einer Wandscheibe (Biegesteifigkeit $EI = 7{,}031 \cdot 10^6$ kNm²), belastet durch die skizzierten Horizontallasten auf Deckenhöhe. Beide Scheiben sind über dehnstarre, aber biegeweiche Verbindungselemente auf Höhe der Stockwerke 2 bis 5 miteinander verbunden. In Bild 7.6-8 ist eine mögliche Diskretisierung des Gesamtsystems zu sehen. Die Berechnung mit Hilfe des Programms RAHMEN liefert die in Bild 7.6-9 dargestellte Biegelinie.

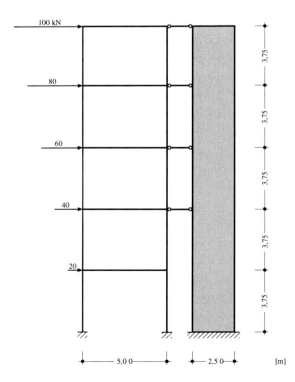

Bild 7.6-7: Gekoppeltes System Wandscheibe-biegesteifer Rahmen mit Belastung

7.6 Tragwerksbeanspruchung – Räumliche Idealisierungen

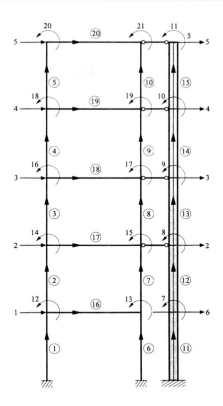

Bild 7.6-8: Kinematische Freiheitsgrade beim gekoppelten System

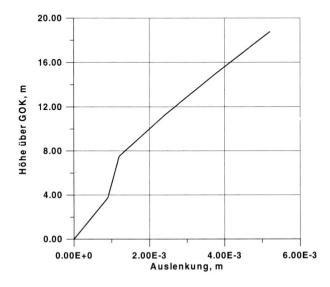

Bild 7.6-9: Resultierende Biegelinie des Rahmens

Zum gleichen Ergebnis gelangt man, wenn die Wandscheibe (links im Bild 7.6-10) mit dem Programm KONDEN auf die vier Freiheitsgrade 3, 5, 7 und 9 kondensiert wird und die resultierende (4,4)-Steifigkeitsmatrix KMATR, umbenannt in FEDMAT, als Federmatrix bei der Untersuchung des biegesteifen Rahmens mitgenommen wird. In der Datei INZFED müssen dazu seine vier Freiheitsgrade 2, 3, 4 und 5 (Bild 7.6-10) angegeben werden, die durch die Federmatrix miteinander (und mit der Erdscheibe) verknüpft werden.

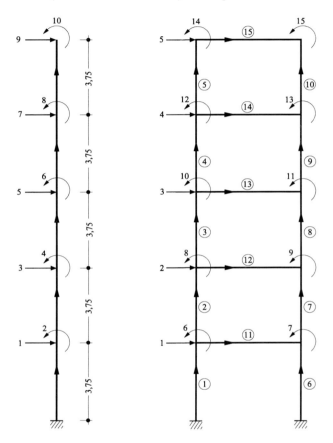

Bild 7.6-10: Diskretisierung der Teilsysteme

Bei solchen Mischsystemen aus Scheiben und Rahmen, aber auch bei durch Riegel oder Unterzüge verbundenen Wandscheiben ist es üblich, für die Riegel ein Element nach Bild 7.6-11 einzusetzen. Darin besitzen die Endbereiche $\alpha\ell$, $\beta\ell$ des Riegels eine unendlich große Steifigkeit, die durch eine kinematische Kondensation der entsprechenden Freiheitsgrade zum Ausdruck gebracht wird. Ein Rechenprogramm liegt unter dem Namen STAKON vor; seine Eingabedatei ESTAK wird wie folgt aufgebaut:

Es werden zunächst NELRIE Zeilen für die Riegel mit starren Endbereichen eingegeben, die jeweils die Daten EI (z.B. in kNm^2), ℓ (Länge des biegsamen Bereichs zwischen den starren

7.6 Tragwerksbeanspruchung – Räumliche Idealisierungen

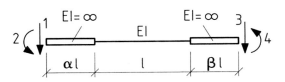

Bild 7.6-11: Balkenelement mit starren Randbereichen

Endbereichen, in m), EA (Dehnsteifigkeit in kN), α (Winkel x-Achse-Stabachse, positiv im Gegenuhrzeigersinn), AL (Länge des starren Bereichs am Stabanfang, m) und BL (Länge des starren Bereichs am Stabende, m) enthalten. Es folgen in weiteren NELRIE Zeilen die Inzidenzvektoren der Riegel mit jeweils sechs natürlichen Zahlen. In den nächsten NELSTU Zeilen stehen die Werte EI, ℓ, EA und α der Stützen, gefolgt von den dazugehörigen Inzidenzvektoren in weiteren NELSTU Zeilen. Zum Schluß kommen die Nummern der NDU wesentlichen Freiheitsgrade (horizontalen Stockwerksverschiebungen), auf die hin das System kondensiert werden soll. Nach Verlassen des Programms steht in der Ausgabedatei ASTAK die (NDU,NDU)-Steifigkeitsmatrix; in AMAT steht die zugehörige Transformationsmatrix für die Ermittlung der Verformungen in den unwesentlichen Freiheitsgraden bei bekannten Verformungen in den wesentlichen Freiheitsgraden. Auch federelastische Stützungen bzw. Verknüpfungen mehrerer Freiheitsgrade über vorgegebene Federmatrizen können wie beim Programm RAHMEN durch Vorgabe der jeweiligen Federmatrizen und Inzidenzvektoren in den Eingabedateien FEDMAT und INZFED berücksichtigt werden. Sollen die vollständigen Schnittkräfte und Verformungen einer solchen Scheibe infolge von statischen Lasten ermittelt werden, kann das Programm STARAH aufgerufen werden; seine Eingabedatei ESTAR entspricht ESTAK mit dem Unterschied, daß anstelle der Nummern der NDU wesentlichen Freiheitsgrade als letzter Datensatz nun die NDOF äußere Lasten des Systems einzugeben sind. In der Ausgabedatei ASTAR stehen die Verformungen und Schnittkräfte aller Stabelemente.

Programmname	Eingabedatei	Ausgabedatei
STAKON	ESTAK FEDMAT INZFED	ASTAK AMAT
STARAH	ESTAR FEDMAT INZFED	ASTAR

Um den Fehler zu illustrieren, den man begeht, wenn eine Wandscheibe durch Balkenelemente ohne starre Endbereiche abgebildet wird, soll der in Bild 7.6-12 skizzierte zehnstöckige Rahmen betrachtet werden, mit folgenden Steifigkeitswerten:

$$EI_{Riegel} = 5{,}285 \cdot 10^5 \text{ kNm}^2$$
$$EI_{Scheibe} = 3{,}263 \cdot 10^7 \text{ kNm}^2$$
$$EI_{Stütze} = 1{,}208 \cdot 10^5 \text{ kNm}^2$$

Die Ermittlung der kondensierten Steifigkeitsmatrix wurde einmal mit dem Programm KONDEN durchgeführt, bei Annahme von Riegellängen von 6,00 und alternativ von 4,50 m, zum

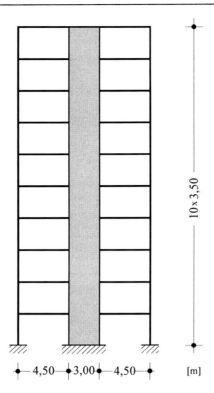

Bild 7.6-12: Gemischtes System

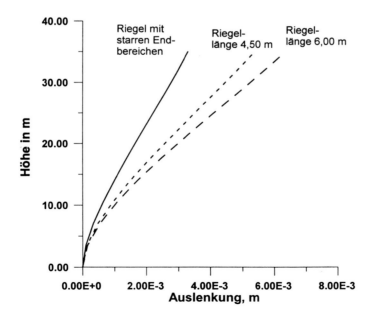

Bild 7.6-13: Biegelinien infolge einer 100 kN-Einzellast in 35 m Höhe

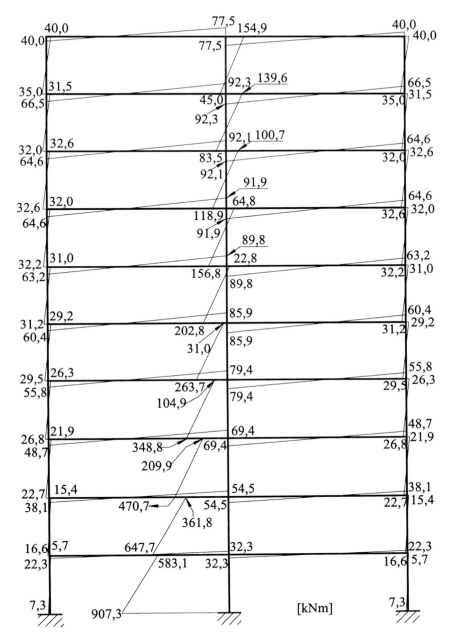

Bild 7.6-14: Momentenlinie für das Rahmenmodell mit 6,00 m Riegellänge

anderen mit dem Programm STAKON. Zum Vergleich wurde für alle drei Fälle die Biegelinie für eine horizontale Einzellast von 100 kN in 35 m Höhe ausgewertet; Bild 7.6-13 zeigt das Ergebnis, wobei die Biegelinie bei Berücksichtigung der starren Endbereiche der Wirklichkeit am nächsten kommt. Die Momentenflächen für diese Belastung sind in den Bildern 7.6-14

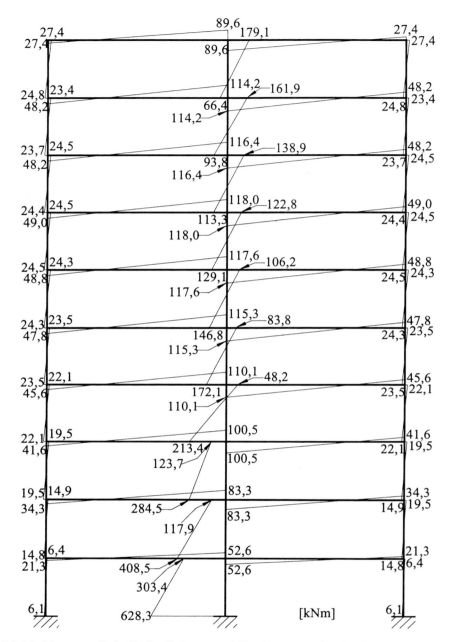

Bild 7.6-15: Momentenlinie für das Rahmenmodell mit starren Riegelendbereichen

und 7.6-15 aufgetragen. In Bild 7.6-14 ist das Momentendiagramm für die Idealisierung ohne Berücksichtigung der 1,50 m langen starren Endbereiche der Riegel zu sehen (Programm RAHMEN), in Bild 7.6-15 der mit dem Programm STARAH berechnete Momentenverlauf für starre Endbereiche an allen zwanzig Riegeln.

7.7 Seismische Untersuchungen nach DIN 4149

In diesem Abschnitt werden die wichtigsten Beziehungen und Zusammenhänge erläutert, die in DIN 4149 zur erdbebensicheren Gestaltung von Hochbauten niedergelegt sind. Dabei geht es weniger um die möglichst detailgenaue Wiedergabe des Inhalts der Norm, sondern vielmehr um die Herausarbeitung der wesentlichen Gedanken und Rechenannahmen, die dieser Norm zugrundeliegen. Weit umfangreicher fallen naturgemäß die Regelungen des Eurocode 8 aus, die im Abschnitt 7.8 behandelt und anhand eines Beispiels erläutert werden.

Die DIN 4149, „Bauten in deutschen Erdbebengebieten", vom April 1981, bezieht sich auf übliche Hochbauten, nicht jedoch auf sicherheitstechnisch besonders relevante Strukturen wie Kernkraftwerke etc.. Sie unterscheidet die Bauwerksklassen 1, 2 und 3, wobei für die Öffentlichkeit besonders wichtige Gebäude wie Krankenhäuser etc. zur Bauwerksklasse 3 gehören. Das Bundesgebiet wurde in Erdbebenzonen eingeteilt, wobei für Gebäude in den Zonen 1 bis 4 ein Standsicherheitsnachweis für den Lastfall Erdbeben vorgeschrieben wird. Die sogenannten „Regelwerte für die Horizontalbeschleunigung" a_0 betragen in den einzelnen Zonen:

Zone 1: $a_0 = 0{,}25 \text{ m/s}^2$
Zone 2: $a_0 = 0{,}40 \text{ m/s}^2$
Zone 3: $a_0 = 0{,}65 \text{ m/s}^2$
Zone 4: $a_0 = 1{,}00 \text{ m/s}^2$

Der Rechenwert der Horizontalbeschleunigung cal a ergibt sich aus

$$\text{cal } a = a_0 \kappa \alpha \qquad (7.7.1)$$

wobei der Abminderungsfaktor α in Abhängigkeit von der Erdbebenzone und der Bauwerksklasse zwischen 0,5 und 1,0 liegt. Der Einfluß des Baugrundes wird mit Hilfe eines Faktors κ berücksichtigt, dessen Wert von 1,0 (für Fels) bis 1,4 und höher (für Lockergestein) reicht. Eine Vertikalbeschleunigung braucht in der Regel nicht angesetzt zu werden.

Die zusätzlich zum Eigengewicht wahrscheinlich vorhandenen „mitwirkenden Verkehrslastanteile" werden je nach Nutzung des Gebäudes mit Werten zwischen 0,5 kN/m² für Wohngebäude und 2,0 kN/m² für Versammlungsstätten vorgegeben. Zur Ermittlung der Beanspruchung aus Erdbeben wird das modalanalytische Verfahren auf Antwortspektrumbasis angewendet, mit der bekannten Beziehung für die statischen Ersatzlasten der i-ten Modalform:

$$H_{E,j,i} = m_j \cdot \beta \cdot \gamma_{j,i} \cdot \text{cal } a \qquad (7.7.2)$$

Hierin ist m_j die j-te Stockwerksmasse von insgesamt n diskreten Stockwerksmassenpunkten, β die Ordinate des normierten Antwortspektrums nach (7.7.3), $\gamma_{j,i}$ ein von der Ordinate $\psi_{j,i}$ an der j-ten Masse der i-ten Eigenform abhängiger Beiwert nach (7.7.4) und cal a der bereits erwähnte Rechenwert der Horizontalbeschleunigung. Das Bemessungsantwortspektrum $\beta = \beta(T)$ in Abhängigkeit von der Periode T ist folgendermaßen definiert (Bild 7.7-1):

$$\begin{aligned} T \leq 0{,}45 \text{ s}: & \quad \beta = 1 \\ T > 0{,}45 \text{ s}: & \quad \beta = 0{,}528 \, T^{-0{,}8} \end{aligned} \qquad (7.7.3)$$

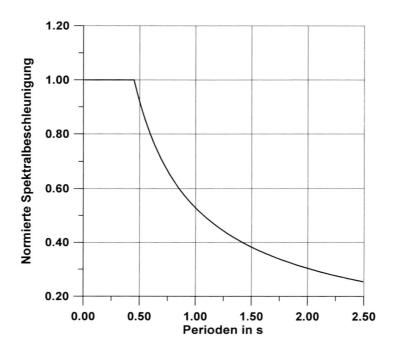

Bild 7.7-1: Beschleunigungsantwortspektrum nach DIN 4149, lineare Darstellung

Es sei noch bemerkt, daß in diesem Spektrum eine implizite Reduktion um den Faktor 1,8 enthalten ist, womit der günstige Einfluß der duktilen Eigenschaften des Systems abgegolten wird.

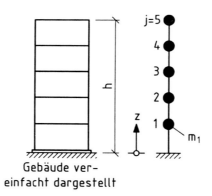

Bild 7.7-2: Bezeichnungen nach DIN 4149

Es gilt weiter:

$$\gamma_{j,i} = \psi_{j,i} \frac{\sum_{j=1}^{n} m_j \, \psi_{j,i}}{\sum_{j=1}^{n} m_j \, \psi_{j,i}^2} \qquad (7.7.4)$$

7.7 Seismische Untersuchungen nach DIN 4149

Hierin ist die Ordinate der i-ten Eigenform auf Höhe der j-ten Stockwerksmasse mit $\psi_{j,i}$ bezeichnet. Die Überlagerung der über die statischen Ersatzlasten ermittelten Schnittgrößen und Verschiebungen erfolgt mittels der SRSS-Regel, also der Quadratwurzel der Summe der Quadrate. Für regelmäßige Tragwerke mit $T_1 \leq 1$ s enthält DIN 4149 außerdem ein einfacheres Näherungsverfahren. Darin wird die anzusetzende horizontale Ersatzlast mit

$$H_{E,j} = 1{,}5 \cdot m_j \cdot \beta(T_1) \cdot \frac{z_j}{h} \cdot \mathrm{cal}\, a \qquad (7.7.5)$$

angenommen und eine Näherungsformel für die Bestimmung der Periode T_1 der Grundschwingung angegeben.

Die Berücksichtigung der zusätzlichen Beanspruchung aus Torsion kann nach einem Näherungsverfahren erfolgen, wobei unterstellt wird, daß die statischen Ersatzlasten H_E im Abstand e vom Steifigkeitsmittelpunkt angreifen. Dabei ist für jede aussteifende Scheibe der ungünstigere Wert von

$$\max e = e_0 + e_1 + e_2 \qquad (7.7.6)$$

oder

$$\min e = e_0 - e_2 \qquad (7.7.7)$$

einzusetzen (vgl. Bild 7.7-3).

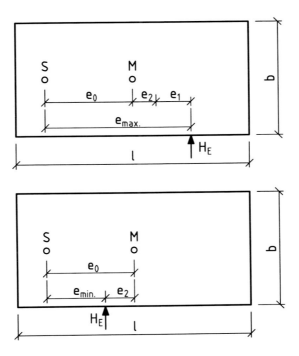

Bild 7.7-3: Planmäßige und ungewollte Exzentrizitäten

Hier ist e_2 eine ungewollte Ausmitte von 5% der Gebäudelänge quer zur Bebenrichtung, e_0 der Abstand Steifigkeitsmittelpunkt-Massenmittelpunkt und e_1 wird bei H_E parallel zu b durch

$$e_1 = 0.1(\ell + b)\sqrt{\frac{10\,e_0}{\ell}} \leq 0.1(\ell + b) \qquad (7.7.8)$$

gegeben. Für weitere Details wird auf die Norm verwiesen.

Bei Stahlbetontragwerken ist die Bemessung für die durch 1,75 geteilten Schnittgrößen durchzuführen. Zur Gewährleistung der plastischen Verformbarkeit sind gewisse Restriktionen einzuhalten, wie z.B. Begrenzung der Zugbewehrung, Einführung einer Druckbewehrung und Umschnürung der Betondruckzone. Die vorhandene bezogene Druckkraft n von Rahmenstielen gemäß

$$n = \frac{N}{A_b\,\beta_R} \qquad (7.7.9)$$

mit dem Rechenwert der Betonfestigkeit β_R, der als Druckkraft negativen Normalkraft N und der Betonfläche A_b sollte nicht kleiner sein als -0.50; für n < -0.23 sind besondere konstruktive Maßnahmen wie eine verstärkte Bügelbewehrung vorzusehen.

7.8 Seismische Untersuchungen nach Eurocode 8

7.8.1 Theoretische Erörterungen

Der EC 8 regelt die Berechnung von Bauwerken unter seismischer Belastung im europäischen Rahmen [7.21]. Grundsätzlich ist eine Bemessung, die im Erdbebenfall keine Nichtlinearitäten im Tragwerk auftreten läßt, technisch machbar, aber in der Regel sehr unwirtschaftlich. Das Tragwerk muß in der Lage sein, ein gewisses Maß an Energie aufzunehmen und ein bestimmtes Maß an Verformumgen zu ertragen. Da es sich bei einem stärkeren Erdbeben zudem um ein seltenes Ereignis handelt, ist eine „elastische" Bemessung keinesfalls erforderlich, sondern man orientiert sich an der zu Beginn von Abschnitt 7.5.1 dargelegten Bemessungsphilosophie.

Für das Erdbebenverhalten eines Bauwerks sind allgemein zwei Eigenschaften besonders wichtig:

- sein Widerstand gegen horizontale Lasten (Festigkeit) und
- sein Verformungsvermögen (Duktilität)

Zwischen diesen Eigenschaften einer Konstruktion besteht eine enge Wechselwirkung. Dem entwerfenden Ingenieur kommt hierbei die Aufgabe zu, im Rahmen der gültigen Normen ein für das Tragwerk günstiges Verhältnis von Festigkeit und Duktilität festzulegen; dabei gilt folgendes für den Zusammenhang zwischen beiden Größen:

7.8 Seismische Untersuchungen nach Eurocode 8

- Ein kleiner Tragwiderstand (Festigkeit) erfordert ein höheres Verformungsvermögen (Duktilität) des Tragwerks.
- Ein Tragwerk mit hoher Festigkeit kommt mit einer geringen Duktilität aus.

Moderne Erdbebennormen wie der EC 8 enthalten Regelungen zur Sicherstellung sowohl einer ausreichenden Festigkeit als auch, in Abhängigkeit davon, einer genügend hohen Duktilität in den maßgebenden Bereichen des Tragwerks. Die ausreichende Duktilität läßt sich durch die Einhaltung sogenannter Kapazitätsbemessungsregeln erzielen. Dabei werden diejenigen Bereiche im Tragwerk, in denen inelastische Verformungen auftreten dürfen, bewußt ausgewählt und dementsprechend konstruiert; Bereiche, in denen keine Nichtlinearitäten zugelassen sind, können konventionell mit erhöhter Tragfähigkeit durchgebildet werden.

Das Erdbebenrisiko des Standortes wird charakterisiert durch das elastische Antwortspektrum für die horizontalen Bebenbeschleunigungen; normalerweise ist die Berücksichtigung vertikaler Beschleunigungen nicht erforderlich. Bei Bauteilen, wie z.B. horizontalen Kragarmen und Bauteilen mit Spannweiten über 20 m, darf die Vertikalkomponente jedoch nicht vernachlässigt werden.

Während in den Bemessungsspektren der DIN 4149 die inelastischen Tragreserven der Konstruktion durch einen nicht explizit ausgewiesenen Reduktionsfaktor von 1,8 berücksichtigt werden, gibt der Eurocode 8 zunächst nichtreduzierte elastische Antwortspektren an; erst in einem zweiten Schritt wird das für den Standort gültige lineare Spektrum in Abhängigkeit der gewählten Tragwerksduktilität abgemindert und liefert damit das Bemessungs- oder Entwurfsspektrum.

Die Größe der Reduzierung des elastischen Antwortspektrums hängt von der Duktilität des Tragwerks ab und wird durch den sogenannten Verhaltensbeiwert q zahlenmäßig angegeben. Je höher die Duktilität ist, und damit der Faktor q, desto geringer sind die anzusetzenden Erdbebenersatzkräfte. Der Eurocode 8 sieht drei verschiedene Kategorien vor, die als Duktilitätsklassen H, M und L (hohe, mittlere und niedrige Duktilität) bezeichnet werden. Als „Duktilität" wird in diesem Zusammenhang das Verhältnis einer maximal erreichten (inelastischen) Verschiebung zu ihrem elastischen Grenzwert bezeichnet:

$$\mu_\Delta = \frac{\Delta_{max}}{\Delta_{el}} \qquad (7.8.1)$$

Entsprechend ist der Verhaltensbeiwert q gleich dem Verhältnis der Rückstellkraft F_{el}, die bei einem linear-elastischen Systemverhalten aufgetreten wäre, zur maximalen Rückstellkraft F_R des elastisch-ideal plastischen Systems. Dabei sind zwei prinzipielle Modellvorstellungen zur Verknüpfung von μ_Δ und q üblich: Bei der ersten, dem sogenannten „Prinzip der gleichen Verschiebung" geht man davon aus, daß sich beim linearen und beim elastisch-ideal plastischen System dieselbe maximale Verschiebung einstellt (Bild 7.8-1). Das ist näherungsweise der Fall bei längeren Perioden (ab etwa 1,5 s), und es ergibt sich:

$$\mu_\Delta = q \qquad (7.8.2)$$

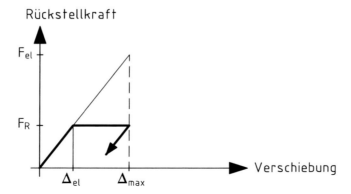

Bild 7.8-1: Maximalduktilität und Systemverformung, Prinzip der gleichen Verschiebung

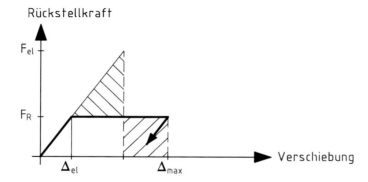

Bild 7.8-2: Maximalduktilität und Systemverformung, Prinzip der gleichen Arbeit

Bei der zweiten Modellvorstellung, dem „Prinzip der gleichen Arbeit", wird unterstellt, daß die schraffierten Flächen in Bild 7.8-2 gleich sind. Es ergibt sich

$$\mu_\Delta = \frac{q^2 + 1}{2}, \quad q = \sqrt{2\mu_\Delta - 1} \qquad (7.8.3)$$

Das ist eine gute Näherung für steifere Tragwerke mit Perioden bis hinunter zu etwa 0,1 s; für noch kleinere Perioden (quasistarre Systeme) erfolgt praktisch keine Abminderung der maximalen elastischen Rückstellkraft und keine inelastische Vergrößerung der Verschiebung ($q = \mu_\Delta = 1$).

Allgemein ist der Verhaltensfaktor q eine Funktion des Konstruktionstyps und -baustoffes sowie der gewählten Duktilitätsklasse. Natürlich hängt neben der globalen Systemduktilität μ_Δ auch die erforderliche Duktilität aller maßgebenden Querschnitte vom Verhaltensfaktor q ab. Zentrales Anliegen ist immer die Sicherstellung des Vorhandenseins der vorausgesetzten Duktilitätseigenschaften des Tragwerks, wobei die zyklische plastische Verformung keine

7.8 Seismische Untersuchungen nach Eurocode 8

starke Reduktion von Struktursteifigkeit und -festigkeit verursachen darf. Dabei leistet, wie schon erwähnt, das ursprünglich in Neuseeland von PAULAY entwickelte Verfahren der Kapazitätsbemessung gute Dienste, indem es dafür sorgt, daß Plastizierungen nur in den dafür besonders ausgelegten „kritischen" Bereichen der Konstruktion stattfinden können [7.22]. In dem Maß, in dem die Duktilitätsnachfrage mit der Wahl einer entsprechenden Duktilitätsklasse steigt, steigen auch die Anforderungen an die Konstruktion. Im Eurocode 8 wurden dementsprechend bei den höheren Duktilitätsklassen (H und M) weitergehende Konstruktionsregeln, die sich aus der Methode der Kapazitätsbemessung ergeben, verankert. Das Ziel ist in jedem Fall, ein ausreichendes Duktilitätsangebot in allen Teilen der Konstruktion sicherzustellen.

Für den Verhaltensbeiwert q wird in EC 8 der Ausdruck angesetzt:

$$q = q_0 \cdot k_D \cdot k_R \cdot k_W \geq 1{,}5 \qquad (7.8.4)$$

Dabei ist q_0 ein Grundwert als Funktion des Tragwerkstyps (Variablenbereich von 2,0 für Umgekehrte-Pendel-Systeme bis 5,0 für Rahmensysteme), k_D dient zur Berücksichtigung der Duktilitätsklasse (schwankend zwischen 0,5 für Klasse „L" und 1,0 für Klasse „H"), k_R berücksichtigt die Regelmäßigkeit im Aufriß (1,0 für regelmäßige, 0,8 für unregelmäßige Tragwerke), und k_W hängt mit der Versagensart bei verschiedenen Aussteifungssystemen zusammen (1,0 für Rahmen, $\frac{1}{2{,}5 - 0{,}5 \cdot \alpha_0} \leq 1$ für Wände und Kernsysteme, wobei α_0 das vorherrschende Maßverhältnis $\frac{H_W}{\ell_W}$ von Höhe zu Länge der Wand ist). Damit variiert q zwischen 1,5 und 5,0, womit eine Reduzierung des elastischen Antwortspektrums mit dem Faktor 0,67 bis 0,20 einhergeht. Das Bemessungsspektrum ist ebenso wie das elastische Antwortspektrum in vier Bereiche eingeteilt und wird über folgende Formeln definiert:

$$S_d(T) = \alpha S \left[1 + \frac{T}{T_B} \left(\frac{\beta_o}{q} - 1\right)\right] \qquad \text{für } 0 \leq T \leq T_B \qquad (7.8.5)$$

$$S_d(T) = \alpha S \frac{\beta_o}{q} \qquad \text{für } T_B \leq T \leq T_C \qquad (7.8.6)$$

$$S_d(T) = \alpha S \frac{\beta_o}{q} \left[\frac{T_C}{T}\right]^{k_{d1}} \geq 0{,}20\,\alpha \qquad \text{für } T_C \leq T \leq T_D \qquad (7.8.7)$$

$$S_d(T) = \alpha S \frac{\beta_o}{q} \left[\frac{T_C}{T_D}\right]^{k_{d1}} \left[\frac{T_D}{T}\right]^{k_{d2}} \geq 0{,}20\,\alpha \qquad \text{für } T_D < T \qquad (7.8.8)$$

Hierbei bedeuten:

$S_d(T)$ Ordinate des mit g normierten Bemessungsspektrums,

α   Verhältnis zwischen dem Bemessungswert der Bodenbeschleunigung a_g und
            der Erdbeschleunigung g, $\alpha = \dfrac{a_g}{g}$

k_{d1}, k_{d2} Exponenten für die Form des Bemessungsspektrums für eine Schwingzeit
            größer als T_C bzw. T_D.

Die Parameter S, β_0, T_B, T_C und T_D sowie k_{d1} und k_{d2} sind in folgender Tabelle enthalten:

Baugrund	S	β_0	k_{d1}	k_{d2}	T_B in s	T_C in s	T_D in s
A	1,0	2,5	2/3	5/3	0,10	0,40	3,0
B	1,0	2,5	2/3	5/3	0,15	0,60	3,0
C	0,9	2,5	2/3	5/3	0,20	0,80	3,0

Tabelle 7.8-1: Eingangsparameter für das Bemessungsspektrum

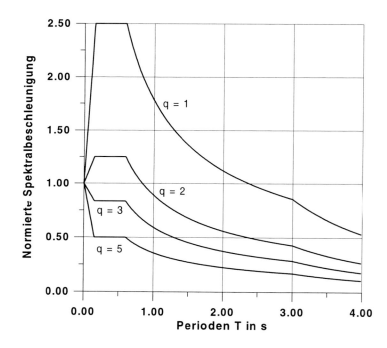

Bild 7.8-3: Normierte Bemessungsantwortspektren nach EC 8 für verschiedene q-Werte

Zur Illustration zeigt Bild 7.8-3 einige Entwurfsantwortspektren für den Baugrundtyp B nach EC 8 für verschiedene Werte des Verhaltensfaktors q. Aufgetragen sind die Werte $S_d(T)$ der Spektralbeschleunigung in Einheiten der Erdbeschleunigung g dividiert durch das Produkt αS. Diese Entwurfsspektren stellen eigentlich nichtlineare Spektren dar; während jedoch die gemessenen Beschleunigungszeitverläufe mittels nichtlinearer Einmassenschwinger errechneten nichtlinearen Spektren oft von den zugehörigen elastischen Spektren differieren, wird hier im wesentlichen die Form des elastischen Spektrums beibehalten und eine Abminderung der Ordinaten entsprechend der vorgesehenen Duktilität durchgeführt.

Die Beziehung zwischen der Systemduktilität und dem erforderlichen lokalen Duktilitätsangebot hängt stark von dem gewählten plastischen Mechanismus für das Tragwerk ab. Ziel der im EC 8 verankerten Kapazitätsbemessungsmethoden ist eine möglichst breite Verteilung der inelastischen Verformungen im Tragwerk und damit eine Minimierung des erforderlichen lokalen Duktilitätsbedarfs. Auf die Kapazitätsbemessungsmethoden selbst soll an dieser Stelle nicht eingegangen werden, da die einzelnen Methoden für verschiedene Tragwerkstypen unterschiedlich sind; in vielen einschlägigen Werken sind sie detailliert dargestellt (PAULAY et al. [7.22], BACHMANN [7.23]). Bei mehrgeschossigen Gebäuden sollten nach Möglichkeit alle Geschosse an der inelastischen Deformation beteiligt sein. Bei Stahlbetontragwerken kann dies nur dadurch erreicht werden, daß die vertikalen Tragglieder mit Ausnahme ihrer Einspannung in die Gründung im elastischen Bereich verbleiben und Fließgelenke nur in den Riegeln entstehen. Das Vorgehen bei Stahlbetonwandscheiben wird im nachfolgenden Beispiel (Abschnitt 7.8.2) erläutert. Für andere Bauwerkstypen und Bauteile sind die Regelungen in Teil 1-3 von Eurocode 8 zu beachten.

Jetzt folgen Erläuterungen zu den im EC 8 verwendeten Tragwerksmodellen und Berechnungsverfahren. Es wird zunächst zwischen regelmäßigen und nicht regelmäßigen Tragwerken unterschieden; die Unterscheidung beeinflußt dann die Wahl des Berechnungsmodells, des dynamischen Berechnungsverfahrens, sowie eine mögliche Abminderung des Verhaltensbeiwerts q. Der EC 8 sieht im einzelnen folgende Möglichkeiten vor:

- Das Berechnungsmodell kann eben oder räumlich sein.
- Die Berechnung kann unter Berücksichtigung mehrerer Schwingungsformen oder ausschließlich der Grundschwingungsform erfolgen.
- Der Verhaltensfaktor kann in voller Höhe angesetzt oder abgemindert werden.

Die Unterscheidung der Tragwerke erfolgt nach sogenannten Regelmäßigkeitskriterien, die getrennt für den Grundriß und für den Aufriß definiert werden. Beim Grundriß ist neben der Grundrißform, die nach Möglichkeit nicht gegliedert sein sollte und keine rückspringenden Ecken und Aussparungen aufweisen sollte, in erster Linie die Steifigkeits- und Massenverteilung für die Regelmäßigkeit ausschlaggebend. Bei einem regelmäßigen Tragwerk sollten die Steifigkeits- und Massenverteilungen in etwa symmetrisch bezüglich zweier orthogonaler Richtungen sein. Bei einem im Aufriß regelmäßigen Tragwerk sollten alle horizontal aussteifenden Bauteile über die komplette Gebäudehöhe durchlaufen. Die Horizontalsteifigkeiten und Massen sollten konstant sein oder zumindest keine größeren Sprünge aufweisen.

Die Auswirkungen der Regelmäßigkeit des Tragwerks auf die zu wählende Modellierung sind in folgender Tabelle zusammengefaßt:

Regelmäßigkeit		zulässige Vereinfachung		Verhaltensbeiwert
Grundriß	Aufriß	Modell	Berechnung	-
ja	ja	eben	vereinfacht (Grundschwingungsform)	Referenzwert
ja	nein	eben	mehrere Schwingungsformen	abgemindert
nein	ja	räumlich	mehrere Schwingungsformen	Referenzwert
nein	nein	räumlich	mehrere Schwingungsformen	Referenzwert

Tabelle 7.8-2: Auswirkungen der Regelmäßigkeit des Tragwerks

Bei vielen für die Praxis wichtigen Gebäuden können die Kriterien für die Regelmäßigkeit in Grund- und Aufriß als erfüllt angesehen werden. In diesem Fall darf das räumliche Tragwerk mit Hilfe von zwei ebenen Modellen berechnet werden; zufällige oder geringfügige planmäßige Exzentrizitäten werden mit Hilfe eines Näherungsverfahrens erfaßt. In diesem Fall ist der Anteil der Torsionsschwingung an der Antwort des Tragwerks relativ gering, und die Berechnung wird auch dadurch deutlich erleichtert, daß nur die Grundschwingungsform zu berücksichtigen ist. Das Berechnungsverfahren für diesen Fall ist ein einfaches Ersatzkraftverfahren.

Entfällt die Regelmäßigkeit im Aufriß, kann zwar weiterhin mit zwei ebenen Modellen gerechnet werden, es sind aber mehrere Modalformen bei der Berechnung zu berücksichtigen. Das hiermit verbundene Verfahren ist das (multimodale) Antwortspektrenverfahren an einem ebenen System. Entfällt auch die Regelmäßigkeit im Grundriß, dürfen die zwei im Grundriß zueinander senkrechten Richtungen nicht mehr getrennt voneinander betrachtet werden. Die Berechnung muß jetzt an einem räumlichen System durchgeführt werden.

An dieser Stelle soll die Vorgehensweise beim **vereinfachten Ersatzkraftverfahren** kurz erläutert werden. Zunächst ist die Gesamtbebenersatzkraft F_b für jede Hauptrichtung wie folgt zu bestimmen:

$$F_b = S_d(T_1) \cdot W \qquad (7.8.9)$$

Hierbei bedeuten:

$S_d(T_1)$ Ordinate des Bemessungsspektrums bei der Schwingzeit T_1,
T_1 Grundschwingzeit des Bauwerks für die Translationsbewegung in der betrachteten Richtung,
W   Gesamtgewicht des Bauwerks.

Die Grundschwingzeiten können mit Hilfe vereinfachter Verfahren wie z.B. dem RAYLEIGH-Verfahren bestimmt werden. Bei der Berechnung des Gesamtgewichts des Bauwerks ist die folgende Lastkombination anzunehmen:

$$\sum G_{kj} + \sum \psi_{Ei} \cdot Q_{ki} \qquad (7.8.10)$$

7.8 Seismische Untersuchungen nach Eurocode 8

Der Kombinationsbeiwert erfaßt hierbei die Wahrscheinlichkeit, daß die Verkehrlasten im Erdbebenfall nicht innerhalb der gesamten Struktur vorhanden sind. Er berechnet sich wie folgt:

$$\psi_{Ei} = \varphi \cdot \psi_2 \quad (7.8.11)$$

ψ_2 entspricht hierbei dem üblichen Kombinationsbeiwert nach Eurocode 1 und φ kann Tabelle 3.2 aus Eurocode 8, Teil 1-2 entnommen werden (φ = 0,5 - 1,0).

Die so berechneten Gesamtersatzkräfte sind nun über die Gebäudehöhe zu verteilen. Wenn die Verschiebungen der einzelnen Stockwerksmassen für die Grundschwingungsform bekannt sind, erfolgt die Verteilung der Ersatzkraft nach folgender Formel:

$$F_i = F_b \frac{s_i \cdot W_i}{\sum_{j=1}^{n} s_j \cdot W_i} \quad (7.8.12)$$

Hierbei sind:

F_i	am Geschoß i angreifende Horizontalkraft,
F_b	gesamte Erdbebenersatzkraft,
s_i, s_j	Verschiebungsordinaten der Massen m_i, m_j in der Grundschwingungsform,
W_i, W_j	Gewichte der Massen m_i, m_j.

Sind die Verschiebungen der Massen und damit die genaue Form der Grundschwingung nicht bekannt, kann von einer dreiecksförmigen Verteilung der Ersatzkräfte über die Höhe ausgegangen werden. Dann sind die Verschiebungen s_i, s_j in der obigen Gleichung durch die entsprechenden Höhen z_i, z_j zu ersetzen:

$$F_i = F_b \frac{W_i z_i}{\sum_{j=1}^{n} W_j z_j} \quad (7.8.13)$$

Für die Grundperiode T_1 von Gebäuden bietet EC 8 folgende Näherungsformel an:

$$T_1 = C_t \cdot H^{0,75} \quad (7.8.14)$$

mit der Gebäudehöhe H in m (H< 80m) und dem Faktor C_t gleich 0,085 für biegebeanspruchte räumliche Stahlrahmen, 0,075 für biegebeanspruchte räumliche Stahlbetonrahmen und stählerne Fachwerkverbände mit exzentrischen Anschlüssen und gleich 0,050 für alle anderen Tragwerke. Für Systeme mit tragenden Stahlbeton- oder Mauerwerkwänden kann C_t auch nach

$$C_t = \frac{0,075}{\sqrt{A_c}} = \frac{0,075}{\sqrt{\sum \left[A_i \cdot \left(0,2 + \frac{\ell_{wi}}{H}\right)^2 \right]}} \;;\; \frac{\ell_{wi}}{H} < 0,9 \quad (7.8.15)$$

berechnet werden. Darin ist A_c die kombinierte effektive Querschnittsfläche der tragenden Wände im Erdgeschoß, A_i die Schubfläche der tragenden Wand i (beide Werte in m^2) und ℓ_{wi} die Länge der tragenden Wand i im Erdgeschoß parallel zur betrachteten Richtung. Eine weitere Formel für die Grundperiode ist

$$T_1 = 2 \cdot \sqrt{d} \qquad (7.\,8.\,16)$$

mit d in m als Horizontalverschiebung auf Höhe der Bauwerksoberkante unter den horizontal wirkend gedachten Schwerelasten.

Beim **vereinfachten Ersatzkraftverfahren** gibt der EC 8 zwei Näherungsverfahren zur Berücksichtigung von Torsionseffekten vor. Bei dem ersten, einfacheren Verfahren werden die an ebenen Systemen berecheten Schnittgrößen mit einem Faktor δ multipliziert, der sich nach folgender Vorschrift berechnen läßt:

$$\delta = 1 + 0{,}60 \cdot \frac{x}{L_e}$$

Hierbei steht x für den Abstand des betrachteten Bauteils zum Mittelpunkt des Bauwerks, gemessen senkrecht zur Richtung der betrachteten Erdbebeneinwirkung und L_e für den Abstand der zwei äußersten Bauteile, die Horizontallasten abtragen, gemessen wie zuvor. Dieses erste Verfahren darf nur dann angewendet werden, wenn sowohl für den Grundriß als auch für den Aufriß die Regelmäßigkeitskriterien erfüllt sind. Bei dem nachfolgenden Beispiel sind die Kriterien für die Regelmäßigkeit im Grundriß nicht erfüllt. Da die Konstruktion die Kriterien von Abschnitt A1 des Anhangs A erfüllt, kann in diesem Fall das zweite Verfahren zur Berücksichtigung von Torsionseffekten angewendet werden, das im folgenden kurz vorgestellt wird. Hier werden neben den tatsächlichen Exzentrizitäten als Abstand des Massenmittelpunkts vom Steifigkeitsmittelpunkt eines jeden Stockwerks zunächst auch ungewollte Exzentrizitäten $e_1 = 0{,}05 \cdot L_j$ eingeführt, mit L_j als Gebäudebreite senkrecht zur Bebenrichtung. Es folgt eine Näherungsberechnung für die Torsion unter Verwendung von jeweils einem ebenen Modell für jede der beiden Hauptrichtungen. Dabei wird die Horizontalkraft F_i am i-ten Geschoß gegenüber ihrer planmäßigen Lage zum Massenmittelpunkt um einen weiteren Betrag e_2 verschoben, vgl. Bild 7.8-6. Als zusätzliche Exzentrizität e_2 ist der kleinere der beiden Werte

$$e_2 = 0{,}1 \cdot (L+B) \cdot \sqrt{\frac{10 \cdot e_0}{L}} \leq 0{,}1 \cdot (L+B) \qquad (7.\,8.\,17)$$

$$e_2 = \frac{1}{2 \cdot e_0} \cdot \left[\ell_s^2 - e_0^2 - r^2 + \sqrt{\left(\ell_s^2 - e_0^2 - r^2\right)^2 + 4 \cdot e_0^2 \cdot r^2} \right] \qquad (7.\,8.\,18)$$

zu nehmen, mit

$$\ell_s^2 = \frac{L^2 + B^2}{12} \qquad (7.\,8.\,19)$$

und r^2 als Verhältnis der Torsions- zur Translationssteifigkeit des Geschosses (siehe Beispiel in Abschnitt 7.8.2).

Da beide horizontalen Bebenkomponenten zu berücksichtigen sind, führt dies zu vier Lastfällen (Ersatzlast in x- bzw. y-Richtung wird jeweils in ungünstigster Stellung links oder rechts vom Massenmittelpunkt angesetzt), aus deren resultierenden Beanspruchungen für jedes aussteifende Element die ungünstigste auszusuchen ist.

Nachweise sind nach EC 8 sowohl im Grenzzustand der Tragfähigkeit (ultimate limit state, ULS) als auch im Grenzzustand der Gebrauchsfähigkeit (serviceability limit state, SLS) zu führen. So umfassen die ULS-Untersuchungen den Nachweis von ausreichender Festigkeit und Zähigkeit (Duktilität), dazu die Überprüfung des globalen Gleichgewichts (Kippen, Gleiten) sowie der Fundamente und seismischen Fugen. Zur Gewährleistung ausreichender Duktilitätsreserven wurden Kapazitätsbemessungsmethoden in den Bemessungsvorschriften der Norm verankert; trotzdem erscheint bei Bauwerken, deren ungestörte Funktion im Fall eines Starkbebens besonders wichtig ist, wie Krankenhäuser oder Kommunikationszentren, eine weitergehende Untersuchung der Schädigung unter Verwendung nichtlinearer Zeitverlaufsberechnungen mit mehreren geeigneten Beschleunigungszeitverläufen angebracht.

Im Grenzzustand der Gebrauchsfähigkeit (SLS) sieht der EC 8 einen Verformungsnachweis vor, wobei die gegenseitige Stockwerksverschiebung kleiner oder höchstens gleich einem Bruchteil (z.B. 4 Promille) der Stockwerkshöhe sein darf. Damit wird der Tatsache Rechnung getragen, daß die seismische Schädigung von Hochhäusern und insbesondere deren nichttragender Bauteile im wesentlichen durch inelastische gegenseitige Stockwerksauslenkungen hervorgerufen wird.

Zusammengefaßt sieht der EC 8 folgende Nachweise vor:

a) Im Grenzzustand der Tragfähigkeit (ULS):

- Ausreichende Festigkeit $E_d \leq R_d$
- Ausreichende Duktilität: Kapazitätsbemessung
- Globales Gleichgewicht (Kippen, Gleiten)
- Fundamente, seismische Fugen

b) Im Grenzzustand der Gebrauchsfähigkeit (SLS):

- Begrenzung der gegenseitigen Stockwerksverschiebung

Ziel der Bemessung ist immer, die vorausgesetzten Duktilitätseigenschaften des Tragwerks sicherzustellen, wobei die zyklische plastische Verformung keine starke Reduktion von Struktursteifigkeit und -festigkeit verursachen darf.

Zusätzlich zu den üblicherweise zu betrachtenden Einwirkungskombinationen ist bei einer Erdbebengefährdung die nachfolgende Kombination zu untersuchen, wobei die Erdbebenbeanspruchung als außergewöhnliche Einwirkung betrachtet wird. Wegen des seltenen Auftretens und der kurzen Dauer braucht sie weder mit anderen außergewöhnlichen Einwirkungen, noch mit veränderlichen Einwirkungen von kurzer Dauer kombiniert zu werden.

$$S_d = S\left(\sum G_{kj} + \gamma_1 A_{ed} + \sum \psi_{2i} Q_{kj}\right) \tag{7.8.20}$$

Hierin bedeuten:

G_{kj}	Ständige Einwirkungen berechnet mit den charakteristischen Werten.
A_{ed}	Bemessungswert der Erdbebeneinwirkung - zur Bestimmung von A_{ed} werden variable Einwirkungen mit dem Faktor ψ_{Ei} multipliziert. Diese Beiwerte berücksichtigen die Wahrscheinlichkeit, daß die Lasten Q_{ki} während eines Erdbebens nicht am gesamten Bauwerk vorhanden sind und die Wahrscheinlichkeit, daß sie während des Erdbebens mit Werten auftreten, die kleiner als ihre charakteristischen Werte sind. Die Werte für ψ_{Ei} sind Abschnitt 3.6 von EC 8, Teil 2, zu entnehmen.
γ_1	Bedeutungsbeiwert in Abhängigkeit der Bedeutungskategorie des Gebäudes nach Abschnitt 3.7, EC 8, Teil 1-2 (siehe Tabelle 7.8-3).
Q_{ki}	Veränderliche Einwirkungen mit ihren charakteristischen Werten.
ψ_{2i}	Kombinationsbeiwert nach Abschnitt 3.6 von EC 8, Teil 1-2.

Bedeutungs-kategorie	Bautentyp	Bedeutungs-beiwert γ_1
I	Bauten, deren Unversehrtheit im Erdbebenfall von besonderer Bedeutung ist, wie Krankenhäuser etc.	1,4
II	Bauten, deren Standfestigkeit im Hinblick auf die Folgen eines Einsturzes wichtig ist, z.B. Schulen, Versammlungsräume etc.	1,2
III	Bauten mittlerer Größe für gewöhnliche Zwecke (Wohn- und Geschäftsgebäude)	1,0
IV	Bauten von geringer Bedeutung für die öffentliche Sicherheit, z.B. landwirtschafliche Bauten.	0,8

Tabelle 7.8-3: Bedeutungsbeiwerte γ_1

Wenn in dem Bauwerk vorgespannte Bauteile verwendet werden, ist die obige Einwirkungskombination um die 1,0-fachen Einwirkungen infolge Vorspannung zu ergänzen. Auf eine genauere Beschreibung der einzelnen Nachweise wird an dieser Stelle zugunsten einer ausführlicheren Erläuterung des folgenden Beispiels verzichtet.

7.8.2 Berechnungsbeispiel

7.8.2.1 Beschreibung des Objekts

Es handelt es sich um ein neungeschossiges Bürogebäude, das zusätzlich über zwei Untergeschosse verfügt. An dem Beispiel soll die Erdbebenberechnung nach EC 8 exemplarisch gezeigt werden; an entsprechender Stelle werden zudem Hinweise zum praktischen Vorgehen und zu den Bemessungsgrundlagen gegeben.

7.8 Seismische Untersuchungen nach Eurocode 8

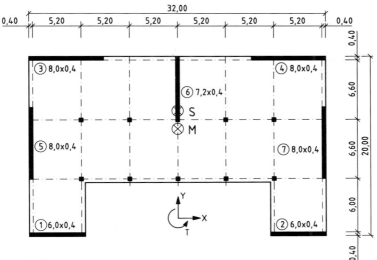

Bild 7.8-4: Grundriß des Gebäudes

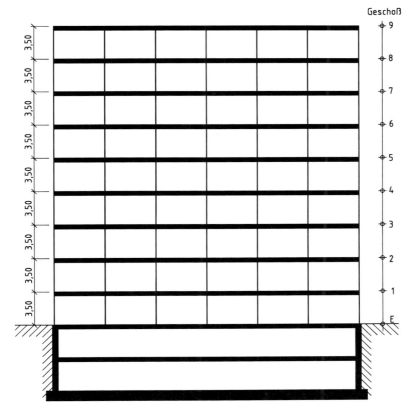

Bild 7.8-5: Ansicht des Gebäudes

Bei dem Gebäude handelt es sich um eine Stahlbetonkonstruktion, die ausschließlich durch Stahlbetonwände ausgesteift wird. Die Decken werden als Flachdecken ausgeführt. Die Stützen werden dementsprechend als Schwerelaststützen ausgebildet und nicht zur Aussteifung herangezogen. Die Stahlbetonwände sind im Grundriß symmetrisch angeordnet und wirken durch die Deckenscheiben zusammen. Kopplungsriegel sind nicht vorhanden. Die Deckenscheiben haben eine Dicke von 26 cm, die Dachscheibe eine Dicke von 24 cm. Für die Erdbebenbemessung nach Eurocode 8 werden zusätzlich die folgenden Annahmen getroffen:

- Bemessungswert der Bodenbeschleunigung: $a_g = 2{,}50 \ \frac{m}{s^2}$,
- Gebäude der Bedeutungskategorie III,
- Bemessung für die Duktilitätsklasse M (mittlere Duktilität),
- Bodenklasse A.

Die relativ hohe Bodenbeschleunigung wurde gewählt, um die nichtlinearen Effekte besser verdeutlichen zu können. In Gebieten mit einer sehr niedrigen Seismizität bringt die Wahl höherer Duktilitätsklassen weniger Vorteile mit sich, da die relativ kleinen Erdbebenersatzkräfte von einem Tragwerk noch ohne größere Nichtlinearitäten aufgenommen werden können.

7.8.2.2 Baustoffe

Bei der Erdbebensicherung von Bauwerken ergeben sich in der Regel zusätzliche Anforderungen an die Materialeigenschaften der verwendeten Baustoffe. Anders als bei den *üblichen* Lastfällen treten im Erdbebenfall deutliche plastische Verformungen auf. Die Größe dieser plastischen Verformungen steigt mit der gewählten Duktilitätsklasse an, und damit steigen auch die Anforderungen an die Baustoffe. Für den Beton bedeutet das im Beispiel, daß kein Beton einer Festigkeitsklasse niedriger als C20/25 verwendet werden darf, es können aber die üblichen im Eurocode 2 genormten Betone mit einer höheren Festigkeit verwendet werden [7.24], [7.25].

Die in Eurocode 2 genormten Baustähle dürfen nicht ohne weiteres zur Erdbebensicherung eingesetzt werden. Lediglich der Stahl mit hoher Duktilität nach Eurocode 2 darf bei der Wahl der Duktilitätsklasse L (niedrige Duktilität) verwendet werden. Für die Duktilitätsklassen M und H sind die in Tabelle 2.1 von Eurocode 8, Teil 1-3 definierten zusätzlichen Anforderungen einzuhalten. Darin werden für folgende Größen Mindestwerte definiert:

1. Stahldehnung bei Höchstlast (Gleichmaßdehnung),
2. Verhältnis von Zugfestigkeit und Festigkeit an der Streckgrenze.

Diese beiden Regeln sollen höhere örtliche Zähigkeiten (Rotationsfähigkeiten) und ausreichende Längen der plastischen Gelenke sicherstellen. Zusätzlich werden für folgende Größen Höchstwerte definiert:

1. Verhältnis von tatsächlicher Festigkeit und Nennfestigkeit an der Streckgrenze,
2. Verhältnis von Zugfestigkeit und Festigkeit an der Streckgrenze.

7.8 Seismische Untersuchungen nach Eurocode 8

Diese beiden Regeln dienen der Sicherung einer wirtschaftlichen und zuverlässigen Kontrolle der angestrebten plastischen Mechanismen. Als Teilsicherheitsbeiwerte für die Baustoffeigenschaften gilt nach EC 2, Tabelle 2.3 für die Grundkombination:

- Baustahl: $\gamma_s = 1{,}15$
- Beton: $\gamma_c = 1{,}50$

Für das Beispiel wurden ein Beton C30/37 und ein Stahl gewählt, der die Anforderungen für die Duktilitätsklasse M erfüllt. Für den Beton wurden bei der Berechnung folgende Werte angenommen:

- Elastitzitätsmodul: $E_{cm} = 32000$ MN/m²
- Querkontraktionszahl: $\nu = 0{,}20$

7.8.2.3 Tragwerksmodell und Erdbebenersatzkräfte

An dieser Stelle ist zunächst mit Hilfe der Tabelle 2.1 aus Eurocode 8, Teil 1-2 ein für das Tragwerk geeignetes Modell auszuwählen. Während die Regelmäßigkeitskriterien für den Aufriß erfüllt sind, liegt im Grundriß ein nicht regelmäßiges Tragwerk vor. Da die Bedingungen für eine vereinfachte Berechnung nach Anhang A von Teil 1-2 erfüllt sind, wird das Ersatzkraftverfahren mit zwei getrennten Modellen für jede Richtung angewendet. Bei der Berechnung mit diesen Modellen werden die folgenden Annahmen getroffen:

- Die Decken werden in ihrer Ebene als starre Scheiben und senkrecht dazu als vollkommen biegeweich angenommen.
- Die Biegesteifigkeit und der Biegewiderstand der Wände um ihre schwache Achse werden vernachlässigt.
- Bei der Berechnung der Biegesteifigkeiten wird von ungerissenen Betonquerschnitten ausgegangen.
- Die horizontale Steifigkeit der Schwerelaststützen wird vernachlässigt (Annahme gelenkiger Verbindungen zwischen Stützen und Decken).
- Die Nachgiebigkeit des Bodens wird vernachlässigt.

Die Annahme ungerissener Querschnitte kann auf der unsicheren Seite liegen. Im vorliegenden Fall liegen die Eigenfrequenzen für beide Richtungen im abfallenden Bereich des Antwortspektrums, die Annahme abgeminderter Betonsteifigkeiten würde somit zu kleineren Ersatzkräften führen. BACHMANN und auch PENELIS/KAPPOS empfehlen, die Steifigkeit zu 60% der ungerissenen Steifigkeit anzunehmen [7.23], [7.19]. Bei der Berechnung der Stockwerksmassen ist die Lastkombination nach Gleichung (7.8.10) anzunehmen. Für den Beiwert ψ_{Ei} gilt:

$$\psi_{Ei} = \varphi \cdot \psi_2$$

(siehe Abschnitt 7.8.1). Der in Eurocode 1 festgelegte Kombinationbeiwert ψ_2 ist für alle Geschosse mit dem Wert 0,3 anzusetzten, der Beiwert φ gemäß Tabelle 3.2 des Eurocode 8,

Teil 1-2 mit 1,0 für das oberste Geschoß und mit 0,5 für die übrigen Geschosse. Tabelle 7.8-4 zeigt die Lastannahmen für ständige Lasten und die Verkehrslasten, sowie die resultierenden Stockwerksmassen. Die unterschiedlichen Annahmen für die ständigen Lasten ergeben sich aus verschmierten Massenanteilen vertikaler Bauteile.

Stockwerk	ständige Last [kN/m²]	Verkehrslast [kN/m²]	Gesamtmasse [t]
9	10,26	2,00	575,78
8	12,15	3,25	695,89
7	12,17	3,25	671,14
6	12,17	3,25	671,14
5	12,17	3,25	671,14
4	12,17	3,25	671,14
3	12,17	3,25	671,14
2	12,17	3,25	671,14
1	14,80	3,25	810,28
Σ			6108,79

Tabelle 7.8-4: Berechnung der Stockwerksmassen.

Außer dem Verhaltensfaktor sind alle Eingangswerte aus den entsprechenden Tabellen des EC 8 bekannt. Der Verhaltensfaktor beträgt:

$$q = q_0 \cdot k_D \cdot k_R \cdot k_W \geq 1,50 \qquad (7.8.21)$$

mit den Koeffizienten:

q_0 Grundwert, abhängig vom gewählten Aussteifungssystem (hier 4,0 für ungekoppelte Tragwände)

k_D Beiwert in Abhängigkeit der Zähigkeitsklasse (hier 0,75 für die Duktilitätsklasse M)

k_R Grundwert zur Berücksichtigung der Regelmäßigkeit des Tragwerks im Aufriß (hier 1,0 , da das Regelmäßigkeitskriterium im Aufriß erfüllt ist).

k_W Beiwert zur Berücksichtigung der zu erwartenden Versagensart (Biege- oder Schubversagen) $k_W = \dfrac{1}{2,50 - 0,5 \cdot \alpha_0}$

Beiwert $\alpha_0 = \dfrac{\sum H_{wi}}{\sum \ell_{wi}}$

Summe der Wandhöhen $\sum H_{wi} = 7 \cdot 3,50 \cdot 9 = 220,50$ m

Summe der Wandlängen $\sum \ell_{wi} = 2 \cdot (6,0 + 8,0 + 8,0) + 7,20 = 51,20$ m

$$k_W = \frac{1}{2,50 - 0,5 \cdot 4,31} = 2,90 \geq 1,00 \quad \Rightarrow \quad k_W = 1,00$$

7.8 Seismische Untersuchungen nach Eurocode 8

Es folgt für den Verhaltensfaktor:

$$q = 4{,}00 \cdot 0{,}75 \cdot 1{,}00 \cdot 1{,}00 = 3{,}00 \qquad (7.8.22)$$

Die jeweiligen Längen l_w können dem Grundriß entnommen werden. In Tabelle 7.8-5 sind alle Eingangswerte für die Berechnung der Spektralwerte zusammengestellt.

Die berechneten Eigenfrequenzen fallen in den Bereich $T_C \leq T_{x/y} \leq T_D$ des Bemessungsspektrums nach EC 8. Für den zugehörigen Spektralwert gilt dann:

$$S_d(T) = \alpha \cdot S \cdot \frac{\beta_0}{q} \cdot \left[\frac{T_C}{T}\right]^{K_{d1}} \quad \text{bzw.} \quad S_d(T) \geq 0{,}20 \cdot \alpha \qquad (7.8.23)$$

Zusammenfassung der Parameter für das Bemessungsspektrum (Tabelle 7.8-5):

Bodenklasse A $a_g = 2{,}50 \frac{m}{s^2}$	
q	3,00
α	0,25
S	1,00
β_0	2,50
k_{d1}	2/3
k_{d2}	5/3
T_B	0,10 s
T_C	0,40 s
T_D	3,00 s
$T_{1,x}$	0,627 s
$T_{1,y}$	0,616 s

Tabelle 7.8-5: Eingangswerte für die Berechnung der Spektralwerte

Damit ergibt sich:

$$S_{d,x} = 0{,}1546$$

und

$$S_{d,y} = 0{,}1562$$

In die Tabelle 7.8-5 wurden Grundperioden aufgenommen, die aus einer Berechnung anhand eines Finite-Element-Modells stammen, das in Abschnitt 8.2 in anderem Zusammenhang näher erläutert wird. Die endgültigen Ersatzkräfte ergeben sich aus dem Produkt der Spektralwerte und des Gesamtgewichts des Gebäudes gemäß EC 8, Teil 1, 4.4.(2). Das Gesamtgewicht des Gebäudes beträgt $W = 6108{,}77 \cdot 9{,}81 = 59927$ kN (siehe Tabelle 7.8-4). Damit ergeben sich als Werte für die Ersatzkräfte:

und
$$F_{b,x} = 9264,8 \text{ kN}$$
$$F_{b,y} = 9360,6 \text{ kN}$$

Die Verteilung der Ersatzkräfte über die Gebäudehöhe erfolgt nach den Grundschwingungsformen für die beiden Richtungen. Die Grundschwingungsformen wurden hierbei mit dem oben erwähnten Finite-Element-Modell ermittelt. Zusätzlich wurden die Ersatzkräfte für eine dreiecksförmige Verteilung über die Gebäudehöhe nach Gleichung (7.8.13) berechnet. Das Ergebnis ist in Tabelle 7.8-6 dargestellt.

Die Berücksichtigung der Torsion erfolgt, wie bereits bei der Auswahl des Berechnungsmodells ausgeführt, nach Anhang A von Eurocode 8, Teil 1-2. Hiernach ist die getrennte Berechnung in zwei zueinander senkrechten Richtungen unter bestimmten Voraussetzungen zulässig.

Stockwerk	Masse [t]	Gewicht [kN]	h_i [m]	$F_{i,x}$ [kN]	$F_{i,x}^{Dreieck}$ [kN]	$F_{i,y}$ [kN]	$F_{i,y}^{Dreieck}$ [kN]
9	575,78	5648,4	31,5	1986,8	2151,2	1997,2	2173,4
8	695,89	6826,7	28,0	2042,1	1583,8	2056,9	1600,2
7	671,14	6583,9	24,5	1624,5	1358,8	1639,6	1400,2
6	671,14	6583,9	21,0	1286,7	1187,9	1301,7	1200,1
5	671,14	6583,9	17,5	964,4	989,9	978,3	1000,1
4	671,14	6583,9	14,0	668,7	791,9	680,2	800,1
3	671,14	6583,9	10,5	410,9	593,9	419,4	600,1
2	671,14	6583,9	7,0	204,6	410,6	209,6	414,8
1	810,28	7948,8	3,5	76,2	169,9	77,9	171,6
			Σ	**9264,8**	**9264,8**	**9360,6**	**9360,6**

Tabelle 7.8-6: Verteilung der Ersatzkräfte über die Gebäudehöhe.

Die Torsionwirkung ist dann durch eine zusätzliche Ausmitte zu berücksichtigen. Die entsprechenden extremen Ausmitten bestehen aus drei Anteilen und sind nach folgender Vorschrift zu berechnen:

$$e_{max} = e_0 + e_1 + e_2 \qquad (7.8.24)$$

$$e_{min} = e_0 - e_1 \qquad (7.8.25)$$

In Bild 7.7-3 ist der bereits erwähnte Ansatz der Exzentrizitäten entsprechend DIN 4149 dargestellt. Das Verfahren aus Anhang A von Eurocode 8, Teil 1-2 geht auf das in der DIN verwendete Konzept zurück. Da im Eurocode leicht abweichende Bezeichnungen verwendet wurden, wird der Ansatz der Exzentrizitäten nach Eurocode 8 in Bild 7.8-6 noch einmal gezeigt.

7.8 Seismische Untersuchungen nach Eurocode 8

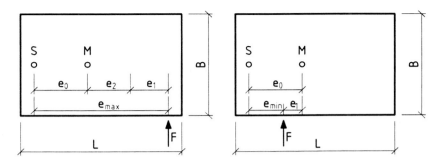

Bild 7.8-6: Ansatz der Exzentrizitäten nach EC 8

Die drei einzelnen Ausmitten stehen für verschiedene Quellen möglicher Exzentrizitäten:

Tatsächliche Ausmitte e_0:
Hiermit wird der planmäßige Abstand zwischen Massenschwerpunkt und Steifigkeitszentrum erfaßt. Dieser sollte durch die Anordnung der Tragwände im Grundriß grundsätzlich minimiert werden.

Zufällige Ausmitte e_1:
Ungewollte Zusatzausmitte durch ungenaue Erfassung der Gebäudemassen oder eine ungleichmäßige Anordnung der Verkehrslasten.

Zusätzliche Ausmitte e_2 nach Anhang A, EC 8, Teil 2:
Mit dieser Ausmitte werden die Torsionsanteile in der Antwortschwingung des Gebäudes näherungsweise berücksichtigt, die mit den ebenen Modellen nicht erfaßt werden können. Maßgebend für die Größe dieser Ausmitte ist das Verhältnis von Torsions- zu Translationssteifigkeit des Ersatzstabes. Das Kriterium, das über eine mögliche Vernachlässigung der Zusatzausmitten entscheidet, ergab für beide Richtungen, daß die Ausmitten anzusetzen sind. Auf die entsprechenden Konzepte wurde in vorhergehenden Abschnitten bereits kurz eingegangen. In [7.26] findet sich eine zusammenfassende Darstellung der verschiedenen, in den Normen auftauchenden Konzepte zur näherungsweisen Berücksichtigung der Torsionswirkung bei der Erdbebenberechnung von Gebäuden.

Es ergeben sich die folgenden Zahlenwerte:

$$e_{0,y} = 8{,}29 - 6{,}01 = 2{,}28 \text{ m}$$
$$e_{1,y} = 0{,}05 \cdot L_i = 0{,}05 \cdot 20{,}0 = 1{,}00 \text{ m}$$

Für die Berechnung der Ausmitte e_2 gibt der Eurocode die nachstehende Vorschrift an.

$$e_2 = \min \left[\begin{array}{l} 0{,}10 \cdot (L+B) \cdot \sqrt{\dfrac{10 \cdot e_0}{L}} \leq 0{,}10 \cdot (L+B) \\ \dfrac{1}{2 \cdot e_0} \left(\ell_s^2 - e_0^2 - r^2 + \sqrt{\left(\ell_s^2 + e_0^2 - r^2\right)^2 + 4 \cdot e_0^2 \cdot r^2} \right) \end{array} \right] \qquad (7.8.26)$$

Weiter gilt:

$$\ell_s^{\,2} = \frac{L^2 + B^2}{12} \qquad (7.8.27)$$

$$r^2 = \frac{\sum I_{ei} \cdot r_i^2}{\sum I_{ei,x}} \quad \text{für die x - Richtung}$$
$$r^2 = \frac{\sum I_{ei} \cdot r_i^2}{\sum I_{ei,y}} \quad \text{für die y - Richtung} \qquad (7.8.28)$$

Der Ausdruck r^2 entspricht dem Verhältnis der Torsionssteifigkeit k_t zur Translationssteifigkeit k. Für Wandscheibenbauten kann er nach Gleichung (7.8.28) berechnet werden [7.9]. Hierin bezeichnet I_{ei} das Ersatzträgheitsmoment der Einzelwand i um ihre starke Achse und r_i den zugehörigen Abstand der Wand vom Steifigkeitsmittelpunkt, senkrecht zur Wand gemessen. $I_{ei,x}$ und $I_{ei,y}$ stehen für das Trägheitsmoment der Wand i um die x- bzw. y-Achse durch den Schwerpunkt der Wand. Für weitere Einzelheiten wird auf [7.27] verwiesen; dort finden sich auch entsprechende Formeln für andere Bauwerkstypen.

Die Auswertung der obigen Formeln liefert die Zusatzausmitte

$$e_2 = \min \begin{bmatrix} 5{,}20 \text{ m} \\ 1{,}846 \text{ m} \end{bmatrix} \qquad (7.8.29)$$

Damit ergeben sich die Extremwerte der Ausmitten zu

$$e_{y,max} = 2{,}28 + 1{,}00 + 1{,}846 = 5{,}126 \text{ m}$$
$$e_{y,min} = 2{,}28 - 1{,}00 = 1{,}280 \text{ m}$$

Die Berechnung der Exzentrizität in X-Richtung ist sehr viel einfacher, da keine planmäßige Exzentrizität vorliegt. Damit entfällt auch die Ausmitte e_2.

$$e_{0,x} = 0{,}00 \text{ m}$$
$$e_{1,x} = 0{,}05 \cdot L_i = 0{,}05 \cdot 32{,}00 = 1{,}60 \text{ m}$$
$$e_{2,x} = 0{,}00 \text{ m}$$

Damit ergeben sich die Extremwerte der Ausmitten zu

$$e_{x,max} = e_1 = 1{,}60 \text{ m}$$
$$e_{x,min} = -e_1 = -1{,}60 \text{ m}.$$

7.8 Seismische Untersuchungen nach Eurocode 8

7.8.2.4 Bemessungsschnittgrößen und Nachweise

Im vorigen Abschnitt wurden zunächst die gesamten Erdbebenersatzlasten bestimmt und diese dann über die Gebäudehöhe verteilt. Zur Berücksichtigung der Torsion wurden rechnerische Exzentrizitäten bestimmt. Bei den bisher betrachteten Kräften handelt es sich um Stockwerkskräfte, die nun auf die einzelnen Wandscheiben zu verteilen sind. Nachdem das prinzipielle Verfahren im vorangegangenen Abschnitt bereits vorgestellt wurde, zeigt Bild 7.8-7 die vier verschiedenen Kombinationen, in denen die Erdbebenersatzkräfte exzentrisch angesetzt werden können. Bei der nachfolgenden Kombination der Einwirkungen erhöht sich die Anzahl der Kombinationen auf acht, da die Ersatzkräfte entsprechend (7.8.37) und (7.8.38) einmal mit dem Faktor 1,0 und einmal mit dem Faktor 0,3 zu multiplizieren sind.

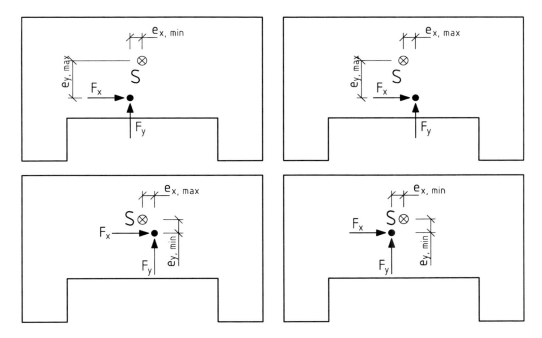

Bild 7.8-7 Ansatz der Ersatzkräfte

Die Verteilung der Ersatzkräfte auf die Wandscheiben kann wahlweise mit einem einfachen Verfahren mittels Handrechnung oder mit Hilfe der bereits vorgestellten Programme durchgeführt werden. Beide Verfahren sollen an dieser Stelle vorgeführt und erläutert werden. Zudem werden die Ergebnisse exemplarisch für Wand 7 (siehe Grundriß, Bild 7.8-4) angegeben und verglichen.

Bei dem Handrechenverfahren geschieht die Verteilung der Kräfte relativ einfach durch die Berechnung sogenannter Verteilungszahlen, die getrennt für die Querkräfte und Torsionsmomente des Ersatzstabes zu ermitteln sind. Die Formeln sind [7.23] entnommen. Für die Verteilungszahlen der Querkräfte gilt:

$$V_{ix,q} = \frac{I_{iy}}{\sum I_{iy}} \qquad (7.8.30)$$

Für die Verteilungszahlen der Torsionsmomente gilt:

$$V_{ix,t} = \frac{I_{yi} \cdot \overline{y}_i}{\sum \left(I_{iy} \cdot \overline{y}_i^{\,2} + I_{ix} \cdot \overline{x}_i^{\,2} \right)} \qquad (7.8.31)$$

$$V_{iy,t} = \frac{I_{xi} \cdot \overline{x}_i}{\sum \left(I_{iy} \cdot \overline{y}_i^{\,2} + I_{ix} \cdot \overline{x}_i^{\,2} \right)} \qquad (7.8.32)$$

In den Gleichungen (7.8.31) und (7.8.32) stehen $\overline{x}_i$ und $\overline{y}_i$ für den Abstand der Wand i zum Steifigkeitsmittelpunkt des Ersatzstabes in der jeweiligen Koordinatenrichtung. Mit diesen Verteilungszahlen können die Extremwerte der Wandkräfte einfach berechnet werden. Exemplarisch werden die Beziehungen für die siebte Wand angegeben. Die Berechnung ist getrennt für die Ersatzlasten in X- und Y-Richtung zu führen, da erst im Anschluß an die Berechnung eine Überlagerung der Erdbebeneinwirkungen in beiden Richtungen erfolgt. Für die X-Richtung gelten die folgende Beziehungen:

$$F_{7,min} = F_{ix} \cdot V_{ix,q} + e_{y,min} \cdot F_{ix} \cdot V_{ix,t} \qquad (7.8.33)$$

$$F_{7,max} = F_{ix} \cdot V_{ix,q} + e_{y,max} \cdot F_{ix} \cdot V_{ix,t} \qquad (7.8.34)$$

Für den Ansatz der Kräfte in Y-Richtung gilt entsprechend:

$$F_{7,min} = F_{iy} \cdot V_{iy,q} + e_{x,min} \cdot F_{iy} \cdot V_{iy,t} \qquad (7.8.35)$$

$$F_{7,max} = F_{iy} \cdot V_{iy,q} + e_{x,max} \cdot F_{iy} \cdot V_{iy,t} \qquad (7.8.36)$$

Mit diesen Formeln können die Beanspruchungen der Wände infolge der horizontalen Erdbebeneinwirkungen ermittelt werden. Die nachfolgende Tabelle enthält die resultierenden Stockwerksquerkräfte für Wand 7 und jeden der vier genannten Lastfälle. In der letzten Spalte sind die Ergebnisse für die Kombination angegeben, die zu den maximalen Stockwerksquerkräften in der betrachteten Wand führt. Dabei ist die Überlagerung der Erdbebeneinwirkungen in den beiden horizontalen Richtungen bereits eingeschlossen; die Vorschrift zur Überlagerung der Erdbebeneinwirkungen wird im folgenden Abschnitt erläutert. Das Extremum ergibt sich, wenn die Erdbebenwirkung entsprechend (7.8.38) in Y-Richtung (Spalte 5) voll und in X-Richtung (Spalte 3) mit dem Faktor 0,3 angesetzt wird. Bei den resultierenden Querkräften der Scheibe 7 steht der Index x bzw. y für die Richtung der Erdbebeneinwirkung und min bzw. max für den Ansatz der minimalen oder maximalen Ausmitte.

7.8 Seismische Untersuchungen nach Eurocode 8

Stockwerk	$F_{7,x,min}$ [kN]	$F_{7,x,max}$ [kN]	$F_{7,y,min}$ [kN]	$F_{7,y,max}$ [kN]	$F_{7,extr}$ [kN]
9	55,26	221,30	662,52	801,40	867,79
8	56,80	227,47	682,34	825,37	893,61
7	45,19	180,95	543,90	657,91	712,20
6	35,79	143,32	431,82	522,33	565,33
5	26,82	107,42	324,52	392,54	424,77
4	18,60	74,48	225,64	272,94	295,28
3	11,43	45,77	139,13	168,29	182,02
2	5,69	22,79	69,52	84,10	90,94
1	2,12	8,49	25,84	31,25	33,80

Tabelle 7.8-7: Scheibenkräfte nach dem Handrechenverfahren

Bei der Erdbebenberechnung von Tragwerken sind grundsätzlich alle drei Erdbebenkomponenten zu berücksichtigen und entsprechend auch Ersatzkräfte in zwei horizontalen Richtungen und in vertikaler Richtung anzusetzen. Untersuchungen haben gezeigt, daß die verschiedenen Erdbebenkomponenten in der Realität weitgehend unkorreliert sind. Daher ergibt sich das Problem, die Erdbebeneinwirkungen in den verschiedenen Richtungen in *geeigneter* Weise zu überlagern, da das tatsächliche Schwingungsverhalten unbekannt ist.

Zunächst soll die vertikale Bebenkomponente betrachtet werden. In EC 8 stehen in Teil 1-1, 4.2.1 bezüglich der vertikalen Erdbebeneinwirkung die folgenden Vorgaben:

- Für die vertikale Erdbebeneinwirkung kann das gleiche Spektrum wie für die horizontalen Einwirkungen verwendet werden.
- Die Spektralordinaten dürfen in Abhängigkeit der Grundschwingzeit reduziert werden.

In bestimmten Fällen kann die vertikale Erdbebeneinwirkung bei der Berechnung vernachlässigt werden. Nach EC 8, Teil 1-2, 3.3.5.2 kann der Ansatz der vertikalen Komponente entfallen, wenn keines der nachfolgend genannten Bauteile im Tragwerk enthalten ist:

- Horizontale oder nahezu horizontale Bauglieder mit einer Spannweite von 20 Metern oder mehr.
- Horizontale oder nahezu horizontale kragarmartige Bauteile.
- Horizontale oder nahezu horizontale vorgespannte Bauteile.
- Balken, auf die wiederum Stützen aufgelagert sind.

Da keiner der genannten Bauteiltypen in dem Beipiel verwendet wurde, entfällt die Berücksichtigung der vertikalen Bebenkomponente. Die gleichzeitige Erdbebenwirkung in den beiden horizontalen Richtungen wird durch die beiden folgenden Kombinationen berücksichtigt:

$$E_{Ed} = E_{edx} + 0{,}30 \cdot E_{Edy} \qquad (7.8.37)$$

$$E_{Ed} = E_{edy} + 0{,}30 \cdot E_{Edx} \qquad (7.8.38)$$

Bemessungsrelevant ist der Maximalwert der beiden Kombinationen, wobei hier keine einfache Addition der Einzelanteile sondern eine Extremwertbildung gemeint ist. Das durch (7.8.37) und (7.8.38) umrissene Verfahren stellt eine Alternative zum Standardverfahren des EC 8 dar, bei dem eine Überlagerung analog zu der Überlagerung der Modalbeiträge beim Antwortspektrumverfahren vorgesehen ist.

Damit können die Bemessungsmomente und die Bemessungsquerkräfte ermittelt werden. Auf die Berechnung aller Zahlenwerte wird hier ebenso verzichtet wie auf die Darstellung aller Nachweise. Von Interesse ist dagegen die Verteilung der Stockwerksquerkräfte auf die einzelnen Wandscheiben unter Verwendung der bereits vorgestellten Programme. Hiermit lassen sich die Beanspruchungen der einzelnen Wandscheiben sehr schnell ermitteln, und zwar auch dann, wenn die Steifigkeitsverteilung über die Höhe nicht gleichmäßig ist. Für die Modellierung wird die Struktur mit einem pseudoräumlichen Modell abgebildet, wie es in Abschnitt 7.6 vorgestellt wurde. Als aktive Freiheitsgrade werden wieder drei Freiheitsgrade pro Deckenscheibe eingeführt, alle übrigen Freiheitsgrade werden wegkondensiert. Nachdem die lokalen Steifigkeitsmatrizen der Einzelwände zur Gesamtsteifigkeitsmatrix aufaddiert wurden, erfolgt zunächst die Berechnung der globalen Verschiebungen unter der gewählten Lastkombination. Die Lastkombination, die die Extremwerte der Querkräfte in Scheibe 7 liefert, entspricht dem Lastansatz aus der rechten, oberen Grafik von Bild 7.8-7, wobei die Ersatzlast in X-Richtung mit dem Faktor 0,3 zu multiplizieren ist. Nachdem globale Steifigkeitsmatrix und Lastvektor bestimmt sind, wird der zugehörige Verformungszustand mit dem Programm **DISP3D** ermittelt. In einer Nachlaufrechnung werden dann die Querkräfte für die Einzelscheiben mit dem Programm **FORWND** bestimmt. Neben dem Verformungsvektor wird hierfür die Steifigkeitsmatrix der Einzelscheibe benötigt. Tabelle 7.8-8 zeigt einen Vergleich der Ergebnisse der Handrechnung mit den Ergebnissen aus der Programmberechnung. Für die übrigen Scheiben ist das Vorgehen analog, wobei für jede Scheibe der entsprechende Lastansatz zu wählen ist.

Stockwerk	$F_{7,extr}$ [kN] nach Programmrechnung	$F_{7,extr}$ [kN] nach Handrechnung
9	867,31	867,79
8	893,80	893,61
7	712,97	712,20
6	565,47	565,33
5	424,25	424,77
4	295,93	295,28
3	181,84	182,02
2	91,06	90,94
1	33,84	33,80

Tabelle 7.8-8: Vergleich Handrechnung und Programmrechnung

7.8.2.5 Bemessungsquerkräfte

Auf die Berechnung der Bemessungsquerkräfte soll an dieser Stelle noch einmal eingegangen werden, da an ihr sehr gut die Auswirkungen von Materialüberfestigkeiten gezeigt werden können. Die Effekte, die eine Erhöhung der anzusetzenden Querkräfte erforderlich machen, sind zum einen die Entwicklung der Überfestigkeitsmomente in den plastischen Gelenken und zum anderen das Problem, die Extremwerte für Biegemomente bzw. Kippmomente **und** Querkräfte mit einer Verteilung der Ersatzkräfte zu erfassen. Die Entwicklung der Überfestigkeitsmomente resultiert aus den folgenden Faktoren:

- Die Berechnung der Biegewiderstände erfolgt mit den abgeminderten Baustoffkennwerten, nicht mit den tatsächlichen Kennwerten bei Überfestigkeit.
- Es wird in der Regel mehr als die rechnerisch erforderliche Bewehrung eingelegt.
- Höhere Normalkräfte erhöhen zusätzlich den tatsächlichen Biegewiderstand.

Zur Lösung des Problems, mit einem Ansatz der Ersatzkräfte die verschiedenen Maxima zu erfassen, wird in [7.22] die folgende Vorgehensweise empfohlen:

- Die ermittelten Stockwerksquerkräfte werden in bestimmten Bereichen des Tragwerks erhöht, um den Einfluß höherer Schwingungsformen zu erfassen.
- Die Ersatzkraft wird so verteilt, daß sich Stockwerksquerkräfte ergeben, bei denen der Einfluß höherer Schwingungsformen berücksichtigt ist. Die Kippmomente dürfen dann etwas reduziert werden.
- Die Verteilung wird in Abhängigkeit von der Grundschwingzeit vorgenommen.
- Eine Begrenzung der maximalen Stockwerksquerkräfte erfolgt durch die konsequente Anwendung der Kapazitätsbemessung, wodurch die elastisch bleibenden Teile des Tragwerks geschützt werden. Als Folge ergeben sich höhere Anforderungen an die Duktilität des Tragwerks.

Das Konzept für die Bemessungsquerkraft im EC 8 basiert auf dem letztgenannten Punkt. Der Erhöhungsfaktor für die Querkraft ist für die Duktilitätsklassen M und H nach folgender Beziehung zu bestimmen:

$$\varepsilon = q \cdot \sqrt{\left(\frac{\gamma_{rd}}{q} \cdot \frac{M_{rd}}{M_{sd}}\right)^2 + 0{,}10 \cdot \left(\frac{S_e(T_C)}{S_e(T_1)}\right)^2} \leq q \qquad (7.8.39)$$

Hierin bedeuten:

q	Verhaltensfaktor [-],
M_{sd}	Bemessungsmoment am Wandfuß [kNm],
M_{rd}	Widerstandsmoment am Wandfuß [kNm],
γ_{rd}	Überfestigkeitsfaktor des Bewehrungsstahls [-]; für die Duktilitätsklasse M kann der Wert mit 1,15 angenommen werden,
T_1	Grundschwingzeit des Gebäudes [s] in Richtung der betrachteten Wand,
T_C	Obere Grenzperiode des konstanten Bereichs des Bemessungsspektrums [s],
$S_e(T)$	Ordinate des elastischen Antwortspektrums [-].

Im vorliegenden Beispiel wurde für den Überfestigkeitsfaktor des Bewehrungsstahls der Wert 1,15 aus der Norm übernommen, da keine genaueren Werte vorlagen. Die Bewehrungsmenge wurde so gewählt, daß die Widerstandsmomente der Tragwandquerschnitte die Bemessungsmomente nur geringfügig übersteigen.

8 Anwendungsbeispiele

In diesem Kapitel werden eine Reihe von Anwendungsbeispielen aus dem weiten Gebiet des Erdbebeningenieurwesens präsentiert, um einen Eindruck von der Vielfalt der damit zusammenhängenden Aufgaben zu vermitteln. Nach einem Einblick in das nichtlineare Verhalten seismisch beanspruchter Stahlbetonhochhäuser in Abschnitt 8.1 wird in Abschnitt 8.2 eine seismische Untersuchung der Türme des Kölner Doms vorgestellt. Abschnitt 8.3 geht auf verschiedene Modellierungsmöglichkeiten eines komplizierten Raffineriebehälters ein. Der seismischen Untersuchung flüssigkeitsgefüllter Behälter ist Kapitel 9 gewidmet.

8.1 Nichtlineares Verhalten seismisch beanspruchter Stahlbetonhochhäuser

Vor dem Hintergrund wachsender Aufmerksamkeit auf die Folgen von Katastrophen-Erdbeben erscheint eine Erweiterung der gängigen Bemessungsphilosophie im Sinne eines verbesserten Personenschutzes und einer Minimierung von Vermögensverlusten geboten. Die aktuellen Entwicklungen der relevanten Bemessungs- und Nachweisverfahren gehen bereits von deformationsbezogenen Grenzzuständen aus, wie sie z.B. im EC 8 für die Gebrauchstauglichkeit und die Tragsicherheit definiert wurden, jedoch ist die Ertüchtigung von existierenden, die Sanierung von beschädigten und der erdbebenresistente Entwurf geplanter Hochhäuser nur dann konsequent durchführbar, wenn das zu erwartende nichtlineare Versagensverhalten des Bauwerks möglichst explizit berücksichtigt wird. In letzter Zeit rückt in diesem Zusammenhang die mit dem Begriff „Funktionsorientierte seismische Bemessung" (Performance Based Seismic Design) bezeichnete Vorgehensweise zunehmend in den Vordergrund. Die Grundfrage der funktionsorientierten seismischen Bemessung lautet „Wie kann ein gewünschtes Maß an Funktionalität des Bauwerks für eine bestimmte Bebenstärke garantiert werden?" Das Ziel der Bemessung eines neuen oder der Ertüchtigung eines bestehenden Tragwerks liegt in der geeigneten Anpassung von Schädigungsstufen (Zuständen) des Bauwerks an bestimmte Bebenstärken (Intensitätsstufen). Zu diesem Zweck werden mehrere Bauwerks-Schädigungsstufen (nach Funktionalitätskriterien) eingeführt und auch mehrere Niveaus der Bebenintensität (nach ihrer Eintretenswahrscheinlichkeit) definiert. Als Beispiel zeigt die nachfolgende Tabelle (nach [8.1]) eine solche Zuordnung.

In Bild 8.1-1 ist dieser Zusammenhang zwischen Schädigungsstufen und Bebenintensität für verschiedene Gebäudeklassen schematisch dargestellt.

Die Feststellung der Funktionsfähigkeit des Gebäudes erfolgt durch Fragilitätsuntersuchungen von Komponenten oder der Gesamtstruktur. Zur quantitativen Erfassung der vorhandenen Sicherheitsreserven benötigen wir dabei als Referenzgrößen durch nichtlineare Analysen ermittelte Schädigungsdaten für Beben der „Gerade-Noch-Sicher" (Life Safe)-Klasse, deren Eintretenswahrscheinlichkeit bei $\approx$ 5% liegt. Die Abschätzung der vorhandenen Sicherheitsmarge eines bestehenden Gebäudes kann prinzipiell durch Beziehungen des Typs

$$\text{vorh. Sicherheit} = \frac{D_{ult}}{D_{ziel}} \qquad (8.1.1)$$

Gebäude-Schädigungsstufe	50-Jahre- Eintretenswahrscheinlichkeit
Funktionsfähig (Operational)	um 50%
Nutzbar (Occupancy)	10-20%
Noch sicher (Life Safety)	5-10%
Einsturzgefährdet (Near Collapse)	< 5%

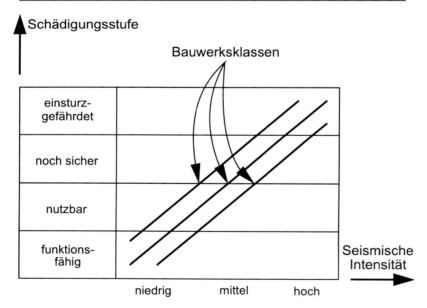

Bild 8.1-1: Zusammenhang zwischen Gebäudeschädigungs- und Bebenintensitätsstufen

mit D_{ult} als Systemschädigung beim „Gerade-Noch-Sicher-Beben" und D_{Ziel} als Systemschädigung beim Auslegungserdbeben erfolgen. Damit ist die Notwendigkeit der Durchführung von nichtlinearen Zeitverlaufsuntersuchungen angesprochen, denn nur sie sind dazu imstande, die Schädigungsevolution zu verfolgen und zuverlässige Informationen über den Versagensmodus zu liefern, wenn auch mit entsprechend großem numerisch/zeitlichem Aufwand

8.1 Nichtlineares Verhalten seismisch beanspruchter Stahlbetonhochhäuser

für die Untersuchung dreidimensionaler Tragwerksmodelle. In diesem Abschnitt gehen wir auf einige diesbezügliche Methoden für durch Wandscheiben ausgesteifte Stahlbetonhochhäuser ein.

Für die Abbildung von Stahlbetontragwänden können entweder detaillierte „Mikromodelle" auf der Grundlage von nichtlinearen Finiten Elementen von Stahlbetonscheiben [8.3] oder mechanisch-anschauliche „Makromodelle" herangezogen werden [8.2]. Während bei den erstgenannten Verfahren Mehrschicht-Finite Elemente Verwendung finden, die eine Erfassung der physikalisch nichtlinearen Effekte auf Materialpunktebene gestatten, sind Makromodelle im wesentlichen Weiterentwicklungen des klassischen „Three-Vertical-Line"-Modells von KABEYASAWA et al. [8.4].

Als Schädigungsindikatoren kommen zunächst die klassischen Parameter „maximale Duktilität" und „Kumulative Duktilität" in Frage, die in den Bildern 7.8-2 und 7.8-3 auf der Ebene des Biegebalkenquerschnitts als Verhältnis von Krümmungen κ definiert sind. Für die Maximalduktilität μ_κ gilt

$$\mu_\kappa = \frac{\kappa_m}{\kappa_y} \qquad (8.1.2)$$

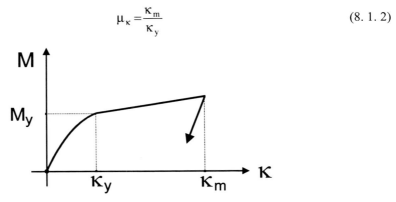

Bild 8.1-2: Zur Definition der maximalen Duktilität auf Querschnittsebene

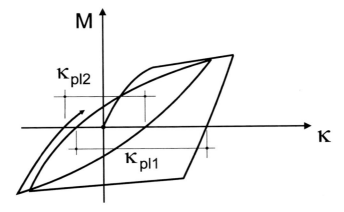

Bild 8.1-3: Zur Definition der kumulativen Duktilität auf Querschnittsebene

Für die kumulative Duktilität μ_{cu} erhält man:

$$\mu_{cu} = \frac{\sum_i \kappa_{pl,i}}{\kappa_y} \tag{8.1.3}$$

Die maximale Duktilität ist zur Beschreibung des Versagens infolge einer einzigen Beanspruchungsspitze besonders geeignet, sie kann jedoch das Versagen infolge progressiver Schädigung durch viele Beanspruchungszyklen nicht wiedergeben. Für diesen Fall leisten Indikatoren wie die kumulative Duktilität gute Dienste. Nachteilig bei beiden Indikatoren ist die fehlende Normierung ihres Wertebereichs, z.B. zwischen Null und Eins entsprechend der Spanne zwischen der ungeschädigten Konstruktion und dem Kollaps. Besser sind in dieser Hinsicht Schadensindikatoren auf energetischer Basis wie der D_Q-Indikator nach MEYER/GARSTKA [8.5], [8,6] für Stahlbetonbauteile. Hier dient die dissipierte Energie als einzige Eingangsgröße; als Normierungswert wird das maximal aufnehmbare Arbeitsvermögen E_u unter monotoner Beanspruchung herangezogen (Bild 8.1-4). Es gilt:

$$D_Q = D_Q^+ + D_Q^- - D_Q^+ \cdot D_Q^- \tag{8.1.4}$$

mit

$$D_Q^+ = \frac{\sum_i E_{S,i}^+ + \sum_i E_i^+}{E_u^+ + \sum_i E_i^+}, \quad D_Q^- = \frac{\sum_i E_{S,i}^- + \sum_i E_i^-}{E_u^- + \sum_i E_i^-} \tag{8.1.5}$$

wobei der erste Ausdruck für positive, der zweite für negative Verformungen gilt. In diesen Beziehungen ist $E_{S,i}$ die im Primärhalbzyklus (das ist der Belastungsast, bei dem eine maximale Verformungsamplitude zum ersten Mal erreicht wird) absorbierte Energie, E_i die in den Folgehalbzyklen (das sind diejenigen, die zu kleineren Amplituden als beim letzten Primärhalbzyklus erreicht, führen) absorbierte Energie und E_u^+, E_u^- sind die Normierungswerte in der jeweiligen Verformungsrichtung.

Ein weiterer, häufig verwendeter Schadensindikator ist mit den Namen PARK und ANG verknüpft [8.7]; für die Querschnittsebene formuliert lautet er:

$$D = \frac{\theta_{max}}{\theta_u} + \frac{\beta}{M_y \theta_u} \int dE \tag{8.1.6}$$

Hierin steht θ_u für die Bruchverdrehung und M_y für das Fließmoment des Querschnitts, θ_{max} ist die im Verlauf der Berechnung erreichte Maximalverdrehung und β ein empirischer Parameter, der etwa zwischen 0,05 und 0,25 liegt. Die Werte des Indikators liegen bei $D \approx 0 - 0{,}30$ für keine bzw. geringe Schädigung und bei $D \approx 0{,}40 - 1{,}0$ für starke Schäden bis hin zum Kollaps.

8.1 Nichtlineares Verhalten seismisch beanspruchter Stahlbetonhochhäuser 277

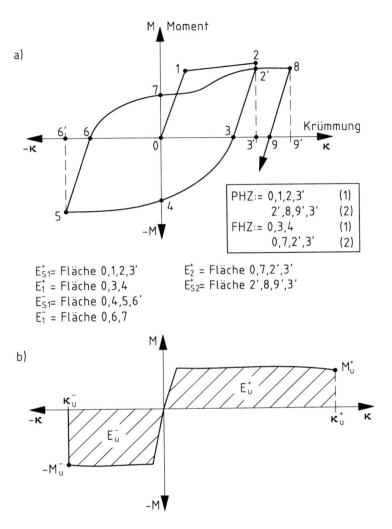

Bild 8.1-4: D_Q-Indikator

Als Schädigungsindikatoren kommen bei Hochhäusern in erster Linie auf Stockwerksebene definierte Parameter in Frage, so z.B. maximale oder kumulative Duktilitäten von Verschiebungsgrößen sowie entsprechende Formen der Schädigungsindikatoren auf energetischer Basis. Einfach und dabei recht aussagekräftig ist in jedem Fall die Auswertung der gegenseitigen Stockwerksverschiebungen und der Stockwerksquerkräfte.

Einige der erwähnten Aspekte sollen nun anhand einer konkreten nichtlinearen Untersuchung veranschaulicht werden. Dazu wird das im Abschnitt 7.8 untersuchte Hochhaus herangezogen, dessen Finite-Element-Modell in Bild 8.1-5 zu sehen ist.

278   8 Anwendungsbeispiele

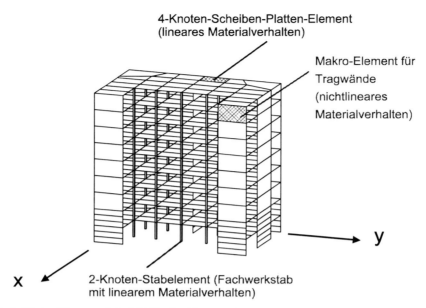

Bild 8.1-5: Finite-Element-Modell für das Tragwerk

Die Abbildung der Decken erfolgte hier mit Scheiben-Platten-Elementen, die Pendelstützen wurden als Fachwerkstäbe idealisiert. Die wirklichkeitsgetreue Abbildung der Stahlbetontragwände ist von besonderer Bedeutung, da die Wandscheiben im Erdbebenfall bis weit in den nichtlinearen Bereich beansprucht werden. Für die Modellierung der Wände wurde vorwiegend ein von LINDE in [8.8] vorgestelltes Makroelement in modifizierter Form verwendet. Einflüsse aus der Nachgiebigkeit des Baugrunds wurden bei allen Berechnungen nicht berücksichtigt.

Das verwendete Makroelement besteht aus drei Vertikalfedern zur Abbildung des Biege- und Normalkrafttragverhaltens sowie einer Horizontalfeder zur Modellierung des Schubtragverhaltens. Außer der zentralen Vertikalfeder, bei der ein lineares Kraft-Verformungs-Verhalten angenommen wird, werden für die übrigen Federn entsprechende Hysteresegesetze mit bi- bzw. trilinearen Umhüllenden angenommen. Das ursprungsorientierte Hysteresemodell für die Schubfeder wurde durch ein in [8.8] vorgestelltes Modell mit trilinearer Umhüllender ersetzt. Bild 8.1-6 zeigt das Makroelement und die zugehörigen Hysteresegesetze für die Federn.

In [8.8] wird gezeigt, daß mit dem Element eine gute Modellierung der globalen inelastischen Systemantwort eines durch Wandscheiben ausgesteiften Tragwerks unter hoher seismischer Beanspruchung erreicht werden kann. Hinzu kommt eine relativ einfache Elementformulierung, eine überschaubare Anzahl an Hystereseregeln für die äußeren Vertikalfedern sowie eine einfache Berechnung der Duktilitätswerte und des PARK/ANG-Indikators auf Querschnittsebene. Gegenüber den erwähnten Mikromodellen, bei denen der Verbundwerkstoff Stahlbeton durch die Verwendung verschiedener Materialschichten in Verbindung mit finiten Flächenelementen abgebildet wird, ist bei den Makromodellen der drastisch reduzierte Ar-

8.1 Nichtlineares Verhalten seismisch beanspruchter Stahlbetonhochhäuser

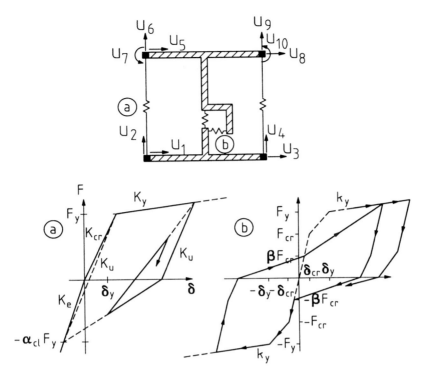

Bild 8.1-6: Makroelement und zugehörige Hysteresegesetze

beitsumfang von Vorteil, da die Berechnung komplexer Tragstrukturen mit Hilfe von Mikromodellen oft an einem prohibitiv hohen Rechenaufwand scheitert. Andererseits ist zu beachten, daß unter dem Gesichtspunkt einer möglichst genauen Lokalisierung und Beschreibung seismischer Schäden Mikromodelle den Vorteil aufweisen, daß die Schädigung bis zur Materialpunktebene verfolgt werden kann. Damit lassen sich im Vergleich zu Makromodellen vertiefte Einblicke in die tatsächlich auftretenden Versagensmechanismen gewinnen. Ein möglicher Kompromiß besteht darin, Mikromodelle gezielt für diejenigen Tragwerksbereiche einzusetzen, in denen in jedem Fall mit ausgeprägten Nichtlinearitäten und Schädigungen zu rechnen ist.

Die Eingangswerte für das verwendete Makroelement (Federsteifigkeiten und Feder-Grenzkräfte) werden vor Beginn der eigentlichen Berechnung mit Hilfe eines Computerprogramms mit einer Schichtenidealisierung des Tragwandquerschnitts ermittelt bzw. für die Schubfeder mit Hilfe empirischer Beziehungen gewonnen. Mit diesem Programm wurden neben den Eingangswerten für den PARK/ANG-Indikator auch die Momenten-Normalkraft-Interaktionsdiagramme berechnet, die bei der Bemessung der Tragwandquerschitte Verwendung fanden.

Als Schädigungsparameter wurden die gegenseitige Stockwerksverschiebung, die maximale Verdrehungs- und Krümmungsduktilität und der durch (8.1.6) beschriebene PARK/ANG-Schädigungsindikator auf Querschnittsebene ausgewertet [8.9]. Besondere Bedeutung kommt neben der Wahl des Parameters β der Bestimmung der Bruchkrümmungen der Tragwandquerschnitte zu. Diese wurden in den vorliegenden Berechnungen mit dem genannten Computerprogramm berechnet. Der Parameter β wurde für die Analysen zunächst mit 0,10 angenommen. Insgesamt zeigen neuere Untersuchungen [8.10], daß der Energieanteil des PARK/ANG-Indikators bei gut durchgebildeten Bauteilen einen eher geringen Einfluß besitzt. An dieser Stelle ist jedoch anzumerken, daß vor allem bei älteren Konstruktionen nicht in jedem Fall von einer 'guten' Durchbildung ausgegangen werden kann.

Für die nichtlinearen seismischen Schädigungsanalysen wurden gemessene Akzelerogramme des Kalamata-Bebens von 1986 und des Kobe (JMA)-Bebens von 1995 mit jeweils zwei horizontalen Bebenkomponenten verwendet. Dabei ließen wir die Nord-Süd-Komponenten in der Y-Richtung, die West-Ost-Komponenten in der X-Richtung des Tragwerks angreifen. Zusätzlich wurde ein mit dem Programm SYNTH zum linearen Bemessungsspektrum des EC 8 erzeugtes Akzelerogramm verwendet. Das synthetische Akzelerogramm und das Kalamata-Beben wurden auf eine Maximalbeschleunigung von 3,0 m/s² skaliert; beim Kobe-Beben wurde der Originalschrieb verwendet. Bild 8.1-7 stellt Komponenten des JMA-Bebens und des auf 3,0 m/s² skalierten Kalamata-Bebens, dessen tatsächliches Beschleunigungsmaximum 2,35 m/s² betrug, einander gegenüber.

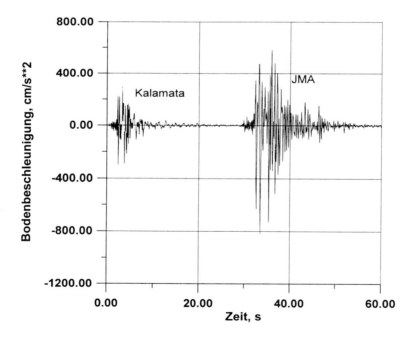

Bild 8.1-7: Gegenüberstellung des Kobe-Bebens (JMA) und des skalierten Kalamata-Bebens

Die Eigenlasten des Tragwerks wirken bei den Zeitverlaufsberechnungen als konstante Lasten; die Vertikalbeschleunigung konnte bei der Bemessung des Tragwerks gemäß den Regelungen des EC 8 vernachlässigt werden und wurde auch bei den dynamischen Berechnungen nicht berücksichtigt.

8.1 Nichtlineares Verhalten seismisch beanspruchter Stahlbetonhochhäuser

Zunächst wurden die Ergebnisse einer linearen Zeitverlaufsberechnung des genauen Modells mit den Ergebnissen einer pseudoräumlichen Idealisierung verglichen, bei welcher die Deckenscheiben in ihrer Ebene als starr angenommen und vertikale Kompatibilitäten außer acht gelassen wurden, womit drei Freiheitsgrade pro Deckenscheibe übrigblieben.

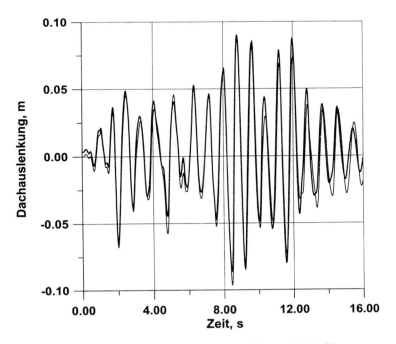

Bild 8.1-8: Lineare Verschiebungszeitverläufe für verschiedene Modelle

Bild 8.1-8 zeigt die Verschiebungsverläufe in Y-Richtung für die Dachoberkante für das synthetische Akzelerogramm; die Anfangsauslenkung bei dem räumlichen Modell (stärkere Kurve) resultiert aus der statischen Vorbelastung mit den Schwerelasten. Bei dem räumlichen FE-Modell kann wahlweise mit den „vollen" oder mit den reduzierten Steifigkeiten für den gerissenen Zustand gerechnet werden. Die nachfolgende Tabelle zeigt die berechneten Werte der Grundperiode für die verschiedenen Modelle:

Modell	T [s]
Pseudoräumlich	0.709
Räumlich mit voller Steifigkeit	0.640
Räumlich mit reduzierter Steifigkeit	0.840

Die reduzierte Steifigkeit entsprach dabei 60 % des ungerissenen Bruttobetonquerschnitts. Wie die Grundeigenform nach Bild 8.1-9 zeigt, sind in ihr wegen der Unsymmetrie auch Torsionsanteile enthalten. In den Bildern 8.1-10 und 8.1-11 sind zwei weitere Eigenformen des räumlichen Modells mit reduzierter Steifigkeit zu sehen, deren Perioden $T_2 = 0,83$ s und $T_3 = 0,61$ s betragen.

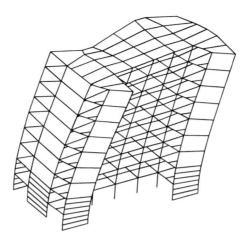

Bild 8.1-9: Grundeigenform, $T_1 = 0,83$ s

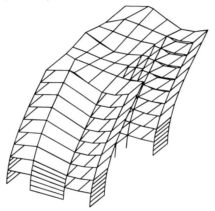

Bild 8.1-10: Zweite Eigenform, $T_2 = 0,85$ s

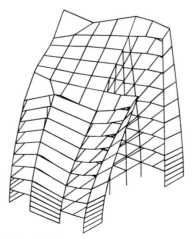

Bild 8.1-11: Dritte Eigenform, $T_3 = 0,61$ s

In Bild 8.1-12 ist der Zeitverlauf des Biegemoments am Einspannquerschnitt von Wand 7 infolge des Kalamata-Bebens zu sehen; es handelt sich dabei um den meistbeanspruchten Querschnitt im Tragwerk. Das Maß der Überschreitung des Bemessungsmoments von $1,0 \cdot 10^5$ kNm entspricht den Erwartungen, und auch die erreichten Schädigungswerte (D = 0,318 nach PARK/ANG, $\mu_\kappa = 2,318$, $\mu_{cu} = 4,515$) sind für die Standsicherheit unproblematisch.

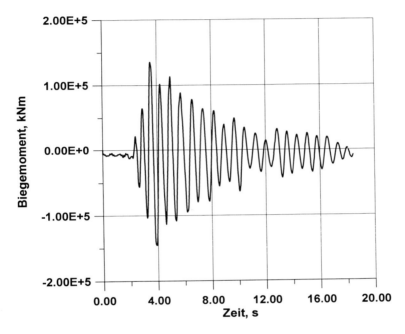

Bild 8.1-12: Biegemomentenverlauf am Fuß der Wandscheibe 7 für das Kalamata-Beben

Insgesamt wurden bei den nichtlinearen Zeitverlaufsuntersuchungen die in der nachfolgenden Tabelle aufgeführten Schädigungsindikatoren für die einzelnen Bebenrealisationen (Kalamata, synthetisches Akzelerogramm und JMA-Kobe) ermittelt. Das skalierte Kalamata-Beben und das synthetische Beben entsprechen dabei in etwa dem Bemessungsspektrum, während es sich beim JMA-Kobe um ein weit stärkeres Beben handelt, von dem erwartet wird, daß es zum Kollaps des Tragwerks führen wird. Diese Einschätzung wird durch die erreichten Werte der Schädigungsindikatoren (D > 1) bestätigt.

In der folgenden Tabelle sind auch die Ergebnisse von zwei weiteren Untersuchungen enthalten: Zum einen wurde die durch das Kalamata-Beben vorgeschädigte Struktur erneut dem gleichen Erdbeben unterworfen (Zeile 3), zum anderen wurde vor der Beanspruchung durch das Kalamata-Beben unterstellt, daß das Material am Einspannquerschnitt von Wand 5 infolge Vorschädigung nur über 60 % seiner Festigkeit und eine entsprechend geringere Steifigkeit verfügt (Zeile 4).

Wand Nr.		1	2	3	4	5	6	7
Beben 1 (synthetisch)	$\mu_{\theta,max}$	2,07	2,17	< 1,0	1,03	1,55	1,31	1,69
	D	0,183	0,190	0,088	0,092	0,238	0,178	0,269
Beben 2 (Kalamata)	$\mu_{\theta,max}$	3,04	3,25	2,77	2,63	2,69	2,43	2,61
	D	0,294	0,301	0,257	0,254	0,376	0,342	0,418
Beben 2 (vorgeschädigt)	$\mu_{\theta,max}$	3,04	3,25	2,77	2,63	2,69	2,66	3,10
	D	0,338	0,346	0,281	0,276	0,399	0,413	0,586
Beben 2 (Fehlstelle)	$\mu_{\theta,max}$	3,23	3,34	2,59	2,61	2,36	2,47	2,55
	D	0,310	0,315	0,255	0,252	0,481	0,334	0,399
Beben 3 (JMA Kobe)	$\mu_{\theta,max}$	7,01	7,46	7,29	7,06	6,57	6,27	8,25
	D	0,849	0,869	0,786	0,788	1,081	1,161	1,802

Bild 8.1-13 zeigt die gegenseitigen Stockwerksverschiebungen in beiden Richtungen für das Kalamata-Beben, ausgedrückt in Prozent der Stockwerkshöhe. Eingetragen sind die Werte sowohl für die lineare Berechnung, also ohne Berücksichtigung der Plastizierungen, als auch für das wirklichkeitsnähere nichtlineare Modell. Der nicht abgeminderte Grenzwert von 0,4% nach EC 8 ist im Bild ebenfalls eingetragen. Beim JMA-Kobe-Beben wird die gegenseitige Stockwerksverschiebung beim nichtlinearen Modell weit überschritten (Bild 8.1-14), was einem Versagen gleichkommt.

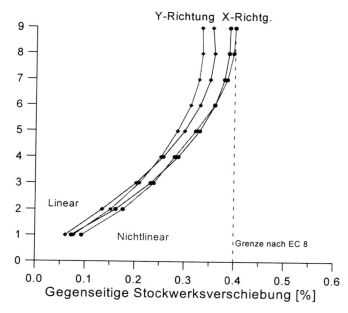

Bild 8.1-13: Gegenseitige Stockwerksverschiebung, linear und nichtlinear, Kalamata-Beben

8.1 Nichtlineares Verhalten seismisch beanspruchter Stahlbetonhochhäuser 285

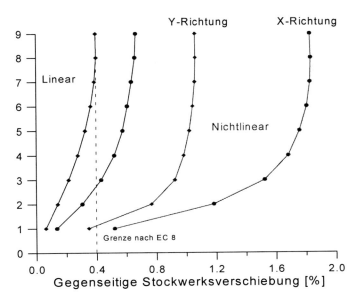

Bild 8.1-14: Gegenseitige Stockwerksverschiebung, linear und nichtlinear, Kobe-Beben

In Bild 8.1-15 sind die Zeitverläufe der Dachauslenkung für die zweimalige Beanspruchung durch das Kalamata-Beben zu sehen. Abgesehen von einer Akkumulation der Schädigung an den bereits geschwächten Querschnitten zeigt sich das normgerecht konstruierte Tragwerk als bemerkenswert widerstandsfähig gegen progressive Schädigung.

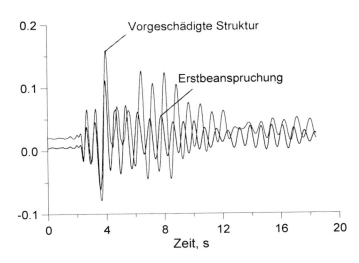

Bild 8.1-15: Zeitverläufe der Dachverschiebung bei zweimaliger Beanspruchung durch das Kalamata-Beben

Insgesamt bestätigen die Ergebnisse der Analysen, daß ein Beben entsprechend dem Bemessungsspektrum zwar zu Schäden am Tragwerk führt, ein Teil- oder Totalkollaps jedoch sicher vermieden wird und die Struktur mit entsprechenden Maßnahmen wiederertüchtigt werden kann. Bei dem starken Kobe-Beben, das zu einem Versagen des Tragwerks geführt hätte, zeigt sich, daß die Schädigungsniveaus in verschiedenen Tragwerksbereichen stark voneinander abweichen. In [8.11] wird auf die Möglichkeit einer Umlagerung der elastisch berechneten Ersatzkräfte für die Einzelscheiben von bis zu 30% hingewiesen. Hier könnten Schädigungsanalysen dazu beitragen, eine Umlagerung der elastischen Ersatzkräfte zu finden, die zu einer besseren Verteilung unvermeidlicher Schädigungen im Bauwerk und damit zu einem höheren Sicherheitsniveau führt.

Ein weiterer Aspekt soll zum Schluß noch angesprochen werden. Er betrifft den Zusammenhang zwischen Schädigungsindikatoren auf Querschnittsebene basierend auf der Krümmungsduktilität und energiebasierten Schädigungsindikatoren vom PARK/ANG-Typ. Die Bilder 8.1-16, 8.1-17 und 8.1-18 zeigen dazu Auswertungen für die Einspannquerschnitte aller sieben Wandscheiben. Während die Korrelation zwischen maximaler Krümmungsduktilität und PARK/ANG-Indikator (Bild 8.1-16) relativ zufriedenstellend ist, trifft dies keinesfalls zu für den Zusammenhang zwischen der kumulativen Krümmungsdiktilität und dem PARK/ANG-Indikator (Bild 8.1-17); dafür korreliert die kumulative Duktilität recht gut mit dem Energieanteil des PARK/ANG-Indikators (Bild 8.1-18). Diese Erkenntnisse sind auf Schädigungsindikatoren auf Stockwerksebene nicht unbedingt übertragbar; sie sollen hier nur darauf aufmerksam machen, daß zur umfassenden Beschreibung der Schädigungsevolution mehrere Indikatoren notwendig sind, um alle wichtigen Facetten des physikalischen Geschehens zu erfassen.

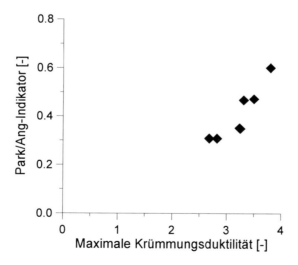

Bild 8.1-16:   Zusammenhang zwischen maximaler Krümmungsduktilität und PARK/ANG-Indikator

8.1 Nichtlineares Verhalten seismisch beanspruchter Stahlbetonhochhäuser 287

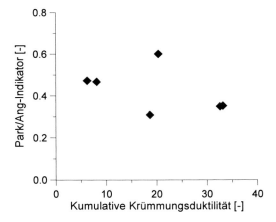

Bild 8.1-17: Zusammenhang zwischen kumulativer Krümmungsduktilität und PARK/ANG-Indikator

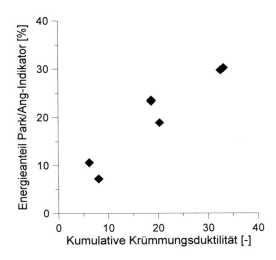

Bild 8.1-18: Zusammenhang zwischen kumulativer Krümmungsduktilität und Energieanteil des PARK/ANG-Indikators

Zusammenfassend läßt sich festhalten, daß das nach EC 8 bemessene Tragwerk die Anforderungen bezüglich seiner seismischen Sicherheit erfüllt. Mit Hilfe von Schädigungsanalysen kann eine weitere Erhöhung der Erdbebensicherheit durch möglichst gleichmäßige Verteilung der Schädigung erreicht werden; zudem können sie dazu dienen, bei der Neuberechnung komplizierterer Strukturen Schwachstellen im Entwurf zu lokalisieren. Auch bei der Ertüchtigung von Gebäuden lassen sich durch solche rechnerischen Analysen diejenigen Maßnahmen ermitteln, die für einen bestimmten Aufwand den besten Erfolg versprechen.

8.2 Erdbebenuntersuchung der Türme des Kölner Doms

Anläßlich des 750jährigen Jubiläums des Kölner Domes wurde vom Lehrstuhl für Baustatik und Baudynamik der Technischen Hochschule Aachen in Zusammenarbeit mit der Erdbebenstation Bensberg der Universität zu Köln (Leiter: Dr. K. G. Hinzen) eine seismische Untersuchung durchgeführt, bei der geklärt werden sollte, ob bei einem zukünftigen Beben maximaler Intensität akute Einsturzgefahr für die Türme besteht. Zu diesem Zweck wurden, wie in Abschnitt 7.4 erläutert, Beschleunigungszeitverläufe erzeugt, die als Eingabe für mehrere Zeitverlaufsberechnungen dienten. Von den Domtürmen wurde ein relativ komplexes Finite-Element-Modell erstellt und anhand von Messungen der Turmeigenfrequenzen (wie in Abschnitt 6.2 wiedergegeben) überprüft. In diesem Abschnitt werden einige Einzelheiten dieser Untersuchung, betreffend die Finite-Element-Idealisierung der Konstruktion und die Ergebnisse der Zeitverlaufsberechnungen präsentiert.

Bild 8.2-1: Modell der Türme des Kölner Domes

8.2 Erdbebenuntersuchung der Türme des Kölner Doms

Für die Abbildung der Türme wurden Scheiben-Platten-Elemente und dreidimensionale Balkenelemente verwendet, wobei mit ersteren neben der Fundamentplatte einige Teile der Bögen modelliert wurden, die die Stützen verbinden. Insgesamt waren 3955 Freiheitsgrade notwendig, und es wurden 48 Platten-Scheiben-Elemente und 958 dreidimensionale Balkenelemente generiert. Bild 8.2-1 vermittelt einen Eindruck von der Komplexität des Modells, das mit dem Finite-Element-Programm FEMAS90 erstellt und dynamisch untersucht wurde. In den Türmen des Kölner Doms sind zwei Gesteinsarten mit recht unterschiedlichen Materialkennwerten eingebaut, nämlich Oberkirchener Sandstein mit einer Rohdichte von 2,2 kg/dm^3 und einem Elastizitätsmodul von 19.000 MN/m^2 und Drachenfelstrachyt mit einer

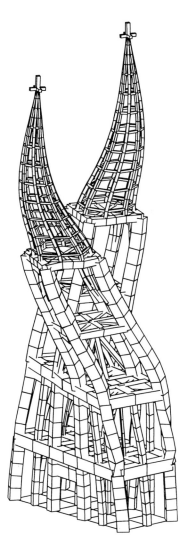

Bild 8.2-2: Rechnerische Eigenform der Türme des Kölner Doms für T = 1,3 s

Rohdichte von 2,3 kg/dm³ und einem Elastizitätsmodul von 40.000 MN/m². Von einer zusätzlichen detaillierten Diskretisierung des Dom-Hauptschiffs wurde wegen der damit verbundenen Unsicherheiten abgesehen; um dessen Einfluß zumindest qualitativ abzuschätzen, wurden in mehreren Varianten entsprechende Stützfedern für die Turmbewegung in Ost-West-Richtung eingeführt. Der Einfluß dieser Federstützung blieb wegen des in dieser Höhe sehr steifen Turmschaftes bescheiden, weshalb für die eigentliche Berechnung der besseren Reproduzierbarkeit wegen nur die Türme selbst betrachtet wurden.

Die Querschnittswerte (Flächen und Trägheitsmomente) der Stabelemente wurden wegen deren komplizierten geometrischen Formen mit Hilfe des Programms AREMOM (Abschnitt 2.4) ermittelt. Die den einzelnen Freiheitsgraden entsprechenden Massenanteile wurden als Produkt der Querschnittsfläche mit der Gesteinsdichte ermittelt; die Gesamtmasse eines Einzelturms beträgt etwa 23.500 t.

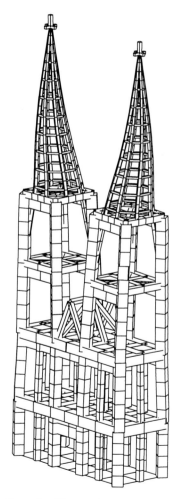

Bild 8.2-3: Rechnerische Eigenform der Türme des Kölner Doms, T = 1,0 s

8.2 Erdbebenuntersuchung der Türme des Kölner Doms

Die Eigenwertuntersuchung des Finite-Element-Modells beider Türme, wie in Bild 8.2-1 dargestellt, liefert unter anderem Eigenfrequenzen bei 0,60, 0,74, 0,80 und 1,02 Hz, entsprechend Perioden von 1,67, 1,35, 1,25 und 0,98 s. Bei der durchgeführten Messung auf rund 100 m Höhe im Südturm konnten die tieferen Eigenfrequenzen des Südturms (in den Bildern rechts) zwischen 0,74 und 1,10 Hz (Bild 6.2-3) lokalisiert werden, was insofern gut mit den Rechenergebnissen korrespondiert, als die zu 0,60 Hz gehörige Eigenform in erster Linie den Nordturm betrifft. Zwei der rechnerisch ermittelten Eigenformen sind in den Bildern 8.2-2 und 8.2-3 zu sehen.

Zeitverlaufsberechnungen wurden sowohl für schwächere seismische Ereignisse entsprechend dem Roermond-Beben von 1992 als auch für das in Abschnitt 7.4 (Bild 7.4-8) bereits vorgestellte maßgebende TOL60-Beben, dessen Momentenmagnitude 6,0 beträgt, durchgeführt. In der folgenden Tabelle sind die Maximalverschiebungen für diese Beanspruchung zusammengefaßt:

Höhe	Nordturm		Südturm	
	$max\ u_{N-S}$	$max\ u_{O-W}$	$max\ u_{N-S}$	$max\ u_{O-W}$
150 m	4,0 cm	7,0 cm	3,7 cm	4,0 cm
95 m	1,7 cm	5,8 cm	1,5 cm	2,5 cm

Die Untersuchung zeigt, daß die Türme auch das voraussichtlich stärkste Beben ohne größere Schäden überstehen können, denn die Maximalverschiebung von 0,07 m auf 150 m Höhe entspricht lediglich 0,47 Promille. Sie ist rund dreimal so groß wie beim auf die Domplatte umgerechneten Roermond-Beben, das der Dom praktisch ohne Schäden überstand. Eine Erklärung für das gute seismische Verhalten des Doms liefert auch ein Blick auf die in Bild 8.2-4 dargestellten Spektren des TOL60-Bebens und des auf die Domplatte umgerechneten Roermond-Bebens (ROE). Ihre Spitzen liegen bei Perioden um 0,2 s und sind damit genügend weit von den Eigenfrequenzen des Bauwerks entfernt.

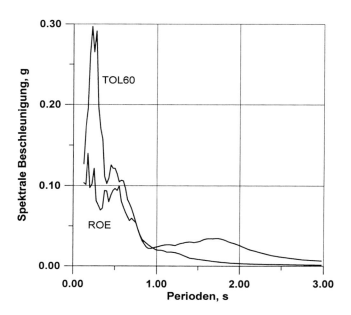

Bild 8.2-4: Beschleunigungsspektren des TOL60- und des ROE-Beschleunigungszeitverlaufs

8.3 Eigenfrequenzen und Eigenformen eines Raffineriebehälters

In diesem Abschnitt sollen für einen Erdölraffineriebehälter die Ergebnisse der Eigenfrequenzermittlung mittels eines räumlichen Finite-Element-Modells mit denjenigen verglichen werden, die anhand eines ebenen, aus diskreten Massepunkten bestehenden Ersatzmodells gewonnen wurden. Die Berechnungen waren Teil der Diplomarbeit [8.12].

Bei dem Raffineriebehälter handelt es sich um einen ca. 30 m hohen Stahlzylinder, der auf einem etwa 10 m hohen Stahlbetontisch biegesteif verschraubt ist. Im Inneren des Vakuumbehälters wird lediglich eine geringe Menge Rohöl erhitzt, um das Destillat auf verschiedenen Ebenen abzusaugen, so daß die Füllung des Zylinders im Vergleich zu der Masse des Gesamttragwerks vernachlässigt werden kann. Ebenso finden die zum Betrieb notwendigen Rohrleitungen keine Berücksichtigung.

Die Finite-Element-Berechnung erfolgte mit dem Programmsystem FEMAS90 auf einem HP-Rechner HP9000, Modell J210. Das Modell besteht aus einem relativ feinen Netz finiter Scheiben-Platten-Elemente (bzw. räumlicher Balkenelemente im Bereich der Tischstützen), das die tatsächlich vorhandene Geometrie der Anlage sehr genau wiedergibt. Es besitzt 29346 Freiheitsgrade, erfordert also eine hohe Rechenleistung und eine relativ große Speicherkapazität (ca. 20 MB für die Systemmatrix). Bild 8.3-1 zeigt das räumliche Modell des Raffineriebehälters. Die Massenverteilung wird mit Hilfe konsistenter Massenmatrizen abgebildet.

Zur Erstellung eines ebenen Ersatzsystems ist es zunächst erforderlich, die Struktur in geeignete Abschnitte zu unterteilen. Anschließend müssen für diese Abschnitte gemittelte

8.3 Eigenfrequenzen und Eigenformen eines Raffineriebehälters

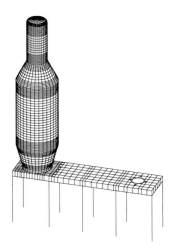

Bild 8.3-1: Räumliches Strukturmodell

Steifigkeitsdaten berechnet und zugehörige diskrete Punktmassen ermittelt werden, die an den Elementknoten korrespondierend zu den einzelnen Freiheitsgraden angesetzt werden. Die Balkenelemente selbst sind masselos mit konstanten Steifigkeitseigenschaften über ihre Länge. Jeder Punktmasse werden nun im allgemeinen alle drei Freiheitsgrade der Ebene zugeordnet, wobei jedoch bei fast dehnstarren Elementen mehreren Massen ein und derselbe Freiheitsgrad zugeordnet werden kann (z.B. im Fall des Freiheitsgrades 16 für die Horizontalverschiebung des Tisches und des Freiheitsgrades 69 für die Vertikalverschiebung des Turms, siehe Bild 8.3-2). Mit diesen Annahmen wird versucht, die Gesamtzahl der notwendigen Systemfreiheitsgrade klein zu halten. In Bild 8.3-2 ist das ebene Modell, das sich aus 59 Balkenelementen mit 106 Freiheitsgraden zusammensetzt, zu sehen.

Das Bild läßt einen im Vergleich zum räumlichen FE-Modell wesentlich kleineren erforderlichen Rechenaufwand erwarten; demgegenüber steht der zusätzliche Aufwand für die Bestimmung der abschnittweise konstanten Systemsteifigkeitsdaten, der gerade bei komplexen Geometrien nicht zu unterschätzen ist. Liegen diese Daten jedoch vor, kann mit Hilfe des Programms KONDEN die kondensierte Steifigkeitsmatrix des auf die wesentlichen Freiheitsgrade reduzierten Systems problemlos berechnet werden. Im vorliegenden Fall erhalten wir eine kondensierte Steifigkeitsmatrix mit einer Kantenlänge von 106. Zusammen mit der Massenmatrix, die als reine Diagonalmatrix angenommen wird, liegen damit alle Daten vor, die zur Lösung des Eigenwertproblems erforderlich sind.

Die Berechnung der Eigenfrequenzen und Eigenformen erfolgt mit dem Programm JACOBI. Die erste Eigenform wird von einer translatorischen Bewegung der Tischplatte dominiert, der Aufbau schwingt wegen seiner starren Verbindung mit dem Tisch mit. Die zweite Eigenform entspricht im wesentlichen der Grundschwingform eines eingespannten Kragarms. Diese Eigenformen finden sich wieder bei der Finite-Element-Berechnung des räumlichen Modells. Verständlicherweise treten im Raum die Eigenformen 1 und 2 jeweils paarweise für die x- und y- Richtung auf. Das folgende Bild 8.3-3 zeigt die mit dem Programmsystem FEMAS90 ermittelten, dem ebenen Modell entsprechenden beiden ersten Eigenformen.

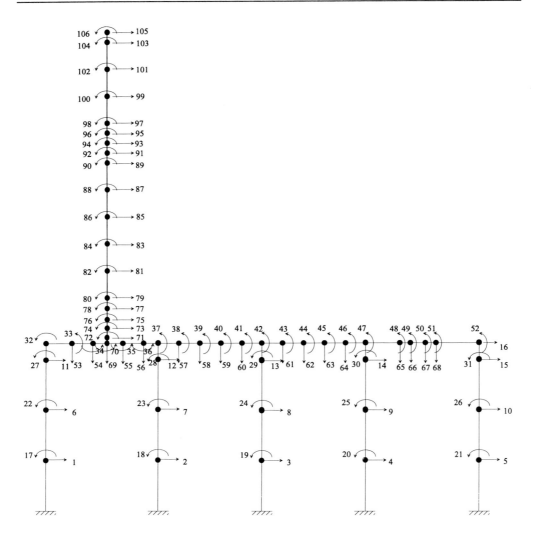

Bild 8.3-2: Ebenes Ersatzmodell der Struktur

Ein Vergleich der Eigenfrequenzen zeigt, daß das Systemschwingverhalten der komplizierten räumlichen Geometrie mit dem einfachen ebenen Ersatzmodell sehr gut angenähert werden konnte. In der folgenden Tabelle sind die Ergebnisse für die zwei Modalformen gegenübergestellt.

Modalform Nr.	Eigenfrequenz [Hz] räumliches Modell	Eigenfrequenz [Hz] ebenes Modell
1	2,46	2,11
2	4,78	4,05

8.3 Eigenfrequenzen und Eigenformen eines Raffineriebehälters

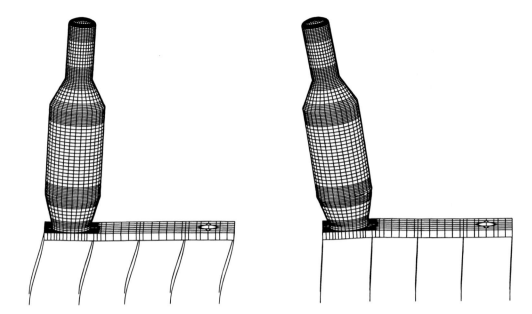

Bild 8.3-3: Translations- Grundmodalformen

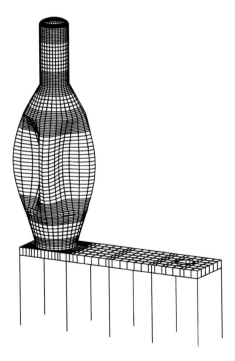

Bild 8.3-4: Beulform des Behälters bei f = 11 Hz

Die auftretenden Abweichungen resultieren zum Teil daraus, daß die abschnittweise konstanten Steifigkeitseigenschaften der Balkenstruktur das tatsächliche Modell mit seinen zahlreichen Geometriesprüngen nur bis zu einem bestimmten Genauigkeitsgrad annähern. Weiterhin wird das Tragverhalten des Zylinders durch die zugrundeliegende Balkentheorie nicht exakt wiedergegeben. Dennoch werden mit dem vereinfachten ebenen Modell Werte ermittelt, die nicht allzuweit von der genauen Rechnung abweichen.

Abschließend ist zu bemerken, daß beim räumlichen Modell Eigenformen auftreten, die als Beulformen der rotationssymmetrischen Behälterwand bezeichnet werden können. Aufgrund der vereinfachten Darstellung der Geometrie im Falle des ebenen Modells werden diese bei der Untersuchung des ebenen Modells mit Hilfe der Programme KONDEN und JACOBI nicht erfaßt. Da solche Eigenformen jedoch sehr hochfrequent sind (die erste Beulform tritt bei ca. 11 Hz auf) haben sie kaum Einfluß auf das Systemverhalten. In Bild 8.3-4 ist beispielhaft die erste Beulform dargestellt.

9 Berechnung flüssigkeitsgefüllter Behälter unter Erdbebenbelastung

Elastische Strukturen unter dynamischer Beanspruchung mit Kontakt zu Flüssigkeiten verhalten sich sehr unterschiedlich im Vergleich zu den Strukturen ohne Flüssigkeitskontakt. Aufgrund der dynamischen Bewegung wird hydrodynamischer Druck aufgebaut, der die Verformung der Struktur verändert. Diese Strukturverformung ändert aber wiederum den hydrodynamischen Druck, der auf die Struktur wirkt. Darum müssen solche Systeme als gekoppelte „fluid-structure interaction problems" angesehen werden. Es treten viele verschiedene derartige Fälle auf, z.B. Schwappen in Flüssigkeitsbehältern, Stausee-Damm-Koppelung und Vibrationen in Flüssigkeiten. Diese Probleme sind meist so kompliziert, daß sich keine geschlossenen analytischen Lösungen finden lassen. Daher verwendet man numerische Methoden, die größtenteils auf der Finite-Elemente-Methode beruhen. Lösungen auf dieser Basis erfordern aber stets einen großen Aufwand, so daß auch heute noch auf vereinfachende Näherungsverfahren zurückgegriffen wird, um Anhaltswerte für die auftretenden Kräfte zu erhalten.

9.1 Allgemeines

Bei der horizontalen Anregung eines flüssigkeitsgefüllten Tanks wird aufgrund der Trägheit der Flüssigkeit, die sich der Bewegung der Behälterwand widersetzt, ein hydrodynamischer Druck auf die Behälterwand ausgeübt, der sogenannte impulsive Druck p_i. Gleichzeitig wird die Flüssigkeitsoberfläche durch die dynamische Anregung ins „Schwappen" gebracht, was ebenfalls zu einem hydrodynamischen Druck auf die Tankwand führt, nämlich zu dem von p_i unabhängigen konvektiven Druck p_s. In Bild 9.1-1 sind die qualitativen Verläufe der hydrodynamischen Drücke auf die Tankwand dargestellt, wobei der impulsive Druck (als Resultat der Trägheitskraft) in zwei Anteile aufgespalten wurde, nämlich den Druckanteil p_{i1} auf eine starre Tankwand und den Druckanteil p_{i2}, der durch die Flexibilität der Tankwand zusätzlich hervorgerufen wird. Je steifer der Tank ist, desto geringer wird der Druckanteil aus der relativen Bewegung der Tankwand.

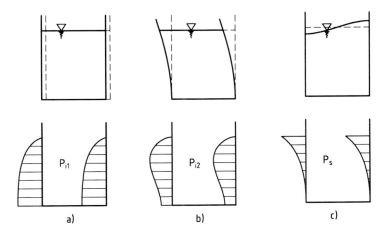

Bild 9.1-1: Erdbebeninduzierte Flüssigkeitsdrücke auf eine Tankwand

Eine genaue mathematische Formulierung von erdbebeninduzierten Flüssigkeitsdrücken in einem Tank ist recht komplex, so daß man in der Regel auf Näherungsverfahren angewiesen ist.

In der Vergangenheit wurden die meisten flüssigkeitsgefüllten Tanks unter Erdbebenbelastung mit Hilfe des vereinfachten Ansatzes von HOUSNER [9.1] berechnet, der den hydrodynamischen Druck an einer starren Tankwand berücksichtigt und den Anteil b) in Bild 9.1-1 völlig vernachlässigt; damit wird der impulsive Druckanteil unabhängig von der Verformung der Behälterwand und die Druckkraft proportional zur Bodenbeschleunigung $\ddot{u}_B$ angenommen. Es stellte sich heraus, daß einige flüssigkeitsgefüllte Tanks, die nach diesem Konzept berechnet wurden, schweren Erdbeben nicht standhalten konnten, und die Ursache wurde darin gesehen, daß der tatsächlich aufgetretene hydrodynamische Druck größer war als der nach HOUSNER unter Vernachlässigung der Tankwandflexibilität berechnete Wert. Trotzdem bildet diese Theorie immer noch die Grundlage vieler Normen [9.2], die die Vernachlässigung der Tankflexibilität durch Einführung von Korrekturparametern konservativ abdecken.

Die wichtigsten Verfahren, die den Einfluß der elastischen Tankwand zu berücksichtigen gestatten, sind die Untersuchung mit Finiten Elementen und die Assumed Mode Method. Bei letzterer werden entsprechend den Freiheitsgraden des Tanks Verformungskonfigurationen angenommen und die Flüssigkeitsmasse als Zusatzmasse berücksichtigt [9.3 bis 9.5]. Bei der einfachsten Modellierung wird der Tank als Kragarm idealisiert. Zur genaueren Untersuchung komplexer Strukturen müssen numerische Verfahren wie z.B. die Finite-Elemente-Methode (FEM) zu Hilfe genommen werden, da analytische Lösungen nicht möglich sind.

Eine weitere Möglichkeit bietet die FEM in der Benutzung reiner Flüssigkeitselemente, die das Verhalten der Flüssigkeit simulieren können [9.6][9.7]. Die kompletten diesbezüglichen Herleitungen würden den Rahmen dieses Buches sprengen, so daß hierzu nur ein kurzer Hinweis in Abschnitt 9.3 gegeben wird.

9.2 Näherungsverfahren nach HOUSNER

9.2.1 Allgemeines

Das Verfahren nach HOUSNER bildet wie bereits erwähnt die Grundlage vieler Normen. Die Berechnung erfolgt unter folgenden Annahmen:
- Stehende, flachbödige Tanks mit konstanten rechteckigen oder runden Querschnitten,
- Horizontale Bebenanregung,
- Starre Behälterwand.

In Bild 9.2-1 sind zwei Tanks unter horizontaler Anregung dargestellt:

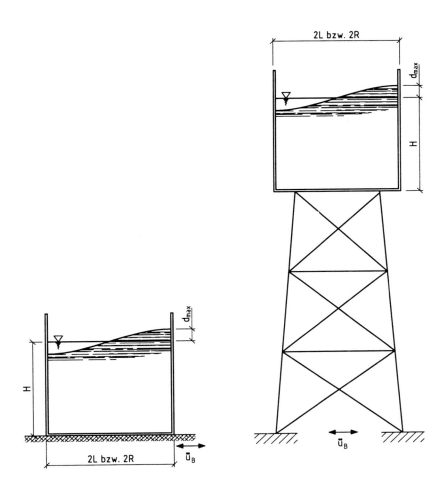

Bild 9.2-1: Bodenfester und aufgeständerter Tank

Das Bild zeigt einen am Boden befestigten und einen aufgeständerten Tank. In beiden Fällen sind die maximale vertikale Wellenbewegung d_{max} und die entstehenden Erdbebenlasten von Interesse.

Wenn ein Flüssigkeitsbehälter durch horizontale Bebenbeschleunigung angeregt wird, entsteht infolge der Trägheit der Flüssigkeit, die der Bewegung der Behälterwand entgegengesetzt ist, ein impulsiver Druckanteil, durch das Schwappen der Flüssigkeitsoberfläche ein konvektiver Druckanteil. Für die Berechnung wird die Flüssigkeitsmasse daher in zwei Anteile unterteilt, nämlich in die impulsive Masse m_0, welche einen starren Kontakt mit der Behälterwand hat, und in die konvektive Masse m_1, welche durch eine Feder an die Behälterwand gekoppelt ist und sich daher relativ zur Tankwand bewegen kann (Bild 9.2-2).

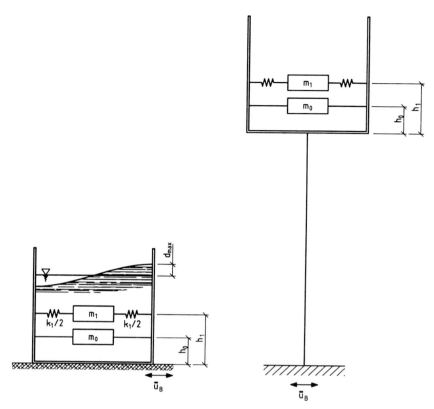

Bild 9.2-2: Aufteilung der Flüssigkeitsmasse in m_0 und m_1

Diese Einzelmassen bewirken aufgrund der auf sie wirkenden Beschleunigungen $\ddot{u}_0$ bzw. $\ddot{u}_1$ Ersatzlasten P_0 bzw. P_1, die dann über die Hebelarme h_0 bzw. h_1 Momente am Tankboden hervorrufen, wie in Bild 9.2-3 zu erkennen ist.

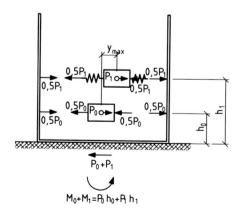

Bild 9.2-3: Gleichgewichtsbetrachtung an einem bodenfesten Tank

9.2 Näherungsverfahren nach HOUSNER

Die Flüssigkeitsmassen m_0 und m_1 müssen so bestimmt werden, daß sie dieselbe Auswirkung auf den Tank ausüben wie der wirkliche Flüssigkeitsdruck.

Betrachtet man nun einen am Boden befestigten Tank mit einer starren Tankwand, so haben Boden und Tankwand die gleiche Verschiebung bzw. Beschleunigung, und damit ist die maximale (impulsive) Ersatzkraft P_0 der Flüssigkeitsmasse m_0 direkt proportional zu der maximalen Beschleunigung des Tanks.

Die konvektive Masse m_1 kann sich relativ zur Tankwand bewegen, da diese jedoch als starr angenommen wird, ist die maximale horizontale Bewegung y_{max} der Masse relativ zur Tankwand gleichzeitig auch ein Maß für die maximale (konvektive) Ersatzkraft P_1 und die vertikale Wellenbewegung d_{max}. Das bedeutet, daß sich am Boden befestigte Tanks als Systeme mit einem Freiheitsgrad auffassen lassen.

Bei der Betrachtung von aufgeständerten Tanks ist es nicht zulässig, die Bodenbeschleunigung direkt auf die impulsive Masse m_0 der Flüssigkeit anzusetzen. Die Steifigkeit der Aufständerung muß berücksichtigt werden, und damit wird sich das Gesamtsystem als Zweimassenschwinger verhalten (Bild 9.2-4).

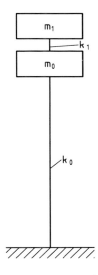

Bild 9.2-4: Ersatzsystem für einen aufgeständerten Tank

In den folgenden Abschnitten folgen ausführliche Rechenanweisungen und Beispiele für die Berechnung von flüssigkeitsgefüllten Tanks unter Erdbebenanregung. Die angegebenen Formeln auf Grundlage der HOUSNER-Theorie sind den Normen [9.8] und [9.9] entnommen.

Zur Charakterisierung der Bebenbelastung wurde hier das klassische HOUSNER-Beschleunigungsspektrum aus [9.8] gewählt (Bild 9.2-5). Es ist auf eine Bodenbeschleunigung von 1 normiert, so daß seine Ordinaten noch mit der maximalen Bodenbeschleunigung des Standorts zu multiplizieren sind. Dieses Spektrum wurde für Kalifornien entwickelt, wo laut der U.S.Coast and Geodetic Survey Seismic Probability Map of the United States [9.10] eine Bodenbeschleunigung von $ü_B = 0,33 \cdot g$ anzusetzen ist.

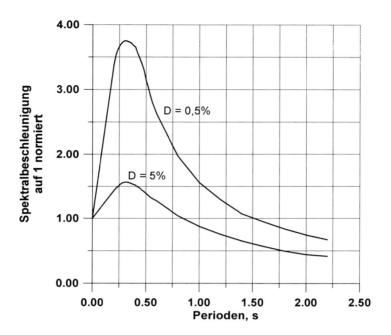

Bild 9.2-5: Entwurfs-Beschleunigungsspektrum nach HOUSNER (aus [9.8])

Für die Berechnung gelten folgende Annahmen und Hinweise:

- Aus den Ersatzlasten P_0 und P_1 werden mit Hilfe der Hebelarme h_0 und h_1 das Biegemoment der Tankwand und das Kippmoment am Tankboden berechnet. Deshalb gibt es für jede der beiden Höhen h_0 und h_1 jeweils zwei Werte (h_0^g, h_0^k bzw. h_1^g, h_1^k), wobei die Werte mit dem Kopfindex g (für groß) den Einfluß des Bodendrucks enthalten, diejenigen mit dem Kopfindex k dagegen nicht. Aus den kleineren Werten (Kopfindex k) wird das Moment direkt oberhalb der Bodenplatte berechnet, aus den größeren (Kopfindex g) das Moment inklusive Bodendruck, auch Kippmoment (overturning moment) genannt.
- Die Tankmasse, bei aufgeständerten Tanks auch die Masse der Ständerstruktur, wird der impulsiven Masse m_0 zugeschlagen. Der resultierende Hebelarm h_0 ergibt sich dann unter Berücksichtigung der unterschiedlichen Schwerpunktlagen von Bauwerksmasse und Füllung.
- Bei der Berechnung der Flüssigkeitsmassen muß zwischen einem gedrungenen und einem schlanken Tank unterschieden werden (siehe Abschnitt 9.2.2).

9.2.2 Formelzusammenstellung für bodenfeste Tanks

Ein am Boden befestigter starrer Tank erfährt nahezu dieselben Bewegungen wie der Boden. Die Tankmasse m_T [t] und die impulsive Flüssigkeitsmasse m_0 [t] werden bei einer maximalen Bodenbeschleunigung $ü_B$ [m/s^2] die Kraft $P_0 = ü_B \cdot (m_0 + m_T)$ auf die Tankwand ausüben. Die Berechnung der Masse m_0 hängt von der Geometrie des Tanks ab: Bei einem schlanken Tank wird der impulsiven Masse ein größerer Anteil der Flüssigkeitsmenge zugeordnet als bei einem gedrungenen Tank. Ein Tank gilt dabei als gedrungen, wenn H/L < 1,5 ist, andernfalls wird er als schlank bezeichnet. Nur der obere Teil der Füllung mit der Höhe $\overline{H} = 1,5 \cdot R$ bzw. $1,5 \cdot L$ wird in einen impulsiven und einen konvektiven Anteil zerlegt, die verbleibende Füllung mit der Höhe $H - \overline{H}$ wird allein dem impulsiven Anteil zugeordnet.

Die konvektive Flüssigkeitsmasse m_1 ist mit der Tankwand durch eine Feder der Steifigkeit k_1 verbunden. Ihre Ersatzkraft P_1 auf die Tankwand wird über die maximale horizontale Auslenkung y_{max} [m] (Bild 9.2-3) bestimmt. In Bild 9.2-6 sind die Unterschiede zwischen einem gedrungenen und einem schlanken Tank im einzelnen dargestellt.

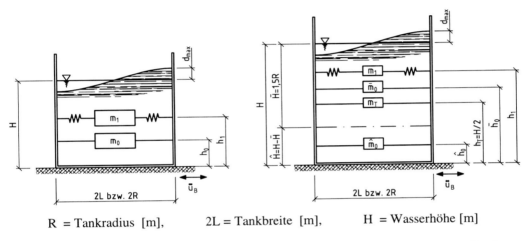

R = Tankradius [m],   2L = Tankbreite [m],   H = Wasserhöhe [m]

Bild 9.2-6: Aufteilung der Flüssigkeitsmassen bei einem gedrungenen und einem schlanken, bodenfesten Tank

Das allgemeine Vorgehen umfaßt folgende Punkte:

- Ermittlung der maximalen seismischen horizontalen Bodenbeschleunigung $\ddot{u}_B$,
- Berechnung der impulsiven Werte m_0, h_0 und P_0 sowie des Moments oberhalb des Tankbodens und des Kippmoments,
- Ermittlung der Grundeigenfrequenz ω und der Schwingzeit T der Flüssigkeit,
- Ablesung der spektralen Beschleunigung S_a aus einem Spektrum in Abhängigkeit von T und einer angenommenen Dämpfung für die Flüssigkeit (i.a. 0,5%),
- Bestimmung der horizontalen Verschiebung y_{max} und des Winkels der freien Schwingung θ_h der Wasseroberfläche,
- Berechnung der konvektiven Werte m_1, h_1 und P_1 sowie des Moments oberhalb des Tankbodens und des Kippmoments,
- Zusammenfassung der impulsiven und konvektiven Anteile.

9.2.2.1 Gedrungene, bodenfeste Tanks

In der folgenden Tabelle sind Formeln für die Berechnung gedrungener, bodenfester Tanks mit kreisförmigen und rechteckigem Grundriß zusammengestellt.

	Zylindrischer Tank	Rechteckiger Tank
Wassermasse m_w [t]	$m_w = \rho \cdot H \cdot R^2 \cdot \pi$	$m_w = \rho \cdot H \cdot 2L \cdot B$ (B = andere Tankbreite)
impulsive Wassermasse m_0 [t]	$m_0 = m_w \cdot \left[\dfrac{\tanh(\sqrt{3} \cdot \frac{R}{H})}{\sqrt{3} \cdot \frac{R}{H}} \right]$	$m_0 = m_w \cdot \left[\dfrac{\tanh(\sqrt{3} \cdot \frac{L}{H})}{\sqrt{3} \cdot \frac{L}{H}} \right]$
impulsiver Hebelarm h_0 [m] ohne Bodendruck	$h_0^k = \dfrac{3}{8} \cdot H$	$h_0^k = \dfrac{3}{8} \cdot H$
impulsiver Hebelarm h_0 [m] mit Bodendruck	$h_0^g = \dfrac{H}{8} \cdot \left[\dfrac{4}{\left[\frac{\tanh(\sqrt{3} \cdot \frac{R}{H})}{\sqrt{3} \cdot \frac{R}{H}} \right]} - 1 \right]$	$h_0^g = \dfrac{H}{8} \cdot \left[\dfrac{4}{\left[\frac{\tanh(\sqrt{3} \cdot \frac{L}{H})}{\sqrt{3} \cdot \frac{L}{H}} \right]} - 1 \right]$
impulsive Ersatzlast P_0 [kN]	$P_0 = \ddot{u}_0 \cdot (m_0 + m_T)$	$P_0 = \ddot{u}_0 \cdot (m_0 + m_T)$
konvektive Wassermasse m_1 [t]	$m_1 = m_w \cdot 0{,}318 \cdot \dfrac{R}{H} \cdot \tanh(1{,}84 \cdot \tfrac{H}{R})$	$m_1 = m_w \cdot 0{,}527 \cdot \dfrac{L}{H} \cdot \tanh(1{,}58 \cdot \tfrac{H}{L})$
konvektiver Hebelarm h_1 [m] ohne Bodendruck	$h_1^k = H \cdot \left[1 - \dfrac{\cosh(1{,}84 \frac{H}{R}) - 1}{1{,}84 \frac{H}{R} \cdot \sinh(1{,}84 \frac{H}{R})} \right]$	$h_1^k = H \cdot \left[1 - \dfrac{\cosh(1{,}58 \frac{H}{L}) - 1}{1{,}58 \frac{H}{L} \cdot \sinh(1{,}58 \frac{H}{L})} \right]$
konvektiver Hebelarm h_1 [m] mit Bodendruck	$h_1^g = H \cdot \left[1 - \dfrac{\cosh(1{,}84 \frac{H}{R}) - 2{,}01}{1{,}84 \frac{H}{R} \cdot \sinh(1{,}84 \frac{H}{R})} \right]$	$h_1^g = H \cdot \left[1 - \dfrac{\cosh(1{,}58 \frac{H}{L}) - 2}{1{,}58 \frac{H}{L} \cdot \sinh(1{,}58 \frac{H}{L})} \right]$
Eigenfrequenz ω^2 [1/s²]	$\omega^2 = \dfrac{1{,}84 \cdot g}{R} \cdot \tanh(1{,}84 \cdot \tfrac{H}{R})$	$\omega^2 = \dfrac{1{,}58 \cdot g}{L} \cdot \tanh(1{,}58 \cdot \tfrac{H}{L})$
maximale horizontale Auslenkung y_{max} [m]	$y_{max} = \dfrac{S_v}{\omega}$	$y_{max} = \dfrac{S_v}{\omega}$
Winkel θ_h [rad]	$\theta_h = 1{,}534 \cdot \dfrac{y_{max}}{R} \cdot \tanh(1{,}84 \cdot \tfrac{H}{R})$	$\theta_h = 1{,}58 \cdot \dfrac{y_{max}}{L} \cdot \tanh(1{,}58 \cdot \tfrac{H}{L})$
konvektive Ersatzlast P_1 [kN]	$P_1 = 1{.}2 \cdot m_1 \cdot g \cdot \theta_h \cdot \sin(\omega \cdot t)$	$P_1 = m_1 \cdot g \cdot \theta_h \cdot \sin(\omega \cdot t)$
maximale vertikale Auslenkung d_{max} [m]	$d_{max} = \dfrac{0{,}408 \cdot R \cdot \coth(1{,}84 \cdot \frac{H}{R})}{\frac{g}{\omega^2 \cdot \theta_h \cdot R} - 1}$	$d_{max} = \dfrac{0{,}527 \cdot L \cdot \coth(1{,}58 \cdot \frac{H}{L})}{\frac{g}{\omega^2 \cdot \theta_h \cdot L} - 1}$

9.2 Näherungsverfahren nach HOUSNER

Bei der Berechnung sind folgende Punkte zu beachten:
- Die Summe der impulsiven und konvektiven Wassermasse $m_0 + m_1$ entspricht nicht der gesamten Flüssigkeitsmasse m_w.
- Im allgemein kann angenommen werden, daß sich der Schwerpunkt der Tankmasse m_T in Höhe des Schwerpunkts der impulsiven Wassermasse m_0 befindet. Damit stellt h_0 den gemeinsamen Hebelarm dar.
- Die Spektralwerte von Verschiebung d, Geschwindigkeit v und Beschleunigung a hängen bekanntlich über $S_v = S_d \cdot \omega = \dfrac{S_a}{\omega}$ zusammen.

Berechnungsbeispiel

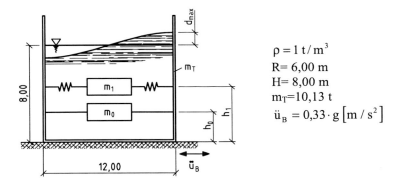

$\rho = 1\,t/m^3$
$R = 6{,}00\,m$
$H = 8{,}00\,m$
$m_T = 10{,}13\,t$
$\ddot{u}_B = 0{,}33 \cdot g\,[m/s^2]$

Bild 9.2-7: Gedrungener, bodenfester Tank (Berechnungsbeispiel)

a) Grundwerte

$$\frac{H}{R} = 1{,}33 < 1{,}5 \quad \Rightarrow \text{gedrungener Tank}$$

Wassermasse:
$$m_w = \rho \cdot V = 1 \cdot \pi \cdot 6{,}00^2 \cdot 8{,}00 = 904{,}78\,t$$

Hilfsgrößen:
$$\left[\frac{\tanh(\sqrt{3} \cdot \tfrac{R}{H})}{\sqrt{3} \cdot \tfrac{R}{H}}\right] = \frac{\tanh(\sqrt{3} \cdot 0{,}75)}{\sqrt{3} \cdot 0{,}75} = 0{,}663$$

$$1{,}84 \cdot \frac{H}{R} = 2{,}453$$

b) Bestimmung des impulsiven Anteils

Massen:
$$m_0 = m_w \cdot \left[\frac{\tanh(\sqrt{3} \cdot \frac{R}{H})}{\sqrt{3} \cdot \frac{R}{H}}\right] = 904{,}78 \cdot 0{,}663 = 599{,}87 \text{ t}$$
$$m_{0+T} = 599{,}87 + 10{,}13 = 610 \text{ t}$$

Hebelarme:
$$h_0^k = \frac{3}{8} \cdot H \stackrel{!}{=} h_{0+T}^k = 3{,}00 \text{ m}$$

$$h_0^g = \frac{H}{8} \cdot \left[\frac{4}{\left[\frac{\tanh(\sqrt{3} \cdot \frac{R}{H})}{\sqrt{3} \cdot \frac{R}{H}}\right]} - 1\right] = \frac{8{,}00}{8} \cdot \left[\frac{4}{0{,}663} - 1\right] = 5{,}033 \text{ m}$$

Ersatzlasten mit $\ddot{u}_B = \ddot{u}_0$:
$$P_0 = \ddot{u}_0 \cdot m_0 = 0{,}33 \cdot g \cdot 610 = 1974{,}75 \text{ kN}$$

Momente:
$$M_0^k = 1974{,}75 \cdot 3{,}00 = 5924{,}25 \text{ kNm}$$
$$M_0^g = 1974{,}75 \cdot 5{,}033 = 9938{,}92 \text{ kNm}$$

c) Bestimmung des konvektiven Anteils

Massen:
$$m_1 = m_w \cdot 0{,}318 \cdot \frac{R}{H} \cdot \tanh(1{,}84 \cdot \tfrac{H}{R}) = 904{,}78 \cdot 0{,}318 \cdot \frac{6{,}00}{8{,}00} \cdot \tanh(2{,}453)$$
$$= 212{,}62 \text{ t}$$

Hebelarme:
$$h_1^k = H \cdot \left[1 - \frac{\cosh(1{,}84 \cdot \tfrac{H}{R}) - 1}{1{,}84 \cdot \tfrac{H}{R} \cdot \sinh(1{,}84 \cdot \tfrac{H}{R})}\right] = 8{,}00 \cdot \left[1 - \frac{\cosh(2{,}453) - 1}{2{,}453 \cdot \sinh(2{,}453)}\right] = 5{,}255 \text{ m}$$
$$h_1^g = H \cdot \left[1 - \frac{\cosh(1{,}84 \cdot \tfrac{H}{R}) - 2{,}01}{1{,}84 \cdot \tfrac{H}{R} \cdot \sinh(1{,}84 \cdot \tfrac{H}{R})}\right] = 8{,}00 \cdot \left[1 - \frac{\cosh(2{,}453) - 2{,}01}{2{,}453 \cdot \sinh(2{,}453)}\right] = 5{,}826 \text{ m}$$

Eigenfrequenz:
$$\omega^2 = \frac{1{,}84 \cdot g}{R} \cdot \tanh(1{,}84 \cdot \tfrac{H}{R}) = \frac{1{,}84 \cdot 9{,}81}{6{,}00} \cdot \tanh(2{,}453) = 2{,}964 \quad 1/s^2 \quad \Rightarrow \omega = 1{,}722 \text{ Hz}$$
$$T = \frac{2 \cdot \pi}{\omega} = 3{,}649 \text{ s}$$

Die Dämpfung von Wasser wird hier wie üblich mit 0,5% angesetzt. Unter Verwendung des Spektrums von Bild 9.2-5 erhält man für 0,5% Dämpfung und für eine Bodenbeschleunigung von $\ddot{u}_B = 0{,}33 \cdot g$

$$S_a = f(T) \approx 0{,}45 \cdot 0{,}33 \cdot g = 1{,}457 \text{ m/s}^2$$

$$S_v = \frac{S_a}{\omega} = \frac{1{,}457}{1{,}722} = 0{,}846 \text{ m/s}$$

Bewegung der Wasseroberfläche:

$$y_{max} = \frac{S_v}{\omega} = \frac{0{,}846}{1{,}722} = 0{,}492 \text{ m}$$

$$\theta_h = 1{,}534 \cdot \frac{y_{max}}{R} \cdot \tanh(1{,}84 \cdot \tfrac{H}{R}) = 1{,}534 \cdot \frac{0{,}492}{6{,}00} \cdot \tanh(2{,}453) = 0{,}124 \text{ rad}$$

Vertikale Bewegung:

$$d_{max} = \frac{0{,}408 \cdot R \cdot \coth(1{,}84 \cdot \tfrac{H}{R})}{\frac{g}{\omega^2 \cdot \theta_h \cdot R} - 1} = \frac{0{,}408 \cdot 6{,}00 \cdot \coth(2{,}453)}{4{,}449 - 1} = 0{,}72 \text{ m}$$

Ersatzlasten:

$$P_1 = 1{,}20 \cdot m_1 \cdot g \cdot \theta_h \cdot \sin(\omega \cdot t) = 1{,}20 \cdot 212{,}62 \cdot 9{,}81 \cdot 0{,}124 \cdot \sin(1{,}722 \cdot t) =$$
$$= 310{,}37 \text{ kN} \cdot \sin(1{,}722 \cdot t)$$

$$\max P_1 = 310{,}37 \text{ kN}$$

Momente:

$$M_1^k = 310{,}37 \cdot 5{,}255 = 1630{,}99 \text{ kNm}$$
$$M_1^g = 310{,}37 \cdot 5{,}826 = 1808{,}22 \text{ kNm}$$

d) Überlagerung der impulsiven und konvektiven Anteile

$$P = P_0 + P_1 = 1974{,}75 + 310{,}37 = 2286 \text{ kN}$$
$$M^k = M_0^k + M_1^k = 5924{,}25 + 1630{,}99 = 7556 \text{ kNm}$$
$$M^g = M_0^g + M_1^g = 9938{,}92 + 1808{,}22 = 11748 \text{ kNm}$$

Die konvektive Kraft bringt die Flüssigkeit mit einer Frequenz von 1,722 Hz zum Schwingen, was zu einer Wellenhöhe von 0,72 m über der ungestörten Wasseroberfläche führt. Die Bemessungswerte lauten:

$P =$ 2286 kN   maximale horizontale Querkraft am Tankboden,
$M^k =$ 7556 kNm   Moment in der Tankwand oberhalb der Bodenplatte,
$M^g =$ 11748 kNm   Kippmoment.

9.2.2.2 Schlanke, bodenfeste Tanks

Aus Bild 9.2-6 ist zu ersehen, daß die Wasserhöhe H bei einem schlanken Tank in zwei Anteile gegliedert wird, den „gehaltenen" Anteil $\hat{H}$ und den „beweglichen" Anteil $\overline{H}$. Für schlanke, bodenfeste Tanks gelten die in der folgenden Tabelle zusammengestellten Berechnungsformeln.

	Zylindrischer Tank	Rechteckiger Tank
Wassermasse m_w [t]	$m_w = \rho \cdot H \cdot R^2 \cdot \pi$	$m_w = \rho \cdot H \cdot 2L \cdot B$ (B = andere Tankbreite)
Berechnung des impulsiven Anteils		
Wasserhöhe des „bewegten" Anteils $\overline{H}$ [m]	$\overline{H} = 1,5 \cdot R$	$\overline{H} = 1,5 \cdot L$
Wasserhöhe des „gehaltenen" Anteils $\hat{H}$ [m]	$\hat{H} = H - \overline{H}$	$\hat{H} = H - \overline{H}$
„gehaltene" Wassermasse $\hat{m}_0$ [t]	$\hat{m}_0 = \rho \cdot \hat{H} \cdot R^2 \cdot \pi$	$\hat{m}_0 = \rho \cdot \hat{H} \cdot 2L \cdot B$
„gehaltener" Hebelarm $\hat{h}$ [m]	$\hat{h}_0 = \dfrac{\hat{H}}{2}$	$\hat{h}_0 = \dfrac{\hat{H}}{2}$
„bewegte" Wassermasse $\overline{m}$ [t]	$\overline{m} = \rho \cdot \overline{H} \cdot R^2 \cdot \pi$	$\overline{m} = \rho \cdot \overline{H} \cdot 2L \cdot B$
impulsive Wassermasse $\overline{m}_0$ [t] aus "bewegtem" Anteil	$\overline{m}_0 = \overline{m} \cdot \left[\dfrac{\tanh(\sqrt{3} \cdot 0,667)}{\sqrt{3} \cdot 0,667}\right]$ $= \overline{m} \cdot 0,7095$	$\overline{m}_0 = \overline{m} \cdot \left[\dfrac{\tanh(\sqrt{3} \cdot 0,667)}{\sqrt{3} \cdot 0,667}\right]$ $= \overline{m} \cdot 0,7095$
impulsiver Hebelarm $\overline{h}_0$ [m] ohne Bodendruck	$\overline{h}_0^k = \dfrac{3}{8} \cdot 1,5 \cdot R + \hat{H}$	$\overline{h}_0^k = \dfrac{3}{8} \cdot 1,5 \cdot L + \hat{H}$
impulsiver Hebelarm $\overline{h}_0$ [m] mit Bodendruck	$\overline{h}_0^g = \dfrac{1,5 \cdot R}{8} \cdot \left[\dfrac{4}{0,7095} - 1\right] + \hat{H}$	$\overline{h}_0^g = \dfrac{1,5 \cdot L}{8} \cdot \left[\dfrac{4}{0,7095} - 1\right] + \hat{H}$
impulsive Wassermasse m_0 [t]	$m_0 = \hat{m}_0 + \overline{m}_0$	$m_0 = \hat{m}_0 + \overline{m}_0$
impulsiver Hebelarm h_0 [m] ohne Bodendruck	$h_0^k = \dfrac{\hat{m}_0 \cdot \hat{h}_0 + \overline{m}_0 \cdot \overline{h}_0^k}{m_0}$	$h_0^k = \dfrac{\hat{m}_0 \cdot \hat{h}_0 + \overline{m}_0 \cdot \overline{h}_0^k}{m_0}$
impulsiver Hebelarm h_0 [m] mit Bodendruck	$h_0^g = \dfrac{\hat{m}_0 \cdot \hat{h}_0 + \overline{m}_0 \cdot \overline{h}_0^g}{m_0}$	$h_0^g = \dfrac{\hat{m}_0 \cdot \hat{h}_0 + \overline{m}_0 \cdot \overline{h}_0^g}{m_0}$
impulsive Ersatzlast P_0 [kN]	$P_0 = \ddot{u}_0 \cdot m_0$	$P_0 = \ddot{u}_0 \cdot m_0$

9.2 Näherungsverfahren nach HOUSNER

	Berechnung des konvektiven Anteils	
konvektive Wassermasse m_1 [t]	$m_1 = m_w \cdot 0{,}318 \cdot \dfrac{R}{H} \cdot \tanh(1{,}84 \cdot \tfrac{H}{R})$	$m_1 = m_w \cdot 0{,}527 \cdot \dfrac{L}{H} \cdot \tanh(1{,}58 \cdot \tfrac{H}{L})$
konvektiver Hebelarm h_0 [m] ohne Bodendruck	$h_1^k = H\left[1 - \dfrac{\cosh(1{,}84 \cdot \tfrac{H}{R}) - 1}{1{,}84 \cdot \tfrac{H}{R} \cdot \sinh(1{,}84 \cdot \tfrac{H}{R})}\right]$	$h_1^k = H\left[1 - \dfrac{\cosh(1{,}58 \cdot \tfrac{H}{L}) - 1}{1{,}58 \cdot \tfrac{H}{L} \cdot \sinh(1{,}58 \cdot \tfrac{H}{L})}\right]$
konvektiver Hebelarm h_0 [m] mit Bodendruck	$h_1^g = H \cdot \left[1 - \dfrac{\cosh(1{,}84 \cdot \tfrac{H}{R}) - 2{,}01}{1{,}84 \cdot \tfrac{H}{R} \cdot \sinh(1{,}84 \cdot \tfrac{H}{R})}\right]$	$h_1^g = H \cdot \left[1 - \dfrac{\cosh(1{,}58 \cdot \tfrac{H}{L}) - 2}{1{,}58 \cdot \tfrac{H}{L} \cdot \sinh(1{,}58 \cdot \tfrac{H}{L})}\right]$
Eigenfrequenz ω^2 [$1/s^2$]	$\omega^2 = \dfrac{1{,}84 \cdot g}{R} \cdot \tanh(1{,}84 \cdot \tfrac{H}{R})$	$\omega^2 = \dfrac{1{,}58 \cdot g}{L} \cdot \tanh(1{,}58 \cdot \tfrac{H}{L})$
maximale horizontale Auslenkung y_{max} [m]	$y_{max} = \dfrac{S_v}{\omega}$	$y_{max} = \dfrac{S_v}{\omega}$
Winkel θ_h [rad]	$\theta_h = 1{,}534 \cdot \dfrac{y_{max}}{R} \cdot \tanh(1{,}84 \cdot \tfrac{H}{R})$	$\theta_h = 1{,}58 \cdot \dfrac{y_{max}}{L} \cdot \tanh(1{,}58 \cdot \tfrac{H}{L})$
konvektive Ersatzlast P_1 [kN]	$P_1 = 1{,}2 \cdot m_1 \cdot g \cdot \theta_h \cdot \sin(\omega \cdot t)$	$P_1 = m_1 \cdot g \cdot \theta_h \cdot \sin(\omega \cdot t)$
maximale vertikale Auslenkung d_{max} [m]	$d_{max} = \dfrac{0{,}408 \cdot R \cdot \coth(1{,}84 \cdot \tfrac{H}{R})}{\dfrac{g}{\omega^2 \cdot \theta_h \cdot R} - 1}$	$d_{max} = \dfrac{0{,}527 \cdot L \cdot \coth(1{,}58 \cdot \tfrac{H}{L})}{\dfrac{g}{\omega^2 \cdot \theta_h \cdot L} - 1}$

Berechnungsbeispiel

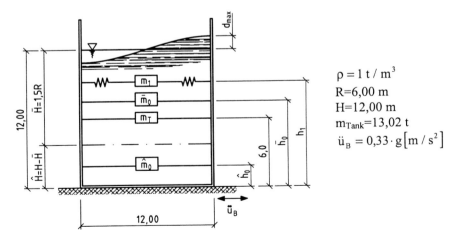

$\rho = 1\ t/m^3$
$R = 6{,}00\ m$
$H = 12{,}00\ m$
$m_{Tank} = 13{,}02\ t$
$\ddot{u}_B = 0{,}33 \cdot g\ [m/s^2]$

Bild 9.2-8: Schlanker, bodenfester Tank (Berechnungsbeispiel)

a) Grundwerte

$$\frac{H}{R} = 2 > 1,5 \quad \Rightarrow \text{schlanker Tank}$$

Wassermasse:
$$m_w = \rho \cdot V = 1 \cdot \pi \cdot 6,00^2 \cdot 12,00 = 1357,17 \text{ t}$$

Hilfsgröße:

$$1,84 \cdot H / R = 3,68$$

Unterteilung der Wassermenge:
$$\overline{H} = 1,5 \cdot R = 9,00 \text{ m}$$
$$\hat{H} = 12,00 - 9,00 = 3,00 \text{ m}$$

b) Bestimmung des impulsiven Anteils

„gehaltenes" Wasser:

$$\hat{m}_0 = \rho \cdot V = 1 \cdot \pi \cdot 6,00^2 \cdot 3,00 = 339,29 \text{ t}$$
$$\hat{h}_0 = \frac{3,00}{2} = 1,50 \text{ m}$$

„bewegtes" Wasser:
$$\overline{m} = 1 \cdot \pi \cdot 6,00^2 \cdot 9,00 = 1017,88 \text{ t}$$
$$\overline{m}_0 = \overline{m} \cdot 0,7095 = 1017,88 \cdot 0,7095 = 722,69 \text{ t}$$
$$\overline{h}_0^k = \frac{3}{8} \cdot 1,5 \cdot R + \hat{H} = 3,375 + 3,00 = 6,375 \text{ m}$$
$$\overline{h}_0^g = \frac{1,5 \cdot R}{8} \cdot \left[\frac{4}{0,7095} - 1\right] + \hat{H} = 0,1875 \cdot 6,00 \cdot 4,634 + 3,00 = 8,213 \text{ m}$$

$$m_0 = \hat{m}_0 + \overline{m}_0 + m_{Tank} = 339,29 + 722,69 + 13,02 = 1075 \text{ t}$$

$$h_0^k = \frac{\hat{m}_0 \cdot \hat{h}_0 + \overline{m}_0 \cdot \overline{h}_0^k + m_{Tank} \cdot \frac{H}{2}}{m_0}$$
$$= \frac{339,29 \cdot 1,50 + 722,69 \cdot 6,375 + 13,02 \cdot 6,00}{1075} = 4,83 \text{ m}$$

$$h_0^g = \frac{\hat{m}_0 \cdot \hat{h}_0 + \overline{m}_0 \cdot \overline{h}_0^g + m_{Tank} \cdot \frac{H}{2}}{m_0}$$
$$= \frac{339,29 \cdot 1,50 + 722,69 \cdot 8,213 + 13,02 \cdot 6,00}{1075} = 6,07 \text{ m}$$

9.2 Näherungsverfahren nach HOUSNER

Ersatzlast mit $\ddot{u}_B = \ddot{u}_0$:
$$P_0 = \ddot{u}_0 \cdot m_0 = 0{,}33 \cdot g \cdot 1075 = 3480{,}10 \text{ kN}$$

Momente:
$$M_0^k = 3480{,}10 \cdot 4{,}83 = 16808{,}88 \text{ kNm}$$
$$M_0^g = 3480{,}10 \cdot 6{,}07 = 21124{,}21 \text{ kNm}$$

c) Bestimmung des konvektiven Anteils

$$m_1 = m_w \cdot 0{,}318 \cdot \frac{R}{H} \cdot \tanh(1{,}84 \cdot \tfrac{H}{R}) = 1357{,}17 \cdot 0{,}318 \cdot 0{,}50 \cdot \tanh(3{,}68) = 215{,}52 \text{ t}$$

$$h_1^k = H \cdot \left[1 - \frac{\cosh(1{,}84 \cdot \tfrac{H}{R}) - 1}{1{,}84 \cdot \tfrac{H}{R} \cdot \sinh(1{,}84 \cdot \tfrac{H}{R})} \right] = 12{,}00 \cdot \left[1 - \frac{\cosh(3{,}68) - 1}{3{,}68 \cdot \sinh(3{,}68)} \right] = 8{,}90 \text{ m}$$

$$h_1^g = H \cdot \left[1 - \frac{\cosh(1{,}84 \cdot \tfrac{H}{R}) - 2{,}01}{1{,}84 \cdot \tfrac{H}{R} \cdot \sinh(1{,}84 \cdot \tfrac{H}{R})} \right] = 12{,}00 \cdot \left[1 - \frac{\cosh(3{,}68) - 2{,}01}{3{,}68 \cdot \sinh(3{,}68)} \right] = 9{,}07 \text{ m}$$

Eigenfrequenz:
$$\omega^2 = \frac{1{,}84 \cdot g}{R} \cdot \tanh(1{,}84 \cdot \tfrac{H}{R}) = \frac{1{,}84 \cdot 9{,}81}{6{,}00} \cdot \tanh(3{,}68) = 3{,}0 \ \ 1/s^2 \quad \Rightarrow \omega = 1{,}735 \text{ Hz}$$

$$T = \frac{2 \cdot \pi}{\omega} = 3{,}62 \text{ s}$$

Für die Dämpfung von Wasser wird hier wie üblich 0,5% angesetzt. Unter Verwendung des Spektrums von Bild 9.2-5 erhält man für 0,5% Dämpfung und für eine Bodenbeschleunigung von $\ddot{u}_B = 0{,}33 \cdot g$

$$S_a = f(T) \approx 0{,}45 \cdot 0{,}33 \cdot g = 1{,}457 \text{ m}/s^2$$
$$S_v = \frac{S_a}{\omega} = \frac{1{,}457}{1{,}735} = 0{,}840 \text{ m}/s$$

Bewegung der Wasseroberfläche:
$$y_{max} = \frac{S_v}{\omega} = \frac{0{,}840}{1{,}735} = 0{,}484 \text{ m}$$

$$\theta_h = 1{,}534 \cdot \frac{y_{max}}{R} \cdot \tanh(1{,}84 \cdot \tfrac{H}{R}) = 1{,}534 \cdot \frac{0{,}484}{6{,}00} \cdot \tanh(3{,}68) = 0{,}124 \text{ rad}$$

vertikale Bewegung:
$$d_{max} = \frac{0{,}408 \cdot R \cdot \coth(1{,}84 \cdot \tfrac{H}{R})}{\dfrac{g}{\omega^2 \cdot \theta_h \cdot R} - 1} = \frac{0{,}408 \cdot 6{,}00 \cdot \coth(3{,}68)}{4{,}381 - 1} = 0{,}725 \text{ m}$$

Ersatzlast:
$$P_1 = 1{,}2 \cdot m_1 \cdot g \cdot \theta_h \cdot \sin(\omega \cdot t) = 1{,}2 \cdot 215{,}52 \cdot 9{,}81 \cdot 0{,}124 \cdot \sin(1{,}735 \cdot t) =$$
$$= 314{,}60 \text{ kN} \cdot \sin(1{,}735 \cdot t)$$
$$\max P_1 = 314{,}60 \text{ kN}$$

Momente:
$$M_1^k = 314{,}60 \cdot 8{,}90 = 2\,799{,}94 \text{ kNm}$$
$$M_1^g = 314{,}60 \cdot 9{,}07 = 2\,853{,}42 \text{ kNm}$$

d) Überlagerung der impulsiven und konvektiven Anteile

$$M^k = M_0^k + M_1^k = 16\,808{,}88 + 2\,799{,}94 = 19\,609 \text{ kNm}$$
$$M^g = M_0^g + M_1^g = 21\,124{,}21 + 2\,853{,}42 = 23\,978 \text{ kNm}$$
$$P = P_0 + P_1 = 3\,480{,}10 + 314{,}60 = 3\,795 \text{ kN}$$

Die konvektive Kraft bringt die Flüssigkeit mit einer Frequenz von 1.735 Hz zum Schwingen, was zu einer Wellenhöhe von 0.725 m über der ungestörten Wasseroberfläche führt. Die Bemessungswerte lauten:

P =	3795 kN	maximale horizontale Querkraft am Tankboden
M^k =	19609 kNm	Moment in der Tankwand am Tankboden
M^g =	23978 kNm	Kippmoment

9.2.3 Formelzusammenstellung für aufgeständerte Tanks

Bei aufgeständerten Tanks muß die Steifigkeit der Ständerstruktur berücksichtigt werden, denn im Gegensatz zum bodenfesten Tank wird sich der aufgeständerte Tank relativ zum Boden bewegen und damit eine andere Beschleunigung als $ü_B$ erfahren. Als einfachste Idealisierung kann der Zweimassenschwinger wie in Bild 9.2-9 dargestellt dienen.

Die impulsive und die konvektive Wassermasse werden in Abhängigkeit von der Schlankheit des Tanks bestimmt. Die konvektive Flüssigkeitsmasse m_1 ist mit der Tankwand federelastisch verbunden. Die impulsive Flüssigkeitsmasse m_0 enthält neben der in Bild 9.2-9 gezeigten impulsiven Flüssigkeitsmasse m_0^* die Masse des Tanks sowie der Ständerkonstruktion. Ziel der Berechnung sind die maximalen horizontalen Schubkräfte und die daraus resultierenden Momente sowie die vertikale Wasserbewegung. Die konvektiven Eigenschaften der Wassermasse werden durch die Aufständerung nicht beeinflußt, so daß die entsprechenden Formeln übernommen werden können.

9.2 Näherungsverfahren nach HOUSNER

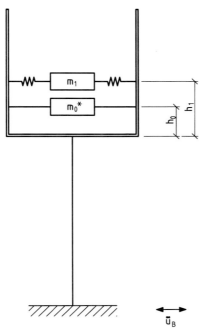

Bild 9.2-9: Aufgeständerter Tank

	Zylindrischer Tank	Rechteckiger Tank
Wassermasse m_w [t]	$m_w = \rho \cdot H \cdot R^2 \pi$	$m_w = \rho \cdot H \cdot 2L \cdot B$ (B= andere Tankbreite)
konvektive Wassermasse m_1 [t]	$m_1 = m_w \cdot 0{,}318 \cdot \dfrac{R}{H} \cdot \tanh(1{,}84 \cdot \tfrac{H}{R})$	$m_1 = m_w \cdot 0{,}527 \cdot \dfrac{L}{H} \cdot \tanh(1{,}58 \cdot \tfrac{H}{L})$
Eigenfrequenz ω^2 [1/s²]	$\omega^2 = \dfrac{1{,}84 \cdot g}{R} \cdot \tanh(1{,}84 \cdot \tfrac{H}{R})$	$\omega^2 = \dfrac{1{,}58 \cdot g}{L} \cdot \tanh(1{,}58 \cdot \tfrac{H}{L})$

Dabei liefert die Eigenfrequenz ω ein direktes Maß für die Federsteifigkeit k_1:

$$\omega^2 = \frac{k}{m} \Rightarrow \omega^2 = \frac{k_1}{m_1} \left[\frac{kN/m}{t} \right] \Rightarrow k_1 = \omega^2 \cdot m_1$$

Um die Federsteifigkeit der Unterkonstruktion zu ermitteln, muß für das System die Verschiebung f_0 infolge einer virtuellen Horizontalkraft 1 in Höhe des gemeinsamen Massenschwerpunkts berechnet werden. Die Steifigkeit des Ersatzsystems ergibt sich dann als ihr Reziprokwert zu $k_0 = 1/f_0$.

Das Ersatzmodell mit den beiden Massen m_0, m_1 und den beiden Steifigkeiten k_0, k_1 ist in Bild 9.2-10 dargestellt, und zwar sowohl als Stabmodell mit „Schubbalken", bei dem vorausgesetzt wird, daß sich die Massen nicht verdrehen, sowie als gleichwertiges Federmodell.

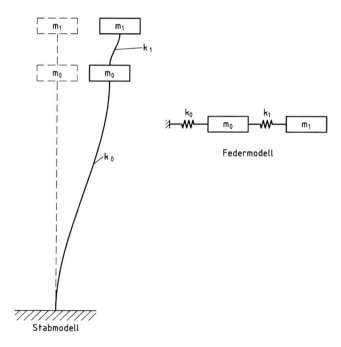

Bild 9.2-10: Ersatzmodelle für einen aufgeständerten Tank

Da es sich um einen Zweimassenschwinger handelt, existieren zwei Eigenformen. Aus Erfahrung weiß man, daß die erste Eigenform fast ausschließlich aus dem „Schwapp"-Modus besteht. Die zweite Eigenform besteht hauptsächlich aus der Schwingungsform der Tragstruktur. Für den Schwappmodus kann eine Dämpfung von 0,5% angenommen werden. Die Dämpfung der Schwingform ist von der Konstruktion des Ständers abhängig.

Für das in Bild 9.2-10 dargestellte Ersatzsystem lauten die Gesamtsteifigkeits- und die Massenmatrix:

$$\underline{K} = \begin{bmatrix} k_0 + k_1 & -k_1 \\ -k_1 & k_1 \end{bmatrix} \qquad \underline{M} = \begin{bmatrix} m_0 & 0 \\ 0 & m_1 \end{bmatrix}$$

Die Eigenwertberechnung zur Ermittlung der normierten Eigenformen des Systems, aus denen die maximalen Verschiebungen und die Ersatzlasten folgen, läßt sich beim vorliegenden einfachen System wie folgt analytisch durchführen:

a) Eigenwertproblem und Eigenfrequenzen

$$\det \left| \underline{K} - \omega^2 \cdot \underline{M} \right| = 0$$

$$\left((k_0 + k_1) - \omega^2 \cdot m_0 \right) \cdot \left(k_1 - \omega^2 \cdot m_1 \right) - (k_1)^2 = 0$$

$$\omega^4 - \omega^2 \cdot \left(\frac{k_0 + k_1}{m_0} + \frac{k_1}{m_1}\right) + \frac{(k_0 + k_1) \cdot k_1 - k_1^2}{m_1 \cdot m_0} = 0$$

Das Ergebnis der Berechnung sind die zwei Eigenfrequenzen des Systems

$$\omega_{1,2}^2 = \frac{1}{2} \cdot \left(\frac{(k_0 + k_1)}{m_0} + \frac{k_1}{m_1}\right) \pm \sqrt{\frac{1}{4}\left(\frac{(k_0 + k_1)}{m_0} - \frac{k_1}{m_1}\right)^2 + \frac{k_1^2}{m_1 \cdot m_0}}$$

Dabei stellt die kleinere Eigenfrequenz den Schwappmodus und die höhere den Schwingmodus dar.

b) Berechnung der Eigenvektoren $\underline{u}_i$

$$\left\{\begin{bmatrix} k_0 + k_1 & -k_1 \\ -k_1 & k_1 \end{bmatrix} - \omega^2 \cdot \begin{bmatrix} m_0 & 0 \\ 0 & m_1 \end{bmatrix}\right\} \cdot \begin{bmatrix} u_0 \\ u_1 \end{bmatrix} = \begin{bmatrix} 0 \\ 0 \end{bmatrix}$$

Die Eigenformen $\underline{u}_i$ stellen nur Verhältniswerte dar, die auf die Auslenkung einer der beiden Massen bezogen werden können. In diesem Fall wird die Masse m_1 als Bezugswert gewählt und damit die Komponente u_1 der beiden Eigenformen gleich Eins gesetzt. Die entsprechenden Komponenten u_0 ergeben sich dann zu:

Schwappeigenform: $\quad u_0 = 1 - \dfrac{\omega_{Schwapp}^2 \cdot m_1}{k_1}$

Schwingeigenform: $\quad u_0 = 1 - \dfrac{\omega_{Schwing}^2 \cdot m_1}{k_1}$

Die folgenden Schritte c) bis f) müssen für die Schwingeigenform und die Schwappeigenform einzeln durchgeführt werden. Als Ergebnis erhält man die zugehörigen Ersatzlasten für die Schwing- und Schwappeigenform:

$$\underline{P}_{Schwapp} = \begin{bmatrix} P_{0\,Schwapp} \\ P_{1\,Schwapp} \end{bmatrix}$$

$$\underline{P}_{Schwing} = \begin{bmatrix} P_{0\,Schwing} \\ P_{1\,Schwing} \end{bmatrix}$$

c) Normierung der Eigenvektoren $\underline{u}$

Normierungsfaktor: $\quad a = u_0^2 \cdot m_0 + u_1^2 \cdot m_1$

Normierter Eigenvektor: $\quad \underline{\Phi} = \dfrac{1}{\sqrt{a}} \cdot \underline{u}$

d) Ermittlung der maximalen Kopfpunktverschiebung

Da es sich um ein System mit zwei Freiheitsgraden handelt, müssen zunächst die Anteilfaktoren β_i bestimmt werden:

$$\beta = \underline{\Phi}^T \cdot \underline{M} \cdot \underline{r}$$

mit $\underline{r}$ = Einheitsverschiebung, hier $\underline{r}^T = [1,1]$

$$\beta = \underline{\Phi}^T \cdot \begin{bmatrix} m_0 & 0 \\ 0 & m_1 \end{bmatrix} \cdot \begin{bmatrix} 1 \\ 1 \end{bmatrix} = \frac{1}{\sqrt{a}} \cdot [u_0 \quad 1] \cdot \begin{bmatrix} m_0 & 0 \\ 0 & m_1 \end{bmatrix} \cdot \begin{bmatrix} 1 \\ 1 \end{bmatrix} = \frac{u_0 \cdot m_0 + m_1}{\sqrt{u_0^2 \cdot m_0 + m_1}}$$

Die Maximalwerte der Verformungen lauten somit:

$$\max \underline{y} = \beta \cdot S_d \cdot \underline{\Phi}$$

$$\max \underline{y} = \begin{bmatrix} y_0 \\ y_1 \end{bmatrix} = \beta \cdot S_d \cdot \underline{\Phi} = \beta \cdot S_d \cdot \frac{1}{\sqrt{a}} \cdot \begin{bmatrix} u_0 \\ 1 \end{bmatrix}$$

mit

$$S_d = S_a \cdot \frac{1}{\omega^2} \quad \text{und} \quad S_d = S_v \cdot \frac{1}{\omega}$$

Der Spektralwert ist von der Schwingzeit T abhängig und daher für die zwei Eigenformen unterschiedlich.

e) Berechnung der statischen Ersatzlasten

Sind die maximal auftretenden Beschleunigungen der einzelnen Massenpunkte bekannt, kann über die Beziehung „Kraft=Masse·Beschleunigung" die statische Ersatzlast errechnet werden:

max. auftretende Beschleunigung:

$$\max \underline{\ddot{u}} = \beta \cdot S_a \cdot \underline{\Phi}$$

$$\max \underline{\ddot{u}} = \begin{bmatrix} \ddot{u}_0 \\ \ddot{u}_1 \end{bmatrix} = \beta \cdot S_a \cdot \underline{\Phi} = \beta \cdot S_a \cdot \frac{1}{\sqrt{a}} \cdot \begin{bmatrix} u_0 \\ 1 \end{bmatrix}$$

Die anzusetzenden statischen Ersatzlasten ergeben sich durch Multiplikation der Beschleunigungen mit den entsprechenden Massen:

$$P_0 = \ddot{u}_0 \cdot m_0$$
$$P_1 = \ddot{u}_1 \cdot m_1$$

Alternativ gilt
$$P_0 = (k_0 + k_1) \cdot y_0 - k_1 \cdot y_1$$
$$P_1 = -k_1 \cdot y_0 + k_1 \cdot y_1$$

9.2 Näherungsverfahren nach HOUSNER

f) Schnittgrößenermittlung

Aus den Ersatzlasten P_0 und P_1 werden die Schnittgrößen je Eigenform berechnet. Diese Schnittgrößen werden dann mit der SRSS-Regel gemäß Gleichung (7.5.27) überlagert.

g) Berechnung der maximalen vertikalen Verformung d_{max}

Für jede Eigenform wird zunächst der Schwingwinkel der freien Oberfläche bestimmt:

$$\theta_h = 1{,}534 \cdot \frac{y_1 - y_0}{R} \cdot \tanh\left(1{,}84 \cdot \frac{H}{R}\right)$$

Damit ergeben sich dann die maximalen Wasserbewegungen aus

$$d_{max,Schwapp} = \frac{0{,}408 \cdot R \cdot \coth(1{,}84 \cdot \frac{H}{R})}{\frac{g}{\omega_{Schwapp}^2 \cdot \theta_{h,Schwapp} \cdot R} - 1} \quad \text{und} \quad d_{max,Schwing} = \theta_{h,Schwing} \cdot R$$

$$d_{max} = \sum d_{max,i}$$

Die einzelnen Schritte der Berechnung werden nachfolgend tabellarisch zusammengefaßt.

Wassermasse m_w [t]	
konvektive Wassermasse m_1 [t]	
Eigenfrequenz ω^2 [1/s²]	
Federsteifigkeit k_1 [kN/m]	
impulsive Wassermasse m_0 [t]	
Systemsteifigkeit k_0 [kN/m]	
$\omega_{1,2}^2 = \dfrac{1}{2} \cdot \left(\dfrac{(k_0 + k_1)}{m_0} + \dfrac{k_1}{m_1} \right) \pm \sqrt{\dfrac{1}{4}\left(\dfrac{(k_0 + k_1)}{m_0} - \dfrac{k_1}{m_1}\right)^2 + \dfrac{k_1^2}{m_1 \cdot m_0}}$	
mit $\omega_{Schwapp} = \omega_{min}$ und $\omega_{Schwing} = \omega_{max}$	
Schwingeigenform	**Schwappeigenform**
$u_0 = 1 - \dfrac{\omega_{Schwing}^2 \cdot m_1}{k_1}$	$u_0 = 1 - \dfrac{\omega_{Schwapp}^2 \cdot m_1}{k_1}$
$\beta = \dfrac{u_0 \cdot m_0 + m_1}{\sqrt{u_0^2 \cdot m_0 + m_1}}$	$\beta = \dfrac{u_1 \cdot m_0 + m_1}{\sqrt{u_0^2 \cdot m_0 + m_1}}$
$a = u_0^2 \cdot m_0 + m_1$	$a = u_0^2 \cdot m_0 + m_1$
$\max \underline{y} = \beta \cdot S_d \cdot \dfrac{1}{\sqrt{a}} \cdot \begin{bmatrix} u_0 \\ 1 \end{bmatrix}$	$\max \underline{y} = \beta \cdot S_d \cdot \dfrac{1}{\sqrt{a}} \cdot \begin{bmatrix} u_0 \\ 1 \end{bmatrix}$
$\max \underline{\ddot{u}} = \beta \cdot S_a \cdot \dfrac{1}{\sqrt{a}} \cdot \begin{bmatrix} u_0 \\ 1 \end{bmatrix}$	$\max \underline{\ddot{u}} = \beta \cdot S_a \cdot \dfrac{1}{\sqrt{a}} \cdot \begin{bmatrix} u_0 \\ 1 \end{bmatrix}$
$P_0 = \ddot{u}_0 \cdot m_0$	$P_0 = \ddot{u}_0 \cdot m_0$
$P_1 = \ddot{u}_1 \cdot m_1$	$P_1 = \ddot{u}_1 \cdot m_1$
Berechnung der Schnittgrößen infolge der statischen Ersatzlasten und Überlagerung der Werte nach der SRSS-Regel	
$\theta_{h,Schwapp} = 1{,}534 \cdot \dfrac{y_1 - y_0}{R} \cdot \tanh\left(1{,}84 \cdot \dfrac{H}{R}\right)$	$\theta_{h,Schwing} = 1{,}534 \cdot \dfrac{y_1 - y_0}{R} \cdot \tanh\left(1{,}84 \cdot \dfrac{H}{R}\right)$
Zylindrischer Tank: $d_{max,Schwapp} = \dfrac{0{,}408 \cdot R \cdot \coth(1{,}84 \cdot \frac{H}{R})}{\dfrac{g}{\omega_{Schwapp}^2 \cdot \theta_{h,Schwapp} \cdot R} - 1}$ Rechteckiger Tank: $d_{max,Schwapp} = \dfrac{0{,}527 \cdot L \cdot \coth(1{,}58 \cdot \frac{H}{L})}{\dfrac{g}{\omega_{Schwapp}^2 \cdot \theta_{h,Schwapp} \cdot L} - 1}$	Zylindrischer Tank: $d_{max,Schwing} = \theta_{h,Schwing} \cdot R$ Rechteckiger Tank: $d_{max,Schwing} = \theta_{h,Schwing} \cdot L$
Gesamt: $d_{max} = d_{max,Schwing} + d_{max,Schwapp}$	

9.2 Näherungsverfahren nach HOUSNER

Berechnungsbeispiel

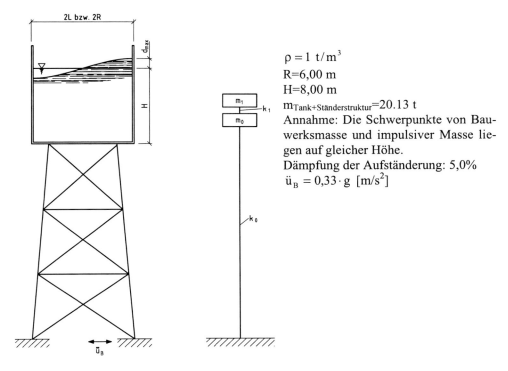

$\rho = 1 \text{ t/m}^3$
$R = 6{,}00 \text{ m}$
$H = 8{,}00 \text{ m}$
$m_{\text{Tank+Ständerstruktur}} = 20{,}13 \text{ t}$
Annahme: Die Schwerpunkte von Bauwerksmasse und impulsiver Masse liegen auf gleicher Höhe.
Dämpfung der Aufständerung: 5,0%
$\ddot{u}_B = 0{,}33 \cdot g \text{ [m/s}^2\text{]}$

Bild 9.2-11: Aufgeständerter, zylindrischer Tank (Berechnungsbeispiel)

a) Grundwerte

Überprüfung ob ein gedrungener Tank vorliegt:

$\dfrac{H}{R} = 1{,}33 < 1{,}5 \quad \Rightarrow \text{ gedrungener Tank}$

Wassermasse:
$\quad m_w = \rho \cdot V = 904{,}78 \text{ t}$

Hilfsgrößen:

$$\left[\dfrac{\tanh(\sqrt{3} \cdot \tfrac{R}{H})}{\sqrt{3} \cdot \tfrac{R}{H}} \right] = 0{,}663$$

$$1{,}84 \cdot \dfrac{H}{R} = 2{,}453$$

b) Bestimmung des konvektiven Anteils

Masse:
$$m_1 = m_w \cdot 0{,}318 \cdot \frac{R}{H} \cdot \tanh(1{,}84 \cdot \tfrac{H}{R}) = 212{,}62 \text{ t}$$

Eigenfrequenz:
$$\omega^2 = \frac{1{,}84 \cdot g}{R} \cdot \tanh(1{,}84 \cdot \tfrac{H}{R}) = 2{,}964 \text{ 1/s}^2 \;\Rightarrow\; \omega = 1{,}722 \text{ Hz}$$

Ersatzstabsteifigkeit k_1 (aus Schwappen):
$$k_1 = m_1 \cdot \omega^2 = 212{,}62 \cdot 2{,}964 = 630{,}21 \text{ kN/m}$$

c) Bestimmung des impulsiven Anteils

Massen:
$$m_0 = m_w \cdot 0{,}663 = 599{,}87 \text{ t}$$
$$m_{0+T} = 599{,}87 + 20{,}13 = 620 \text{ t}$$

Die Ersatzsteifigkeit k_0 der Ständerstruktur wird als bekannt vorausgesetzt: $k_0 = 14\,369{,}79 \text{ kN/m}$

Steifigkeits- und Massenmatrix:
$$\underline{K} = \begin{bmatrix} 14369{,}79 + 630{,}21 & -630{,}21 \\ -630{,}21 & 630{,}21 \end{bmatrix} \qquad \underline{M} = \begin{bmatrix} 620 & 0 \\ 0 & 212{,}62 \end{bmatrix}$$

Eigenfrequenzen:
$$\omega_i^2 = 0{,}5 \cdot \left(\frac{15\,000}{620} + \frac{630{,}21}{212{,}62} \right) \pm \sqrt{ 0{,}25 \cdot \left(\frac{15\,000}{620} - \frac{630{,}21}{212{,}62} \right)^2 + \frac{630{,}21 \cdot 630{,}21}{620 \cdot 212{,}62} }$$

Schwingform:
$$\omega_0 = \sqrt{13{,}58 + \sqrt{115{,}69}} = 4{,}93 \;\Rightarrow\; T_0 = \frac{2\pi}{\omega_0} = 1{,}27 \text{ s}$$

Schwappform:
$$\omega_1 = \sqrt{13{,}58 - \sqrt{115{,}69}} = 1{,}68 \;\Rightarrow\; T_1 = \frac{2\pi}{\omega_1} = 3{,}74 \text{ s}$$

9.2 Näherungsverfahren nach HOUSNER

	Schwappform	Schwingform
Eigenfrequenzen	$\omega_1 = 1{,}68 \dfrac{1}{s}$	$\omega_0 = 4{,}93 \dfrac{1}{s}$
Eigenvektoren $\begin{bmatrix} u_0 \\ u_1 \end{bmatrix} = \begin{bmatrix} u_0 \\ 1 \end{bmatrix}$	$u_0 = 1 - \dfrac{1{,}68^2 \cdot 212{,}62}{630{,}21} = 0{,}048$	$u_0 = 1 - \dfrac{4{,}93^2 \cdot 212{,}62}{630{,}21} = -7{,}20$
Gewichtungsfaktoren	$\beta = \dfrac{0{,}048 \cdot 620 + 212{,}62}{\sqrt{0{,}048^2 \cdot 620 + 212{,}62}}$ $= 16{,}57$	$\beta = \dfrac{-7{,}2 \cdot 620 + 212{,}62}{\sqrt{7{,}2^2 \cdot 620 + 212{,}62}}$ $= -23{,}64$
Normierungswerte	$a = 0{,}048^2 \cdot 620 + 212{,}62$ $= 214{,}05$	$a = 7{,}2^2 \cdot 620 + 212{,}62$ $= 32\,353{,}42$
aus Spektrum (Erdbeben mit 0,33g) mit 5,0% bzw. 0,5% Dämpfung	$\xi = 0{,}5$ $S_a = f(T=3{,}74) \approx 0{,}48 \cdot 0{,}33 \cdot g$ $= 1{,}55 \text{ m/s}^2$	$\xi = 5{,}0$ $S_a = f(T=1{,}27) \approx 0{,}7 \cdot 0{,}33 \cdot g$ $= 2{,}266 \text{ m/s}^2$
spektrale Verschiebung	$S_d = \dfrac{S_a}{\omega^2} = \dfrac{1{,}55}{1{,}68^2} = 0{,}549$	$S_d = \dfrac{S_a}{\omega^2} = \dfrac{2{,}266}{4{,}93^2} = 0{,}0932$
Verschiebungsgrößen $\max \underline{y} = \begin{bmatrix} y_0 \\ y_1 \end{bmatrix}$ [m]	$\begin{bmatrix} y_0 \\ y_1 \end{bmatrix} = 16{,}57 \cdot \dfrac{0{,}549}{\sqrt{214{,}05}} \cdot \begin{bmatrix} 0{,}048 \\ 1 \end{bmatrix}$ $= \begin{bmatrix} 0{,}0298 \\ 0{,}6218 \end{bmatrix}$	$\begin{bmatrix} y_0 \\ y_1 \end{bmatrix} = -23{,}64 \cdot \dfrac{0{,}0932}{\sqrt{32\,353{,}42}} \cdot \begin{bmatrix} -7{,}2 \\ 1 \end{bmatrix}$ $= \begin{bmatrix} 0{,}0882 \\ -0{,}0122 \end{bmatrix}$
Beschleunigungen $\max \underline{\ddot{u}} = \begin{bmatrix} \ddot{u}_0 \\ \ddot{u}_1 \end{bmatrix}$	$\begin{bmatrix} \ddot{u}_0 \\ \ddot{u}_1 \end{bmatrix} = 16{,}57 \cdot \dfrac{1{,}55}{\sqrt{214{,}05}} \cdot \begin{bmatrix} 0{,}048 \\ 1 \end{bmatrix}$ $= \begin{bmatrix} 0{,}0843 \\ 1{,}7555 \end{bmatrix}$	$\begin{bmatrix} \ddot{u}_0 \\ \ddot{u}_1 \end{bmatrix} = -23{,}64 \cdot \dfrac{2{,}266}{\sqrt{32\,353{,}42}} \cdot \begin{bmatrix} -7{,}2 \\ 1 \end{bmatrix}$ $= \begin{bmatrix} 2{,}1443 \\ -0{,}2978 \end{bmatrix}$
Ersatzlasten [kN]	$P_0 = 0{,}0843 \cdot 620 = 52{,}27$ $P_1 = 1{,}7555 \cdot 212{,}62 = 373{,}25$	$P_0 = 2{,}1443 \cdot 620 = 1329{,}47$ $P_1 = -0{,}2979 \cdot 212{,}62 = -63{,}32$

Aus den Ersatzlasten erfolgt für jede Eigenform einzeln die Berechnung der Schnittgrößen. Die Schnittgrößen der beiden Eigenformen werden nach Gleichung (7.5.27) überlagert (SRSS-Regel). Die Bewegung der Flüssigkeitsoberfläche wird in den folgenden Schritten berechnet:

horizontale Bewegung der freien Flüssigkeitsoberfläche	$y_{max} = y_1 - y_0$ $= 0{,}6218 - 0{,}0298$ $= 0{,}592$ m	$y_{max} = y_1 - y_0$ $= -0{,}0122 - 0{,}0882$ $= -0{,}1004$ m
Schwingwinkel der freien Flüssigkeitsoberfläche	$\theta_h = 1{,}534 \cdot \dfrac{y_{max}}{6{,}00} \cdot \tanh(2{,}543)$ $= 0{,}1495$	$\theta_h = 1{,}534 \cdot \dfrac{y_{max}}{6{,}00} \cdot \tanh(2{,}543)$ $-0{,}0254$
vertikale Bewegung der freien Flüssigkeitsoberfläche	$d_{max} = \dfrac{0{,}408 \cdot R \cdot \coth\left(1{,}84 \dfrac{H}{R}\right)}{\dfrac{g}{\omega^2 \cdot \theta_h \cdot R} - 1}$ $= \dfrac{2{,}47844}{3{,}87488 - 1}$ $= 0{,}8621$ m	$d_{max} = \theta_h \cdot R$ $= -0{,}0254 \cdot 6{,}00$ $= -0{,}1524$ m

Die maximale gesamte vertikale Flüssigkeitsbewegung beträgt damit:

$d_{max} = 0{,}8621 - 0{,}1524 = 0{,}7097$ m

Das berechnete Ersatzsystem besteht aus 620 t an impulsiver Wassermasse und Tankmasse sowie 212 t an konvektiver Wassermasse. Die Federsteifigkeiten betragen 14370 kN/m und 630 kN/m für das System. Die Eigenwerte des Systems liegen bei 1,68 Hz für den Schwappmodus und 4,93 Hz für die Eigenform der Struktur. Die maximale Wasserbewegung liegt bei 0,71 m über der ungestörten Oberfläche, wobei der Anteil der ersten Eigenform stark überwiegt.

9.3 Numerische Behandlung des Interaktionsproblems Struktur-Fluid

In die erdbebensichere Bemessung flüssigkeitsgefüllter Tankbauwerke muß auch die Flexibilität der Tankschale einbezogen werden. Die Berechnung ist sehr viel aufwendiger als das in Abschnitt 9.2 vorgestellte Näherungsverfahren nach HOUSNER. FISCHER [9.3], [9.11] stellt dar, daß die Schwappform und die Schwingform kaum miteinander gekoppelt sind, da in der Regel die Schwappfrequenzen erheblich unter den Eigenfrequenzen der gemeinsamen Schwingung der Flüssigkeit mit der deformierten Wand liegen. Daher ist die Berechnung des konvektiven Einflusses unter der Annahme einer starren Tankwand wie in Abschnitt 9.2 zulässig. Berechnet man aber den impulsiven Einfluß unter der Annahme einer starren Tankwand, so kommt es zu erheblichen Unterschätzungen der wahren Beanspruchung. Die Bewegung der Tankwand kann nicht mehr gleichgesetzt werden mit der Bewegung des Bodens, sondern erfährt durch die Tankwandflexibilität eine relative Bewegung zum Boden, die HOUSNER in seiner Berechnung vernachlässigt. Man muß daher die berechnete impulsive Flüssigkeitsmasse m_0 in zwei Anteile zerlegen, wobei die der starren Tankwand zugeordnete Flüssigkeitsmasse $m_{0\,Starr}$ erheblich größer ist als die Masse $m_{0\,Relativ}$, die der relativen Bewegung zugeordnet wird.

$$m_0 = m_{0\,Starr} + m_{0\,Relativ} \qquad (9.3.1)$$

Trotzdem darf $m_{0Relativ}$ nicht vernachlässigt werden, da die zugehörige Relativbeschleunigung $\ddot{u}_{Relativ}$ erheblich größer sein kann als die Bodenbeschleunigung $\ddot{u}_{Boden}$, so daß der Anteil dieser Masse an der Ersatzbelastung von Belang ist.

Nach HOUSNER gilt:

$$P_0 = \ddot{u}_{Boden} \cdot m_0 \qquad (9.3.2)$$

Die entsprechende Gleichung nach FISCHER lautet:

$$P_0 = \ddot{u}_{Boden} \cdot m_{0\,Starr} + \ddot{u}_{Relativ} \cdot m_{0\,Relativ} \qquad (9.3.3)$$

FISCHER stellt ein Verfahren vor, in dem der hydrodynamische Effekt der Flüssigkeit durch Zusatzmassen an den leeren Tank realisiert wird und somit die Eigenfrequenzanalyse für einen trockenen Tank vorgenommen wird. Dieses Verfahren, für das die Benutzung von numerischen Methoden anzuraten ist, vernachlässigt die Kompressibilität der Flüssigkeit und führt laut [9.6 und 9.12] zu konservativen Ergebnissen.

Die eigentliche numerische Behandlung von Flüssigkeits-Struktur-Problemen erfolgt über die Herleitung von Finiten Elementen, die die Eigenschaften der Flüssigkeit wiedergeben können. Grundsätzlich gibt es hierfür zwei unterschiedliche Formulierungen, die EULER-Formulierung und die LAGRANGE-Formulierung.

Bei der EULER-Formulierung des Flüssigkeitselementes wird ein Geschwindigkeitspotential zugrundegelegt und das Verhalten der Flüssigkeit in den Knotenpunkten des Elementes durch Druck- oder Geschwindigkeitsvariable beschrieben. Die Bewegung der Struktur wird dagegen durch Verformungsvariable ausgedrückt, so daß erst zwei einzelne Probleme gelöst werden müssen, bevor die Interaktion untersucht werden kann [9.15].

Diese Schwierigkeit wird bei der LAGRANGE-Formulierung umgangen, da hier als Grundlage für das Fluidelement auch Verformungsvariable benutzt werden. Das Flüssigkeitselement wird i.a. als ebenes 4-Knoten-Element oder als räumliches 8-Knoten-Element hergeleitet [9.6 sowie 9.12 bis 9.14]. Unter der Voraussetzung kleiner Flüssigkeitsbewegungen, die bei Flüssigkeitstanks als erfüllt angesehen werden darf, führen die LAGRANGE- und die EULER-Formulierung auf das gleiche Ergebnis.

Im folgenden sind die ersten beiden Eigenformen eines flüssigkeitsgefüllten Tanks dargestellt. Die Flüssigkeitselemente sind mit der LAGRANGE-Formulierung hergeleitet worden. Zur

Überprüfung wurde gleichzeitig der Tank mit dem Näherungsverfahren nach HOUSNER berechnet. Die geometrischen Daten lauten

Wasserhöhe: H = 1,905 m,
Tankbreite: 2L = 5,08 m.

Die analytische Lösung ergibt eine Grundeigenfrequenz des Interaktionsproblems von:

$$\omega^2 = \frac{1,58 \cdot g}{L} \cdot \tanh\left(1,58 \cdot \frac{H}{L}\right) = \frac{1,58 \cdot g}{2,54} \cdot \tanh\left(1,58 \cdot \frac{1,905}{2,54}\right) = 5,059 \text{ s}^{-2}$$

$$\Rightarrow \omega = 2,249 \text{ s}^{-1}$$

Eine Berechnung mit der Finite-Elemente-Methode ergab die in Bild 9.3-1 und 9.3-2 dargestellten Ergebnisse.

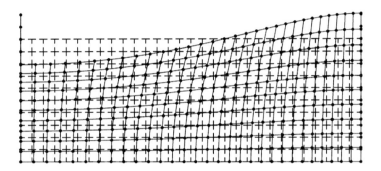

Bild 9.3-1: 1. Eigenschwingform (ω =2,24 s^{-1})

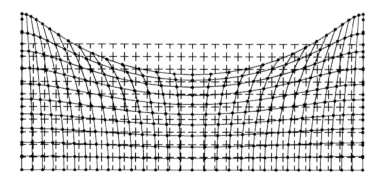

Bild 9.3-2: 2. Eigenschwingform (ω =3,49 s^{-1})

Literaturverzeichnis

Literatur Kapitel 2

[2.1] Fleßner, H.: Ein Beitrag zur Ermittlung von Querschnittswerten mit Hilfe elektronischer Rechenanlagen. Der Bauingenieur 37 (1962), Heft 4, S. 146.

[2.2] H. Prediger.: Zur Berechnung von Massenträgheitsmomenten durch ein Computer-Programm. Der Stahlbau 50 (1981), S. 21-24.

[2.3] Petersen, Chr.: Dynamik der Baukonstruktionen. Braunschweig / Wiesbaden: F. Vieweg & Sohn, 1996.

[2.4] Cooley, J.W., Tukey, J.W.: An Algorithm for the Machine Calculation of Complex Fourier Series. Mathematics of Computation 19 (1965), S. 297-301.

Literatur Kapitel 3

[3.1] Newmark, N. M.: A Method of Computation for Structural Dynamics. ASCE Journal of the Engineering Mechanics Division 85 (1959), S. 67-94.

Literatur Kapitel 4

[4.1] Krätzig, W.B., Meskouris, K., Link, M.: Abschnitt „Baudynamik und Systemidentifikation" in „Der Ingenieurbau - Grundwissen in 9 Bänden", Band Baustatik / Baudynamik, herausgegeben von G. Mehlhorn, W. Ernst & Sohn Verlag, Berlin 1996, S. 365-518.

[4.2] Guyan, R.J.: Reduction of Stiffness and Mass Matrices. AIAA Journal 3 (1965), S. 380.

[4.3] Irons, B.M.: Structural Eigenvalue Problems: Elimination of Unwanted Variables. AIAA Journal 3 (1965), S. 961-962.

[4.4] Caughey, T.K.; O'Kelly, M.E.J.: Classical Normal Modes in Damped Linear Dynamic Systems. Transactions of the ASME, Journal of Applied Mechanics, 12 (1965), S. 583-588.

[4.5] Hurty, W.C., Rubinstein, M.F.: Dynamics of Structures. Englewood Cliffs: Prentice-Hall, 1964

[4.6] Itoh, T.: Damped Vibration Mode Superposition Method for Dynamic Response Analysis. Earthquake Engineering and Structural Dynamics 2 (1973), S. 47-57.

[4.7] Roesset, J.M. et al.: Modal Analysis for Structures with Foundation Interaction. ASCE, Journal of the Structural Division 99 (1973), S. 399-416.

[4.8] Mojtahedi, S., Clough, R.W.: Earthquake Response Analysis Considering Non-proportional Damping. Earthquake Engineering and Structural Dynamics 4 (1976), S. 489-496.

[4.9] Newmark, N. M.: A Method of Computation for Structural Dynamics. ASCE Journal of the Engineering Mechanics Division 85 (1959), S. 67-94.

Literatur Kapitel 5

[5.1] Paz, M.: Structural Dynamics. New York: Van Nostrand Reinhold Company, 1980.

[5.2] Kolousek, V.: Dynamics in Engineering Structures. London: Butterworth 1973

[5.3] Akesson, B.A.: Byggnadsdynamik. In: BYGG Handbok för hus-, väg- och vattenbyggnad 1B (Allmänna grunder). Stockholm: AB Byggmästarens förlag 1972.

Literatur Abschnitt 6

[6.1] Petersen, Chr.: Dynamik der Baukonstruktionen. Braunschweig / Wiesbaden: F. Vieweg & Sohn, 1996.

[6.2] Uhrig, R.: Kinetik der Tragwerke - Baudynamik. Mannheim: Bibliographisches Institut & F.A. Brockhaus AG, 1992

Literatur Kapitel 7

[7.1] Lay, T., Wallace, T. G.: Modern Global Seismology. San Diego: Academic Press 1995.

[7.2] Gubbins, D.: Seismology and plate tectonics. Cambridge: Cambridge University Press 1990.

[7.3] Bolt, B.A.: Earthquakes and Geological Discovery. Scientific American Library, New York/Oxford: Freeman & Co., 1993

[7.4] Tselentis, Akis: Moderne Seismologie (Synchroni Seismologia, auf Griechisch). Athen: Papasotiriou 1997

[7.5] Kanamori H.: The energy release in great earthquakes. Journal of geophysical research 82 (1977), S. 2981-2987

[7.6] Arias, A.: A Measure of Earthquake Intensity. Seismic Design for Nuclear Power Plants, ed. R. Hansen, MIT Press, Cambridge Massachusetts 1970.

[7.7] Bolt, B.A.: Duration of Strong Ground Motion. Proceedings 5th WCEE, Band 1, Rom 1973, S. 1304-1313

[7.8] Trifunac, M.D., Brady, A.G.: A Study on the Duration of Strong Earthquake Ground Motion. Bulletin of the Seismological Society of America 65 (1975), S. 581-626.

[7.9] Novikova, E.I., Trifunac, M.D.: Duration of Strong Ground Motion in Terms of Earthquake Magnitude, Epicentral Distance, Site Conditions and Site Geometry. Earthquake Engineering and Structural Dynamics 23 (1994), S. 1023-1043.

[7.9] Sucukoglu, H., Nurtug, A.: Earthquake Ground Motion Characteristics and Seimic Energy Dissipation. Earthquake Engineering and Structural Dynamics 24 (1995), S. 1195-1213.

[7.10] Uang, C., Bertero, V.V.: Evaluation of Seismic Energy in Structures. Earthquake Engineering and Structural Dynamics 19 (1990), S. 77-90.

[7.11] Newmark, N.M., Hall, W.J.: Procedures and Criteria for Earthquake Resistant Design. Building Science Series 46, Building Practices For Disaster Mitigation, Natinal Bureau of Standards, Feb. 1973, S. 209-236.

[7.12] User's Manual for SHAKE91 (Originalversion von Schnabel, Lysmer & Seed, modifiziert durch I.M. Idriss und J. I. Sun). Center for Geotechnical Modelling, Department of Civil & Environmental Engineering, University of California, Davis, California, November 1992.

[7.13] Nakamura, Y.: A method for dynamic characteristics estimation of subsurface using microtremor on the ground surface. QR Railway Tech. Res. Inst. 30 (1989), S. 25-33.

[7.14] Coutel, F., Mora, P.: Simulation-Based Comparison of Four Site-response Estimation techniques. Bulletin of the Seismological Society of America 88 (1998), S. 30-42.

[7.15] Wilson, E.L., Der Kiureghian, A., Bayo, E.P.: A replacement for the SRSS method in seismic analysis. Earthquake Engineering and Structural Dynamics 9 (1981), S. 187-192

[7.16] Gupta, A.K., Singh, M.P.: Design of column sections subjected to three components of earthquakes. Nuclear Engineering and Design 41 (1977), S. 129-133.

[7.17] Anastassiadis, K.: Seismic Resistant Structures (Antiseismikes Kataskewes, auf Griechisch), Thessaloniki: CT Computer Technics 1989.

[7.18] Rosenblueth, E., Contreras, H.: Approximate Design for multicomponent earthquakes. ASCE, Journal of the Engineering Mechanics Division 103 (1977).

[7.19] Penelis, G.G., Kappos, A.J.: Earthquake-Resistant Concrete Structures. London: E & FN Spon, 1997.

[7.20] Cook, R.D.: Concepts and Applications of Finite Element Analysis. London: John Wiley 1974.

[7.21] European Committee for Standardization (CEN). Eurocode 8 - Design Provisions for Earthquake Resistance of Structures. Europäische Vornorm, Oktober 1994.

[7.22] Paulay, Th., Bachmann, H. und Moser, K.: Erdbebensicherung von Stahlbetonhochbauten. Basel: Birkhäuser Verlag 1990.

[7.23] Bachmann, H.: Erdbebensicherung von Bauwerken. Basel: Birkhäuser Verlag, 1995.

[7.24] DIN V ENV 1991-1-1: Eurocode 2 - Planung von Stahlbeton- und Spannbetontragwerken; Teil 1-1: Grundlagen und Anwendungsregeln für den Hochbau. Ausgabe 1992.

[7.25] Deutscher Auschuß für Stahlbeton. Richtlinie zur Anwendung von Eurocode 2 - Planung von Stahlbeton- und Spannbetontragwerken; Teil 1: Grundlagen und Anwendungsregeln für den Hochbau. Fassung April 1993.

[7.26] Avramidis, I. Bewertung der Regeln für die rechnerischen Exzentrizitäten in Erdbebennormen. Der Bauingenieur 65 (1990), S. 254-256.

[7.27] Müller, F.P. und Keintzel, E.: Erdbebensicherung von Hochbauten. 2. Auflage. Berlin: Verlag Ernst & Sohn, 1984.

Literatur Kapitel 8

[8.1] Structural Engineers Association of California (SEAOC): „Vision 2000: Performance Based Seismic Engineering of Buildings" (1995)

[8.2] Linde, P. Numerical Modelling and Capacity Design of Earthquake Resistant Reinforced Concrete Walls. Bericht Nr. 200, Institut für Baustatik und Konstruktion, ETH Zürich, Birkhäuser Verlag, 1993.

[8.3] Hanskötter, U. Strategien zur Minimierung des numerischen Aufwands von Schädigungsanalysen seismisch erregter, räumlicher Hochbaukonstruktionen mit gemischten Aussteifungssystemen aus Stahlbeton. Mitteilung Nr. 94-11, Ruhr-Universität Bochum, KIB-SFB 151, September 1994.

[8.4] Kabeyasawa, H. Shiohara, H. und Otani, S. U.S.-Japan Cooperative Research on R/C Full-Scale Building Test Part 5: Discussion on Dynamic Response System. Proceedings 8th WCEE, Vol. 6, San Francisco 1984.

[8.5] Meyer, I.F.: Ein werkstoffgerechtes Schädigungsmodell und Stababschnittselement für Stahlbeton unter zyklischer nichtlinearer Beanspruchung. Technisch-wiss. Mitteilungen des Instituts für konstruktiven Ingenieurbau, Nr. 88-4, Ruhr-Universität Bochum, 1988

[8.6] Garstka, B.: Untersuchungen zum Trag- und Schädigungsverhalten stabförmiger Stahlbetonbauteile mit Berücksichtigung des Schubeinflusses bei zyklischer nichtlinearer Beanspruchung. Technisch-wiss. Mitteilungen des Instituts für konstruktiven Ingenieurbau, Nr. 93-2, Ruhr-Universität Bochum, 1993

[8.7] Park, Y.J., Ang, A.H-S.: Mechanistic Seismic Damage Model for Reinforced Concrete. Journal of Structural Engineering, ASCE, Bd. 111, Nr. 4, 722-739, 1985

[8.8] Linde, P. Analytical Modelling Methods for R/C Shear Walls. Report TVBK-1005, Department of Structural Engineering, Lund Institute of Technology, Schweden, 1989.

[8.9] Valles, R.E., Reinhorn, A.M., Kunnath, S.K., Li, C. und Madan, A. IDARC2D Version 4.0: A Computer Program for the Inelastic Damage Analysis of Buildings. Technical Report NCEER-96-0010, NCEER, Department of Civil Engineering, State University of New York at Buffalo, 1996.

[8.10] Kappos, A.J. und Xenos, A. A Reassessment of Ductility and Energy-Based Seismic Damage Indices for Reinforced Concrete Structures. Proceedings of the European Conference on Structural Dynamics Eurodyn' 96, Florenz, 1996.

[8.11] Paulay, T., Bachmann, H. und Moser, K. Erdbebenbemessung von Stahlbetonhochbauten. Basel: Birkhäuser Verlag 1994.

[8.12] Schauerte, J.: Raffineriedruckbehälter unter Erdbebenlast - Vergleichende Untersuchung numerischer Modellbildung unterschiedlicher Komplexität. Diplomarbeit am Lehrstuhl für Baustatik und Baudynamik der RWTH Aachen, März 1998

Literatur Kapitel 9

[9.1] Housner, G.W.: The dynamic behaviour of water tanks. Bulletin of the Seismological Society of America 53 (1963), S. 381-387

[9.2] API STANDARD 650, Welded Steel Tanks for Oil Storage, Manufacturing, Distribution and Marketing Department, ANSI, Ninth Edition, 1993, Appendix E

[9.3] Fischer, F.D.: Ein Vorschlag zur erdbebensicheren Bemessung von flüssigkeitsgefüllten zylindrischen Tankbauwerken. Der Stahlbau 50 (1981), S.13-20

[9.4] Müller, F.P.; Keintzel, E.: Erdbebensicherung von Hochbauten. Berlin: Ernst & Sohn, 1984, S.213-218

[9.5] Hampe, E.: Bemerkungen zum Tragverhalten von Behälterbauwerken unter außergewöhnlichen dynamischen Einwirkungen. Beton- und Stahlbetonbau 80 (1985), S.123-128

[9.6] Wilson, E.L.; Khalvati, M.: Finite Elements for the Dynamic Analysis of Fluid-Solid Systems. International Journal for Numerical Methods in Engineering, 1983, S.1657-1668

[9.7] Kim, Y.S., Yun, C.B.: A Spurious Free Four-Node Displacement-Based Element for Fluid-Structure Interaction Analysis. Engineering Structures 19 (1997), S. 665-678

[9.8] Nuclear Reactors and Earthquakes. TID7024, U.S.Atomic Energy Commission, 1963, S.183-209

[9.9] Epstein, H.I.: Seismic Design of Liquid Storage Tanks. ASCE, Journal of the Structural Division 102 (1976), S.1659-1673

[9.10] Housner, G.W.: Design Spectrum. In: Wiegel, R.L.: Earthquake Engineering. Prentice-Hall Inc., 1970, S. 93-106

[9.11] Fischer, F.D.: Dynamic Fluid Effects in Liquid-Filled Flexible Cylindrical Tanks. Earthquake Engineering and Structural Dynamics 7 (1979), S.587-601

[9.12] Eibl, J.; Stempniewski, L.: Flüssigkeitsbehälter unter äußerem Explosionsdruck. Forschungsbericht, Institut für Massivbau und Baustofftechnologie, Karlsruhe, 1987

[9.13] Stempniewski, L.: Flüssigkeitsgefüllte Stahlbetonbehälter unter Erdbebeneinwirkung. Schriftenreihe des Instituts für Massivbau und Baustofftechnologie, Karlsruhe, 1990

[9.14] Belytschko, T.; Flanagan, D.P.; Kennedy, L.M.: Finite Element Methods with User-Controlled Meshes for Fluid-Structure Interaction. Computer Methods in Applied Mechanics and Engineering, 1982, S.669-688

[9.15] Oden, J.T.; Zienkiewicz, O.C.; Gallagher, R.H.; Taylor, C.: Finite Elements in Fluids, Vol. I and II, New York: Wiley, 1975

[9.16] Zienkiewicz, O.C.; Bettes, P.: Fluid-Strukture Dynamic Interaction and Wave Forces. International Journal for Numerical Methods in Engineering, 1987, S.1-16

Programmübersicht

Systemvoraussetzungen für die Nutzung der CD-ROM

- PC mit Windows 95 als Betriebssystem, CD-ROM-Laufwerk und Maus
- mindestens 2 MB Kernspeicher
- 12 MB freie Festplattenkapazität
- Grafikkarte mit einer Mindestauflösung von 800 x 600 oder (besser) 1024 x 768

	Programm-name	Leistung des Programms
1	AREMOM	Ermittlung von Querschnittswerten polygonal berandeter Querschnitte.
2	BODMOM	Ermittlung von Massenmomenten 2. Ordnung beliebiger Polyeder.
3	FFT1	Hintransformation einer Zeitreihe vom Zeit- in den Frequenzbereich.
4	FFT2	Rücktransformation vom Frequenz- in den Zeitbereich.
5	AUTKOR	Berechnung der Autokorrelationsfunktion einer Zeitreihe.
6	LININT	Lineare Interpolation einer Funktion f(t).
7	DUHAMI	Auswertung der partikulären Lösung des gedämpften Einmassenschwingers.
8	LEINM	Numerische Integration der Bewegungsdifferentialgleichung des Einmassenschwingers nach NEWMARK.
9	FILTER	Filtern einer Zeitreihe im Frequenzbereich (Hoch-, Tief- und Bandpassfilter).
10	NLM	Berechnung der Zeitantwort eines physikalisch nichtlinearen Einmassenschwingers mit Federgesetz wahlweise vom elastoplastischen, bilinearen oder UMEMURA-Typ.

11	RAHMEN	Ermittlung der Zustandsgrößen (Verschiebungen und Schnittkräfte) eines ebenen Rahmentragwerks mit beliebig vielen federelastischen Stützungen unter statischer Belastung bestehend aus Einzelkräften und Einzelmomenten.
12	VOLLST	Ausgabe der vollständigen (nicht auf wesentliche Freiheitsgrade kondensierte) Steifigkeitsmatrix und der konsistenten Massenmatrix eines ebenen Rahmentragwerks.
13	KONDEN	Durchführung einer statischen Kondensation für ebene Rahmentragwerke.
14	JACOBI	Lösung des linearen allgemeinen Eigenwertproblems nach JACOBI.
15	INTERP	Lineare Interpolation einer Zeitfunktion wie bei LININT, hier für mehrere Komponenten eines Lastvektors, die bei gleicher Zeitfunktion verschiedene Amplituden besitzen.
16	MODAL	Modale Analyse eines Mehrmassenschwingers nach Lösung des Eigenwertproblems mit Direkter Integration der entkoppelten Modalbeiträge.
17	INTFOR	Berechnung von Zustandsgrößen eines ebenen Rahmentragwerks bei bekannten Verformungen der wesentlichen Freiheitsgrade.
18	EIGVOL	Bestimmung der Grundperiode eines Rahmens mit der zugehörigen Eigenform ohne vorangegangene Kondensation auf die wesentlichen Freiheitsgrade.
19	ALFBET	Auswertung der Parameter α und β der Rayleigh-Dämpfung $\underline{C} = \alpha \underline{M} + \beta \underline{K}$ und Ermittlung der Dämpfungsgrade D für eine Reihe von Perioden.
20	CRAY	Aufstellung von $\underline{C} = \alpha \underline{M} + \beta \underline{K}$ bzw. alternativ $\underline{C} = \alpha \underline{M}$ oder $\underline{C} = \beta \underline{K}$.
21	CMOD	Erstellung der Dämpfungsmatrix $\underline{C}$ mit Hilfe eines vollständigen modalen Ansatzes.

22	FTCF	Ermittlung der Matrix $\underline{CC} = \underline{\Phi}^T \underline{C} \underline{\Phi}$.
23	CALLG	Erstellung von $\underline{C}$ durch Einmischen der Einzelsteifigkeitsmatrizen $\underline{\beta}_i \underline{K}_i$.
24	NEWMAR	Lösung des gekoppelten Differentialgleichungssystems durch implizite direkte Integration nach NEWMARK.
25	EULBER	Bestimmung der Zustandsgrößen ebener Rahmen bei stationär-harmonischer Erregung mit der Kreisfrequenz ω nach der EULER/BERNOULLI-Theorie 1. Ordnung.
26	EUBER2	Bestimmung der Zustandsgrößen ebener Rahmen bei stationär-harmonischer Erregung mit der Kreisfrequenz ω nach der EULER/BERNOULLI-Theorie 2. Ordnung.
27	TIMOSH	Bestimmung der Zustandsgrößen ebener Rahmen bei stationär-harmonischer Erregung mit der Kreisfrequenz ω nach der TIMOSHENKO-Theorie.
28	EUBFRQ	Bestimmung von Eigenfrequenzen ebener Rahmen nach der EULER/BERNOULLI-Theorie 1. Ordnung.
29	EB2FRQ	Bestimmung von Eigenfrequenzen ebener Rahmen nach der EULER/BERNOULLI-Theorie 2. Ordnung.
30	TIMFRQ	Bestimmung von Eigenfrequenzen ebener Rahmen nach der TIMOSHENKO-Theorie.
31	GLOCKE	Lösung der nichtlinearen Differentialgleichung der Glockenschwingung im Zeitbereich zur Auswertung des Zeitverlaufs der Lagerkräfte.
32	BASKOR	Durchführung einer linearen Basislienienkorrektur und Ermittlung der Bodengeschwindigkeits- und Bodenverschiebungszeitverläufe des korrigierten und des unkorrigierten Akzelerogramms.

33	INTEG	Ermittlung der Zeitverläufe der Bodengeschwindigkeit und der Bodenverschiebung zu einem gegebenen Bodenbeschleunigungszeitverlauf.
34	HUSID	Ermittlung des HUSID-Diagramms, der ARIAS-Intensität und der Starkbebendauer eines Akzelerogramms.
35	SPECTR	Ermittlung von Antwortspektren eines Akzelerogramms (Pseudoabsolutbeschleunigung, Pseudorelativgeschwindigkeit, Relativverschiebung sowie Energiespektren).
36	NLSPEC	Ermittlung inelastischer Antwortspektren vorgegebener Beschleunigungszeitverläufe zu gewünschten Zielduktilitätswerten μ.
37	LINLOG	Umrechnung von in logarithmischer Form stückweise linear verlaufenden Spektren in ihre lineare Darstellung.
38	SYNTH	Erzeugung spektrumkompatibler Beschleunigungszeitverläufe.
39	MDA2DE	Modalanalytische seismische Untersuchung ebener Systeme nach dem Antwortspektrumverfahren.
40	MODBEN	Seismische Untersuchung ebener Systeme mittels Direkter Integration nach vorangegangener Lösung des Eigenwertproblems.
41	NEWBEN	Seismische Untersuchung ebener Systeme mittels Direkter Integration ohne vorangegangene Lösung des Eigenwertproblems.
42	TRA3D	Aufstellung der räumlichen Steifigkeitsmatrix für eine einzelne Wandscheibe.
43	MATSUM	Aufsummierung der räumlichen Steifigkeitsmatrizen der einzelnen Wandscheiben.

44	MDA3DE	Modalanalytische seismische Untersuchung räumlicher Systeme nach dem Antwortspektrumverfahren.
45	DISP3D	Das Programm liefert für jeden Satz von 3*N statischen Ersatzlasten des Nstöckigen pseudoräumlichen Modells die zugehörige Verschiebungskonfiguration.
46	FORWND	Rückrechnung der Stockwerksquerkräfte einer bestimmten Wandscheibe bei bekannten Verschiebungen des Gesamttragwerks.
47	LATWND	Liefert die laterale Steifigkeitsmatrix einer gedrungenen Schubwand ohne Öffnungen nach der Scheibentheorie.
48	STAKON	Ermittlung der lateralen Steifigkeitsmatrix ebener Rahmen mit Stabelementen, die starre Endbereiche aufweisen.
49	STARAH	Ermittlung der vollständigen Schnittkräfte und Verformungen eines Rahmens, der Stabelemente mit starren Endbereichen enthält.
50	UFORM	Programm zur Formatänderung der Eingabedateien von Zeitreihen.
51	EQSOLV	Lösung eines linearen Gleichungssystems.
52	MATINV	Invertierung einer quadratischen Matrix.

Programmbeschreibungen

AREMOM	**1**
Ermittlung von Querschnittswerten polygonal berandeter Querschnitte (Abschnitt 2.4)	
Eingabedatei:	
Dateiname	
KOORD.ARE	*1. Zeile:* Anzahl N der Eckpunkte des Querschnitts, mit Punkt N gleich Punkt 1. *2. bis (N+1). Zeile:* Jeweils zwei Zahlenwerte für die x- und die y-Koordinaten aller N Eckpunkte. Die Reihenfolge der Punkte ist derart zu wählen, daß der Querschnitt beim Fortschreiten von Punkt zu Punkt in aufsteigender Reihenfolge immer links liegt.
Ausgabedatei:	
Dateiname	
MOMENT.ARE	In der Datei stehen die Fläche, die statischen Momente, die Trägheitsmomente, das Zentrifugalmoment, die Lage des Schwerpunktes und der Hauptachsen sowie die Hauptträgheitsmomente.

BODMOM	**2**
Ermittlung von Massenmomenten 2. Ordnung beliebiger Polyeder (Abschnitt 2.4)	
Eingabedatei:	
Dateiname	
KOORD.BOD	*1. Zeile:* Anzahl m der ebenen Flächen, die die Körperoberfläche bilden. *2. bis (m+1). Zeile:* Anzahl n der Eckpunkte jeder der m Teilflächen. In weiteren Zeilen stehen jeweils die (x,y,z)-Koordinaten aller n Punkte aller m Flächen (ein Koordinatentripel pro Zeile).
Ausgabedatei:	
Dateiname	
MOMENT.BOD	In der Datei stehen außer dem Volumen die statischen Momente, die Schwerpunktskoordinaten und die Massenmomente 2. Ordnung des Körpers. Zur Kontrolle werden die Koordinaten ausgedruckt.

FFT1	**3**
Hintransformation einer Zeitreihe vom Zeit- in den Frequenzbereich (Abschnitt 2.6)	

Interaktive Ein-/Ausgabe:

Aufforderungstext	Bemerkung
Anzahl NPKT der Punkte der Zeitreihe (max. 8192)? NANZ, gewuenschte hoehere Zahl als Potenz von 2 fuer die Elemente der Zeitreihe (max. 8192)? Zu NANZ zugehoeriger Exponent von 2 (max. 13)? Zeitschritt DT ?	Den eingelesenen NPKT Werten der Zeitreihe werden (NANZ-NPKT) Nullen hinzugefügt, so daß die Zeitreihe aus insgesamt NANZ Werten im konstanten zeitlichen Abstand DT besteht.

Eingabedatei:

Dateiname	
TIMSER.DAT	NPKT Zeilen mit jeweils zwei Werten t, f(t) im Format 2E14.7, darstellend die Zeitpunkte (in der ersten Spalte) und die Ordinaten der Zeitreihe (in der zweiten Spalte).

Ausgabedateien:

Dateiname	
OMCOF.DAT	OMCOF.DAT enthält die ermittelten (NANZ/2) komplexen FOURIER-Koeffizienten, mit den Kreisfrequenzen in der ersten, dem Realteil in der zweiten und dem Imaginärteil in der dritten Spalte (Format 3E14.7).
OMQU.DAT	In OMQU.DAT werden neben den Abszissenwerten (Kreisfrequenzen) in der zweiten Spalte die Quadrate der FOURIER-Koeffizienten abgelegt (Format 2E14.7).

FFT2	**4**
Rücktransformation vom Frequenz- in den Zeitbereich (Abschnitt 2.6)	

Interaktive Ein-/Ausgabe:

Aufforderungstext	Bemerkung
Anzahl NANZ der Elemente der Zeitreihe (muss eine Potenz von 2 sein, max. 8192 Werte) ? Zu NANZ zugehoeriger Exponent von 2 (max. 13)? Kreisfrequenzschritt DOM = 2*pi/(NANZ*DT)?	Es werden (NANZ/2) komplexe Werte eingelesen, als FOURIER-Koeffizienten im Abstand $$\Delta \omega = \frac{2\pi}{NANZ \cdot DT}$$

Eingabedatei:

Dateiname	
OMCOF.DAT	OMCOF.DAT enthält (NANZ/2) komplexe FOURIER-Koeffizienten, mit den Kreisfrequenzen in der ersten, dem Realteil in der zweiten und dem Imaginärteil in der dritten Spalte (Format 3E14.7).

Ausgabedatei:

Dateiname	
RESULT.DAT	Die Datei enthält die ermittelte Zeitreihe (NANZ Werte) mit den Zeitpunkten in der ersten und den Ordinaten in der zweiten Spalte im Format 2E14.7.

AUTKOR	5
Berechnung der Autokorrelationsfunktion einer Zeitreihe (Abschnitt 2.6)	

Interaktive Ein-/Ausgabe:

Aufforderungstext	Bemerkung
Anzahl N der Punkte der Zeitreihe? Zeitschrittweite DT? Anzahl der Punkte der gesuchten Autokorrelationsfunktion?	Mittelwert, Varianz und Standardabweichung der Zeitreihe werden ebenfalls berechnet und auf dem Bildschirm ausgegeben.

Eingabedatei:

Dateiname	
TIMSER.DAT	N Zeilen mit jeweils zwei Werten t, f(t) im Format 2E14.7, darstellend die Zeitpunkte (in der ersten Spalte) und die Ordinaten der Zeitreihe (in der zweiten Spalte).

Ausgabedatei:

Dateiname	
KORREL.DAT	Autokorrelationsfunktion mit der Korrelationsweite als Vielfaches der Zeitschrittweite in der ersten und den Ordinaten in der zweiten Spalte (Format 2E14.7)

LININT	6
Lineare Interpolation einer Funktion f(t) (Abschnitt 2.6)	

Interaktive Ein/Ausgabe:

Aufforderungstext	Bemerkung
Anzahl NPKT der die Funktion beschreibenden Punkte? Konstante Interpolationsschrittweite? Anzahl NANZ der zu berechnenden Ordinaten?	Der zu interpolierende Teil der Funktion fängt mit dem ersten Punkt an und muß innerhalb des durch die angegebenen Punkte definierten Bereichs der Funktion liegen.

Eingabedatei:

Dateiname	
FKT	Auf NPKT Zeilen stehen formatfrei die (t, f(t))-Koordinaten der Punkte, die die stückweise als linear angenommene Funktion definieren.

Ausgabedatei:

Dateiname	
FKTINT	In der ersten Spalte von FKTINT stehen die Zeitpunkte (Abszissenwerte), in der zweiten die ermittelten Ordinaten f(t) im konstanten Zeitabstand DT (NANZ Zeilen im Format 2E14.7).

DUHAMI	7
Auswertung der partikulären Lösung des gedämpften Einmassenschwingers (Abschnitt 3.2)	

Interaktive Ein-/Ausgabe:

Aufforderungstext	Bemerkung
Anzahl NANZ der Ordinaten der Lastfunktion? Periode T des Einmassenschwingers? Daempfungswert D des Einmassenschwingers? Zeitschritt DT? Faktor für die Lastfunktion?	Wenn die Ordinaten der Lastfunktion (rechte Seite) noch nicht durch die Masse m des Einmassenschwingers dividiert worden sind, ist (1/m) als Faktor einzugeben. Das errechnete Maximum des Absolutswerts der Verschiebung wird am Bildschirm ausgegeben.

Eingabedatei:

Dateiname	
RHS	Auf NANZ Zeilen jeweils der Zeitpunkt und die Ordinate der Lastfunktion (rechte Seite der Differentialgleichung) mit konstanter Zeitschrittweite DT (Format 2E14.7). Sind die Lastordinaten nicht bereits durch die Masse m des Einmassenschwingers dividiert worden, sollte (1/m) als Faktor für die Lastfunktion interaktiv eingegeben werden.

Ausgabedatei:

Dateiname	
DUHOUT	In der ersten Spalte stehen die Zeitpunkte, in der zweiten die ermittelten Verschiebungen des Einmassenschwingers (Format 2E14.7).

LEINM	8
Numerische Integration der Bewegungsdifferentialgleichung des Einmassenschwingers nach NEWMARK (Abschnitt 3.2)	

Interaktive Ein-/Ausgabe:

Aufforderungstext	Bemerkung
Daten des linearen Einmassenschwingers: Kreiseigenfrequenz? Daempfungsgrad? Verschiebung fuer t=0? Geschwindigkeit fuer t=0? Belastungskennwerte: Anzahl NANZ der Zeitschritte? Konstante Zeitschrittweite? Erdbeschleunigung g in den von Ihnen verwendeten Einheiten? (z.B. 9.81 bei m und s)	Angabe wegen der Ausgabe der Beschleunigung in g-Einheiten notwendig.
Faktor fuer die Lastfunktion ?	Wenn die Ordinaten der Lastfunktion (rechte Seite) noch nicht durch die Masse m des Einmassenschwingers dividiert worden sind, ist (1/m) als Faktor einzugeben. Es werden zusätzlich die erreichten Maximalwerte der Auslenkung, der Geschwindigkeit und der Beschleunigung (letztere in g) mit den zugehörigen Zeiten am Bildschirm ausgegeben.

Eingabedatei:

Dateiname	
RHS	Auf NANZ Zeilen jeweils der Zeitpunkt und die Ordinate der Lastfunktion (rechte Seite der Differentialgleichung) mit konstanter Zeitschrittweite DT (Format 2E14.7). Sind die Lastordinaten nicht bereits durch die Masse m des Einmassenschwingers dividiert worden, sollte (1/m) als Faktor für die Lastfunktion interaktiv eingegeben werden.

Ausgabedatei:

Dateiname	
THNEW	In der Ausgabedatei THNEW stehen in vier Spalten (Format 4E14.7) die Zeitpunkte sowie die berechneten Werte der Auslenkung, der Geschwindigkeit und der Beschleunigung des Systems, letztere in g-Einheiten.

FILTER	**9**
Filtern einer Zeitreihe im Frequenzbereich (Hoch-, Tief- und Bandpassfilter, Abschnitt 3.5)	

Interaktive Ein-/Ausgabe:

Aufforderungstext	Bemerkung
Anzahl NANZ der Werte der Zeitreihe (max. 4096)? Naechst hoehere Potenz von 2? (z.B. 12 bei 4096 Werten)	Die Zeitreihe darf höchstens 4096 Punkte beinhalten, wobei wegen des zugrundeliegenden FFT-Algorithmus die Werte bis zur nächsthöheren Potenz von 2 programmintern mit Nullen belegt werden.
Konstanter Zeitschritt?	
Hochpassfilterung gewuenscht? J/N Eckkreisfrequenz des Hochpassfilters?	Für die gewünschte Filterung müssen die Filterparameter eingegeben werden.
Tiefpassfilterung gewuenscht? J/N Kreisfrequenz des KANAI-TAJIMI-Filters? Daempfung des KANAI-TAJIMI-Filters?	
Bandpassfilterung gewuenscht? J/N Kreisfrequenzen OMH und OMT des Bandpassfilters?	

Eingabedatei:

Dateiname	
TIMSER.DAT	NANZ Zeilen mit jeweils zwei Werten t, f(t) im Format (2E14.7), darstellend die Zeitpunkte (in der ersten Spalte) und die Ordinaten der Zeitreihe (in der zweiten Spalte).

Ausgabedatei:

Dateiname	
FILT.DAT	Die resultierende gefilterte Zeitreihe wird in die Datei FILT.DAT geschrieben, und zwar ebenfalls im Format 2E14.7 mit den Zeitpunkten in der ersten und den Ordinaten in der zweiten Spalte.

NLM	10
\multicolumn{2}{c}{Berechnung der Zeitantwort eines physikalisch nichtlinearen Einmassenschwingers mit Federgesetz vom elastoplastischen, bilinearen oder UMEMURA-Typ (Abschnitt 3.7)}	

Interaktive Ein-/Ausgabe:

Aufforderungstext	Bemerkung
Parameter des nichtlinearen Einmassenschwingers: Bilineares Federgesetz? J/N Elastisch-ideal plastisches Federgesetz? J/N Federgesetz nach Umemura? J/N Verfestigung p als Teil pK der Anfangssteifigkeit K?	nur beim bilinearen Federgesetz
Kreiseigenfrequenz? Dämpfungsgrad? Masse des Einmassenschwingers?	Wird für die Ermittlung der Rückstellkraft benötigt, deren zeitlicher Verlauf in der 5. Spalte der Ausgabedatei THNLM erscheint.
Anfangsbedingungen: Verschiebung für t=0? Geschwindigkeit für t=0? Max. elastischer Federweg?	Verlängerung/Verkürzung der Feder (z.B. in m) bis zum Verlassen der HOOKEschen Gerade.
Belastungskennwerte: Anzahl NANZ der Zeitschritte? Konstante Zeitschrittweite? Erdbeschleunigung g in Ihren Einheiten? (z.B. 9.81)	Angabe wegen der Ausgabe der Beschleunigung in g-Einheiten notwendig.
Faktor für die Lastfunktion?	Wenn die Ordinaten der Lastfunktion (rechte Seite) noch nicht durch die Masse m des Einmassenschwingers dividiert worden sind, ist (1/m) als Faktor einzugeben.
	Es werden zusätzlich die erreichten Maximalwerte der Auslenkung, der Geschwindigkeit und der Beschleunigung (letztere in g) mit den zugehörigen Zeiten am Bildschirm ausgegeben.

Eingabedatei:

Dateiname	
RHS	Auf NANZ Zeilen stehen jeweils der Zeitpunkt und die Ordinate der Lastfunktion (rechte Seite der Differentialgleichung) mit konstanter Zeitschrittweite DT (Format 2E14.7). Sind die Lastordinaten nicht bereits durch die Masse m des Einmassenschwingers dividiert worden, sollte (1/m) als Faktor für die Lastfunktion interaktiv eingegeben werden.

Ausgabedatei:

Dateiname	
THNLM	Sie enthält in fünf Spalten im Format 5E14.7 die Zeitpunkte, die Auslenkung, die Geschwindigkeit und die Beschleunigung (in g) des Einmassenschwingers, dazu in der 5. Spalte die Rückstellkraft $F_R(t)$.

RAHMEN	**11**
Ermittlung der Zustandsgrößen (Verschiebungen und Schnittkräfte) eines ebenen Rahmentragwerks mit beliebig vielen federelastischen Stützungen unter statischer Belastung, bestehend aus Einzelkräften und Einzelmomenten (Abschnitt 4.2)	

Interaktive Ein-/Ausgabe:

Aufforderungstext	Bemerkung
Gesamtanzahl NDOF der Freiheitsgrade? Anzahl NELEM der Staebe? Anzahl NFED der einzubauenden Federmatrizen?	Jede der NFED Federmatrizen verknüpft eine Reihe von aktiven kinematischen Freiheitsgraden untereinander und u.U. auch mit der Erdscheibe (Freiheitsgrad 0).
Kantenlaengen aller Federmatrizen (NFED Zahlen)?	Die Kantenlänge der jeweiligen Federmatrix ist gleich der Anzahl der gekoppelten Freiheitsgrade.

Eingabedateien:

Dateiname	
ERAHM	In den ersten NELEM Zeilen stehen formatfrei für jeden Stab die 4 Werte EI, ℓ, EA und α. Dabei ist EI die konstante Biegesteifigkeit (z.B. in kNm^2), ℓ die Stablänge (z.B. in m), EA die Dehnsteifigkeit (z.B. in kN) und α der Winkel zwischen der globalen x-Achse und der Stabachse (in Grad, positiv im Gegenuhrzeigersinn). In den nächsten NELEM Zeilen stehen (formatfrei) die Inzidenzvektoren aller Stäbe, das sind die 6 Nummern der Systemfreiheitsgrade, die den lokalen Freiheitsgraden 1 bis 6 des Stabelements (u_1, w_1, φ_1, u_2, w_2, φ_2) entsprechen. Es folgen (formatfrei auf beliebig vielen Zeilen) die NDOF Lastkomponenten (Einzellasten und Einzelmomente) korrespondierend zu den aktiven kinematischen Systemfreiheitsgraden.
INZFED	NFED Zeilen, jeweils eine für jeden Federinzidenzvektor. Darin stehen nacheinander formatfrei die Nummern der Freiheitsgrade, die durch die jeweilige Federmatrix verknüpft werden.
FEDMAT	In beliebig vielen Zeilen stehen darin (formatfrei) nacheinander die Koeffizienten aller NFED Federmatrizen.

Ausgabedatei:

Dateiname	
ARAHM	In der Ausgabedatei ARAHM stehen zunächst die ermittelten Verschiebungen in allen NDOF Systemfreiheitsgraden, danach nach Stabelementen geordnet die Verformungen und Schnittkräfte an deren Endquerschnitten. Alle Zustandsgrößen beziehen sich auf das globale (x,z)-Koordinatensystem und erscheinen in der Reihenfolge (Horizontalkomponente, Vertikalkomponente, Drehung oder Biegemoment) für den Anfangs- und für den Endquerschnitt.

VOLLST	**12**

Ausgabe der vollständigen (nicht auf wesentliche Freiheitsgrade kondensierte) Steifigkeitsmatrix und der konsistenten Massenmatrix eines ebenen Rahmentragwerks (Abschnitt 4.2)

Interaktive Ein-/Ausgabe:

Aufforderungstext	Bemerkung
Gesamtanzahl NDOF der Freiheitsgrade? Anzahl NELEM der Staebe? Anzahl NFED der einzubauenden Federmatrizen? Kantenlaengen aller Federmatrizen (NFED Zahlen)?	Jede der NFED Federmatrizen verknüpft eine Reihe von aktiven kinematischen Freiheitsgraden untereinander und u.U. auch mit der Erdscheibe (Freiheitsgrad 0). Die Kantenlänge der jeweiligen Federmatrix ist gleich der Anzahl der gekoppelten Freiheitsgrade.

Eingabedateien:

Dateiname	
ERAHM	In den ersten NELEM Zeilen stehen formatfrei für jeden Stab die 4 Werte EI, ℓ, EA und α. Dabei ist EI die konstante Biegesteifigkeit (z.B. in kNm^2), ℓ die Stablänge (z.B. in m), EA die Dehnsteifigkeit (z.B. in kN) und α der Winkel zwischen der globalen x-Achse und der Stabachse (in Grad, positiv im Gegenuhrzeigersinn). In den nächsten NELEM Zeilen stehen (formatfrei) die Inzidenzvektoren aller Stäbe, das sind die 6 Nummern der Systemfreiheitsgrade, die den lokalen Freiheitsgraden 1 bis 6 des Stabelements (u_1, w_1, φ_1, u_2, w_2, φ_2) entsprechen.
INZFED	In NFED Zeilen für jeweils einen Federinzidenzvektor stehen nacheinander die Nummern der durch die jeweilige Federmatrix verknüpften Freiheitsgrade (formatfrei).
FEDMAT	In beliebig vielen Zeilen stehen darin (formatfrei) nacheinander die Koeffizienten aller NFED Federmatrizen.
EMAS	In beliebig vielen Zeilen stehen darin formatfrei NELEM Zahlen, die die Masse pro Längeneinheit aller Stabelemente (z.B. in t/m) angeben.

Ausgabedateien:

Dateiname	
KVOLL	Vollständige quadratische Steifigkeitsmatrix (NDOF * NDOF Zahlen im Format 6E14.7).
MVOLL	Konsistente Massenmatrix (NDOF * NDOF Zahlen im Format 6E14.7).

KONDEN		**13**
Durchführung einer statischen Kondensation für ebene Rahmentragwerke (Abschnitt 4.3)		

Interaktive Ein-/Ausgabe:

Aufforderungstext	Bemerkung
Gesamtanzahl NDOF der Freiheitsgrade? Anzahl NDU der wesentlichen Freiheitsgrade? Anzahl NELEM der Staebe? Anzahl NFED der einzubauenden Federmatrizen? Kantenlaengen aller Federmatrizen (NFED Zahlen)?	 Jede der NFED Federmatrizen verknüpft eine Reihe von aktiven kinematischen Freiheitsgraden untereinander und u.U. auch mit der Erdscheibe (Freiheitsgrad 0). Die Kantenlänge der jeweiligen Federmatrix ist gleich der Anzahl der gekoppelten Freiheitsgrade.

Eingabedateien:

Dateiname	
EKOND	In den ersten NELEM Zeilen stehen formatfrei für jeden Stab die 4 Werte EI, ℓ, EA und α. Dabei ist EI die konstante Biegesteifigkeit (z.B. in kNm^2), ℓ die Stablänge (z.B. in m), EA die Dehnsteifigkeit (z.B. in kN) und α der Winkel zwischen der globalen x-Achse und der Stabachse (in Grad, positiv im Gegenuhrzeigersinn). In den nächsten NELEM Zeilen stehen (formatfrei) die Inzidenzvektoren aller Stäbe, das sind die 6 Nummern der Systemfreiheitsgrade, die den lokalen Freiheitsgraden 1 bis 6 des Stabelements (u_1, w_1, φ_1, u_2, w_2, φ_2) entsprechen. Es folgen (formatfrei auf beliebig vielen Zeilen) die NDU Nummern der wesentlichen Freiheitsgrade.
INZFED	NFED Zeilen, jeweils eine für jeden Federinzidenzvektor. Darin stehen nacheinander formatfrei die Nummern der Freiheitsgrade, die durch die jeweilige Federmatrix verknüpft werden.
FEDMAT	In beliebig vielen Zeilen stehen darin (formatfrei) nacheinander die Koeffizienten aller NFED Federmatrizen.

Ausgabedateien:

Dateiname	
KMATR	Die ermittelte kondensierte (NDU * NDU)-Steifigkeitsmatrix im Format 6E14.7.
AMAT	Die Matrix A (NDOF * NDU Elemente) zur Ermittlung der Verformungen in allen Freiheitsgraden bei bekannten Verformungen der NDU wesentlichen Freiheitsgrade.

JACOBI	**14**
Lösung des linearen allgemeinen Eigenwertproblems nach JACOBI (Abschnitt 4.5)	

Interaktive Ein-/Ausgabe:

Aufforderungstext	Bemerkung
Anzahl der Gleichungen?	Anzahl NDU der wesentlichen Freiheitsgrade als Kantenlänge von Steifigkeits- und Massenmatrix.

Eingabedateien:

Dateiname	
KMATR	Die kondensierte (NDU *NDU)-Steifigkeitsmatrix, formatfrei bzw. im Format 6E14.7 wie vom Programm KONDEN erzeugt.
MDIAG	Die Diagonale der Massenmatrix, bestehend aus den NDU Massen, die den wesentlichen Freiheitsgraden zugeordnet sind (formatfrei).

Ausgabedateien:

Dateiname	
AUSJAC	Alle Eigenwerte und Eigenvektoren, letztere normiert auf Einheits-Modalmassen.
OMEG	Die Datei OMEG, in der alle Eigenwerte ω_i des Systems formatfrei stehen, wird als Eingabedatei für eine Reihe weiterer Programme genutzt.
PHI	Die Datei PHI, in der alle Eigenvektoren $\underline{\Phi}_i$ des Systems formatfrei stehen, wird als Eingabedatei für eine Reihe weiterer Programme genutzt.

INTERP	**15**
Lineare Interpolation einer Zeitfunktion wie bei LININT, hier für mehrere Komponenten eines Lastvektors, die bei gleicher Zeitfunktion verschiedene Amplituden besitzen (Abschnitt 4.5)	

Interaktive Ein-/Ausgabe:

Aufforderungstext	Bemerkung
Anzahl NPKT der die Zeitfunktion beschreibenden Punkte? Interpolationsschrittweite? Anzahl NANZ der zu berechnenden Ordinaten? Kantenlaenge NDU des Lastvektors? Ausgabe der NDU Zeitverlaeufe mit den Zeitpunkten als 1. Spalte ? J/N	

Eingabedateien:

Dateiname	
FKT	Auf NPKT Zeilen stehen jeweils formatfrei die (t, f(t))-Koordinaten der Punkte, die die stückweise lineare Funktion definieren.
AMPL	NDU Zahlen als Faktoren der Zeitfunktion für die NDU Komponenten des Lastvektors (formatfrei).

Ausgabedatei:

Dateiname	
LASTV	Für den Fall, daß die Zeitpunkte mit ausgegeben werden, stehen in LASTV in (NDU+1) Spalten im Format (E14.7, 30E12.4) die Zeitpunkte in der 1. Spalte, gefolgt von den Werten der NDU Komponenten des Lastvektors in den weiteren NDU Spalten. Ist keine Ausgabe der Zeitpunkte erwünscht, stehen in LASTV (formatfrei) satzweise die Werte aller NDU Komponenten des Lastvektors, sequentiell für alle NANZ Zeitpunkte.

MODAL	**16**
	Modale Analyse eines Mehrmassenschwingers nach Lösung des Eigenwertproblems mit Direkter Integration der entkoppelten Modalbeiträge (Abschnitt 4.5)

Interaktive Ein-/Ausgabe:

Aufforderungstext	Bemerkung
Anzahl NDU der wesentlichen Freiheitsgrade?	
Anzahl NDPHI der unwesentlichen Freiheitsgrade?	
Anzahl NMOD der mitzunehmenden Modalbeitraege?	Deren NMOD Kreiseigenfrequenzen und Eigenformen müssen in den Dateien OMEG und PHI vorhanden sein.
Anzahl NT der Zeitschritte der Lastfunktion?	
Zeitinkrement DT ?	
Daempfungsgrad der ...ten Modalform?	Ist für jeden der NMOD mitzunehmenden Modalbeiträge einzugeben.

Eingabedateien:

Dateiname	
MDIAG	Die Diagonale der Massenmatrix, bestehend aus den NDU Massen, die den wesentlichen Freiheitsgraden zugeordnet sind (formatfrei).
OMEG	In OMEG stehen alle Eigenwerte ω_i des Systems; die Datei wird vom Programm JACOBI erstellt.
PHI	IN PHI stehen alle Eigenvektoren $\underline{\Phi}_i$ des Systems; die Datei wird vom Programm JACOBI erstellt.
V0	NDU Zahlen, formatfrei: Die Verschiebungen in den wesentlichen Freiheitsgraden zum Zeitpunkt t=0.
VP0	NDU Zahlen, formatfrei: Die Geschwindigkeiten in den wesentlichen Freiheitsgraden zum Zeitpunkt t=0.
LASTV	Enthält satzweise NT * NDU Werte entsprechend den NDU Komponenten des Lastvektors zu allen NT Zeitpunkten, formatfrei. Die Datei kann z.B. durch das Programm INTERP erzeugt werden (Ausgabemodus ohne Zeitpunkte!).
AMAT	Die Matrix A (NDOF * NDU Elemente) zur Ermittlung der Verformungen in allen Freiheitsgraden bei bekannten Verformungen der wesentlichen Freiheitsgrade.

Ausgabedateien:

Dateiname	
THIS.MOD	In THIS.MOD stehen die Zeitverläufe der Verschiebungen in den NDU wesentlichen Freiheitsgraden, mit den Zeitpunkten als erste Spalte, im Format (F7.4, 30E14.6)
THISDU	In THISDU stehen satzweise formatfrei die Verschiebungen in den NDU wesentlichen Freiheitsgraden in allen NT Zeitpunkten, ohne Angabe der Zeitpunkte selbst (THISDU dient als Eingabe für das Programm INTFOR).
THISDG	In THISDG stehen satzweise formatfrei die Verschiebungen in allen (NDU+NDPHI) Freiheitsgraden, ohne Angabe der Zeitpunkte selbst.

INTFOR	**17**
Berechnung von Zustandsgrößen eines ebenen Rahmentragwerks bei bekannten Verformungen der wesentlichen Freiheitsgrade (Abschnitt 4.5)	

Interaktive Ein-/Ausgabe:

Aufforderungstext	Bemerkung
Anzahl NDU der wesentlichen Freiheitsgrade? Anzahl NELEM der Elemente? Anzahl NDPHI der unwesentlichen Freiheitsgrade? Anzahl NT der Zeitschritte? Zeitschritt DT? Fuer welchen Zeitschritt sollen die Zustandsgroessen berechnet werden?	Angabe der Nr. des Zeitschritts.
Soll die Maximum/Minimumbestimmung fuer die Horizontalkomponenten (H), fuer die Vertikalkomponenten (V) der Schnittkraefte oder fuer die Biegemomente (M) erfolgen? H-Komponenten der Schnittkraefte: Bitte 1 eingeben! V-Komponenten der Schnittkraefte: Bitte 2 eingeben! Biegemomente: Bitte 3 eingeben!	Ermittlung der pos. und neg. Maxima der bezeichneten Schnittkraftkomponente im gesamten Tragwerk, Ausgabe zusammen mit den gleichzeitig auftretenden weiteren Schnittkraftkomponenten und den Zeitpunkten in MAXMIN.

Soll der Zeitverlauf einer Zustandsgroesse ausgegeben werden? Ja =1, Nein = 0
    Zugehoerige Stabelement-Nr.?
    Ende 1 oder Ende 2 des Stabelements?
    Verformung (1) oder Schnittkraft (2)?
       Horizontal (1), Vertikal (2) oder Drehung (3)?
       Horizontal (1), Vertikal (2) oder Moment (3)?
	Für die Option „Ja" muß die Zustandsgröße spezifiziert werden.
	
	 Für den Verformungszeitverlauf.
	 Für den Schnittkraftzeitverlauf.

Eingabedateien:

Dateiname	
EKOND	In den ersten NELEM Zeilen stehen formatfrei für jeden Stab die 4 Werte EI, ℓ, EA und α. Dabei ist EI die konstante Biegesteifigkeit (z.B. in kNm^2), ℓ die Stablänge (z.B. in m), EA die Dehnsteifigkeit (z.B. in kN) und α der Winkel zwischen der globalen x-Achse und der Stabachse (in Grad, positiv im Gegenuhrzeigersinn). In den nächsten NELEM Zeilen stehen (formatfrei) die Inzidenzvektoren aller Stäbe, das sind die 6 Nummern der Systemfreiheitsgrade, die den lokalen Freiheitsgraden 1 bis 6 des Stabelements (u_1, w_1, φ_1, u_2, w_2, φ_2) entsprechen. Es folgen (formatfrei auf beliebig vielen Zeilen) die NDU Nummern der wesentlichen Freiheitsgrade.
THISDU	In THISDU stehen satzweise formatfrei die Verschiebungen in den NDU wesentlichen Freiheitsgraden in allen NT Zeitpunkten, ohne Angabe der Zeitpunkte (THISDU wird vom Programm MODAL oder NEWMAR erzeugt).
AMAT	Die Matrix A zur Ermittlung der Verformungen in allen Freiheitsgraden bei bekannten Verformungen der wesentlichen Freiheitsgrade wie vom Programm KONDEN erzeugt.

Ausgabedateien:

Dateiname	
FORSTA	Nach Stabelementen geordnet die Verformungen und Schnittkräfte an den Element-Endquerschnitten zum angegebenen Zeitpunkt. Alle Zustandsgrößen beziehen sich auf das globale (x,z)-Koordinatensystem und erscheinen in der Reihenfolge (Horizontalkomponente, Vertikalkomponente, Drehung oder Biegemoment) für den Anfangs- und für den Endquerschnitt.
THHVM	Zeitverlauf einer Schnittkraft oder Verschiebung, im Format 2E14.7 mit den Zeitpunkten in der 1. und den Ordinaten in der 2. Spalte.
MAXMIN	Die Datei enthält für jedes Stabelement die ermittelten Maxima und Minima der gewünschten Schnittkraft (H, V oder Biegemoment) an beiden Stabenden mit den Zeitpunkten ihres Auftretens und den gleichzeitig vorhandenen weiteren Schnittkraftkomponenten.

EIGVOL	**18**
Bestimmung der Grundperiode eines Rahmens mit der zugehörigen Eigenform ohne vorangegangene Kondensation auf die wesentlichen Freiheitsgrade (Abschnitt 4.6)	

Interaktive Ein-/Ausgabe:

Aufforderungstext	Bemerkung
Kantenlaenge N der Systemmatrizen? Anzahl der Iterationen?	Etwa 10 bis 20.
	Die berechnete Grundperiode und die korrespondierende Grundeigenfrequenz erscheinen auch auf dem Bildschirm.

Eingabedateien:

Dateiname	
KVOLL MVOLL	Beide Dateien werden vom Programm VOLLST erzeugt.

Ausgabedatei:

Dateiname	
AUSVOL	Darin werden neben der Grundperiode die Komponenten der Grundeigenform ausgegeben.

ALFBET	**19**
Auswertung der Parameter α und β der Rayleigh-Dämpfung $\underline{C} = \alpha \underline{M} + \beta \underline{K}$ und Ermittlung der Dämpfungsgrade D für eine Reihe von Perioden (Abschnitt 4.7)	

Interaktive Ein-/Ausgabe:

Aufforderungstext	Bemerkung
Art der Daempfung: Fuer massen- und steifigkeitsproportionale Daempfung (allg. Fall) ist IKN mit 1 einzugeben. Fuer massenproportionale Daempfung ist IKN mit 2 einzugeben. Fuer steifigkeitsproportionale Daempfung ist IKN mit 3 einzugeben. IKN = ?	
Die erste Periode T1 betraegt (T1 > T2)? Zugehoeriger Daempfungsgrad? Die zweite Periode T2 betraegt (T2 < T1)? Zugehoeriger Daempfungsgrad?	Für IKN = 1
Die Periode (in s) betraegt ? Zugehoeriger Daempfungsgrad?	Für IKN = 2 oder 3
Auswertung der Daempfung D fuer eine Reihe von Perioden (NPER Werte ab TANF mit Inkrement DPER): Anfangsperiode TANF? Periodeninkrement DPER? Anzahl NPER der Perioden?	Sind α und/oder β bestimmt, steht damit die Dämpfung für alle Perioden fest.

Ausgabedatei:

Dateiname	
APERD	NPER Zeilen mit den Perioden und den berechneten Dämpfungsgraden im Format 2E14.7.

CRAY		**20**
Aufstellung von $\underline{C}=\alpha\underline{M}+\beta\underline{K}$ bzw. alternativ $\underline{C}=\alpha\underline{M}$ oder $\underline{C}=\beta\underline{K}$ (Abschnitt 4.7)		

Interaktive Ein-/Ausgabe:

Aufforderungstext	Bemerkung

Kantenlaenge NDU der Matrizen M,C,K ?
Gewuenschte C-Matrix:
  C = alfa * M + beta * K: IKN=1
  C = alfa * M   : IKN=2
  C= beta * K   : IKN=3
                    IKN=?	

Die erste Periode T1 betraegt (T1 > T2)? Zugehoeriger Daempfungsgrad? Die zweite Periode T2 betraegt (T2 < T1)? Zugehoeriger Daempfungsgrad?	Für IKN = 1 (allgemeine RAYLEIGH Dämpfung)
Die Periode (in s) betraegt ? Zugehoeriger Daempfungsgrad?	Für IKN = 2 oder 3
	Die ermittelten α, β-Werte werden am Bildschirm ausgegeben.

Eingabedateien:

Dateiname	
MDIAG	Enthält die Diagonale der Massenmatrix (NDU Werte, formatfrei).
KMATR	Enthält die kondensierte Steifigkeitsmatrix des Systems (NDU*NDU Werte, vom Programm KONDEN erstellt).

Ausgabedatei:

Dateiname	
CMATR	Dämpfungsmatrix, NDU * NDU Werte, formatfrei abgelegt.

CMOD		**21**
Erstellung der Dämpfungsmatrix $\underline{C}$ mit Hilfe eines vollständigen modalen Ansatzes (Abschnitt 4.7)		

Interaktive Ein-/Ausgabe:

Aufforderungstext	Bemerkung
Anzahl NDU der Freiheitsgrade? Anzahl NMOD der zu verwendenden Modalbeitraege?	

Eingabedateien:

Dateiname	
MDIAG	Enthält die Diagonale der Massenmatrix (NDU Werte, formatfrei).
OMEG	In OMEG stehen alle Eigenwerte ω_i des Systems; die Datei wird vom Programm JACOBI erstellt.
PHI	In PHI stehen alle Eigenvektoren $\underline{\Phi}_i$ des Systems; die Datei wird vom Programm JACOBI erstellt.
DAEM	Die Datei enthält die NMOD Dämpfungsgrade der einzelnen Eigenformen (formatfrei).

Ausgabedatei:

Dateiname	
CMATR	Dämpfungsmatrix, NDU * NDU Werte, formatfrei abgelegt.

FTCF	22
Ermittlung der Matrix $\underline{CC} = \underline{\Phi}^T \underline{C} \underline{\Phi}$ (Abschnitt 4.7)	

Interaktive Ein-/Ausgabe:

Aufforderungstext	Bemerkung
Kantenlaenge N der Matrix C? Anzahl NMOD der zu verwendenden Modalbeitraege?	

Eingabedateien:

Dateiname	
CMATR	Dämpfungsmatrix, z.B. vom Programm CMOD oder CRAY erstellt.
PHI	In PHI stehen alle oder zumindest NMOD Eigenvektoren $\underline{\Phi}_i$ des Systems; die Datei wird vom Programm JACOBI erstellt.

Ausgabedatei:

Dateiname	
CCMAT	Matrix $\underline{CC} = \underline{\Phi}^T \underline{C} \underline{\Phi}$, NMOD*NMOD Werte spaltenweise formatfrei abgelegt.

CALLG		**23**
Erstellung von $\underline{C}$ durch Einmischen der Einzelsteifigkeitsmatrizen $\underline{\beta}_i \underline{K}_i$ (Abschnitt 4.7)		

Interaktive Ein-/Ausgabe:

Aufforderungstext	Bemerkung
Gesamtanzahl NDOF der Freiheitsgrade? Anzahl NELEM der Staebe? Anzahl NFED der Daempfungsmatrizen der Federelemente?	Jede der NFED Dämpfungsmatrizen verknüpft eine Reihe von aktiven kinematischen Freiheitsgraden untereinander und u.U. auch mit der Erdscheibe (Freiheitsgrad 0). Wenn NFED > 0:
Kantenlaengen aller Daempfungsmatrizen der Federelemente?	Die Kantenlänge der jeweiligen Federmatrix ist gleich der Anzahl der gekoppelten Freiheitsgrade.

Eingabedateien:

Dateiname	
EKOND	In den ersten NELEM Zeilen stehen formatfrei für jeden Stab die 4 Werte EI, ℓ, EA und α. Dabei ist EI die konstante Biegesteifigkeit (z.B. in kNm^2), ℓ die Stablänge (z.B. in m), EA die Dehnsteifigkeit (z.B. in kN) und α der Winkel zwischen der globalen x-Achse und der Stabachse (in Grad, positiv im Gegenuhrzeigersinn). In den nächsten NELEM Zeilen stehen (formatfrei) die Inzidenzvektoren aller Stäbe, das sind die 6 Nummern der Systemfreiheitsgrade, die den lokalen Freiheitsgraden 1 bis 6 des Stabelements ($u_1, w_1, \varphi_1, u_2, w_2, \varphi_2$) entsprechen.
INZFED	(nur wenn NFED > 0): NFED Zeilen, jeweils eine für jeden Federinzidenzvektor. Darin stehen nacheinander formatfrei die Nummern der Freiheitsgrade, die durch die jeweilige Dämpfungsmatrix verknüpft werden.
FEDCMT	(nur wenn NFED > 0): In beliebig vielen Zeilen stehen darin nacheinander die Koeffizienten der Dämpfungsmatrizen aller NFED Federelemente (formatfrei).
BETA	NELEM Koeffizienten $\beta = D \cdot T/\pi$ (D = Dämpfungsgrad, T = Periode in s) als Faktoren der Stabsteifigkeitsmatrizen zur Gewinnung der steifigkeitsproportionalen Dämpfungsmatrizen (formatfrei).

Ausgabedatei:

Dateiname	
CVOLL	Resultierende Dämpfungsmatrix im Format 6E14.5.

NEWMAR	24
Lösung des gekoppelten Differentialgleichungssystems durch implizite direkte Integration nach NEWMARK (Abschnitt 4.8)	

Interaktive Ein-/Ausgabe:

Aufforderungstext	Bemerkung
Anzahl NDU der wesentlichen Freiheitsgrade? Anzahl NT der Zeitschritte der Lastfunktion? Zeitschrittweite DT ? Sollen Verschiebungen, Geschwindigkeiten oder Beschleunigungen in THIS.NEW ausgegeben werden ? Fuer Verschiebungen: IOUT = 1 Fuer Geschwindigkeiten: IOUT = 2 Fuer Beschleunigungen: IOUT = 3 IOUT = ? Die Beschleunigung wird in Ihren Einheiten (z.B. in m/s**2) ausgegeben, nicht in g!	Text erscheint nur wenn IOUT = 3 ist. Die max. Verschiebung (Absolutwert) wird auf dem Bildschirm mit Angabe des Zeitpunktes, der Zeitschrittnummer und des zugehörigen Freiheitsgrades ausgegeben.

Eingabedateien:

Dateiname	Bemerkung
KMATR	Kondensierte NDU*NDU-Systemsteifigkeitsmatrix, z.B. als Ausgabe des Programms KONDEN.
MDIAG	Diagonale der Massenmatrix, NDU Werte (formatfrei).
CMATR	NDU*NDU-Dämpfungsmatrix, z.B: als Ausgabe von CRAY oder CMOD.
V0	NDU Zahlen, formatfrei: Die Verschiebungen in den wesentlichen Freiheitsgraden zum Zeitpunkt t=0.
VP0	NDU Zahlen, formatfrei: Die Geschwindigkeiten in den wesentlichen Freiheitsgraden zum Zeitpunkt t=0.
LASTV	Enthält satzweise NT * NDU Werte entsprechend den NDU Komponenten des Lastvektors zu allen NT Zeitpunkten, formatfrei. Die Datei kann z.B. durch das Programm INTERP erzeugt werden (Ausgabemodus ohne Zeitpunkte!).

Ausgabedateien:

Dateiname	
THIS.NEW	In THIS.NEW stehen neben den Zeitpunkten (in der ersten Spalte) wahlweise die Verschiebungen, Geschwindigkeiten oder Beschleunigungen in den NDU wesentlichen Freiheitsgraden, im Format F7.4, 30E14.6.
THISDU	In THISDU werden (formatfrei) die Verschiebungen in den wesentlichen Freiheitsgraden ohne Zeitpunkte ausgegeben; die Datei dient der Ermittlung von Schnittkräften durch das Programm INTFOR.

EULBER		**25**
Bestimmung der Zustandsgrößen ebener Rahmen bei stationär-harmonischer Erregung mit der Kreisfrequenz ω nach der EULER/BERNOULLI-Theorie 1. Ordnung (Abschnitt 5.7)		

Interaktive Ein-/Ausgabe:

Aufforderungstext	Bemerkung
Anzahl NDOF der Freiheitsgrade?	
Anzahl NELEM der Stabelemente?	
Erregerkreisfrequenz?	In rad/s, für alle Lastkomponenten gültig.

Eingabedatei:

Dateiname	
EEBN	In den ersten NELEM Zeilen stehen formatfrei für jeden Stab die 5 Werte EI, ℓ, EA, m und α. Dabei ist EI die konstante Biegesteifigkeit (z.B. in kNm^2), ℓ die Stablänge (z.B. in m), EA die Dehnsteifigkeit (z.B. in kN), m die (konstante) Masse pro Längeneinheit (z.B. in t/m) und α der Winkel zwischen der globalen x-Achse und der Stabachse (in Grad, positiv im Gegenuhrzeigersinn).
	In den nächsten NELEM Zeilen stehen (formatfrei) die Inzidenzvektoren aller Stäbe, das sind die 6 Nummern der Systemfreiheitsgrade, die den lokalen Freiheitsgraden 1 bis 6 des Stabelements (u_1, w_1, φ_1, u_2, w_2, φ_2) entsprechen.
	Es folgen (formatfrei auf beliebig vielen Zeilen) die Amplituden F_i der NDOF harmonischen Lastkomponenten (Einzellasten und Einzelmomente) $F_i \sin \omega t$.

Ausgabedatei:

Dateiname	
AEBN	In der Ausgabedatei AEBN werden nach einer Kontrollausgabe der Eingabedaten Verformungen und Schnittkräfte an den Endquerschnitten aller NELEM Stäbe ausgegeben. Alle Zustandsgrößen beziehen sich auf das globale (x,z)-Koordinatensystem und erscheinen in der Reihenfolge (Horizontalkomponente, Vertikalkomponente, Drehung oder Biegemoment) für den Anfangs- und für den Endquerschnitt.

EUBER2	**26**
Bestimmung der Zustandsgrößen ebener Rahmen bei stationär-harmonischer Erregung mit der Kreisfrequenz ω nach der EULER/BERNOULLI-Theorie 2. Ordnung (Abschnitt 5.7)	

Interaktive Ein-/Ausgabe:

Aufforderungstext	Bemerkung
Anzahl NDOF der Freiheitsgrade? Anzahl NELEM der Stabelemente? Erregerkreisfrequenz ?	In rad/s, für alle Lastkomponenten gültig.

Eingabedatei:

Dateiname	Bemerkung
EEB2	In den ersten NELEM Zeilen stehen formatfrei für jeden Stab die 6 Werte EI, ℓ, EA, m, α und D. Dabei ist EI die konstante Biegesteifigkeit (z.B. in kNm^2), ℓ die Stablänge (z.B. in m), EA die Dehnsteifigkeit (z.B. in kN), m die (konstante) Masse pro Längeneinheit (z.B. in t/m), α der Winkel zwischen der globalen x-Achse und der Stabachse (in Grad, positiv im Gegenuhrzeigersinn) und D (z.B. in kN) die (zeitunabhängige) Druckkraft im Stab (immer positiv einzugeben). In den nächsten NELEM Zeilen stehen (formatfrei) die Inzidenzvektoren aller Stäbe, das sind die 6 Nummern der Systemfreiheitsgrade, die den lokalen Freiheitsgraden 1 bis 6 des Stabelements (u_1, w_1, φ_1, u_2, w_2, φ_2) entsprechen. Es folgen (formatfrei auf beliebig vielen Zeilen) die Amplituden F_i der NDOF harmonischen Lastkomponenten (Einzellasten und Einzelmomente) $F_i \sin \omega t$.

Ausgabedatei:

Dateiname	
AEB2	In der Ausgabedatei AEB2 werden nach einer Kontrollausgabe der Eingabedaten Verformungen und Schnittkräfte an den Endquerschnitten aller NELEM Stäbe ausgegeben. Alle Zustandsgrößen beziehen sich auf das globale (x,z)-Koordinatensystem und erscheinen in der Reihenfolge (Horizontalkomponente, Vertikalkomponente, Drehung oder Biegemoment) für den Anfangs- und für den Endquerschnitt.

TIMOSH		**27**
Bestimmung der Zustandsgrößen ebener Rahmen bei stationär-harmonischer Erregung mit der Kreisfrequenz ω nach der TIMOSHENKO-Theorie (Abschnitt 5.7)			

Interaktive Ein-/Ausgabe:

Aufforderungstext	Bemerkung
Anzahl NDOF der Freiheitsgrade? Anzahl NELEM der Stabelemente? Erregerkreisfrequenz ?	 In rad/s, für alle Lastkomponenten gültig.

Eingabedatei:

Dateiname	
ETIM	In den ersten NELEM Zeilen stehen formatfrei für jeden Stab die 7 Werte EI, ℓ, EA, m, α, i und GA_s. Dabei ist EI die konstante Biegesteifigkeit (z.B. in kNm^2), ℓ die Stablänge (z.B. in m), EA die Dehnsteifigkeit (z.B. in kN), m die (konstante) Masse pro Längeneinheit (z.B. in t/m), α der Winkel zwischen der globalen x-Achse und der Stabachse (in Grad, positiv im Gegenuhrzeigersinn), i der Trägheitsradius des Querschnitts (z.B. in m) und GA_s die Schubsteifigkeit (z.B. in kN). In den nächsten NELEM Zeilen stehen (formatfrei) die Inzidenzvektoren aller Stäbe, das sind die 6 Nummern der Systemfreiheitsgrade, die den lokalen Freiheitsgraden 1 bis 6 des Stabelements (u_1, w_1, φ_1, u_2, w_2, φ_2) entsprechen. Es folgen (formatfrei auf beliebig vielen Zeilen) die Amplituden F_i der NDOF harmonischen Lastkomponenten (Einzellasten und Einzelmomente) $F_i \sin \omega t$.

Ausgabedatei:

Dateiname	
ATIM	In der Ausgabedatei ATIM werden nach einer Kontrollausgabe der Eingabedaten Verformungen und Schnittkräfte an den Endquerschnitten aller NELEM Stäbe ausgegeben. Alle Zustandsgrößen beziehen sich auf das globale (x,z)-Koordinatensystem und erscheinen in der Reihenfolge (Horizontalkomponente, Vertikalkomponente, Drehung oder Biegemoment) für den Anfangs- und für den Endquerschnitt.

EUBFRQ		28
Bestimmung von Eigenfrequenzen ebener Rahmen nach der EULER/BERNOULLI-Theorie 1. Ordnung (Abschnitt 5.7)			

Interaktive Ein-/Ausgabe:

Aufforderungstext	Eingabe/Bemerkung
Anzahl NDOF der Freiheitsgrade? Anzahl NELEM der Stabelemente? Nr. des massgebenden Freiheitsgrades ?	Der Kehrwert der Quadratwurzel der Verschiebung in diesem Freiheitsgrad infolge einer Einheitsbelastung wird als Funktion der Kreisfrequenz ausgerechnet und ausgegeben (NOM Werte).
Anfangswert fuer die Kreisfrequenz? Schrittweite fuer die Kreisfrequenz? Anzahl NOM der zu berechnenden Wertepaare?	Die berechneten Wertepaare erscheinen auch auf dem Bildschirm.

Eingabedatei:

Dateiname	
EEBN	In den ersten NELEM Zeilen stehen formatfrei für jeden Stab die 5 Werte EI, ℓ, EA, m und α. Dabei ist EI die konstante Biegesteifigkeit (z.B. in kNm^2), ℓ die Stablänge (z.B. in m), EA die Dehnsteifigkeit (z.B. in kN), m die (konstante) Masse pro Längeneinheit (z.B. in t/m) und α der Winkel zwischen der globalen x-Achse und der Stabachse (in Grad, positiv im Gegenuhrzeigersinn). In den nächsten NELEM Zeilen stehen (formatfrei) die Inzidenzvektoren aller Stäbe, das sind die 6 Nummern der Systemfreiheitsgrade, die den lokalen Freiheitsgraden 1 bis 6 des Stabelements (u_1, w_1, φ_1, u_2, w_2, φ_2) entsprechen.

Ausgabedateien:

Dateiname	
ECHO	Kontrollausgabe der Eingabedaten.
AEBNFR	In zwei Spalten die Kreisfrequenzen und die Kehrwerte der Quadratwurzeln der Verschiebungen im Format 2E16.7. Die Nulldurchgänge dieser Kurve geben die Eigenkreisfrequenzen an.

EB2FRQ	**29**
	Bestimmung von Eigenfrequenzen ebener Rahmen nach der EULER/BERNOULLI-Theorie 2. Ordnung (Abschnitt 5.7)

Interaktive Ein-/Ausgabe:

Aufforderungstext	Bemerkung
Anzahl NDOF der Freiheitsgrade? Anzahl NELEM der Stabelemente? Faktor fuer die Stabdruckkraefte? Nr. des massgebenden Freiheitsgrades? Anfangswert fuer die Kreisfrequenz? Schrittweite fuer die Kreisfrequenz? Anzahl NOM der zu berechnenden Wertepaare?	 Damit wird die 6. Spalte der Eingabedatei EEB2 multipliziert. Der Kehrwert der Quadratwurzel der Verschiebung in diesem Freiheitsgrad infolge einer Einheitsbelastung wird als Funktion der Kreisfrequenz ausgerechnet (NOM Werte). Die berechneten Wertepaare erscheinen auch auf dem Bildschirm.

Eingabedatei:

Dateiname	
EEB2	In den ersten NELEM Zeilen stehen formatfrei für jeden Stab die 6 Werte EI, ℓ, EA, m, α und D. Dabei ist EI die konstante Biegesteifigkeit (z.B. in kNm^2), ℓ die Stablänge (z.B. in m), EA die Dehnsteifigkeit (z.B. in kN), m die (konstante) Masse pro Längeneinheit (z.B. in t/m), α der Winkel zwischen der globalen x-Achse und der Stabachse (in Grad, positiv im Gegenuhrzeigersinn) und D (z.B. in kN) die (zeitunabhängige) Druckkraft im Stab (immer positiv einzugeben). In den nächsten NELEM Zeilen stehen (formatfrei) die Inzidenzvektoren aller Stäbe, das sind die 6 Nummern der Systemfreiheitsgrade, die den lokalen Freiheitsgraden 1 bis 6 des Stabelements (u_1, w_1, φ_1, u_2, w_2, φ_2) entsprechen.

Ausgabedateien:

Dateiname	
ECHO AEB2FR	Kontrollausgabe der Eingabedaten. In zwei Spalten die Kreisfrequenzen und die Kehrwerte der Quadratwurzeln der Verschiebungen im Format 2E16.7. Die Nulldurchgänge dieser Kurve geben die Eigenkreisfrequenzen an.

TIMFRQ	**30**
	Bestimmung von Eigenfrequenzen ebener Rahmen nach der TIMOSHENKO-Theorie (Abschnitt 5.7)

Interaktive Ein-/Ausgabe:

Aufforderungstext	Bemerkung
Anzahl NDOF der Freiheitsgrade? Anzahl NELEM der Stabelemente? Nr. des massgebenden Freiheitsgrades?	Der Kehrwert der Quadratwurzel der Verschiebung in diesem Freiheitsgrad infolge einer Einheitsbelastung wird als Funktion der Kreisfrequenz ausgerechnet (NOM Werte).
Anfangswert fuer die Kreisfrequenz? Schrittweite fuer die Kreisfrequenz? Anzahl NOM der zu berechnenden Wertepaare?	Die berechneten Wertepaare erscheinen auch auf dem Bildschirm.

Eingabedatei:

Dateiname	
ETIM	In den ersten NELEM Zeilen stehen formatfrei für jeden Stab die 7 Werte EI, ℓ, EA, m, α, i und GA_s. Dabei ist EI die konstante Biegesteifigkeit (z.B. in kNm^2), ℓ die Stablänge (z.B. in m), EA die Dehnsteifigkeit (z.B. in kN), m die (konstante) Masse pro Längeneinheit (z.B. in t/m), α der Winkel zwischen der globalen x-Achse und der Stabachse (in Grad, positiv im Gegenuhrzeigersinn), i der Trägheitsradius des Querschnitts (z.B. in m) und GA_s die Schubsteifigkeit (z.B. in kN). In den nächsten NELEM Zeilen stehen (formatfrei) die Inzidenzvektoren aller Stäbe, das sind die 6 Nummern der Systemfreiheitsgrade, die den lokalen Freiheitsgraden 1 bis 6 des Stabelements (u_1, w_1, φ_1, u_2, w_2, φ_2) entsprechen.

Ausgabedateien:

Dateiname	
ECHO	Kontrollausgabe der Eingabedaten.
ATIMFR	In zwei Spalten die Kreisfrequenzen und die Kehrwerte der Quadratwurzeln der Verschiebungen im Format 2E16.7. Die Nulldurchgänge dieser Kurve geben die Eigenkreisfrequenzen an.

GLOCKE	**31**
Lösung der nichtlinearen Differentialgleichung der Glockenschwingung im Zeitbereich zur Auswertung des Zeitverlaufs der Lagerkräfte (Abschnitt 6.1)	

Interaktive Ein-/Ausgabe:

Aufforderungstext	Bemerkung
Laeutewinkel in Grad? Kreisfrequenz des Anschlags? Glockengewicht G in kN? Formbeiwert c = m*s**2/(Thetas+m*s**2)? Schwerpunktabstand s in m?	Auf dem Bildschirm werden die Maximalwerte der horizontalen und vertikalen Auflagerkomponente ausgegeben.

Ausgabedatei:

Dateiname	
AGLO	In vier Spalten werden nebeneinander die Zeitpunkte, der Ausschwingwinkel und die Horizontal- und Vertikalkomponente der Glockenlagerkraft ausgegeben (Format 4E14.7).

BASKOR	**32**
Durchführung einer linearen Basislinienkorrektur und Ermittlung der Bodengeschwindigkeits- und Bodenverschiebungszeitverläufe des korrigierten und des unkorrigierten Akzelerogramms (Abschnitt 7.2)	

Interaktive Ein-/Ausgabe:

Aufforderungstext	Bemerkung
Anzahl NANZ der Punkte des Akzelerogramms? Konstanter Zeitschritt DT? Faktor FAKT, um die Beschleunigungsordinaten in der Einheit m/s**2 zu erhalten?	Die Ordinaten des in ACC enthaltenen Schriebs werden mit FAKT multipliziert (z.B. mit 9,81), um aus g-Einheiten m/s^2 zu erhalten. Natürlich kann damit auch eine Skalierung des Akzelerogramms vorgenommen werden. Auf dem Bildschirm erscheinen die Faktoren c_1 und c_2 der linearen Korrektur.

Eingabedatei:

Dateiname	
ACC	Enthält das Akzelerogramm im Format 2E14.7, mit den Zeitpunkten in der ersten und den Ordinaten in der zweiten Spalte (NANZ Zeilen).

Ausgabedateien:

Dateiname	
ACC.KOR	Korrigierter Beschleunigungszeitverlauf, Ordinaten in m/s^2.
VEL.KOR	Korrigierter Geschwindigkeitszeitverlauf, Ordinaten in m/s.
DIS.KOR	Korrigierter Verschiebungszeitverlauf, Ordinaten in m.
VEL.UNK	Unkorrigierter Geschwindigkeitszeitverlauf.
DIS.UNK	Unkorrigierter Verschiebungszeitverlauf.
	Alle Ausgabedateien haben NANZ Zeilen im Format 2E14.7 mit den Zeitpunkten in der 1. und den Ordinaten in der 2. Spalte.

INTEG	33
Ermittlung der Zeitverläufe der Bodengeschwindigkeit und der Bodenverschiebung zu einem gegebenen Bodenbeschleunigungszeitverlauf (Abschnitt 7.2)	

Interaktive Ein-/Ausgabe:

Aufforderungstext	Bemerkung
Anzahl NANZ der Punkte des Akzelerogramms? Konstanter Zeitschritt DT? Faktor FAKT, um die Beschleunigungsordinaten in der Einheit m/s**2 zu erhalten?	Die Ordinaten des in ACC enthaltenen Schriebs werden mit FAKT multipliziert (z.B. mit 9,81) um aus g-Einheiten m/s^2 zu erhalten. Natürlich kann damit auch eine Skalierung des Akzelerogramms vorgenommen werden.

Eingabedatei:

Dateiname	
ACC	Enthält das Akzelerogramm im Format 2E14.7, mit den Zeitpunkten in der ersten und den Ordinaten in der zweiten Spalte (NANZ Zeilen).

Ausgabedateien:

Dateiname	
VEL	Geschwindigkeitszeitverlauf in m/s mit den Zeitpunkten in der ersten Spalte (NANZ Zeilen im Format 2E14.7).
DIS	Verschiebungszeitverlauf in m mit den Zeitpunkten in der ersten Spalte (NANZ Zeilen im Format 2E14.7).

HUSID	34
Ermittlung des HUSID-Diagramms, der ARIAS-Intensität und der Starkbebendauer eines Akzelerogramms (Abschnitt 7.2)	

Interaktive Ein-/Ausgabe:

Aufforderungstext	Bemerkung
Anzahl NANZ der Punkte des Akzelerogramms? Konstanter Zeitschritt DT? Faktor FAKT, um die Beschleunigungsordinaten in der Einheit m/s**2 zu erhalten?	Die Ordinaten des in ACC enthaltenen Schriebs werden mit FAKT multipliziert (z.B. mit 9,81) um aus g-Einheiten m/s^2 zu erhalten. Natürlich kann damit auch eine Skalierung des Akzelerogramms vorgenommen werden. Es werden auf dem Bildschirm die max. Bodenbeschleunigung (PGA) in m/s^2, die ARIAS-Intensität (INT * π /2g) in m/s sowie die effektive Bebendauer (Abstand zwischen 5% und 95% des HUSID-Diagramms) in s ausgegeben.

Eingabedatei:

Dateiname	
ACC	Enthält das Akzelerogramm im Format 2E14.7, mit den Zeitpunkten in der ersten und den Ordinaten in der zweiten Spalte (NANZ Zeilen).

Ausgabedatei:

Dateiname	
HUS	NANZ Zeilen mit dem normierten HUSID-Diagramm (Zeitpunkte in der ersten, Ordinaten in der zweiten Spalte) im Format 2E14.7.

SPECTR	**35**
Ermittlung von Antwortspektren eines Akzelerogramms (Pseudoabsolutbeschleunigung, Pseudorelativgeschwindigkeit, Relativverschiebung sowie Energiespektren, Abschnitt 7.2)	

Interaktive Ein-/Ausgabe:

Aufforderungstext	Bemerkung
Daempfungsgrad D des zu berechnenden Spektrums? Anfangsbedingungen: Verschiebung fuer t=0? Geschwindigkeit fuer t=0? Anzahl NANZ der Punkte des Akzelerogramms? (<7000) Konstanter Zeitschritt DT? Faktor FAKT, um die Beschleunigungsordinaten in der Einheit m/s**2 zu erhalten? Anfangsperiode? Periodeninkrement? Anzahl der zu berechnenden Ordinaten? (<200)	Die Ordinaten des in ACC enthaltenen Schriebs werden mit FAKT multipliziert (z.B. mit 9,81) um aus g-Einheiten m/s^2 zu erhalten. Natürlich kann damit auch eine Skalierung des Akzelerogramms vorgenommen werden. Auf dem Bildschirm wird auch die Spektralintensität nach HOUSNER in cm ausgegeben.

Eingabedatei:

Dateiname	
ACC	Enthält das Akzelerogramm im Format 2E14.7, mit den Zeitpunkten in der ersten und den Ordinaten in der zweiten Spalte (NANZ Zeilen).

Ausgabedatei:

Dateiname	
SPECTR	In 6 Spalten im Format 6E14.7 die Perioden (s), die Ordinaten des Verschiebungsspektrums (cm), des Pseudorelativgeschwindigkeitsspektrums (cm/s), des Pseudoabsolutbeschleunigungsspektrums (g) und schließlich des Absolut- und des Relativenergiespektrums (m^2/s^2).

NLSPEC	**36**
Ermittlung inelastischer Antwortspektren vorgegebener Beschleunigungszeitverläufe zu gewünschten Zielduktilitätswerten μ (Abschnitt 7.2)	

Interaktive Ein-/Ausgabe:

Aufforderungstext	Bemerkung
Zielduktilitaet? Angaben zum nichtlinearen Federmodell: Bilineares Modell? JKN = 1 Elastisch-idealplastisches Modell? JKN = 2 UMEMURA-Modell? JKN = 3 JKN = ? Faktor p fuer die Verfestigung als Vielfaches pK der Anfangssteifigkeit K?	Angabe von p nur bei JKN = 1 notwendig!
Daempfungsgrad D des zu berechnenden Spektrums? Anfangsbedingungen: Verschiebung fuer t=0? Geschwindigkeit fuer t=0? Anzahl NANZ der Punkte des Akzelerogramms? (<7000) Konstanter Zeitschritt DT? Faktor FAKT, um die Beschleunigungsordinaten in der Einheit m/s**2 zu erhalten?	Die Ordinaten des in ACC enthaltenen Schriebs werden mit FAKT multipliziert (z.B. mit 9,81) um aus g-Einheiten m/s^2 zu erhalten. Natürlich kann damit auch eine Skalierung des Akzelerogramms vorgenommen werden.
Anfangsperiode? Periodeninkrement? Anzahl der zu berechnenden Ordinaten? (<200)	Auf dem Bildschirm werden laufend die Periode und die tatsächlich erreichte Duktilität ausgegeben; letztere kann als Ergebnis einer iterativen Berechnung eine leichte Abweichung von der Zielduktilität aufweisen.

Eingabedatei:

Dateiname	
ACC	Enthält das Akzelerogramm im Format 2E14.7, mit den Zeitpunkten in der ersten und den Ordinaten in der zweiten Spalte (NANZ Zeilen).

Ausgabedatei:

Dateiname	
NLSPK	In NLSPK stehen in fünf Spalten nebeneinader (Format 5E14.7) die Perioden in s, die Spektralordinaten für Verschiebung (in cm), Pseudo-Relativgeschwindigkeit (in cm/s) und Pseudo-Absolutbeschleunigung (in g), sowie, in Spalte 5, die tatsächlich erreichte Duktilität, die mit der Zielduktilität nicht immer genau übereinstimmt.

LINLOG	**37**
Umrechnung von in logarithmischer Form stückweise linear verlaufenden Spektren in ihre lineare Darstellung (Abschnitt 7.3)	
Interaktive Ein-/Ausgabe:	
Aufforderungstext	Bemerkung
Anzahl der das Spektrum beschreibenden N (T,Sv)-Wertepaare in (s, cm/s) ?	Wertepaare Periode - Pseudorelativgeschwindigkeit
Eingabedatei:	
Dateiname	
ESLOG	N Wertepaare mit Perioden in s und Ordinaten der Pseudorelativgeschwindigkeit in cm/s formatfrei auf N Zeilen.
Ausgabedatei:	
Dateiname	
ASLIN	In der Ausgabedatei ASLIN stehen in vier Spalten nebeneinander die Perioden in s, die Spektralordinaten der Relativverschiebung in cm, der Pseudorelativgeschwindigkeit in cm/s und der Absolutbeschleunigung in g.

SYNTH	**38**
Erzeugung spektrumkompatibler Beschleunigungszeitverläufe (Abschnitt 7.4)	
Eingabedatei:	
Dateiname	
ESYN	Es werden folgende Daten formatfrei eingegeben: • Beliebige ganze Zahl IY (IY < 1024), • Anzahl NK der einzulesenden (T, S_v)-Wertepaare zur Beschreibung des Zielspektrums, • Anzahl N der Ordinaten des zu erzeugenden Akzelerogramms, wobei die konstante Zeitschrittweite 0,01 s beträgt, • Nummer des Zeitschritts, mit dem die Anlaufphase der trapezförmigen Intensitätsfunktion nach Bild 7.4-1 endet, • Nummer des Zeitschritts, mit dem die abklingende Phase der trapezförmigen Intensitätsfunktion nach Bild 7.4-1 beginnt, • Anzahl der gewünschten Iterationszyklen, in der Regel 5 bis 15, • Perioden TANF und TEND zur Eingrenzung des zu approximierenden Bereichs, • Dämpfung des Zielspektrums, • NK Wertepaare (T, S_v) zur Beschreibung des Zielspektrums, mit T in s und S_v in cm/s; nur ein Wertepaar pro Zeile.
Ausgabedateien:	
Dateiname	
KONTRL ASYN	Kontrollausgabe der Eingabedaten. Das berechnete Akzelerogramm im Format 2E14.7, mit den Zeitpunkten in der ersten und den Beschleunigungen (in m/s**2) in der zweiten Spalte (N Zeilen).

MDA2DE	39
Modalanalytische seismische Untersuchung ebener Systeme nach dem Antwortspektrumverfahren (Abschnitt 7.5)	

Interaktive Ein-/Ausgabe:

Aufforderungstext	Bemerkung
Anzahl NDU der wesentlichen Freiheitsgrade? Anzahl NMOD der mitzunehmenden Modalbeitraege? Faktor für die Massen?	Damit werden die in MDIAG eingegebenen Massen multipliziert. Die folgenden Daten sind für jeden der NMOD Modalbeiträge neu einzugeben:
In welcher Form wird die Spektralordinate von Ihnen eingegeben? Verschiebung Sd (m): JKN = 1 Geschwindigkeit Sv (m/s): JKN = 2 Beschleunigung Sa (g): JKN = 3 JKN = ? Spektrale Verschiebung in m ? Spektrale Geschwindigkeit in m/s ? Spektrale Beschleunigung in g ?	Je nach Wahl von JKN: Am Bildschirm werden für jeden Modalbeitrag der Anteilfaktor, die bislang aufsummierte effektive seismische Masse und der modale Gesamtschub auf Fundamenthöhe ausgegeben. Zusätzlich werden am Ende der Berechnung die effektive Gesamtmasse und die berücksichtigte seismische Masse, die mindestens 90% davon betragen soll, ausgewiesen.

Eingabedateien:

Dateiname	
MDIAG	Die Diagonale der Massenmatrix, bestehend aus den NDU Massen, die den wesentlichen Freiheitsgraden zugeordnet sind (formatfrei).
OMEG	In OMEG stehen alle Eigenwerte ω_i des Systems; die Datei wird vom Programm JACOBI erstellt.
PHI	In PHI stehen alle Eigenvektoren $\underline{\Phi}_i$ des Systems; die Datei wird vom Programm JACOBI erstellt.
RVEKT	NDU Zahlen, formatfrei, darstellend die Verschiebungen in den einzelnen Freiheitsgraden bei einer Einheitsverschiebung des Fußpunkts in Richtung der seismischen Erregung.

Ausgabedatei:

Dateiname	
STERS2	In STERS2 stehen die modalen Verschiebungen und die statischen Ersatzlasten aller NMOD Modalbeiträge.

MODBEN		**40**
Seismische Untersuchung ebener Systeme mittels Direkter Integration nach vorangegangener Lösung des Eigenwertproblems (Abschnitt 7.5)		

Interaktive Ein-/Ausgabe:

Aufforderungstext	Bemerkung
Anzahl NDU der wesentlichen Freiheitsgrade? Anzahl NDPHI der unwesentlichen Freiheitsgrade? Anzahl NMOD der mitzunehmenden Modalbeiträge? Anzahl NT der Zeitschritte? Zeitinkrement DT? Faktor fuer das Akzelerogramm?	Die resultierende Dimension der mit dem Faktor multiplizierten Beschleunigungsordinaten sollte (L/T^2) sein.
Daempfungsgrad der ... ten Modalform?	Ist für jeden der NMOD mitzunehmenden Modalbeiträge einzugeben. Der berechnete Anteilfaktor der Eigenform wird ausgegeben. Am Bildschirm wird auch die (absolut betrachtet) maximale Auslenkung mit dem zugehörigen Zeitpunkt ausgegeben.

Eingabedateien:

Dateiname	
MDIAG	Die Diagonale der Massenmatrix, bestehend aus den NDU Massen, die den wesentlichen Freiheitsgraden zugeordnet sind (formatfrei).
OMEG	In OMEG stehen alle Eigenwerte ω_i des Systems; die Datei wird vom Programm JACOBI erstellt.
PHI	In PHI stehen alle Eigenvektoren $\mathbf{\Phi}_i$ des Systems; die Datei wird vom Programm JACOBI erstellt.
V0	NDU Zahlen, formatfrei: Die Verschiebungen in den wesentlichen Freiheitsgraden zum Zeitpunkt t=0.
VP0	NDU Zahlen, formatfrei: Die Geschwindigkeiten in den wesentlichen Freiheitsgraden zum Zeitpunkt t=0.
ACC	Enthält das Akzelerogramm im Format 2E14.7, mit den Zeitpunkten in der ersten und den Ordinaten in der zweiten Spalte (NT Zeilen).
AMAT	Die Matrix A (NDOF * NDU Elemente) zur Ermittlung der Verformungen in allen Freiheitsgraden bei bekannten Verformungen der wesentlichen Freiheitsgrade.
RVEKT	NDU Zahlen, formatfrei, darstellend die Verschiebungen in den einzelnen Freiheitsgraden bei einer Einheitsverschiebung des Fußpunkts in Richtung der seismischen Erregung.

Ausgabedateien:

Dateiname	
THIS.MOD	In THIS.MOD stehen die Zeitverläufe der Verschiebungen in den NDU wesentlichen Freiheitsgraden mit den Zeitpunkten in der ersten Spalte und den Verschiebungswerte in weiteren NDU Spalten (Format F7.4, 30E14.7).
THISDG	Die Verschiebungen aller (NDU + NDPHI) Freiheitsgrade satzweise für alle NT Zeitpunkte (formatfrei).
THISDU	Die Verschiebungen in den NDU wesentlichen Freiheitsgraden satzweise für alle NT Zeitpunkte (formatfrei).

NEWBEN	41
Seismische Untersuchung ebener Systeme mittels Direkter Integration ohne vorangegangene Lösung des Eigenwertproblems (Abschnitt 7.5)	

Interaktive Ein-/Ausgabe:

Aufforderungstext	Bemerkung
Anzahl NDU der wesentlichen Freiheitsgrade? Anzahl NT der Zeitschritte? Zeitschrittweite DT? Faktor fuer das Akzelerogramm?	Die resultierende Dimension der mit dem Faktor multiplizierten Beschleunigungsordinaten sollte (L/T^2) sein.
Sollen Verschiebungen, Geschwindigkeiten. oder Beschleunigungen in THIS.NEW ausgegeben werden ? Fuer Verschiebungen: IOUT = 1 Fuer Geschwindigkeiten: IOUT = 2 Fuer Beschleunigungen: IOUT = 3 IOUT = ?	Es wird am Bildschirm die (absolut betrachtet) maximale Auslenkung ausgegeben, mit Angabe der Nummer des Freiheitsgrads (FRH), des Zeitpunktes und der Nr. des Zeitschritts.

Eingabedateien:

Dateiname	Bemerkung
MDIAG	Die Diagonale der Massenmatrix, bestehend aus den NDU Massen, die den wesentlichen Freiheitsgraden zugeordnet sind (formatfrei).
KMATR	Die NDU*NDU-Steifigkeitsmatrix des Systems, wie z.B. vom Programm KONDEN erzeugt.
CMATR	NDU*NDU-Dämpfungsmatrix, z.B: als Ausgabe von CRAY oder CMOD
V0	NDU Zahlen, formatfrei: Die Verschiebungen in den wesentlichen Freiheitsgraden zum Zeitpunkt t=0.
VP0	NDU Zahlen, formatfrei: Die Geschwindigkeiten in den wesentlichen Freiheitsgraden zum Zeitpunkt t=0.
ACC	Enthält das Akzelerogramm im Format 2E14.7, mit den Zeitpunkten in der ersten und den Ordinaten in der zweiten Spalte (NT Zeilen).
RVEKT	NDU Zahlen, formatfrei, darstellend die Verschiebungen in den einzelnen Freiheitsgraden bei einer Einheitsverschiebung des Fußpunkts in Richtung der seismischen Erregung.

Ausgabedateien:

Dateiname	
KONTRL	Kontrollausdruck der Eingabe.
THIS.NEW	Wahlweise die Verschiebungen, Geschwindigkeiten oder Beschleunigungen der NDU Freiheitsgrade zu jedem Zeitpunkt mit den Zeitpunkten selbst als erste Spalte (Format F7.4, 30E14.7).
THISDU	Die Verschiebungen in den NDU wesentlichen Freiheitsgraden satzweise für alle NT Zeitpunkte (formatfrei).

TRA3D		**42**
Aufstellung der räumlichen Steifigkeitsmatrix für eine einzelne Wandscheibe (Abschnitt 7.6)		
Interaktive Ein-/Ausgabe:		
Aufforderungstext		Bemerkung
Anzahl N der Stockwerke? Name der Eingabedatei, die die N*N horizontale Steifigkeitsmatrix der Scheibe enthaelt? Name der Ausgabedatei fuer die 3N*3N raeumliche Steifigkeitsmatrix der Wandscheibe? Winkel alfa (im Gegenuhrzeigersinn positiv)? Abstand der Scheibe vom Massenmittelpunkt?		Sie kann z.B. vom Programm KONDEN oder LATWND erzeugt worden sein.
Eingabedatei:		
Dateiname	Name der Datei mit der N*N Steifigkeitsmatrix der Wandscheibe in ihrer eigenen Ebene.	
Frei gewählt		
Ausgabedatei:		
Dateiname	Bemerkung	
Frei gewählt	Die zugehörige räumliche 3N*3N Steifigkeitsmatrix der Wandscheibe im globalen Koordinatensystem (formatfrei).	

MATSUM		**43**
Aufsummierung der räumlichen Steifigkeitsmatrizen der einzelnen Wandscheiben (Abschnitt 7.6)		
Interaktive Ein-/Ausgabe:		
Aufforderungstext		Bemerkung
Anzahl N der Stockwerke? Name der Eingabedatei mit der ersten raeumlichen 3N*3N-Scheibensteifigkeitsmatrix ? Name der Eingabedatei mit der naechsten raeumlichen 3N*3N - Scheibensteifigkeitsmatrix ? Noch eine Wandscheibenmatrix aufaddieren? J/N		
Eingabedateien:		
Dateiname	Die Namen der von TRA3D erzeugten räumlichen Steifigkeitsmatrizen.	
Frei gewählt		
Ausgabedatei:		
Dateiname		
KMAT3D	Die räumliche Steifigkeitsmatrix des N-stöckigen Gesamttragwerks in den 3*N Freiheitsgraden (zwei zueinander senkrechte Horizontalverschiebungen und die Verdrehung um die Vertikalachse für jedes Stockwerk). Sie wird formatfrei ausgegeben.	

MDA3DE	**44**
Modalanalytische seismische Untersuchung räumlicher Systeme nach dem Antwortspektrumverfahren (Abschnitt 7.6)	

Interaktive Ein-/Ausgabe:

Aufforderungstext	Bemerkung
Anzahl N der Stockwerke ? Anzahl NMOD der zu untersuchenden Eigenformen? Winkel alfa der Bebenrichtung?	Winkel zwischen der x-Achse und der Bebenrichtung in Grad, positiv im Gegenuhrzeigersinn. Die folgenden Daten sind für jeden der NMOD Modalbeiträge einzugeben:
Modalbeitrag Nr. ... Periode des Modalbeitrags: .... s Anteilfaktor des Modalbeitrags:	Zu jedem Modalbeitrag erscheint die laufende Nummer, die Periode und der berechnete Anteilfaktor auf dem Bildschirm. Je nach Größe des Anteilfaktors kann die folgende Frage beantwortet werden:
Soll dieser Modalbeitrag mitgenommen werden? Sollen seine statischen Ersatzlasten berechnet und in einer eigenen Datei ausgegeben werden? J/N Damit bislang beruecksichtigter Massenanteil: ...%	Nur wenn die Frage mit ja (J) beantwortet wurde:
Name der Ausgabedatei fuer den Lastvektor dieses Modalbeitrags? Spektrale Beschleunigung des Modalbeitrags in g?	Frei zu wählender Name, die Ausgabe erfolgt formatfrei. Dem Antwortspektrum zu entnehmen. Am Bildschirm werden für jeden Modalbeitrag die modalen Kräfte in x, y und θ - Richtung und die zugehörigen aufsummierten Werte über alle berücksichtigten Modalformen ausgegeben, dazu der erfaßte Prozentsatz der wirksamen Gesamtmasse.

Eingabedateien:

Dateiname	
MDIAG	Die Diagonale der Massenmatrix, bestehend aus den NDU Massen, die den wesentlichen Freiheitsgraden zugeordnet sind (formatfrei).
OMEG	In OMEG stehen alle Eigenwerte ω_i des Systems; die Datei wird vom Programm JACOBI erstellt.
PHI	In PHI stehen alle Eigenvektoren $\underline{\Phi}_i$ des Systems; die Datei wird vom Programm JACOBI erstellt.

Ausgabedateien:

Dateiname	
STERS3	In STERS3 stehen unter anderem die statischen Ersatzlasten der berücksichtigten Modalbeiträge.
Frei gewählt	Namen der Dateien für die Lastvektoren, die die statischen Ersatzlasten in jedem der berücksichtigten Modalbeiträge enthalten (jeweils 3*N Koeffizienten, formatfrei).

DISP3D		**45**
Das Programm liefert für jeden Satz von 3*N statischen Ersatzlasten des Nstöckigen pseudoräumlichen Modells die zugehörige Verschiebungskonfiguration (Abschnitt 7.6)		
Interaktive Ein-/Ausgabe:		
Aufforderungstext		Bemerkung
Anzahl N der Stockwerke?		
Name der Eingabedatei mit dem Lastvektor?		Name der Lastvektordatei (3*N Werte), die z.B. vom Programm MDA3DE erzeugt wurde.
Name der Ausgabedatei fuer die 3*N Verformungen?		Hier werden die berechneten Verformungen formatfrei abgelegt (zur Weiterverarbeitung durch das Programm FORWND).
Eingabedateien:		
Dateiname		
KMAT3D	Gesamtsteifigkeitsmatrix des Tragwerks, vom Programm MATSUM erzeugt	
Frei gewählt	Name der Lastvektordatei.	
Ausgabedatei:		
Dateiname		
Frei gewählt	Name für die Datei mit den berechneten 3*N Verschiebungen (formatfrei).	

FORWND		**46**
Rückrechnung der Stockwerksquerkräfte einer bestimmten Wandscheibe bei bekannten Verschiebungen des Gesamttragwerks (Abschnitt 7.6)		
Interaktive Ein-/Ausgabe:		
Aufforderungstext		Bemerkung
Anzahl N der Stockwerke?		
Name der Eingabedatei mit der N*N horizontalen Steifigkeitsmatrix der Scheibe?		Die Datei wird z.B. vom Programm KONDEN oder LATWND erzeugt
Name der Eingabedatei mit den 3*N Verformungen des Hochhauses?		Wird z.B. vom Programm DISP3D erzeugt.
Name der Ausgabedatei fuer die N horizontalen Stockwerksquerkraefte der Scheibe?		Mit dieser Belastung kann eine statische Berechnung (z.B. mit Hilfe des Programms RAHMEN oder STARAH) durchgeführt werden.
Winkel der Scheibe (pos. im Gegenuhrzeigersinn)?		Winkel in Grad zwischen der x-Achse und der Längsrichtung der Wandscheibe.
Abstand der Scheibe vom Massenmittelpunkt?		
Eingabedateien:		
Dateiname		
Frei gewählt	Die N*N horizontale Steifigkeitsmatrix der Wandscheibe in ihrer Ebene.	
Frei gewählt	Die Datei mit den 3*N Verschiebungen des Gesamttragwerks.	
Ausgabedatei:		
Dateiname		
Frei gewählt	Name der Datei zur formatfreien Ablage der N Stockwerksquerkräfte der betrachteten Wandscheibe.	

LATWND	47
Liefert die laterale Steifigkeitsmatrix einer gedrungenen Schubwand ohne Öffnungen nach der Scheibentheorie (Abschnitt 7.6)	

Interaktive Ein-/Ausgabe:

Aufforderungstext	Bemerkung
Anzahl N der Stockwerke?	
Anzahl der Scheibenelemente pro Stockwerk?	Die Höhe der Scheibenelemente ist immer gleich der Stockwerkshöhe.
Wanddicke der Scheibe?	
Elastizitaetsmodul?	
Querkontraktionszahl?	
Elementhoehe (= Abstand der Decken)?	
Elementbreite?	Entspricht der Wandbreite dividiert durch die Anzahl der Scheibenelemente pro Stockwerk.

Ausgabedatei:

Dateiname	
LATWD	Laterale N*N Steifigkeitsmatrix der Wandscheibe, wird formatfrei ausgegeben.

STAKON	48
Ermittlung der lateralen Steifigkeitsmatrix ebener Rahmen mit Stabelementen, die starre Endbereiche aufweisen (Abschnitt 7.6)	

Interaktive Ein-/Ausgabe:

Aufforderungstext	Bemerkung
Anzahl NDOF der Systemfreiheitsgrade? Anzahl NDU der wesentlichen Freiheitsgrade?	Als wesentliche Freiheitsgrade sind die horizontalen Verschiebungen auf Deckenhöhe zu wählen (NDU bei NDU Stockwerken).
Anzahl NELRIE der Staebe mit starren Endbereichen? Anzahl NELSTU der Staebe ohne starre Endbereiche? Anzahl NFED der einzubauenden Federmatrizen?	Jede der NFED Federmatrizen verknüpft eine Reihe von aktiven kinematischen Freiheitsgraden untereinander und u.U. auch mit der Erdscheibe (Freiheitsgrad 0).
Kantenlaengen aller Matrizen (NFED Zahlen)?	Die Kantenlänge der jeweiligen Federmatrix ist gleich der Anzahl der gekoppelten Freiheitsgrade.

Eingabedateien:

Dateiname	Bemerkung
ESTAK	In den ersten NELRIE Zeilen stehen formatfrei für jeden Stab die 6 Werte EI, ℓ, EA, α, AL und BL. Dabei ist EI die konstante Biegesteifigkeit (z.B. in kNm^2), ℓ die Länge des biegsamen Bereichs zwischen den starren Endbereichen (z.B. in m), EA die Dehnsteifigkeit (z.B. in kN); α der Winkel zwischen der globalen x-Achse und der Stabachse (in Grad, positiv im Gegenuhrzeigersinn); AL die Länge des starren Bereiches am Stabanfang (z.B. in m) und BL die Länge des starren Endbereiches am Stabende (z.B. in m). Es folgen NELRIE Zeilen mit den Inzidenzvektoren dieser NELRIE Stäbe, das sind die 6 Nummern der Systemfreiheitsgrade, die den lokalen Freiheitsgraden 1 bis 6 des Stabelements (u_1, w_1, φ_1, u_2, w_2, φ_2) entsprechen (formatfrei). In den nächsten NELSTU Zeilen stehen formatfrei für jeden Stab die 4 Werte EI, ℓ, EA und α (Bedeutung s. oben), gefolgt von weiteren NELSTU Zeilen mit den entsprechenden Inzidenzvektoren. Zum Schluß kommen (formatfrei auf beliebig vielen Zeilen) die NDU Nummern der wesentlichen Freiheitsgrade, das sind hier die Horizontalverschiebungen auf Höhe der Decken.
INZFED	NFED Zeilen, jewails eine für jeden Federinzidenzvektor. In der Zeile stehen nacheinander formatfrei die Nummern der Freiheitsgrade, die durch die jeweilige Federmatrix verknüpft werden.
FEDMAT	In beliebig vielen Zeilen stehen darin (formatfrei) nacheinander die Koeffizienten aller NFED Federmatrizen.

Ausgabedateien:

Dateiname	Bemerkung
ASTAK	Die ermittelte kondensierte NDU * NDU Steifigkeitsmatrix im Format 6E14.7
AMAT	Die Matrix A (NDOF * NDU Elemente) zur Ermittlung der Verformungen in allen Freiheitsgraden bei bekannten Verformungen der wesentlichen Freiheitsgrade (Format 6E14.7).

STARAH	49
Ermittlung der vollständigen Schnittkräfte und Verformungen eines Rahmens, der Stäbe mit starren Endbereichen enthält (Abschnitt 7.6)	

Interaktive Ein-/Ausgabe:

Aufforderungstext	Bemerkung
Anzahl NDOF der Systemfreiheitsgrade? Anzahl NELRIE der Staebe mit starren Endbereichen? Anzahl NELSTU der Staebe ohne starre Endbereiche? Anzahl NFED der einzubauenden Federmatrizen? Kantenlaengen aller Matrizen (NFED Zahlen)?	Jede der NFED Federmatrizen verknüpft eine Reihe von aktiven kinematischen Freiheitsgraden untereinander und u.U. auch mit der Erdscheibe (Freiheitsgrad 0). Die Kantenlänge der jeweiligen Federmatrix ist gleich der Anzahl der gekoppelten Freiheitsgrade.

Eingabedateien:

Dateiname	
ESTAR	In den ersten NELRIE Zeilen stehen formatfrei für jeden Stab die 6 Werte EI, ℓ, EA, α, AL und BL. Dabei ist EI die konstante Biegesteifigkeit (z.B. in kNm^2), ℓ die Länge des biegsamen Bereichs zwischen den starren Endbereichen (z.B. in m), EA die Dehnsteifigkeit (z.B. in kN); α der Winkel zwischen der globalen x-Achse und der Stabachse (in Grad, positiv im Gegenuhrzeigersinn); AL die Länge des starren Bereiches am Stabanfang (z.B. in m) und BL die Länge des starren Endbereiches am Stabende (z.B. in m). Es folgen NELRIE Zeilen mit den Inzidenzvektoren dieser NELRIE Stäbe, das sind die 6 Nummern der Systemfreiheitsgrade, die den lokalen Freiheitsgraden 1 bis 6 des Stabelements (u_1, w_1, φ_1, u_2, w_2, φ_2) entsprechen (formatfrei). In den nächsten NELSTU Zeilen stehen formatfrei für jeden Stab die 4 Werte EI, ℓ, EA und α (Bedeutung s. oben), gefolgt von weiteren NELSTU Zeilen mit den entsprechenden Inzidenzvektoren. Zum Schluß kommen (formatfrei auf beliebig vielen Zeilen) die NDOF Lastkomponenten.
INZFED	NFED Zeilen, jeweils eine für jeden Federinzidenzvektor. In jeder Zeile stehen nacheinander formatfrei die Nummern der Freiheitsgrade, die durch die jeweilige Federmatrix verknüpft werden.
FEDMAT	In beliebig vielen Zeilen stehen darin (formatfrei) nacheinander die Koeffizienten aller NFED Federmatrizen.

Ausgabedatei:

Dateiname	
ASTAR	In ASTAR stehen nach Stabelementen geordnet die Verformungen und Schnittkräfte an deren Endquerschnitten. Alle Zustandsgrößen beziehen sich auf das globale (x,z)-Koordinatensystem und erscheinen in der Reihenfolge (Horizontalkomponente, Vertikalkomponente, Drehung oder Biegemoment) für den Anfangs- und für den Endquerschnitt.

UFORM		50
Programm zur Formatänderung der Eingabedateien von Zeitreihen		
Interaktive Ein-/Ausgabe:		
Aufforderungstext	Bemerkung	
Name der Eingabedatei :		
Name der Ausgabedatei :		
Anzahl der Werte der Zeitreihe :		
Eingabeformat :	z.B. 14X, E14.7	
Multiplikationsfaktor :	Damit werden die eingelesenen Ordinaten der Zeitreihe multipliziert.	
Zeitpunkte ausgeben? Ja =1, Nein =0 :		
Zeitinkrement :		
Ausgabeformat :	z.B. 2F10.4	
Eingabedatei:		
Dateiname		
Frei gewählt	Enthält die umzuformende Zeitreihe	
Ausgabedatei:		
Dateiname		
Frei gewählt	Ausgabedatei mit der Zeitreihe im gewählten Format	

EQSOLV		51
Lösung eines linearen Gleichungssystems		
Interaktive Ein-/Ausgabe:		
Aufforderungstext	Bemerkung	
Die Kantenlaenge N des Systems betraegt?	Der Lösungsvektor erscheint auch auf dem Bildschirm.	
Eingabedateien:		
Dateiname		
KOEFMAT	Die N*N Koeffizientenmatrix, spaltenweise formatfrei eingetragen.	
RSEITE	Der Lastvektor (rechte Seite), N Werte formatfrei eingetragen.	
Ausgabedatei:		
Dateiname		
ERGVEKT	Der Lösungsvektor, N Werte formatfrei ausgegeben.	

MATINV		52
Invertierung einer quadratischen Matrix		
Interaktive Ein-/Ausgabe:		
Aufforderungstext	Bemerkung	
Die Kantenlaenge N des Systems betraegt?		
Eingabedatei:		
Dateiname		
MAT	Die zu invertierende N*N Matrix, spaltenweise, formatfrei.	
Ausgabedatei:		
Dateiname		
MATINV	Die inverse Matrix, spaltenweise, formatfrei.	

Sachverzeichnis

Abstimmung 72f
Abstimmungsverhältnis 68, 72, 164
Akzelerogramm
– spektrumkompatibles 202f
– synthetisches 202f
Anteilfaktor 105, 214
Antwortspektren 189f
– inelastische 195f, 206
ARIAS-Intensität 186
Ausmitte 265f
Ausmittigkeit, unplanmäßige 234
Ausschwingkurve 173
Aussteifungssysteme 226
Autokorrelation 37

Bandmatrix 89
Bandpaßfilter 65
Basislinienkorrektur 181f
Bedeutungsbeiwert 258
Behälter unter Erdbebenbelastung 297ff
Bemessungsphilosophie 211
Bettungsmodul 165
Biegeschwingung
– EULER-BERNOULLI 138ff
– Theorie 2. Ordnung 141ff
– TIMOSHENKO 144ff
bilineares Modell 75
Bodenbeschleunigung 181f, 185

CHOLESKY-Zerlegung 116

D'ALEMBERTsches Prinzip 5
Dämpfung
– äquivalente Modaldämpfung 122f
– kritische 51
– massenproportionale 120
– nichtproportionale 122
– steifigkeitsproportionale 120
– viskose 50
– vollständiger modaler Ansatz 121
– Werte 165
Dämpfungsarbeit 54
Dämpfungsmatrix 103

Dehnfeder 13
DIN 4149 201
DIN 4150 174
DIN 4178 159, 161, 163ff
DIRACsche Delta-Funktion 12, 41, 60
direkte Integrationsverfahren 124f
Diskrete FOURIER Transformation 33
Drehfeder 13
DUHAMEL-Integral 48f, 52, 214
Duktilität 248f
– kumulative 275f
– maximale 275, 286
Duktilitätsklassen 251

Effektivwert (RMS-Wert) 185
effektive Beschleunigung 191
Eigenformen, klassische 118
Eigenvektoren 102
– komplexe 104
Eigenwertproblem
– allgemeines 102
– lineares 114ff
– quadratisches 104
– spezielles 114f
Einheiten 4ff
– konsistente 5
Einmassenschwinger 43ff
– physikalisch nichtlinearer 74ff
elastisch-idealplastisches Modell 75f
Elastizitätsmodul, komplexes 134
Energie einer harmonischen Komponente 28
Energieantwortspektren 193f
Energiesatz 14
Epizentralentfernung 177
Erdbebenersatzkraft 255
Ersatzlast, statische 215
Eurocode 8 (EC 8) 199, 248
experimentelle Untersuchungen 166ff
Exzentrizität 256

Federkonstante 13
Federsteifigkeitsmatrix 91

Flachbeben 179
Flächenmomente 15ff
FOURIER
– -Reihe 30
– -Synthese 33
– -Transformationspaar 31
– -Transformierte 30
Frei-Frei-Stab 158
Freiheitsgrade, wesentliche/unwesentliche 93f
Frequenz 25
Frequenzanalyse 25
Frequenzbereichsmethoden 60ff, 129f
Frequenzgangsmatrix 130
funktionsorientierte seismische Bemessung 273f

gekoppeltes System 238f
generalisierte Koordinaten 101
Gesamterdbebenkraft 216
Gesamtmasse, effektive 216
Glockenschwingzahl 159
Glockentürme 159ff, 164f
Grenzzustände 257
Grundperiode, Näherungsformeln 255f

harmonische Analyse 28
Hauptachsen 17
Hauptträgheitsmomente 16, 20
Herdtiefe 177
Hintergrundrauschen 168
Hochpaßfilter 64
HOUSNER-Näherungsverfahren 298ff
HUSID-Diagramm 185
Hystereseschleife 55

Impulshammer 166, 170, 172
impulsive Masse 299, 302, 304, 308, 320
impulsiver Druck 297
Impulsreaktionsfunktion 60
Impulssatz 11ff, 40
Intensität 180
Intensitätsfunktion 203, 208
Interaktion Struktur-Fluid 322
Inzidenzmatrix 87f

JACOBI-Methode 118

KANAI-TAJIMI-Filter 65f, 207
Kapazitätsbemessung 251, 253
Kippbettungsmodul 165
Kölner Dom 168, 288ff
Kombinationsbeiwert 255, 258
komplexe Größen 23ff
konvektive Masse 299, 301, 303f, 309, 320
konvektiver Druck 297
Koppelfreiheitsgrade 97
Kreisfrequenz 25
Kreuzkorrelation 38
Kreuzspektraldichte 40

Längsschwingung 134f
LEHRsches Dämpfungsmaß 51
Leistungsspektraldichte 39
Leistungsspektrum 29
logarithmisches Dekrement 53

Magnitude 178f
Makromodell für Wandscheiben 275, 278
Massenmatrix
– konsistente 84f
– reduzierte 94
Massenmomente 15, 22
Materialdämpfung 131f
Maximalduktilität 195
Mehrmassenschwinger 82ff
– mit Punktmassen 98ff
Mittelwert 37
modalanalytisches Antwortspektrum- verfahren 214
modale Analyse 101ff
modale Masse 102, 214
– effektive 215
Modalkoordinaten 103, 106
Modalmatrix 102, 216
MSK-Skala 180

NAKAMURA-Methode 211
NEWMARK/HALL-Entwurfsspektrum 198
NEWMARK-Operator 56ff, 124ff
NYQUIST-Frequenz 33

Sachverzeichnis

Periode 25
Phasenwinkel 24
Pseudo-Absolut-Beschleunigung 190
pseudoräumliches Modell 227
Pseudo-Relativ-Geschwindigkeit 190

quadratisches Mittel 37
Quadratsummenwurzel-Regel 219

Raffineriebehälter 292
RAYLEIGH-Dämpfung 119
RAYLEIGH-Quotient 115
Reduktionstechniken 93ff
Rückstellkraft 6

Schädigungsindikator
– nach MEYER und GARSTKA 276
– nach PARK und ANG 276, 286
Schwappeigenform 315, 318, 320, 322
Schwingungsgrenzlinie 133
Schwingungsisolierung 68f
seismisches Moment 180
seismologische Grundlagen 176ff
Signal 27
– aperiodisches 30
Spektralintensität 196
Spektrum, inelastisches 206
Starkbebendauer 186
starre Stabendbereiche 240f
statische Ersatzlasten 215, 220
statische Kondensation 93ff
Steifemodul 165
Steifigkeitsmatrix
– kondensierte 95, 99
– laterale 227, 235
– reduzierte 94
Steifigkeitsmittelpunkt 228
STEINERscher Satz 20
Stoßrauschen 41

Tank
– aufgeständerter 319
– bodenfester 302, 305
– rechteckiger 313, 318
– zylindrischer 313, 318
Tiefbeben 179
Tiefpaßfilter 65, 207
Torsionseffekte 235, 256
Torsionsschwingung 136f
Trägheitskraft 5

Übertragungsfaktor 72
Übertragungsfunktion 62, 130
UMEMURA-Modell 75, 80f
Ungleichgewichtskraft 76
Unterstrukturtechniken 93ff
Unwuchterreger 166, 169

Varianz 37
Vergrößerungsfaktor 69f, 164
Verhaltensbeiwert, -faktor 250, 254
Verlustfaktor 56, 131, 134
verteilte Masse und Steifigkeit 133ff
vertikale Bebenkomponente 177f, 269
viskoser Dämpfungsansatz 118ff
vollständige quadratische Kombination 219
VON-MISES-Methode 116

„weißes Rauschen„ 40, 207
Wellen
– Kompressions- 176
– Transversal- 176
– LOVE- 177
– RAYLEIGH- 177
WIENER-KHINTCHINE-Beziehung 39
Wirkungsgrad 73

Zielduktilität 206
Zielspektrum 203f, 206
Zufallsschwingung 35ff
Zweimassenschwinger 6